U0212601

探索大爆炸前的宇宙。
颠覆平行宇宙与多元宇宙论。
在同一时间有且只有唯一的宇宙！

宇宙学陷入了危机，这点毋庸置疑。

我们了解得越多，宇宙就越显得迷雾重重。何为自然规律？为何自然会呈现出这样的规律？

一位著名哲学家和一位著名物理学家，在各自的领域内因激进的观点而闻名于世。他们提出，需对宇宙学规律进行革新。为了保持宇宙学的科学性，我们要用一种不断变化发展的新规律来替代掌控宇宙学那万世不变的旧学说。唯有如此，方有望解释那些迷雾般的规律。

罗伯托·M.昂格尔（Roberto M.Unger）和李·斯莫林（Lee Smolin）提出的革命性学说有三个核心思想。其一，同一时间只存在一个宇宙。其二，时间真实存在：时间框架下的任何物质和自然的所有规律迟早都会发生变化。其三，数学和时间存在分歧，因此数学无法预示自然，抑或无法预示科学，它不过是一种强有力的工具，因为数学自身本就存在着巨大的制约性。无论是科班出身的物理学家抑或宇宙学家，还是普罗大众，都能参与到这一争论中来，提出异议。

罗伯托·M.昂格尔，巴西人，著名的哲学家、社会学家、法学理论家，同时还是一位政治家。他在本书中对宇宙学和自然哲学进行了深入探讨，并深度诠释了他在《虚假的必然性》（*False Necessity*）、《觉醒的自我》（*The Slfe Awakened*）、《未来的宗教》（*The Religion of the Future*）等之前的三本著作中所表述的思想。

李·斯莫林，美国著名的理论物理学家，在量子引力学领域做出了十分突出的贡献。生于纽约的他曾在罕普什尔大学和哈佛大学深造。他是加拿大圆周理论物理研究所的创始人之一。李·斯莫林的早期著作主要探究当代物理学和宇宙学引发的哲学问题，如《宇宙生命》（*Life of the Cosmos*）、《量子引力学之路》（*Three Roads to Quantum Gravity*）、《物理学之困》（*The Trouble with Physics*）和《时间重生》（*Time Reborn*）等。

本书由昂格尔和斯莫林二人联袂创作，历时八年著述而成。

科学可以这样看丛书

The Singular Universe and the Reality of Time

奇异宇宙与时间现实

自然哲学与理论物理学碰撞出宇宙学革命

[巴西]罗伯托·M.昂格尔(Roberto M.Unger)
[美]李·斯莫林(Lee Smolin) 著
谢琳琳 付 满 伍义生 译

冲破认知极限,抵达宇宙边界
从规律和变化,驳斥多元宇宙、平行宇宙论
宇宙具有唯一性,时间具有真实性,数学具有现实选择性

重庆出版集团 重庆出版社
果壳文化传播公司

图书在版编目(CIP)数据

奇异宇宙与时间现实 /[巴西]罗伯托·M.昂格尔,[美]李·斯莫林著;谢琳琳,付满,伍义生译. —重庆:重庆出版社,2017.1
(科学可以这样看丛书 / 冯建华主编)
书名原文:The Singular Universe and the Reality of Time
ISBN 978-7-229-11560-9

Ⅰ.①奇… Ⅱ.①罗… ②李… ③谢… ④付… ⑤伍… Ⅲ.①天文学—研究 ②宇宙学—研究 ③物理学—研究 Ⅳ.①P1②O

中国版本图书馆CIP数据核字(2016)第217046号

奇异宇宙与时间现实
The Singular Universe and the Reality of Time
[巴西]罗伯托·M.昂格尔(Roberto M.Unger) [美]李·斯莫林(Lee Smolin) 著
谢琳琳 付满 伍义生 译

责任编辑:连 果
责任校对:何建云
封面设计:博引传媒·何华成

重庆出版集团 重庆出版社 出版 果壳文化传播公司 出品
重庆市南岸区南滨路162号1幢 邮政编码:400061 http://www.cqph.com
重庆出版集团艺术设计有限公司制版
重庆长虹印务有限公司印刷
重庆出版集团图书发行有限公司发行
E-MAIL:fxchu@cqph.com 邮购电话:023-61520646
全国新华书店经销

开本:710mm×1 000mm 1/16 印张:24.25 字数:400千
2017年1月第1版 2017年1月第1次印刷
ISBN 978-7-229-11560-9
定价:59.80元

如有印装质量问题,请向本集团图书发行有限公司调换:023-61520678

Advance Praise for *The Singular Universe and the Reality of Time*

《奇异宇宙与时间现实》一书的发行评语

这是我们时代最为卓越的书卷之一。这无关其观点的正确性，它的问世本身就是一件大事。

——布莱恩·艾波雅(Bryan Appleyard)，

《星期日泰晤士报》(*The Sunday Times*)

本书清晰地阐述了研究量子力学所需要的详细步骤，并对“时向”研究和这一奥秘的其他组成部分的研究作出了翔实解释。

——《自然》(*Nature*)

任何形式的知识界的反叛，都值得我们关注。本书所提出的观点野心勃勃：它试图将西方思想界中最古老的脉动之源连根拔起。

——《观察家报》(*The Spectator*)

那么，时间究竟是否真实存在呢？两个“狂妄之徒”磨刀霍霍，直指宇宙学的传统理论。

——《卫报》(*The Guardian*)

……本书以一种迷人的口吻，重新阐释了宇宙学的研究目标。

——《泰晤士报高等教育副刊》

(*The Times Higher Education Supplement*)

任何渴望透彻地讨论宇宙学问题的人，都该好好读读这本书。

——皮特·艾森哈特(Peter Eisenhardt)，

《物理学杂志》(*Physik Journal*)

本书的性质与范畴

罗伯托·M. 昂格尔　李·斯莫林

世界上最具雄心的两件大事：其一，把宇宙当作一个整体来看待，而不是把其中某一个物体看作宇宙；其二，建立起属于我们自己的宇宙学观点。很多人都不愿思考这两件事情。认真思考以上两件事，我们很快便会达到认知极限，或者达到我们想要认知领域的极限。我们把科学逼到哲学的高度，又把哲学逼到它本身并不具备的至高无上的地位。

但我们又不能回避这个话题。理由有三：其一，在各种因素的驱使下，我们努力去了解自己在这个世界上所处的位置，纵使我们能得到这个问题的答案，也仅是有限的或肤浅的对自然奥秘的反应；其二，不先建立猜想，与自然特定领域或与整个自然相关的思想就无法建立，即使从整个自然的角度看，这些思想依旧是不完整的；其三，宇宙及其发展史的新发现是近年来最伟大且最令人震惊的突破。于此，我们毋庸置疑，我们需要做的是：将对世界的科学发现和形而上学理论区分开来，后者常常使科学遭致误解。

* * *

本书对这一主题进行了深入探讨，主要包括以下三个核心思想：

第一个核心思想：宇宙具有奇异存在性（这里所说的奇异存在性即唯一性，不是相对论者口中的时空曲率和其他量无穷大的时空奇异存在性。事实上，我们将在后面的章节探讨时空是不存在奇异存在性的）。同一时间只存在一个唯一的宇宙。关于自然界最重要的一点是，自然就是其本身，而非其他事物。这一点与平行宇宙学说相悖，平行宇宙学说认为同时存在多个宇宙，这一学说常常被用来把当代物理学谬误粉饰成真理。

第二个核心思想：时间具有包容真实性。时间是真实存在的。事实上，这是世界最真实的特性，是自然的一个方面，通过这一点我们便有充分的理由断言自然不是源自某一事物。时间并非源于空间，尽管空间可能源自时间。

时间的包容真实性指自然中没有任何事物是一成不变的。任何事物都会发生变化，包括变化本身。自然规律也无法逃脱这一常性，也即自然规律具有可变性。自然规律的可变性、时间的包容真实性与过去几百年里物理学和宇宙学的主流思想相悖，但我们所习得的种种自然规律，通过当代物理学和宇宙学知识才能深入了解。

自然中，事件和现象的空间和时间不变说在 20 世纪就被科学推翻了。爱因斯坦的伟大创举——广义相对论替代了牛顿的绝对时间和绝对空间理论。在牛顿的绝对时空理论中，时间与空间既是相关的，也是动态的。但爱因斯坦的广义相对论又一次肯定了自然规律不变说。我们通常希望这种不受时间限制的规律能帮助我们解释寻常事物。假如连自然规律都会变化，那又怎么指望人类对科学的探索能够建立在一个可靠稳固的基础上呢？本书的主要目的之一便是尝试回答这个问题。

然而，在空间和时间不变论思想被摒弃后，我们获得了充分的依据，足以推翻这个再次得到肯定的观点。我们只有再次推翻这一学说，才能使 20 世纪宇宙学家的重要发现得到公平对待：20 世纪的宇宙科学家发现，宇宙和其内部的任何事物都一样，它也是有历史的。

主流观点认为，宇宙史与自然规律不变论相悖。我们有充分理由把宇宙史当作一种规律演化的概念来解读。这样的宇宙史观将规律和万物都看作为受时间影响的。

在宇宙学中，既然时间具有包容真实性，那么时间研究的主题便是整个宇宙，而且时间在科学和自然的各个领域里都真实存在且包罗万象。

第三个核心思想：数学具有选择现实性（此处的现实性为相对于真实自然世界而言，并与数学柏拉图主义相对立，柏拉图主义是一种超脱自然而存在的数学实体）。时下，基础自然科学的主流观念形成于数学观念和数学与科学和自然之间相互关系的背景下。自然规律是科学中最值得人们去探究的一门学科，人们应从数学的角度阐释它。

如果不建立起一种数学观并论证之，我们便无法详细描述宇宙的奇异存在性、时间的包容真实性。数学有两个主题：自然（从最普通的角度来看）和数学本身。数学最初探索的是从时间和现象特殊性抽象而来的，最普通不过的联系。但很快，数学便绕开了感性经验的限制。在前人思想和自然科学谜团的激励和启发下，数学逐渐建立起新的概念，并建立了将这些概念联系在一起的新方法。

数学领域的新发现无法为我们了解永恒真理、自然以及自然范畴外数学对象的特殊领域提供捷径。尽管数学有着强大的力量和人气，但它并不具有预示作用。数学能否为人所用还是个未知命题，它永远不能替代科学发现和科学猜想。数学之所以在自然科学中表现出来的效率近乎合理，是因为数学本身的局限性和相对性。

宇宙的奇异存在性、时间的包容真实性（暗示自然规律易变性），及数学的选择现实性全都有其道理和理由。它们并非一系列联系松散的命题。我们越是深入了解它们，越是能深入分析证明它们的正确性，越会发现它们彼此间存在着紧密的联系。这些理论反映了同一宏观思想的三个方面。这些理论相互支持，彼此完善。当我们对其彼此间的联系进行正确评估后，我们会意识到自己需要和某些仍然在科学界内外广负盛名的学说决裂。

* * *

本书着手基础科学的最根本问题，倡导重新解读20世纪宇宙学和物理学的最伟大发现。首先要重读宇宙的历史，对宇宙学和物理学历史的重读势必对它们的未来发展造成影响。要重读它们，人们就得将自己已然知晓的理论——根深蒂固的科学发现经验主义残留与对科学的猜想区分清楚，通过科学猜想，透过科学发现的表象看清其本质。

物理学和宇宙学的历史很大程度上可以说是两种灵感源的结合。其中一个灵感源是我们发明了科学设备，并运用科学设备进行观察和实验，超越认知的桎梏，对未知世界的探索。第二种灵感源是本体论为核心的现实观：一种认为事物之间存在最终联系的观点。这两种灵感源便是亚里士多德、牛顿、爱因斯坦等人的理论均提到的本体论思想。

有时会出现这样的情况：假如不把经验主义残留和哲学光环剥离开，我们就无法取得实质性进展。一旦我们这样做了，便能以全新的视角发现新事物。假如不摒弃某些曾经被我们奉为真理的、关于自然如何运转的学说，人们将永远不能获得实质进步。

哲学的两个传统为本书提供了灵感。这两个哲学传统可以放在两个标签下看待：自然的关系取向和变化高于现状。本书无意在科学语境下阐释这两种传统哲学思想，但我们确实要好好利用科学语境解决某些问题。此处谈及这两种哲学传统是因为，我们认为将二者放到一起可以解决一些问题。

关系论要求我们将时间和空间看作事件和现象的次序，而不是把时间和空间当作独立的实体看待。简言之，关系论所描述的是在一种物体间任意联系构成的网络（这个关系网贯穿整个任意联系着的宇宙）里，任何事物都能通过彼此间的任意联系对其他事物施加影响。在理解自然如何运转时，这一关系网比它内部其他成分更加重要。此外，内部成分也十分重要，因为它们可以凭借其在关系网内部的特殊作用施加自身影响。

物理学史上，17 世纪末的戈特弗里德·莱布尼茨（Gottfried Leibniz）和 19 世纪末的恩斯特·马赫（Ernst Mach）分别提出了关系论体系的两大思想。但要达到本书的目的，这两种思想还显得不够充分。因此我们需要在此基础上建立另一种新的理论。

启发本书的第二种哲学思想不易用某种单一的学说、现成的描述或简单的名字来概括。这是一种认为变化高于现状、过程高于结构、时间高于空间的思想。该思想坚持认为世上所有事物都具有可变性。在这种思想看来，自然的基础组成部分用粒子物理学来表述，是不具有永久性的。同样的，从数学的角度观察，自然规律也非永恒不变，这一点是现代科学所要建立的首要学说。

当前，我们对更为宏大理论的探寻——对万事万物基本要素和自然各领域的探索，是在将自然规律和基础要素视作是永恒的思想的基础上继续前进。结果，我们会发现这一思想无法对史上最重大的宇宙学发现做出正确的评估——宇宙有自己的历史。如果一定要将宇宙学定义为一门科学的话，首先它一定是一门历史科学，然后才是一门结构科学。

纵观西方哲学史，赫拉克利特（Heraclitus）、黑格尔（Hegel）、柏格森（Bergson）、怀特黑德（Whitehead）等思想家关于结构可变性的肯定表述也不尽相同。世界其他文明的哲学流派中，如在印度文明中，结构可变性被看作一种霸权形而上学。

尽管在伽利略和牛顿开创的物理学中，结构可变性并不具有主导性影响力，但这一学说在生命科学、社会学、人类历史的研究中却具有举足轻重的地位。自然主义者、史学家和社会科学家所研究的结构或许是具有持续性的，但没有人将它们看作是永恒不变的。此外，主导现象运转的规律和法则，会和它们所主导的现象一同演化发展。

传统意义上，指导和解读现代物理学的哲学观点，将永恒结构和永恒法则在生命科学和人类学研究领域中的缺失，看作是此类学科衍生性或不稳定性的体现。在这一传统看来，我们需要用一种把事物可变性乃至时间可变性，看作阻碍人们获得最具深远意义的解释实践的思维方式，去不断完善和补充探索科学的黄金标准。

本书的目的在于证明，变化高于现状的思想应在宇宙学研究中占有一席之地。假如变化高于现状这一思想能在（研究整个宇宙及其历史的）宇宙学中占有一席之地，那么这一思想也应该在研究宇宙各种物体和宇宙历史的物理学中占有同样地位。

在这一哲学理论以及时间的包容真实性学说的框架下，还有一种理论，认为宇宙演化发展过程中势必会有新事物相伴相生。其间应运而生的事物绝非简单的某种状态，永恒自然法则是无法对其做出预示的。新生事物不会等着在永恒自然法则的运转下出现可让它从可能变为现实的条件。新生事物象征着自然运转过程的变化。而这些变化正在改变各种规律、法则和事物的状态。

在宇宙发展过程中不断有新事物的出现。我们的经验同样如此，经验不断以新的形式出现，且受到各种因素的制约：思维的出现以及人类对自身力量的运用加速了宇宙中新事物的产生。科学和数学是人类对自身力量运用的最显著体现。

空间、时间和其他物理学特性的关系倾向，以及变化高于现状，各自解决了对方未能解决的问题。关系时空永恒说尚无法解释自然的某些基本特征，如自然法则的选择和初始状态的选择。解释这些奥秘的最好办法是将它们放在时间的框架下考虑：假设这些奥秘是可变的，它们在时间框架下不断演变直至现在的状态。另一方面，变化高于现状常常被用来反驳绝对时间论，而非关系时间论。其结果可能是通过科学推断而得到一个神秘的概念，即引入一个外部力量或者实体，而它们能够产生另一个被动宇宙。只有当我们从关系时间论的角度理解变化时，我们才能将变化归为宇宙内部的动态学范畴。唯有这样，我们才能用科学方法来解释变化。

本书三个核心思想在这两种哲学思维传统的指导下不断发展，我们可以用时间自然主义对其定位。这一定位反过来能帮助我们解决核心问题，并明确宇宙学未来的研究方向。

* * *

本书论点援引并试图重建已经消失了的自然哲学风格。

本书所论述的内容绝非通俗科学：它旨在将当代科学发展历程呈现给更多读者。我们希望不同社会背景的人们都能看到这本书，而不仅仅是专业的宇宙学家或物理学家。但书中对种种学说和理论的总结和陈述上，我们并没有为了使更多人能读懂这本书而人为降低标准。书中所述论点的制约性源自作者认知和理解的局限性，非人为简化标准造成。

由于对既定自然哲学论述的缺乏，很多科学家常常用分解陈述的方式向不具备专业知识背景的普通大众逐一介绍在其学术文章中无法三言两语解释清楚的根本性问题。但本书直接着手自然科学，我们不打算采取大众易于接受的形式进行简化。

我们需要将此书的论点和科学哲学区分开来，因为后者在当下依然有非常强大的生命力。科学哲学探讨的是当代或过去科学观点的含义、蕴涵和推测。它是一种半科学的视角（从科学外部或科学之上着手），而不是一种对科学内部进行的干预，从而批判和重导科学的学说。

科学哲学的最直接主题是科学，而自然哲学的最直接主题是自然，但自然哲学与科学有着重要的关系。

自然哲学关于宇宙及其历史的理论不是单纯的宇宙学理论。它是一种（关于上帝是否存在的）宇宙成因论。自然哲学从当代科学内部/外部理论和外部考量的基础着手，介入宇宙成因的讨论，并在宇宙成因论中占有一席之地。自然哲学试图描述和探索更广阔的知识选择面，而不仅局限于它所研究领域中的当代实践。很显然，其目的是一种修正主义：旨在提出并捍卫对宇宙学的重导，而宇宙学的蕴涵是物理学研究应当遵循的。

从任何一个角度看，本书所论述内容和我们所熟知的源自19世纪中叶的自然哲学没有任何契合点。然而我们所面临的问题是，尽管很多科学家和哲学家做出了非比寻常的努力，但自然哲学长久以来已经不再是一种受人们认可的流派。自然哲学在青黄不接时期几乎失去影响力的状态其实还出现过一线生机，那就是恩斯特·马赫在19世纪末20世纪初时提出的理论，后来爱因斯坦也运用了他的理论。另一次生机则出自于与马赫同时代的亨利·庞加莱。直至今日，在一步步历史发展过程中，现代生物学备受自然哲学家们（他们当中很多人都是活跃在各自领域的科学家）研究成果的福荫泽被。大众科学和科学哲学的双双出现侵占了自然哲学的历史地位。

本书企图向这一失势的学说和流派注入新的活力。如果不对宇宙学和物理学既定专业话语所存在的制约因素进行反驳，我们便无法公平对待我们所探索的那些极具挑战的难题和机遇。假如我们不紧密结合这些学科的话，我们同样将无法推动自己在设定的目标上前进。

之所以要同时从两个方向跨过科学和哲学的中间地带，不仅是为了满足实际需要，更重要的是为了找到更为广阔的灵感源，特别是在遇到既定科学理论无法解决的难题时。这些原因同时也是探寻科学的一种理想和思维。

当科学摒弃实验验证或实验原则时，科学便堕落了。当科学把猜想误认为事实，把现有哲学误认为真理时，科学的含金量便大打折扣了。对经验的激励和鼓励想象能带来的惊喜，二者间的辩证关系是科学进步所不可或缺的。当“普通科学”具备“革命性科学”——“范式变化的科学”的某些特征时，它就会变成一门更高级、更具实践性的科学。自然哲学能够帮助科学拓宽自身视野，还能提升科学思维方式的力量。

自然哲学之所以能成功是因为思维具有无穷的力量。对于任何学科，人总是可以通过任何方法和任何假设获取更多发现。思维可以超越方法，根据实际需要对实践方式和理论进行重塑。

但到了 21 世纪初，自然哲学便失去了其在 19 世纪初的光环和荣耀。自然哲学必须有所发展和变化了。此处我们不会提供自然哲学该何去何从的理论，而是提供一个例子。

* * *

我们二人各自按照自己的思路陈述和记录了八年合作与讨论的成果。一人负责把合作成果在保证自然哲学观的前提下以系统的自然哲学观点呈现出来，另一人负责用与当今宇宙学和物理学更为接近的观点、当代宇宙学家和物理学家熟知的词汇对合作成果进行陈述，同时还探索了本书蕴涵理论的现况及未来。

我二人就本书的总方向和中心论点达成了共识。但对于本书触及到的所有问题，我俩的观点并非处处一致。在某些领域上，两人的分歧微不足道；但在有些领域上，两人的意见可谓龃龉难入。无论分歧是大是小，对某些问题的不同认识让我们更明白了一个道理：世界上有很多事物，方式虽然不同但依然可以建立起相同的思想。我们将彼此之间的分歧列在了本书末尾部分，供后续探究。

* * *

本书的研究主题为宇宙及宇宙史。我们的负面论调是，在宇宙学领域具有广泛影响力的对宇宙及宇宙史的思考方法，无法充分解释宇宙学对世界的发现有何意义。这些看待宇宙及宇宙史的方法存在缺陷，制约了宇宙学未来的发展。我们的肯定论调是，目前我们拥有建立一种更好的思考方法的人力条件，来研究宇宙及宇宙史。但这种替代思考方法与“宇宙多元论”、“时间本质突变性和虚幻性论点”、“数学对科学具有预示性的观点”均相悖。

本书的主旨再基础不过了。在这点上，没有任何著作能和我们的研究成果相提并论。宇宙学绝非一门具体的学科，它将宇宙看作一个有机体进行研究，抛开这个前提谈宇宙学实际是没有意义的。

有形或无形中，我们所有关于自然组成部分的观点都会受我们如何猜想宇宙的影响。当代物理学和宇宙学总是出现偷梁换柱的做法：当代物理学和宇宙学尝试将只能运用在局部现象的研究程序运用到对宇宙和宇宙史过程的研究中，这样偷梁换柱的行为导致了很严重的问题。

我们所说的宇宙学指的是将整个宇宙看作整体进行研究的科学，而不是只研究局部现象或小现象的物理学，也不是只研究大现象的物理学，但人们通常就是以偏概全地看待宇宙学。我们有理由把物理学看作是宇宙学的一个子系统。这种划分法无法解释很多宇宙学的核心问题，如时间和空间的本质是什么？宇宙的起源是什么？宇宙的初始状态是什么？宇宙的规律是什么……要想科学地解释这些问题，我们需在新近提出的原则和研究手段之基础上采用一种新的解决方式，但得到的结论可能是正确的也可能错误的，对此我们应持开明的态度。我们的目的是建立起能够充分研究宇宙科学的方法和原则，而不只是高级版当代物理学的研究方法和原则。要实现这一目标，我们得从以下三点着手：宇宙的奇异存在性、时间的包容真实性、数学的选择现实性。

目录

PART Ⅰ

Roberto M. Unger

第一部分

罗伯托·M. 昂格尔

1　时间范畴里的宇宙科学

时宇间宙　宇宙的奇异存在性

本书建立了关于宇宙本质和人与宇宙关系之本质的三种观点，它们相互联系，这三种观点相互之间有着紧密的联系。第一个观点，同一时间有且仅有一个宇宙。第二个观点，时间具有包容真实性。没有任何事物，包括自然规律，可以超越时间而存在。第三个观点，从时间和现象特殊性的制高点看，数学的真正主题是这个被时间包围的真实存在的世界。

在这三种思想定义的观点看，宇宙即所有存在的集合。只要我们认可同时有且只有一个宇宙，那么便可以将“宇宙”和“世界”这两个概念画等号。如果说存在多元宇宙，那么也可以说成存在多元世界。这里所说的奇异宇宙必须和我们所观察到的宇宙区分开来，因为我们所能观察到的只是宇宙的一小部分，宇宙可比这大得多。本书中所用的“宇宙学”和“宇宙学的”指的是整个宇宙的概念，而不仅仅是我们所能观察到的一小部分。在过去几十年里，科学家们对可观察宇宙开展了不间断的天文观测，并取得了许多重大发现。但宇宙学在渐渐迷失前进的方向。本书的论点属于宇宙学范畴：这些论点紧紧围绕整个宇宙和人们思考宇宙的方法展开。

本书三个核心思想中，每一个都涉及我们如何看待科学（特别是如何看待物理学和宇宙学）对于世界的发现，以及我们如何看待科学的作用和未来发展方向。这些思想还会对我们怎样看待科学发现在自我认识过程中的地位产生影响。

第一个思想是宇宙的奇异存在性。我们有充分理由相信，同一时间只存在一个宇宙，一个容纳我们的宇宙。迄今为止，没有任何科学发现能证明，我们所处的宇宙只是众多宇宙中的一个，尽管宇宙可能有前身。当代宇宙学所说的宇宙多元论并非是对任何天文观察的经验总结，也不是任何天文观察干预的结果，而是要把这一捏造的学说，对宇宙的失败解释变成真理的尝试。宇宙多元论关于宇宙的失败解释在于，它认为在自然基础组成的层面分析自然如何运转的主流观点适用于我们所观察到的自然外的很多自然状态。（在 21 世纪初期的今天，弦理论及其他众多与之类似的学说，都无法在我们所观察的宇宙中得到验证。但弦理论和这些学说却是主流理论对某些现象不充分决定论的一个很好例子。）宇宙多元论把失败的解释变为真理的途径是：假设每一种对宇宙多元论有利的学说，都有与之对应的一个宇宙，那么在这个宇宙中，多元论拥有决定事物真伪的无上权力。

既然那些未曾被人们观察到的多元宇宙存在的可能性很低，那么另一个问题也随之出现了：为什么世界上只存在一个宇宙？因此，试图将这一失败解释变成真理的最激进的学说声称，多元宇宙不仅有一丝存在的可能，它们是确实存在的，尽管目前尚无可以证明它（多元宇宙）的证据。

现今关于“多元宇宙”人气最旺的因果假设是“永恒膨胀论，这种理论假设不计其数的宇宙源自一个不断膨胀的介质，一步步，像泡沫一样发生相变”。弦理论则认为，对于这种泡沫状多元宇宙，可任选与弦理论方法兼容的很多规律加以描述。这种“人择原理”追溯目的论很像变戏法，根据这种目的论，宇宙规律的选择标准是：这些规律需要对（人的）生命和人的意识做出解释。

这种不同思想的结合好似变戏法一般，是这种科学史上的不祥之兆。它渐渐远离一致对科学进行指引和规范的种种方法、标准和猜想。

尽管和奇异宇宙学说相悖的这种多元宇宙说，在很多科学家或普通人看来已经昭然若揭了，但这种学说首先引发了一个问题。亚里士多德曾写道：生命是如此妙不可言。对于宇宙部分反复出现的现象，我们可以找到类似法则的理论加以解释。但如果我们所说的宇宙是众多宇宙中的一个，那么又怎会存在将整个宇宙当作一个整体进行解释的法则呢？如果我们无法将世界当作众多可能世界或众多真实存在世界中的一个描述清楚，我们又如何给出这样一种解释呢？多元宇宙理论也必须是可以解释单一生命体的理论。而这样一种理论在科学史上是找不到先例的。

时宇间宙 时间的包容真实性

本书的第二个论点是时间具有真实包容性。据本书论点，单一宇宙里的任何事物都无法脱离时间而存在。

乍一看，时间的真实性貌似是老生常谈。实际上，这是一种革命性课题。这一理论不仅公开对抗某些认为时间是一种虚幻存在的投机主义学说，同时还对抗很多被视为真理的因果关系理论和科学解释。

当时间的真实性和我们所观察到的这个宇宙的特殊存在结合在一起时，就会产生“我们的世界和它内部的每一个物体，都是有历史的”观点。任何事物都具有变性。

对时间真实性的认可容易引发关于因果关系的哲学谜题。如果时间是非真的，那么就不可能存在因果关系，因为不再有前件（原因）后件（后果）的关系存在。原因和后果可能同时出现，因此它们可能是虚假的，也可能携带我们理解之外的含义。我们无法将受时间限定的因果关系与蕴涵的逻辑或数学关系区分开来，后者独立于时间存在。我们在因果关系语境下如何称呼原因和后果实际上会对永恒真实的关系网产生影响。

如果说万事万物都是受时间限制，那么自然的规律、对称性和常量也必须受时间的限制。世上不存在可以解释因果判断的永恒规律。变化本身也是会变的。不仅现象会发生变化，规律也会发生变化，包括自然的规律、对称性和常量都会发生变化。

传统的因果关系理论总体上看十分混乱。在因果语境下，在科学内外，我们似乎相信时间是真实存在的，但又不是那么实实在在。时间必须在某种程度上是真实的，否则所有因果关系都会荡然无存。但时间又不能太过真实，如果时间太真实，所有的因果判断都会在不断变化的规律之海里漂浮不定。

本书中我们认为，从近代史的角度看，科学的证据——对当今科学的拯救，没有赋予我们对时间的真实性和时间的范畴进行限定的权限。在一成不变的规律和对称性里，因果判断是没有办法得到巩固的。然而，这种局面并不意味着我们深陷无法解释世界的泥潭而无法自拔。只要对解释因果关系的学说稍加引导和解读，我们便能从无法清楚解释时间真实性的被动局面中挺过去。解释因果关系的学说可以做到不和时间真实论及万事万物在时间框架下不断变化的学说相互抵触。

这一人类智慧的结晶使我们不得不正视另一个谜团，一个当我们严肃审视自然法则、规律、对称性和假设常量都受限于时间并随时间变化（而不是独立于时间之外，一成不变）这一理论时就会遇到的谜团。貌似左右为难的我们没有得到满意的答案。

令我们为难的，一种是主宰自然法则和规律的高阶法则或星际法则。于此，规律的时间依赖性衍生的问题被推向另一个阶段。高阶法则要么受到时间的制约，随时间变化；要么脱离时间而存在，保持不变。但任何本质性的要素都无法逃离时间框架的束缚。

另一种可能是根本不存在此类高阶法则。如果这样的话，因果判断就会失去所有理论基础的支撑。而规律改变论也就显得迷雾重重起来，因为我们没有充分的理论对其进行解释：改变需要因果关系论加以解释，同时，因果关系论也需要自然法则和自然对称性的理论支撑，人们通常都是这样认为的。

我们在寻找脱离这一困境的方法。其中一个方法对本书论点至关重要，同时它还在生命科学、地球科学、社会学和历史的形成过程及研究中发挥了重要作用，尽管物理学的发展与它没有太多交集。据这一方法的理论，各种自然规律、对称性和假设常量都随着现象一起变化。这一方法的理论认为，因果关系是自然的一种原始特征。在我们这个冷却下来的宇宙里，因果关系不断依托自然现象以一种明显的结构出现，也就是说因果关系的出现颇具规律性。然而，在其他极端的自然状态里，出现在宇宙初期的某些因果关系可能不具有规律性。

自然规律不断变化的观点及自然规律会与其主宰的现象同时演变的学说或许存在一些不明晰之处：正如我所说的那样，这类观点使我们一直以来解释因果关系的法则处于岌岌可危的境地。但这类观点并不荒唐，也并非首次出现。人们经常将这一观点运用于生命科学、社会学和历史学研究领域。正因为有这种学说，我们才不用相信种种纯属杜撰的形而上学的臆测，如我们从未切实看到过的多元宇宙学说。

自然法则可变性的猜测似乎会引起一些难以超越的悖论。而一旦我们把焦点放在自然法则和因果关系的关系上，并认识到自然法则其实是源自因果关系，而不是因果关系源自自然法则这一道理，所谓的悖论也就不攻自破了。自然法则可变性观点或启示我们用一种全新的角度去审视很多我们熟悉但处理起来又很棘手的事实。其中就包括自然中很多尚未得到解释的宇宙常量值，特别是那些我们不能拿来当作测量单位的常量，我们通常称其为无量纲。这些常量以任意值呈现，可能是宇宙早期状态引发，或是用不同于现今我们所采用的法则或对称性推导得来。它们还可能是一段长期被人遗忘，被压制为历史的蛛丝马迹：那个已经消失的早期真实世界存在过的证据。

* * *

要弄清楚时间的包容真实性及其推导理论下的科学界的危机，即时间的包容真实性与自然法则、对称性和假设常量的可变性理论下的科学界的危机，最简单的方法是提出这样一个问题：这些自然法则从何而来？因为我们今天所理解的自然规律和对称性已无法对宇宙初期状态做出圆满的解释。我们还要问第二个问题：宇宙的初始状态从何而来？（神秘的自然常量可以帮助我们描述这些问题，而不对它们做出解释。相反，我们所需要的恰恰是解释，而现今既定法则和对称性无法做到这一点。尽管我们可以把这些常量、自然法则和对称性看作规律，但它们还是无法帮助我们解释宇宙的初始状态。从一开始，这些常量的存在本身就是待解释的问题，而不是可以帮助我们解释问题的方案。）

总的来说，有三种方法可以解决上述问题。

这三种方法都是客观存在的。如果它们无法运用到宇宙初期，或不能解释宇宙初始状态，原因只可能是我们对自然法则和对称性的理解尚处在初级阶段，仍待进一步完善。第一个方法是假设自然法则和对称性共同构成了一个自然事件的永恒不变框架。第一种是迄今为止一直占据主导地位的方法，从牛顿时代到爱因斯坦时代都是如此。它部分象征着20世纪对宇宙重大发现的人类智慧。

关于这一方法的一种反对声音认为，我们对早期宇宙的认知告诉我们，时下形成的自然法则和对称性或许不能用于出现在早期宇宙的某些极端状态，这些极端状态也可能在宇宙的后续发展阶段再次出现：如黑洞内部。如果在这种极端状态里不存在以自然法则和对称性能够捕捉到的方式相互影响的明显结构——如粒子物理学标准模型所表述的不同物质的稳定储备，我们又何从谈起自然法则和对称性？

另一种反对观点认为，如果自然真是由我们所说的法则和对称性构成，那么宇宙的初始状态，及其后续发展状态就不太可能存在了。在第一种方法看来，自然法则和对称性仍然没有将宇宙的初始状态解释清楚。自然法则和对称性似乎只适用于根据冷却了的宇宙特点进行自我组织的宇宙。

只要科学能够抵制住使其屈服使其变成一种理性主义形而上学的诱惑，科学便永远不会证明出宇宙一定得成为之前的样子。到最后，科学一定会认可此处所声称的宇宙的真实性：宇宙就是宇宙本身，而非其他物质。第一种方法的问题在于，它可能会导致可用因果关系论进行探索的领域的缩小。它可能错误地将自然看作自然进程的一个子集。它可能将自然如何以我们熟悉的形式运转定义为规律和对称性，如在我们存在的这个相对较冷的独特宇宙里常见的形式。

客观对待科学无法解释宇宙就是宇宙本身这一观点和将科学贬低成既不能解释科学自身，又不能解释宇宙初始状态的精确法则、对称性和常量是两件完全不同的事情。

解答我们宇宙的法则和初始状态来自何处这个问题的第二个方法，是把我们的宁宙看作多元宁宙中的唯一一个。这种方法的解答之道把重心从我们宇宙普遍存在的法则、对称性和常量转移到了主宰多元宇宙（我们的宇宙在其中可能是唯一的）的法则和数学概念上。很快我们会发现，对于这种方法来说，法则和数学概念区别不大。

在这一方法下，至今仍是科学研究核心的有效法则已然沦为适用于多元宇宙的众多高阶法则中的一种变体形式。我们不能把宇宙初期的异常状态当作宇宙的特征，它不过是一种孤立存在的状态。高阶法则和我们所观察到的宇宙实际情况的不一致，以及高阶法则的种种庞杂学说使它们与数学的关系生出很多问题来。

这一方法衍生出的很多观点是表述为物理理论的数学概念，但用数学语言表达出来就没物理理论的专业性了。在这一方法看来，宇宙法则和宇宙初始状态不存在区别。

上述观点的极端界限是自然事实，其实是一种数学结构。因为这种数学结构是永恒的，不受时间限制的，因而数学结构组成的自然状态也该是永恒的。只要达到特定数学结构，就会有与之对应的宇宙，这一宇宙的每一个粒子都会呈现出这一结构的特点。观察得到的很多惊奇发现能够揭露我们对数学的无知。

第二个方法（不管它是否是一种极端形式）是20世纪末21世纪初的一种创造。直到最近几十年，这一方法才渐渐被物理学和宇宙学史研究所了解。粒子物理学对间接收敛研究的进步导致了这一方法的萌生，在弦理论和多元宇宙学说出现时达到顶点。这一方法在许多数学理论中占有核心地位，因为它反过来也从数学中得到了启发和强化。

这种方法首先遭到了方法论和道德领域的反对。因为为了避免在粒子物理学或宇宙学中，其理论概念无法对自然做出解释的情况（正如我们所遇到的情况一样），这种方法提出了很多虚幻实体——那些我们没有观察到或无法观察到的宇宙（宇宙学里）或事物的状态（粒子物理学上）。科学谜团本是科学的精华所在，如此一来，这种方法便白白浪费了探索谜团的机会。

其次，通过这种小伎俩，这种方法颠倒了物理学和数学的关系，且忽略了二者间的差别。假如说数学是一个能将事实碎片相互联系起来并储存的思想仓库，那么，物理学便是使用物理事实来鉴定这些数学联系的工具。本书认为，人们看待数学和科学、数学与自然之间关系的观点被引入错误的方向，而在这一错误方向上存在一种操控全局的做法。

还有一种反对这一方法的声音——这种声音对于科学家来说最具说服力，反对的声音认为归根到底这种方法还是在回避对自然做出解释。该方法将至今未得到解释的自然法则和宇宙最初状态看作自然可能存在的万种变化，而不是当作众多我们未观察到的宇宙和事物未知状态中的一小部分。

我们研究出了第三种方法。第三种方法的工作原理是假设解释自然规律及自然结构和那个唯一真实宇宙的初始状态的更好方法是从历史的角度去解释。这种方法认为宇宙学已经转变为一门历史性科学。这一方法试图用过去几百年里关于宇宙学的重大发现作为经验支撑：包括和宇宙历史有关的发现和很多尚未完全被归类为当今标准宇宙学模型的发现。结构源自历史，而非历史源自结构。

和第三种方法类似的原理在生命科学、地球科学、人类社会历史研究学等领域都能找到。但和前两种方法不同的是，第三种方法只依赖现代物理学和宇宙学史中的少数几个典型学说。

但这种方法还是无法为宇宙所呈现的非自然性辩解——非自然性指宇宙碰巧是现在的样子，而非其他。然而，它大范围拓展了因果关系可探究的领域。因此，这种方法要求我们建立起实验，和最近几个世纪里的重大宇宙发现进行协同研究。

这里所讨论的历史研究法充分利用了本书的三个核心思想。这种历史研究法摒弃了关于多元宇宙的捏造杜撰，将焦点放在唯一存在的宇宙及其历史研究上。这种方法对待时间真实性的态度十分严谨认真，它认可无论是自然的基本结构还是本质规律，都难逃发生变化的宿命。它试图摆正数学的地位，把数学看作物理理论研究的工具，而不是物理学的替代品。

但这种方法引发了很多棘手问题。在本文开始我们就碰到了两个这样的问题。

第一个问题是，假如同时有且只有一个宇宙，那么我们必须好好思考怎样才能建立起关于这个单一宇宙的看似矛盾重重的科学体系。宇宙学中回避这一问题的通常做法是把用来解释宇宙零散问题的理论拓展到关于整个宇宙的思想中去。在拥有特殊结构并具备规律性和对称性的冷却宇宙中，诸如时空碎片之类的宇宙构件会衍生出符合上述相同规律的更多倍数的实体。宇宙学研究需要关于局部现象的多种理论相结合。

然而，把零散的自然理论延伸到宇宙学概念中是我们应当反对的做法，因为至少到目前为止，这一问题要求我们不把宇宙初期标准状态当作永恒不变的真理。这也是本章后面会讨论的一个论点。撇开这个观点，我们必须客观面对具有历史性且真实存在的唯一宇宙向科学所抛出的难题：也就是亚里士多德提出的关于个体生命妙不可言的难题。

第二个问题是，假如宇宙中万物，包括规律和结构，迟早都会发生变化，那么我们便不能接受对物理学和宇宙学（至少在20世纪初期量子力学领域狭义和广义相对论问世后的）发展方向进行限定的举动。这一举动把对空间和时间绝对性（不同于物理事件）的否定，和对自然终极构件的永久性结构和规律及对称性永恒不变论的再肯定结合在一起。这两个问题的出现要求我们转变我们对因果关系和因果关系之间相互关系的看法，进而关注自然的种种法则和对称性。

时宇间宙 数学的选择现实性

本书的第三个核心论点是有关数学及其与自然和科学的关系的一个概

念。根据这个论点，数学所反映的是一个没有时间和现象特殊性的世界。数学是对世界的幻影所做的一种虚拟探索，一个被剥离了时间和现象特殊性的世界幻影。

我们对因果关系的解释无法摆脱时间的约束，因为原因在时间上总是先于后果。假如时间是虚假的，那么任何因果关系都是虚假的。另一方面，如果时间的包容真实性能引起自然规律的可变性，那我们对因果关系的判断就缺乏一种稳定保障。而我们对因果关系的传统理解也很模糊，一方面认可时间的真实性，另一方面又认为时间没有我们所说的那么真实。

但数学命题与逻辑命题之间的关系却是永恒的，不受时间约束，比如直言三段论的结论和其前提是同时出现的，而不是前提先于结论。即使我们在时间的框架下进行推导，用它们来分析时间事件，它们也是永恒的。

在宇宙的奇异存在性和时间的包容真实性占据决定性地位的传统哲学和科学思想传统里，数学获得了任何数学哲学都无法解释的强大能力。因为自然规律似乎都得用数学的术语去描述和记录。但我想问的是为什么，及这样做的意义何在?“不合理的数学效率”一直得不到妥善解释。

在哲学数学理论发展史上出现过两套解释“数学为何拥有如此巨大能量”谜题的较详尽方法。第一套方法认为：数学是关于数学实体和数学关系的独立学科。第二套方法认为：数学是抽象的创造，抽象的概念实体依据人为设定的推理模式进行运作。但问题在于两套方法似乎都无法解释数学为何能在我们的世界里无孔不入。

本书提出另一种观点，而这一观点的着手点是因果关系的时空性和数学及逻辑关系的永恒性之间的巨大差异。从整体结构和众多关系的角度看，数学是一门关于世界的学科，是一门抛开构成世界的（受时间约束的）众多细节的一门学科：忽略个性和时间。

不能将数学所研究的世界和我们的世界——这个唯一的、全方位被时间限定的真实世界，完全画等号。但数学所研究的也不是和我们之间存在无法逾越鸿沟的永恒数学对象。数学研究的世界只是对我们世界的模拟，在数学所研究的世界里，任何事物的个性和与时间的关系都被剥离了，所以它和我们的世界是有本质区别的。

数学和逻辑推理就好像特洛伊木马，被强行套在否认时间真实性和差异真实性的思维上。然而，正是数学的选择性——选择抛弃时间和个性，才具有它强大功用的原因所在。

不应把数学和逻辑推理能力看作克服自然构造极限的工具，而应该把它当作自然构造的有机组成部分。排除任何受时间约束情况的细节的影响，通过扩展我们关于世界众多构件是如何互相联系在一起的观点，并使之重组，这一数学和逻辑推理能力可极大地帮助我们获得解决更多问题的能力。当我们没有现在这么复杂时，这一数学和逻辑推理能力呈现出非凡的革命性优势，即使在我们变得更加复杂的今天，这一能力依旧继续表现出其非凡的革命性。

数学和逻辑推理能力之所以具备这一优势原因在于它处理唯一的真实自然世界的方法简单明了，而不是贸然涉足另一个永恒世界和非自然对象，抑或探讨那些纷繁复杂的虚伪的可能世界。它是一种以自然为研究中心的自然能力。然而，这种能力因为它处理我们这个唯一且受时间约束世界的具体细节的特殊方式而获得了更加强大的力量。

在初期阶段时，数学与随时间变化并具有现象特殊性的世界之间的关系十分直截了当：二者的关系更多呈现如查尔斯 · 桑德斯 · 皮尔斯所说的溯因推理式，而更少呈现归纳推理式的关系，前者是一种对无限具体细节的跳跃式想象思维。但好景不长，数学和自然的主导关系变得复杂起来。人们渐渐使用类推法拓展数学思想的可探索领域：在没有得到授权，甚至没有任何自然经验启发的情况下。例如，我们跨越了欧几里得几何三维空间（简化观感经验的一种理论），探索到了我们尚未认识的几何学问题。我们超越了对世界种种事物进行计数所使用的整数，尝试研究人类无法感知到的毫无计数价值的数字。

在与自然的这种间接关系上建立起来的数学体系（研究的动力源自数学科学内部的发展要求）能否帮助人们解释自然现象尚属未知。它不一定能在自然科学领域发挥作用。没有证据表明它一定能处处为人所用，尽管通常来说还是有用的。这一间接关系具有的终极能量源自它将数学与自然的联系和距离结合到了一起。

这种终极能量总是诱导我们迷信两种相互关联的假象。第一种假象是：数学存在捷径，带领我们寻到决定正确的永恒真理，高于一切人类尚待纠正的认知的永恒真理。第二种假象是：由于数学命题之间的关系是永恒的，不受时间约束的，那么时间在一定程度上应该也具有数学的这一永恒性。

本书所论述的数学和这两种假象没有丝毫瓜葛，是一种压缩数学被神化的能力的现实观点。本书探讨的数学观认为，把数学看作对永恒数学对象构成的孤立世界的解释，或看作（莫名其妙就变得）能运用在自然领域的数字和空间观点的自由创造，是无法让人们充分认识数学的功用的。

人们乐此不疲地沉迷于数学的强大能力，原因再自然不过。起初数学体系的建立源自自然的启发，人们排除时间和特殊性，后来排除了最初启发我们的那些灵感源。然而，数学没有自然那么博大。数学之所以具有那么强大的能量，是因为它对自然的解释采用简而化之的办法，让人们误以为数学揭示了某些从前的未解之谜，使人对自然的认知得到了解放。

有一种观点，认为把数学看作是对摒弃了时间和现象特殊性的人为理解中的世界的想象。这一观点只有和本书其余两个核心论点——有且只有一个真实世界和世间万物迟早都要发生变化，相结合便会最大发挥其说服力和意义。只有一个唯一世界，数学正是研究实时条件下唯一世界的一门科学，它研究的不是其他事物。我们的焦点不应放在寻找除了这个唯一世界（数学确实只专注于此），数学还研究哪些领域，我们应该关注的是数学可以多大程度地研究世界，向世人呈现这个世界的明显特质，而世界的很明显特质对于我们来说，是十分触目惊心和晦涩难懂的。

时宇间宙 宇宙学第一谬误

有且只有一个真实的宇宙。时间是真实存在的，任何事物都逃脱不了时间的约束。数学的主题和灵感源便是这个唯一真实的被时间包围的世界。数学对于我们准确地了解世界史大有裨益，因为数学的探索对象是抽象的时间和现象特殊性的世界零碎构件之间相互关系的最寻常特征。

这三个命题构成了本书的核心论点。为认可和建立这三个命题所要传递的事实，我们得否定两个谬误。这两个谬误在物理学和宇宙学内外都享有广泛的影响力，且紧密联系着。两个谬误加在一起便总结了我们对科学发现的误解。

暂且称呼它们为宇宙学两大谬论，二者都犯了以偏概全的错误。它们的错误既有差异也有交集。第一种谬误覆盖所有只有运用在这一谬误中才成立的研究宇宙的方法和思想，是一种虚假普遍性谬误：它把整个宇宙看作是更大宇宙的一部分。第二种谬误主张一种自然观点，以及在受宇宙某一历史发展时期所呈现形式启发而形成的法则。这是一种宇宙年代误植谬误：这一谬误覆盖和特定历史阶段相关的宇宙思想的整个发展史。该谬误对自然世界运转规律的认识太过狭隘，从而无法正确对待自然发生的变化。

* * *

宇宙学第一谬误——一种虚假普遍性的谬误——它覆盖整个宇宙，因而也覆盖宇宙学的核心问题，这里称为牛顿范式。牛顿范式是伽利略和牛顿时代以来，解释物理和宇宙学的主要方法。尽管牛顿范式理论一定程度上受到相对论和量子力学的牵引和修正，但后者没能阻碍前者不断上升的支配地位。

在牛顿范式的框架下，人们建立了一种位形空间。在这种位形空间里，某一现象的变化幅度可用不变的法则进行解释。事实上，受位形空间限定且不变法则可解释的经验范围是可以复制的，无论是在宇宙其他部分里找到，还是科学家们对之刻意复制。条件或诱因不变的情况下，相同运动和相同变化的重复出现可以验证法则的有效性。

固定法则用来解释可变现象的位形空间受到初始状态的限定。这些初始状态便是对固定法则所解释现象的背景进行限定的事实前提。这些事实前提这样定义位形空间：位形空间指固定法则可用来解释现象的空间。严格从定义上看，初始状态不是在位形空间内对运动和变化做解释的法则所诠释的那个样子。初始状态更多的是通过假设得来，而非解释得来。

然而，初始状态在科学特定领域里充当未知条件而非已知现象的角色，并不代表初始状态不能被当作研究对象，出现在新的科学探索领域。在牛顿范式的实际操作中，为取得某一效果所设定的条件在其他研究中可能还被当作主题进行解释。通过待解释的角色和解释过程中什么环节是可逆的，我们可以确定，人类是有希望通过肢解的方法来解释宇宙中万事万物的。

而观测者无论从理论上还是实际上，都是置身位形空间之外的。概念上看，观测者和位形空间的关系好比上帝和世界的关系，在闪米特一神论——犹太教、基督教和伊斯兰教中：是观测者而不是造物主。用一个天文学方面的比喻来说，观测者从星际制高点上审视位形空间。万物法则和这一理想观测者一道，主宰着位形空间内发生的一切。但无论在位形空间内部抑或其他地方，万物法则和观测者都无法留下历史足迹。

由于决定着位形空间内部的一切运动和变化，万物法则可以用来解释时间顺序里发生的事件。要想解释现象的变化，万物法则首先得对现象进行描述。最广为人知的方式是把现象的变化描述为围绕中轴进行的运动，时间由此转变为了空间。

万物法则是永恒的，是没有历史的。万物法则为解释因果关系提供理论支撑。但我们无法对各种自然法则做出解释。要问法则何为法则，这样的问题实际上超出了牛顿范式框架下自然科学的界限。

那些科学实践思想归在牛顿范式框架下的科学家们希望能通过数学找到能解释万物法则为何为万物法则的切入点。但这一猜测只不过是一种形而上学的推断，于受牛顿范式指导的科学实践而言，这一猜测不具有太大意义。

宇宙学第一谬误存在于对宇宙整体（相对宇宙中特异问题而言）进行科学研究的这一方法（牛顿范式）中。当研究主题变为整个宇宙及其历史，而不是宇宙的一小部分时，位形空间里受万物法则主宰的现象与定义位形空间的既定事实条件之间的差别便会失去意义。所有事物只能存在于位形空间里，位形空间即指整个宇宙。因此我们应该对万物法则的持续有效性进行检测。

牛顿曾告诫世人，不可凭空捏造假设。若是对这一警告充耳不闻，我们大可援引多元宇宙（或平行宇宙）学说来拯救宇宙学对牛顿范式的运用。假如真有其他的宇宙存在，那么它们和我们的宇宙一定不存在因果关系，任何光载信息都无法穿越时空达到我们的宇宙，因此这一猜想只不过是披着科学外衣的无用的形而上学的空想罢了。

解释局部现象时，人为规定的初始状态在对另一局部现象的解释中变为已知现象的过程如今被打断了。就整个宇宙及其历史来说，不会出现上述角色转变的情况发生。不用指望通过局部现象的解释的积累可以得到整个宇宙的解释。

观测者再也不能继续置身位形空间之外，不能继续声称自己从宇宙的神圣角度看待一切，所有星辰以及星辰周围的一切物体都被纳入了人们想要解释的范畴里。如果说自然法则一定程度上可以免受自然本身所经历的巨变，那么它们必须存在于另一个真实维度里，存在于数学的包围下，正如数学柏拉图者所理解的那样。

因此，一旦牛顿范式的主题变成整个宇宙，而非宇宙的一部分时，牛顿范式的每一个特征都会走向失败。宇宙学第一谬误否定了这一失败。这一否定衍生了一系列含糊不清的概念，它们将科学探索引入歧途，使宇宙学偏离了自身使命。

避免或减少宇宙学第一谬误的一个主要技巧是，看轻宇宙学问题在物理学乃至整个自然科学未来研究课题中的地位。然而，宇宙的组成部分终究是宇宙的组成部分。我们对整个宇宙及其历史的看法对理解宇宙的所有组成部分有深刻蕴涵。例如，假若存在一连串宇宙，而不仅仅是多个宇宙，假如尽管一连串宇宙间的因果关系受到很大压力，但从未破裂，那么我们世界的很多特征或许能在比早期宇宙（一个或众多）更古老宇宙的特征上找到起源与解释。

另一种边缘化宇宙学的更好方法（同时能够压制其对传统科学思想和科学实践造成的尴尬局面）是描述出宇宙在远古时期的极高温度和极大势能，这种方法具有广泛影响力。从传统意义和严格标准上，我们可以把其精确地称为宇宙奇点。一旦我们在描述自然时（而不仅仅是在进行数学猜想时）超越了无限的门槛，我们便不能再继续使用长久以来人们用来解释人类所了解的自然的任何实践工具，包括牛顿范式在内。因此，在认为宇宙源自奇点（奇点的参数无穷大）而非源自某次参数有限的极端暴力事件的理论看来，我们可以把对局部现象解释的伪逻辑普遍化所带来的种种困顿和矛盾最根本的原因归结为宇宙奇点的无穷性。这一从有穷到无穷的跳跃为很多学说提供了理论支撑，假如没有这一理论支撑，很多学说都会变得站不住脚而无法让人接受。

时宇间宙　宇宙学第二谬误

这是一种宇宙年代误植的谬论——它将只适用于宇宙部分历史时期的观点套用到整个宇宙史中去了。这种谬误将仅能说明自然特定运转状态（但不能说明其他状态）的自然运转理论体系牵强地植入到了我们对自然做出解释的科学实践中。宇宙学第二谬误的实质是把自然在宇宙冷却后所呈现的特殊形式当作自然唯一的常态看待。自然的这一运转模式上至当前宇宙历史的较早时期，下到（当前宇宙）稍后时期，均可看作是自然的唯一运转模态，因此成为典型的年代误植论。

之所以将其称为宇宙谬误，是因为这一谬误只能在宇宙学领域出现，而且是宇宙学最富意义的发现所附带产生的结果：这一重大发现就是宇宙是有历史的。宇宙学第二谬误不只是方法论上的一次小小失足，它是对宇宙现象的一种误读，涉及宇宙学对促进世人了解世界的重要方法。

宇宙学第二谬误的意义在于，我们对于自然和自然科学的既成印象形成于一种理解自然如何运转的历史性狭隘观念。事实上，长久以来，宇宙学扼杀了人们接触此类狭隘观念的任何机会，但我们依旧抱残守缺，不愿摒弃这一观念。

世上没有什么永恒不变，或经典难弃的科学方法。我们关于科学实践的观点是和科学理论一同发展进步的。宇宙是有历史的这一发现（在宇宙范畴内的所有事物都是具有历史性的）对科学实践具有一定蕴涵。但至今为止我们都没能认可宇宙历史性的蕴涵。

这里所说的并非其他普通概念中的历史，而是一种特定的历史。我们对宇宙的历史已经有足够的了解，并开始形成这样的思想：自然可以以不同状态，或不同形式存在。主流的观点和科学解释实践想当然地只认可其中一种状态，人们是通过必不可少和普遍的自然运转理论对这种唯一认可的状态进行识别的。然而，这样一来，人们便无法了解宇宙学中的各种发现就是宇宙的事实——至少如果我们能排除形而上学偏见的干扰，对宇宙学发现进行仔细解读的话，我们是可以做到的。

抛开那些左右着当前宇宙起源权威学术的观点，我们仍有理由（尽管不是直接证据）相信自然在过去的运转规律和特征与后续发展阶段有很大不同。这些思想可大致分为两大主要体系。

第一大体系是当今主流思想，它从传统意义上对可观察到的宇宙源自一个奇点的理论进行追踪：起源状态下的自然，其能量密度达到了无穷。第二类思想体系即本书论点所述，认同当前宇宙在起源状下的自然能量密度虽然达到了极限，但还是有穷的。第二类思想体系对宇宙起源状态下的自然能量密度达到极限的猜想很容易和多元宇宙的猜想结合在一起。

让人感到不可思议的是，任何一类思想体系都无法为我们去假设“在我们所熟知的成熟宇宙和演化中宇宙的划分方式内，依据当代粒子物理学标准模型和化学元素周期表所描述的自然结构性差异和基本成分在历史上可能并不存在”提供足够的证据（当然，用门捷列夫总结的元素周期表，从化学角度对自然进行表述缺乏基础性。这种化学描述法穿插了很多中间关联，如狄拉克方程和微观粒子运动基本规律之一的泡利不相容原理。自然现象具有永久性差异化结构是现代科学主流传统思想的核心所在。达尔文主义，或概括地讲，地球和生命科学一直以来并没能削弱这一思想的上升态势。非历史的差异性结构说并没有单独存在于从基础层面上探索真实性的科学形式中，首先包括粒子物理学，它还存在于从基础层面上解释自然的科学中，如化学。除非我们转而投向简化论的怀抱（简化论和物理科学所建立的研究方法不兼容），我们便不该只专注于最基础的研究理论，而忽视那些不太基础的研究理论。但在任何层面上我们都得反驳和推翻永恒结构思想：不管是次要基础的还是足够基础的理论。与此同时，和粒子物理学一样，化学还将继续是一门结构性科学，而不是历史性科学。）

由此推理，宇宙远古时期的自然并不只是简单地携带其他结构性差异和基础成分的印迹。我们很难将自然描述为一种差异性结构，也很难将自然运转原理描述为特定力或场的相互作用。因为宇宙远古时期可能不存在这种差异性结构或力（场）的相互作用。假若它们真的存在于宇宙初期的极端条件下，则其彼此间要存在巨大的差异，并且和后续发展形式和运转方式截然不同。尽管如此，宇宙学和物理学既定思维方式的前提是：自然始终以特殊部件（粒子、场、力）构成的结构运转，且这些特殊部件在符合不变法则的条件下要发生互动。

宇宙学第二谬误的批判者想要做的是利用当前我们所相信的宇宙史思想探讨这一矛盾命题，思考它对科学实践方式和人类某些最全面的科学理论所具有的蕴涵。自勒梅特宇宙起源猜想获得世人普遍认可后，这一谬误就长期占据着宇宙学核心地位，整个论证反映了批判者们自然哲学方面的反思：若对这一具有核心地位的学说系统严肃地进行思考，会得出什么结论？

我采用一种启发式方法进行这一反思。设想我们有两种自然状态，二者没有谁向谁演变的关系。二者的强烈对比远超手头证据所具有的权威。此外，这一反思的表述形式与既定科学理论的论调不符。尽管如此，它也能促进我们解决另一个站得住脚的分析目标：它能帮助人们揭露“自然中任何事物都不是永恒的”这一思想背后的逻辑。值得注意的是，在笔者方才援引的第二大体系思想（宇宙历史中，事物的最早状态只是一种极端值，而不是无穷值的思想）语境下，这一反思可以将其背后逻辑明显地展现出来。这一启发式论证法的策略在于，将自然的两种状态进行对比，并明确二者没有谁向谁演变的关系。

此处我所使用的简而化之的方式和比喻手段绝不会削弱对这一观点论证的有效性。这里的关键问题是，假如我们将“早期宇宙具备一种不同结构”的学说停留在自我满足的状态，研究议程和勒梅特猜想启发产生的思维方式就不可能会有充分的进展。从我们所熟知的成熟宇宙的科学研究中关于结构的理论分析，这一宇宙初期状态学说的蕴涵即宇宙根本没有结构。既然宇宙没有这样一种结构，其运转方式势必会以不同的方式进行。

此外，这一启发性方法的意义不仅适用于宇宙关于最初起源的有限论上，还适用于对所有有穷值进行限定的关于宇宙最初状态的描述上。尽管具体方式不同，但这一启发性方法还与持（否定有限性的）宇宙源自奇点学说的观点有关。根据这一观点，一定有那么一个成熟宇宙的特征和相互影响都不存在的时间段。一定存在由“此前宇宙”向“后来宇宙”转变和演化的过程。实际上，这是一个从无穷到有穷的转变过程，其规模和意义一定是空前的（因为只有这样才能保证那些学说的成立）。

在一种状态下，自然按照冷却了的成熟宇宙的方式运转：也就是我们所观察到的宇宙。自然由很多间断性的基础组件构成，最基本的包括粒子物理学所研究的粒子、场等因子。广义上说，这一状态的自然由众多自然因子构成，而这一点也是经典本体论和自然科学的理论源泉。亚里士多德学说也是这样看待自然的。自伽利略和牛顿后，人们继续以这样的思维表述自然。

根据这一理论，在一定能量参数和温度范围内，自然现象会以独特的方式进行自我描述。但这是一个十分有限度的范围，每一种现象的邻近可能都是半影——也就是下一步会发展成什么，变化幅度是十分受限的（考虑到之前的状态）。自然的法则——无论是特定领域的法则还是跨领域的基础法则或原则，都与其支配的现象存在天壤之别。这些概念和“事物不断变化的状态受不变的法则支配”的思想仅有一步之遥。

自然（根据这一颇具启发性意义的逻辑）可能会超越摆在人们面前的证据的边界（但不会与之相悖），也可能以另外一种模式出现。在当前宇宙初期或其他宇宙的起源和结尾（假如在当前宇宙前还存在很多宇宙早期阶段的话）阶段，自然也可能以另一种不同的模式存在过。在后续发展阶段中，自然也可能再次重复这一模式。根据不同时期的不同极端状况，自然也可能在特定区域呈现这一不同模式。这一局部现象可能会和冷却下来的宇宙中自然的运转模式有很大不同。

在宇宙的第二种状态里（从时间顺序上看，其实应该是第一），自然基础组成的结构性差异已经破裂，或尚未生成。温度和能量的参数达到极限大，但并非无穷大（由于它们处在宇宙奇异存在性的标准概念下）。因此，在调查和解释这些参数的过程中，不存在任何难以克服的原则性障碍，认为自然只有在第一种状态时才能让人们理解，而第二种状态下的自然无法让人理解的观点是十分错误的。

较之我们所观察到的（冷却了的）宇宙，这里的自由变化幅度要更活跃，而每一种现象的邻近可能半影幅度也很大。无论我们使用因果关系测定法还是统计测定法，我们都能得到这一丰富的变化幅度。这些法则（至少是特定领域适用的法则）不再表现出与其支配的事物状态有太多明显的区别。如果现象发生变化，法则也随之发生变化。自然第二种状态的这一特征和其他特征有着密切的联系，这些特征有：缺失稳定清晰的结构性差异（以及适用不同有效法则的特定领域）、极限但不无穷的物理参数、现象所具有的更多的自由度——现有现象演化为其他现象的变化幅度以及现有现象演化为其他现象所需要的辅助条件。

宇宙学第一谬误的错误在于它对自然第一种状态的偏袒完全忽略了第二种自然状态，而我们的研究理论和思维方式也都偏向自然的第一种状态。当我们选择相信这一谬误时，我们的科学实践方式以及我们看待自然如何运转的观点，只会受到大自然变化莫测的多种状态中的一种支配。由此一来，宇宙学便成了针对特定个案的狭隘科学。从如此狭隘的角度看问题，我们观察宇宙学的视角则受到极大限制，甚至研究个案的角度也无法扩展开。何谈探索宇宙的广袤奥秘呢？

犯了这种以偏概全错误的可不止牛顿范式。科学研究的整个思路都建立在认为自然两种状态的第一种（时间顺序上为第二）能反映宇宙的终极常态特性——真实性的猜想上。然而，在探索建立宇宙拥有历史学说的路上，我们已有充足依据可以推翻这一错误猜想。我们这样解读这一依据（本文的论点也是这样解读的）：万事万物都是新生的——任何事物都要经历从无到有的周期——唯有时间是永恒。

在时间面前，万事万物均为新生，但自然第一种状态在反映真实性的核心长久特征时没有采用这一思维方式。当然这不是唯一的思维方式。时下关于当前宇宙起源的标准描述中，每一种流派都认为当前宇宙（可观察到的这个宇宙）形成的早期，那时自然所表现出来的特征或许和宇宙后期中自然所表现出来的截然不同，宇宙在后续发展中渐渐冷却下来，并形成了有结构的形态，正如我们今天所观察到的那样。

很多颇具影响力的宇宙学理论——那些认为宇宙源自奇点的理论框架以“宇宙的无穷性”为托辞，致使自然的很多替代特征至今仍是未知之谜。这些理论所标榜的第一种自然状态下，现象的参数是无穷的。将无穷值援引到这些理论里只能更加无法论证和理解这些理论：宇宙历史长河中的很多终极奥秘只能被关在一扇没有钥匙的门后了。结果是：人们把门这一侧看到的自然运转的方式和形式当作自然的永久特征看待。人们同时还会把依赖于这一猜测的科学实践当作科学势在必行的方式。

假如自然披着多种面具，也就是自然经历的多重状态。这种科学的前提是自然是由终极组件构成的一种稳定结构，一方面这种结构通过粒子物理学标准模型进行表述；另一方面这种结构通过元素周期表进行表述。当然科学的前提还有“自然的不变法则”或“对称性构成的框架”，这些不变法则或对称性和它们所支配的现象有着本质的区别。然而，这样范畴下的“科学”只能算作是对个案的研究，而不能看作严格意义上的科学，即使这一个案有着广泛而持久的运用领域。这样的科学在实际中是存在的，它不同于和宇宙学相当的另一门学科——不同演化阶段组成的物理学：由一阶段到另一阶段转变的过程。

不同于阶段过渡性物理学，这种科学的描述角度是针对整个宇宙的，而不是针对局部现象的，它需要一种全新的科学方式对自己进行阐释，而这种科学解释必须摒弃将科学看作是自然不变法则构成的框架或把自然看作是一种由不同基本组件（力、场、粒子，这些组件在此类法则的框架下相互作用着）构成的独特结构的观点。

* * *

宇宙学这两种谬误之间存在紧密联系。二者相互巩固，互为补充。它们使彼此成为人们不可回避的概念，成为科学探索不可或缺的工具，而人们往往忽略了它们的内容本身是存在巨大争议的。

宇宙学第二谬误制约了人们对自然状态不同变体的理解。这样一来，牛顿范式在宇宙学中的运用看起来就没有它本身那么问题重重了。而牛顿范式也无法解决（宇宙学语境下的）初始状态和受法则支配的现象的局部位形空间之间的差异的破裂。此外，这一谬误也无法解释为何我们在毫无希望观察到已知现象或制作出已知现象模型的情况下还要使用牛顿范式。尽管如此，第二谬误坚持认为自然时刻都是按照牛顿范式所假设的那样运转的，也就在自然这一差异化结构内，不同元素或现象达到一致，并受到永恒不变法则的支配和主宰。

第一宇宙学谬误存在的前提是一种错误的自然运转观点，这一观点的存在使其他所有关于自然如何运转的学说都变得好像与科学的要求不符。这一谬误总是援引自然的无穷参数作为人类认知视野局限性的借口，那么我们将永远无法探索和理解自然。正因如此，认为宇宙源自奇点的传统观点才使得牛顿范式的普遍化看似合乎情理。第一谬误把冷却了的宇宙中，自然的运转方式看作有穷的，而将自然其他形态看作无穷的，如此一来，第一谬误便可为第二谬误所用了。

尽管两种谬误相互间有着十分密切的联系，但二者更存在着不同的性质和结果。第二谬误更基础一些，比第一谬误有更深刻的蕴涵。

第一谬误犯了方法论上的错误，并且产生一定实证假设和蕴涵。而宇宙学第二谬误的错误犯在主题事实上，并对科学实践产生了广泛影响。第二谬误（自然和宇宙的历史，局部历史时期观套用到整个宇宙）所带来的错误，对科学的影响最为重大。

对第一谬误的驳斥，最终演化为一则消极的结论：我们无权将现代科学使用到世界部分组件的方法和思维习惯运用到整个世界中去。这一消极结论反过来又能唤起一种不同于牛顿范式所描述的思维方式的需求。

对第二谬误的驳斥，得到的是一则积极的结论：这一结论认为，科学业已发现，宇宙学中有太多自然哲学不愿认可的课题（这里所说的自然哲学就是我们分析看待所有科学发现的工具）。这多出来的部分具体描述起来有些令人费解，但绝非无法解释，只是我们的理解能力还没有赶上发现的步伐而已。它启示我们需要建立一种可以用于科学探索过程的科学实践方式（即使在自然不可或缺的两个特征都不复存在时也是如此），这两种特征是：自然的独特常态元素或类型，及它们之间的规律性互动。

要想驳斥宇宙学这两大谬误，我们必须以历史的角度思考自然及其法则。到头来这两大谬误逼迫我们不得不面对本书称之为“星际法难题”的困境。假如自然法则拥有自己的历史，并且和自然史密不可分，那么无论我们断言自然法则的历史是受法则主宰抑或受外力支配，都是令人无法接受的说法。如果说自然法则的历史受法则支配，这样一来我们倒是迎合了科学的标准说法，但却有推诿时间真实性之嫌，更有剥离法则实质和现象万千变化的迹象。如果说自然法则的历史不受法则支配，那么这种说法貌似缺乏根据，更缺乏充分理由。此外，我们对因果关系的解释正如因果关系依赖于法则支配世界的全局一样，是缺乏安全性的。只有改变对因果关系和自然法则二者关系的理解方式，我们对因果关系的解释才是安全稳定的。

星际法难题是宇宙学发展议程的核心所在。解决这一难题的关键在于解决自然科学领域内每个命题所包含的意义。宇宙学绝不是对物理学的一种补充说明，它是自然科学的一部分，对其他自然科学有着最为广泛的蕴涵。

时宇间宙 无规律性的因果关系

本书的三大核心论调（关于世界、时间和数学的论调），只有改变我们对因果关系及其与自然法则的关系的看法，我们方可对宇宙学两大谬论进行有力反驳。

研究占据主导地位数百年的因果关系之关键在于以下两大支柱。第一支柱是将因果关系当作精神结构论看待，而非自然中的真实联系。第二支柱是“对因果关系进行解释的前提是自然法则”的原则，即自然法则为因果关系的解释充当理论依据。对因果关系的解释必须源自自然法则。

我们应该把因果关系看作一种思维技巧（我们处理世界和理解世界的一个要求），而不是对自然运转方式的一种描述，这一观点自戴维·休谟和伊曼努尔·康德后就成为了哲学主流观点。根据这一观点，因果关系是一种不可或缺的思维习惯，是弄清现实的必然要求，是一种不可避免的简化方法，是通向人类从来不曾获得的自然终极真相的必由之路。只要我们以因果关系为支撑所做的探索能够产出可接受的结果（无论是理论成果还是实践成果），我们都毫无理由去反驳。

将因果关系看作精神构件给自然和科学的主流思想带来的众多好处之一便是揭露自然不同组件中各种因果关系之间的矛盾，并揭晓不同数学命题之间的相互关系。人们认为，自然是通过数学语言描述出来的法则进行运转的。但是，假如因果关系暗示永恒的不是时间（后果在原因之后接踵而至时），而是数学关系（概念上讲，数学推理的结论及其前提或其起点是同时发生的，若非如此，数学推理的结论便与时间的流转毫无瓜葛），自然和数学之间又怎么会有如此全面的契合呢？将因果关系看作思维对自然运转方式的一种必然投射（否则我们将无法破译自然如何运转之谜，而对于因果关系，我们也只能在认知的局限范围内进行理解）。

对于因果关系的解释必须援引相关自然法则、对称性和常量，这一点虽然是不言而喻的事实，但却又是一则晦涩含糊的命题。如果因果关系自身有明确且固定的含义，那么对于因果关系的适当运用表明我们还需援引自然规律。所谓规律无非是指自然法则、对称性和常量。然而，较之自然对称性和常量，人们更倾向于援引自然法则，来解释相似条件下相同原因如何产生相同结果。根据这一观点，自然法则不仅对周而复始的因果关系进行解释，同时还对什么样的条件才算作“类似条件”进行了定义。

没有自然法则做支撑，因果关系便失去了意义：是什么促使原因之后必然有结果？就这一观点来看，没有了自然法则的支撑，原因和结果之间的关系或许会是任意性的（变成纯粹的巧合），又或者因果关系真正传递出来的信息和表面上所传达出来的信息不一致。例如，较之因果关系，用数学语言可以更好地描述交互蕴涵之间的关系。

严格地说，将因果关系看作心理构念的观点并非与认为因果解释先于自然法则存在的观点密不可分。尽管如此，两种思想依旧可以相互支撑，彼此使对方看上去更加自然。如果因果关系能够反映我们具有推理现实的条件和能力，那么我们便可以轻易地将这一不可或缺的概念套用到因果关系解释和法则解释之间的关系上。如果因果关系的解释依赖于规律的引用，特别是自然法则（明显或不明显），那我们便更有底气相信，无论制约我们理解“事物内部奥秘”的是什么，我们至少可以有条理地进行科学探索实践，我们更有望区分在关于解释自然如何运转上，哪些理论是有根据的，哪些是没有根据的。

在摧毁因果关系和自然法则现代思想的双重基础上，我们做得更好，并且正尝试在另一种思路上，我们也能做得更好。另一种概念更匹配本书所论述和捍卫的宇宙奇异存在性、时间包容真实性和数学选择现实性的思想。这种概念更忠实于科学的经验精神和实验精神。根据这一不同观点，因果关系是自然的一个真实特性。因果关系是不可或缺的创造或思维折射。

由于因果关系是自然的真实特性，且自然在宇宙发展历史中以不同形式呈现，因而因果关系理所应当能够以不同形式呈现。因果关系是否总是按规律出现这个问题不是我们通过探究概念范畴的逻辑，或是思维习惯的蕴涵可以判断的。我们只有弄清楚自然到底是如何运转的（不是普世通用的运转方式或某个一劳永逸的答案，而是随时间不断变化的自然的运转方式），才能解答这一问题。这取决于自然主题的事实，而非单纯依据人类认知主题的事实。

如果变化本身也在发生改变，如果联系与变革的形式和事物状态一道，在宇宙历史进程中不断演化发展，那么将自然连接到一起的，也就是本书理论所阐述的，真实因果关系也会发生变革。

* * *

最浅显地说，因果关系就是事物状态对紧跟其后的事物所施加的影响。因果关系的前提是时间，如果时间不是真实的，那么因果关系在这种方式推理下，也不会是真实的。这一关键前提必须融为或转化为另一形式：如转化为交互蕴涵的关系，就像数学和逻辑之间的关系。

因果关系通常和不断重复的现象联系在一起。这样的现象就是我之前所说的宇宙的第一状态（时间上说应该是第二状态）：这种状态中，有一种自然独特元素（正如粒子物理学和元素周期表所描述的那样）组成的混合结构生成。这一状态中，自然法则或规律与其支配的现象有明显的区别，事物状态受到严格的约束，不会轻易从一种状态转变成另一种。

然而也有可能发生的情况是，现象并未重复出现，原因可能是未形成由自然独特元素或构件组成的结构，或这一结构没有持续存在。自然法则与事物状态之间的区别不复存在，事物状态转变空间——也就是事物某些状态变为其他状态，依旧十分频繁。在我之前所提及的自然第二状态（时间上说应是第一状态，当前宇宙早期的一种状态）中的因果关系可能没有规律可言。

因果关系还是会继续对受时间约束的唯一真实世界里的真实关系进行描述。然而，不会有循环出现或不断重复的元素，能够让我们将类似条件下的相同结果归因于相同原因。如此一来，世界便不再有法可循。

自然形态的因果关系特质均不是独立于科学探究而存在的，而是科学探究的有机组成部分。物理学、宇宙学的任一理论，或是科学的任一分支和其他理论或分支一样，都是对自然真实运转方式和自然变化的描述。然而，我们或许会尝试建立起一种关于因果关系之间异同的观点：也就是这些异同是什么，以及它们如何变化发展的观点。

这一观点既属于自然科学，又属于自然哲学，并体现了自然科学和自然哲学之间界限的不明确性。认识到因果关系的真实特性，而不是完美特性可以帮助我们确认因果关系的可变性和多样性。

根据这一观点，因果关系的特性不可能是统一不变的，因为自然中任何事物都是随时间不断变化的，包括联系的形式和改变的形式都是不断变化的。然而，尽管变化本身也在不断改变，但它是在原有基础上进行改变的。事物的前一状态对后一状态会产生影响，事物前一状态对后续状态的影响方式对这一后续状态对下一状态的影响方式也有一定影响。我们应当期待，尽管因果关系没有单一的形式和含义，但随着时间（不断演变的宇宙的历史的时间）的推移，因果关系的形式和意义之间会出现大量的重叠现象。因果关系的主线索是前因对后果的影响：因果关系永远都是自然中事物每一状态是如何影响时间上的后续状态的。

* * *

“时间上的”是一个关键性的限定条件：对于一个因果关系并不参与自然组成的宇宙（因为因果关系只是人类智慧的创造），时间所起到的作用只是次要并稍纵即逝的。在这样一个宇宙里，或许存在逆时间的自然法则，如牛顿力学。这种法则的逆时性会削弱时间的真实性理论，或者这一宇宙中存在一种永恒关系网——如莱布尼茨的理论。永恒关系网调停了受时间限制的因果关系与逆时逻辑或数学蕴涵之间的矛盾（通过将前者削弱为后者）。又或这一观点所要表达的是，因果演替只不过掩盖了协调自然事件并导致因果关系错觉的某些偶然力的运转方式。上述观点正是偶因论者（如马勒伯朗士）的理论。在我们看来，这些 17 ~ 18 世纪的论调或许有些陈旧过时，然而，在当代理论里还能找到它们的影子，虽然它们并不起眼，但危害很大。

从上述对比可看出，因果关系的真实性和时间的真实性相互紧密结合在一起。二者的关系至少有三个方面。第一个方面：因果关系产生于时间范畴里，并指示时间具有真实性。第二个方面：如果因果关系证明了自然法则的永恒性，时间便不可能具有包容真实性。即使因果关系可以佐证自然法则的永恒性，但这也只是在证明自然法则具有时间可逆性（如牛顿力学）漫长道路上的一小步。第三个方面：因果关系的多样性和可变性（只有在因果关系充当自然的事实，而不是单纯的人类指挥的创造物，因果关系才具有这些特性）能够更好地帮助我们理解“时间是真实存在”这一学说的深层次含义。

自然界的一切事物都是会发生变化的（特指事物和事物发生变化的方式），这一理论说的是任何事物都无法逃脱时间的约束。这一理论同样可以改变我们对时间的理解：时间具有包容真实性相关理论所面临的危机是，这一理论缺乏一个覆盖时间的框架（不论是空间框架还是数学真理的规律框架）。根据这一观点，时间才能覆盖一切。拥有无形性是自然所独有的特征。

如此说来，人们对因果关系和自然法则之间关系的传统看法就此发生逆转。因果关系尽管受到时间约束，并且具有易变性和多样性，它却是最原始和最根本的（而不是自然法则）。根据自然法则，我们可以指出因果关系不具备的一个特征：由于因果关系和循环出现的现象捆绑在一起，所以因果关系也该循环出现。

在冷却的成熟宇宙中，大部分自然现象都具有这一特征。然而，我们可以做这样的试想，我们选择一种长远的宇宙视角，特别是较之多元宇宙学说，我们选择了多个宇宙，或者宇宙多种状态或阶段的学说，并且摒弃宇宙源自无限的初始奇点说。这样一来，我们便可自由地设想，在众多循环出现的现象里，因果关系会不会也周而复始地出现。在早期宇宙里（特殊结构出现前或出现后的宇宙，以及自然法则和事物状态出现明显区别前或之后的宇宙），因果关系可能无法反映这一周而复始性。面对宇宙冷却后，演化过程中出现的极端自然状态，因果关系也无法体现这一特征。

在这一概念看来，自然法则和因果关系一样，能够反映自然运转方式的真实特征。自然法则不再仅仅充当启发性工具，较之因果关系的原始且基础的真实性，自然法则所具有的，却是一种衍生的真实性。对法则的援引是为了描述一例特殊实例——成熟宇宙的标准实例。简言之，引用法则是为了定义这一标准实例的特征，即反复出现的现象之间存在的关联所体现出来的规律性。从深层次上说，这是对因果关系与自然法则关系传统描述方式的逆转。因果关系与自然法则的关系的传统描述认为，因果关系是由自然法则衍生而来的，其目的是为了方便人们的理解。如果笔者的论述正确的话，我们应该颠倒这一推理的顺序。

这种颠倒了的观点对星际法难题有一定蕴涵：也就是如何思考自然法

则的变化，因为解决这一问题的两个方法似乎都令人难以接受。其中一个方法需借助支配自然法则变化的高阶法则。它会引发无限的倒退，并对时间的包容真实性进行毫无缘由的限定。第二种解决方法摒弃了高阶法则的运用。它使法则的改变看上去是无因而生的。

在对星际法难题的讨论中，笔者想说的是，对这一难题的一种回应：即自然法则及自然现象的共同进化对生命科学、社会学和历史学的研究而言，都是比较熟悉的学说。然而，如果不用因果关系的原始真实性加以补充的话，这一学说将是不完善且又晦涩难懂的。

只有因果关系在自然中真实存在，自然法则和自然现象共同进化的思想才成立。因为因果关系是真实存在的，且能够暗示时间，某种意义上反映时间，并随时间而改变。如果因果关系只是精神结构的话，那么与其说因果关系会发生变化，倒不如说我们对因果关系的看法在发生变化。我们没有任何依据，甚至没有任何词汇可以将关于因果关系理论的改变和因果关系本身的改变区分开来。

只要因果关系真实性理论一日不能演化为解释在宇宙发展过程中是如何以规律的形式出现的，因果关系真实性理论对于人们而言永远都是有待完善的未知思想。这样的理论容易引发如下的思考：为什么自然法则会随着现象和现象之间的联系的改变而改变。

因此，把自然法则和自然现象的共同进化说和因果关系的真实原始特征论当作互不相干的两种思想看待，是大错特错的，更不用说把二者看作两种对立思想看待。但它们确实从两个方面反映了同一方法。将二者结合起来便是解决星际法难题的第一步。二者可以更好地解释和支撑本书的三大中心思想：有且只有一个真实的宇宙、时间具有包容真实性、数学的能量来自对真实世界的模拟和探索，以及对时间和事物特殊性的摒弃。这些思想发挥作用的代价是无情的地攻击人们错误看待因果关系和自然法则的基础。

自然法则紧跟本质的、原始的因果关系之后，这一思想和传统观点截然不同，据此，因果关系只不过是自然法则的事例而已。在可观察到的冷却了的宇宙里，因果关系出现的形式通常很有规律。但自然现实的某些状态或许出现的形式并不规律。这些不规律的状态（根据时下标准宇宙学思想推测）在当前宇宙的形成过程中，乃至宇宙后续发展过程中出现的极端状态（如黑洞内部的主要形态）的形成过程中，都可能发挥着十分关键的作用。

在没有规律的情况下，因果关系还能存在的命题放到物理学里考虑可能是矛盾的，甚至是荒谬的想法。但这已成为生命科学、地球科学，乃至社会学和历史学研究领域里十分常见（尽管还未得到充分解释）的命题。

笔者在第2章将讨论长期以来，这一问题是如何表述在社会科学和社会理论中的。那些坚信社会的制度性结构和历史的结构性间断具有重大影响的人，将不再会相信，推动上述结构不断演变的历史性改变具有规律性。他们大多放弃了将历史阐释为一连串不可分割的（有规律的）、制度性机制的解释实践，如卡尔·马克思在社会理论中所主张的生产模式。而之后我们所要做的，却变成了在抛开站不住脚的历史规律的情况下解释因果关系对这种一连串机制的影响和制约。而从某种意义上讲，这一问题和宇宙学、物理学中没有法则支撑的因果关系之难题有一定相似性。

改变本身也在发生变化。改变本身也在发生变化是时间包容真实性所传递的信息。改变会发生变化表明，自然法则理论上也是会改变的。同时也表明，当因果关系没有规律的存在时，事物的前一状态影响后一状态的方式也是会改变的。

因果关系和存在于特定时间内的事物协同作用，包括改变的既定形式。因果关系的作用方式不是通过选择源于自然的抽象标准所认定的事物状态变化范围的其中一种状态来实现的，这种源于自然的抽象标准包括，通过数学方式可以表述出来的现象联系的多种形式。它也不是通过转变为不再存在的联系形式来发生作用的，除非这一联系的前一种存在形式在当前宇宙仍然留有痕迹，否则只能说明这一反复现象是对遥远活动的一种时间等效。

由于可观察到的宇宙的大部分，存在一种分化结构，这种结构区别于事物状态和自然法则，并且对宇宙下一步变化有严格约束力，因而变化发生改变就显得不太常见。而变化就会采取具有新特性和新规律的新生现象的形态，这种新生现象可能受到法则的支配。此类现象便是地球科学和生命科学所研究的课题，而那些现实正是我们通过研究思想、社会和历史，达到认识自我的目的时所解决的。事物的复杂性可以延伸自然从任何既定“此处”到达“彼处”的邻近可能性。如此一来，表现出新规律的新生现象便有了产生的基础。

设想自然能够以另一种形态存在，以在关于宇宙学第二谬误的论述中我所援引的宇宙第二状态存在，这一状态没有分化结构，自然法则和自然现象也不存在差异，很多自由度呈活跃状态，这一状态还有丰富的形变条件。这一状态中，变化受到的约束大大减少。当运用到自然的这种呈现方式时，自由度、邻近可能性、新生现象和新属性都不再是可以简单辨别的概念。

由于采用的是主流物理学传统思维方式，因而我们习惯将历史性解释实践看作是对结构性解释实践的补充。在本书所捍卫的观点看来，我们需要颠覆“结构源自历史”这一严格的分级体系。因此，历史性解释实践比结构性解释实践更基础。只有认清宇宙学首先是一门历史性科学，其次才是结构性科学这点，才能进而谈论宇宙学要成为最全面而伟大的自然科学这一目标。

只要我们对任何事物因果关系的解释实践采取两种方法进行限定（但任何一种方法都不能接受带有莱布尼茨的形而上学唯物论思想），历史性高于结构性的主张就不会触碰科学的底线。第一个限定条件：将宇宙学和物理学中的历史性解释实践看作一种因果关系的表述（和其他科学分支一样），当科学的研究主题是整个宇宙时，可看作是最具因果关系解释实践特点的一种形式。从历史的角度看，事物某一状态之所以呈现它本身的形态，是受到该事物前一状态的影响，而不是因为当前状态顺应了永恒不变的规律。我们不能指望总是援引此类规律来解释前一状态对后一状态的影响。第二个限定条件：我们需要为高于结构性解释实践的历史性解释实践付出代价。

这一代价可以分为两部分。第一部分：时间没有绝对起点。此书所讨论的时间不是新生的。在科学发展史上的任何时间段里，人们依据观察得出推理的能力总是有限的，尽管我们的能力是无限的，我们也不能探测到时间的起点。因此，时间是没有起点的，从历史性去解释时间，本质上是不完整的。

第二部分：如历史性科学所表述的，变化方式发生的改变具有不可磨灭的真实性。然而，归根结底，自然在人们眼中始终有一种难以简而化之的非自然性，即自然就是自然本身。假如自然不是自然，而是某种合理必然性模式的产物，那么历史将又一次屈服于结构。

我们或许可以削弱这种“自然”的状态，但却不能磨灭这一状态。本书后续内容中关于解决宇宙学星际法难题的部分，列举了我们是如何削弱这种“自然”状态的例子，由于我们将宇宙学看作是历史性科学，因而我们有理由拒绝认可自然法则的变化受高级法则支配，抑或不受高级法则的支配。

* * *

这些命题要求我们不要把自然的运转方式看作是必然的，尽管自然运转方式是一定原因产生的必然结果。科学根本不存在任何明确的必然性概念。必然性指的是特定思想体系所表述的最不易变为现实的极限：根据这种思维方式，必然的就是恒定的，不必然的就是可变的。

伽利略和牛顿开创的物理学传统中，带有局限的必然性的内涵是三个观点联合定义的。

第一个观点，“牛顿范式”：对整个宇宙进行探索和解释，宇宙的明显特征是初始状态和运用于位形空间的永恒法则之间存在的鲜明差异。这里所说的位形空间是由既定初始状态来界定的，这一过程只有运用在宇宙的特定部分才成立。拒绝将宇宙学第一谬误运用在宇宙学领域是我反驳这一谬论的目的所在。

第二个观点，自然唯一形态的前提：我们所观察到的冷却宇宙的特征形态是自然唯一具有的形态。这一宇宙拥有稳定的分化结构，法则和现象之间存在明确区分，它对自由度、临近可能性、新生现象及特征出现的真实性（即新事物），拥有极高的约束力。我批判宇宙学第二谬误的目的，是为了驳斥冷却宇宙中有关自然呈现形式的肤浅概括。

第三个观点，数学比物理学更具权威性：这一观点认为，任何能够用物理学方式识别出来的事物，都可以用数学形式进行表达和解释。数学对于物理学来说既是神谕又是先知，预测着事实的终极本质。考虑到数学命题之间相互关系的非时间性和非历史性特征，这一观点和自然法则及对称性的不变性猜想有着紧密的联系，可用数学公式进行表达。一种做法是把宇宙看作一个数学构架或数学结构；另一种做法是从最全面、最连贯的数学思想中推导出自然法则和对称性。第 6 章关于数学的讨论的目的就是为了反驳这一观点。

在没有类似法则和对称性的情况下，任何自然法则或对称性，抑或任何因果关系的运转方式，都不是必然的，无论它们看上去多么基础，这里所说的必然性，指关于必然现实和必然关系的思想，这一思想受到上述三种共生观点的限定。

然而这一观点并不符合无规律因果关系理论的含义，后者旨在确认自然在任何特定时间段内运转方式的剧烈偶然性。剧烈偶然性是一个形而上学概念，而非科学概念。引述这一概念的目的是表达不满情绪：我们无法从原因的必要性推导出事物的本质（本着莱布尼茨的充足理由）。对于这一概念的援引无意中也泄露出了恶意和混沌：这是那些以为自己摆脱了理性形而上学束缚而骄傲的人们对理性形而上学的迷信与屈服。这是一种隐秘的，带有宗教、道德，抑或政治动机的顺从。

于科学而言，事物的本质就是事物本身。结构对历史的屈服表明理性形而上学理论的失败，而物理学传统主导思想一直默默支撑着理性形而上学。物理学传统主导思想为理性形而上学所用的原因是渴望有朝一日，能与数学“联姻”，并最终促进自身发展。数学给予物理学传统主导思想的“嫁妆”却是个毒苹果：用永恒法则解释时间事件。

结构源自历史主义。基础历史性解释实践和衍生结构性解释实践是科学的结合，也是科学的基础所在。

结构主义从科学入手，解释自然如何以其特有的方式运转。要想抗击假象，就必须在不作解释的前提下，从理性必然性中推导出自然真实性。结构主义更温和地将宇宙描述为虚幻偶然，而不是剧烈偶然：宇宙的最显著特性是宇宙就是宇宙本身，而非其他任何事物，宇宙是它本身是因为曾经的宇宙也是曾经宇宙的本身。

2 本书论点的语境和后果

时宇间宙 本书论点与物理学和宇宙学近况

本书论点所处的历史语境对其意图的阐释有促进作用。请就下列四种语境加以考虑：

· 物理学和宇宙学在最近几十年的发展状况；
· 物理学在二十世纪前半叶的发展；
· 生命科学的兴起及其与物理学的关系；
· 人类史和社会研究。

将该论点放到上述多重语境中考虑是为了让我们清楚地看到这些争论处在怎样的危机中。更是为了冲击具有广泛影响的多元宇宙学说的虚假权威、时间有限真实性理论和数学具有预示现实的伟大能力的谬论。

* * *

在对一种能够将万有引力囊括在内，并能解释电磁力、强力和弱力的明确大一统原理的不竭探寻中，当代宇宙学和物理学大部分领域对迎合传统且严苛的决定论因果关系标准或概率论因果关系标准的解释实践都非常失败。这一大一统原理对应的是认可事物诸多状态的解释实践，承认我们所能够观察到的状态只不过是事物纷繁复杂状态中的部分特定表现形式而已。它没有将这种不充分决定性当作人类洞悉能力的局限或失败，而是试图通过把不利描述为有利，达到化不利为有利的目的。

在粒子物理学中，这一转变主要靠的是弦理论。但其结果仍然迎合了经典物理学的标准解释实践。仅有少数演算出来的公式，或少数参数对我们在可观察到的宇宙里发现的事物状态进行了描述。至于能够找到这些公式或者参数大量存在的情况，那有可能只存在在我们不曾或不可能（理论上说）发现的领域了。用一种强有力的理论把这一解释实践上的尴尬状况转化为成功存在很大的吸引力。这一由败到胜的转化取决于我们尚未观察到的事物状态，而支撑这些状态的公式或许存在于——那些我们也说不清道不明的领域。

在宇宙学领域，这一转变的理论依据经历了从膨胀宇宙说到平行宇宙说。我把此前提及的相互转变概念运用到这里似乎有些“公报私仇”的嫌疑：我们所观察到的真实世界，也就是我们唯一能够观察到的世界把自身部分真实性“借给”了那些我们没有观察到，也不可能让我们观察得到的世界。因而真实世界变得越来越不真实，而我们无法察觉的世界却显得越来越真实。数学上可想象的与物理上可能的事物之间、物理上可能的与物理上真实存在的事情之间的区别却不断模糊甚至被抹去。

粒子物理学和宇宙学中关于多元宇宙学说的失败解释实践均从“人择原理”中得到了短暂喘息。强人择原理（人择原理分为强、弱两种形式）将观察到的事物状态向后溯源，解释为从事物的可能状态或真实状态挑选出来的独特形态，那些可能状态或真实状态即人类如今观察到并总结出来的，人类可以出现的状态。前一事例的特殊解释生硬地应用于下一事例。

上述结果实际上是过去几百年里自然科学实践所遵循的原则与标准的松懈表现。一方面，这是对因果关系解释实践这项使命的轻描淡写：我们的目标是要解释事物为何表现出其本身所具有的特征，而不是简单地用它们或那些我们未曾发现以及不可能发现的事物，用可能适用的数学概念进行描述。这种思维方式不是向世人展示“可能”是如何演变为“现实”的，而是满足于既能解释人类尚未发现乃至不可能发现的自然状态，又能包含已发现事实的那些思想学说。替代因果解释结构分析的思想：事物是如何结合在一起，而不是如何转变为其他事物的思想，与对这一标准解释的逆转，共同向物理学诸多领域已经发展很久了的方向又迈进了一步。

另一方面，疏远实证验证或伪造篡改是削弱自然科学标准的一种形式。建立一套接近其内涵边缘、经得起检验的理论体系是一回事；而通过关键性试验或观察（哪怕是在其内涵边缘）来提出缺乏说服力且备受质疑的理论，则是另外一回事。

对决定论和实证论轻描淡写加之强人择原理的参与，显得格外明显，就好像听到了钟摆的第十三声鸣响，不仅让人不寒而栗，更会激起你对前十二次声响的无限遐想。物理学和宇宙学近年来的发展趋势所造就的这一结果表明了众多不合理假设所产生的一系列后果。而本书的论点就是要驳斥那些不合理假设：人们需要把我们的宇宙当作众多宇宙中的一个；时间没有它看上去那么真实；在任何情况下，宇宙无法挑战自然基本结构或宇宙根本法则的永恒性（这一学说认为，这些根本法则主宰着我们无法观察到的，我们这个宇宙以外的其他宇宙）；描述这些多元宇宙永恒法则的数学，以及认为上述假设为人类洞察终极真相提供了绝佳视角的思想也是本书论点所反对的。

基于这些假设并不断发展的科学实践和理论与解释能力发生了决裂，这些科学实践和理论加之人的想象力，使自然科学在过去300年里按照自身革新道路不断向前发展。任何通过削弱对科学进行扶正和引导的原则、使科学偏离既定轨道的假说，我们都要对其重新审视。

时宇间宙 本书论点与20世纪上半叶的物理学

人类能够清楚区分物理事件和它们所处的空间和时间环境之间的关系，这种观点是牛顿力学的一大特点，而20世纪上半叶的物理学却不断攻击这一思想。爱因斯坦通过狭义相对论和广义相对论的两次大跨步，为区分物理事件和其所处的空间和时间环境打下了基础。空间从此成为一部不断拉开帷幕的戏剧，再也不是一成不变的背景。

从这个角度看，新生的物理学使曾经的物理学传统思想（尽管是一种受到抑制并略显倒退的传统思想）——关系论再次焕发新生，这一思想的代表人物非莱布尼茨莫属。在关系论看来，每一事件都是它与其他事件关系的总和。时空是这种关系网的一个组成部分，而不是时空静止不变的依托。

本书论点通过下述方式与这一历史性的转变发生了联系。在撕裂事件与其空间和时间背景的区别过程中，新生的物理学仍然再次肯定了其他两种区别的多重重要性，但这一点已然成为我们今天旨在推翻的观点。

现象世界与永恒背景之间的第一个区别是它们不存在于空间与时间上，而存在于自然的普遍规律、对称性和基本要素上（因为量子物理学的兴起而引发的方法论争论的焦点集中在到底是决定论解释还是数据论解释上，但争论各方仍然接受永恒不变且万物通用的法则）。第二个区别是初始状态和自然在（被初始状态包围的）位形空间里的有规律运转之间的差异。直截了当地说，本书论点的核心论据认为，这两种得到20世纪上半叶革新主义者再次肯定的差异如今看来是时候抛弃了。

现在让我们来仔细看看遭到本书反对的这两种差异。当我们试图把规定初始状态和某个特定现实的区域内（位形空间）自然的有规律运转之间的差异运用到整个宇宙上，所谓的差异也就不复存在了。此时，位形空间的边界便成了整个宇宙的边界。

除了我们这个真实世界外，再也没有任何地方可以找到这些特定的初始状态了。只有宇宙及其历史可以永恒地存在。在着手处理宇宙或现实的一小部分时，我们再也不能用解释局部现象运转原理的（如同无情的客观事实的）法则去解释其他法则。假如我们能重新界定位形空间的边界，这里所说的“其他法则”或许还适用。然而，遗憾的是在整个宇宙中，我们无法重新界定位形空间的边界。因为我们已经触碰到了位形空间的极限，已经无路可去了。

一旦把适用特定领域的法则运用到整个宇宙，从而推倒初始状态和适用特定位形空间的法则之间的差异，我们便不得不对支配（基本结构同样是永恒的）世界的永恒法则提出质疑。有的科学告诉世人，事物改变的方式也是会发生变化的。例如，地球上的生命采取了一种全新的变化机制，这种机制反过来也会不断自我变化（如有性繁殖语境下的孟德尔机制所表现的那样）。只要我们一次只关注一个位形空间，永恒法则的观点则会变得非常有道理。

宇宙学是物理学的一个特殊分支，彼此相连却又泾渭分明，一直以来我们对这一点都缺乏很好的认识：规定初始状态与有规律的自然运转方式之间的差异、时空和自然普遍规律之间的差异。问题的关键是我们到底应该把宇宙学领域内这两种相关差异之间的决裂当作特例看待，还是当作特定科学所特有的局部情况，还是反过来当作对与科学和自然全面相关的真相的一种揭露。本书提供为何采取一种宇宙学观点的原因，所谓宇宙学观点是一种从星际角度思考的观点，是一种范式，而不是一种特性。

现象与其时间、空间背景之间的差异是20世纪上半叶物理学的显著特征，假如本书论点无误的话，在推翻这一差异之后，我们应在21世纪上半叶，趁这一差异的倒台，继续推倒其他两种再次得到肯定的相关差异。越是高度概括，区分初始状态和位形空间里有规律的解释活动的方法就越是站不住脚。这一区分方法是一种其合理性取决于运用的局部性的权宜之计。我们应该对物理学多种事件、空间、时间和永恒法则、对称性与常量之间的区别进行削弱。自然法则、对称性和普通常量应包含于宇宙历史范畴里，而不该置于宇宙历史范畴之外，正如20世纪早期，新生物理学没有把空间和时间表述为自然现象的绝对独立背景。

这是未来科学发展的议题。然而，我倡议诸君反思历史，这反过来对下一步我们应该怎样做将会更有助益与启发。

过去150年的历史里，物理学标准观点将人类智慧进步的主线和被广泛看作“侧线”的发展剥离开来。无论是这一推定的主线，抑或“侧线”，它们都源自牛顿力学和詹姆斯·克拉克·麦克斯韦电动力学的结合，并和牛顿关于场的学说，及麦克斯韦非牛顿场的概念一致。牛顿和麦克斯韦二人方程式的统一造就了物理学此后一致不曾改变的发展道路：探寻一种能够把推动自然运转的基本力的理论解释统一起来的思想。

根据对物理学历史的主流理解，其主线源自牛顿和麦克斯韦，通过两条不同途径绵延至当代的弦理论。第一条途径是狭义相对论，而后是广义相对论。第二条途径是量子理论，继而是粒子物理学的“标准模型”以及该模型的理论基础——量子色动力学和电弱理论。

根据这一相同理解，这条侧线就是从热力学（在热力学还没有被赋予原子论基础前）到麦克斯韦，再到原子论热力学，最后到玻尔兹曼分子运动论和统计力学的理论传承。值得注意的是，在物理学过去150年里的发展中，除非我们十分专注于理论的统一，否则在主线和侧线的各自发展里，根本看不到任何清晰的交集。这两条各自为营的发展线索常常不受人重视，人人反而将其差异看作是对自然终极组成（主线）的微观分析和对聚合现象的宏观研究（侧线）之间的对比。

主线和侧线之间的分歧早在牛顿和麦克斯韦思想和解之初就已见端倪。尽管二人的思想达到一定程度的和解，但麦克斯韦的发现和观点却是将侧线与主线撕裂分开的最强动力。

在主线中，时间一开始被看作物理事件的绝对背景。渐渐地，当对时间的理解从背景上升到作用力时，时间仍被看作是对空间的一种补充说明。根据最有影响力的一种解读，广义相对论更像是对时间的空间化，而不是对空间的时间化，正如几何学上把时间比喻为“第四维度”那样。想要把重点关注数字和空间的数学看作了解自然不为人知的基础真相的愿望，只会进一步加固这一反时间的基础性质。

然而，在侧线上我们看到的是一种完全相反的情形。对时间，真实时间的理解一直在走下坡路，并囊括万象，在混沌的定向力和对自然运转规律的解释中找到了真正落脚点，而混沌的概念在对自然运转方式的解释中土崩瓦解。

物理学史上的一件事预示出了这样一则要求：在其意义上，侧线需和产生于主线的理论一样基础；在运用领域上，侧线需和产生于主线的理论一样广泛，而物理学史自身的意义却普遍未得到世人的认可。爱因斯坦根据洛伦兹变换的重要性，对狭义相对论进行的论证表明，麦克斯韦可以与牛顿相提并论。爱因斯坦告诉世人，保持麦克斯韦方程组，而不是牛顿方程组的坐标变换才是最广泛、最可靠的变换。牛顿力学尽管十分强大，但人们必须对其重新解读，将其看作只适用特定案例的原理。

用修正主义的观点解读物理学史，可以为始于麦克斯韦前的热力学，在麦克斯韦之后继续在热力学中发展，并指引人们解决当代一系列宇宙学难题（地平线问题和平坦性问题）的宇宙发展轴线提供灵感。这是物理学史的一条隐性链，他极可能发展为物理学的主导线索。在这条隐性链上，时间并非空间的附庸，事件没有时间对称性。自然现实的历史特征不是特定聚合现象的偶然特性或特有特性，而是唯一真实宇宙的一个特征。对微观结构的分析并非要替代对历史的宏观解释。相反，微观分析只有建立在宏观解释的基础上才能被人所理解。要是我们仅用机械累积方式解释自然力和现象如何运作的观点来替代解释它们如何演变为现在模样的理论，以期推动晦涩理论的最终统一，那么将晦涩理论统一起来的努力也不过是愚公移山般的费时费力。

以上便是本书论点关于物理学前世和未来的阐释，并从此找到希望之光。

时宇间宙 本书论点和自然史

人们关于这些问题的看法始终无法回避对不同科学和科学方法示范性实践等级分类偏见的影响。根据这一偏见，物理学，特别是牛顿力学，才是位于科学实践金字塔的最高一层。生物学则被看作是一种弱势的物理学：弱在其规律性命题主张的相对概括性和简明性上。而历史学和社会学研究，在这一偏见看来，只不过是一种弱势的生物学罢了。

这一偏见的存在不以任何形式的严格本体还原论为依托：它不指望人们相信某一层面的所有深刻解释能够很容易地转化为深层次或更基础的解释。它唯一要求的是人们能从其雄伟目标的高度看待科学解释活动应该达到怎样的水平。

生命科学及地区科学，乃至自然史的经历向世人昭示，抛弃本书所驳斥的那些观点不一定会损害科学探索的实践。

庞加莱认为，自然永恒法则是自然科学不可或缺的预想。很多物理学家和宇宙学家关于自然如何运转的猜想来得要更加猛烈：他们拥抱宇宙学两大谬误，及构成这两大谬误之基础的自然和数学上的预想。他们之所以投向这两大谬误及其诸多预想的怀抱，不是单纯为了将其看作富有争议的科学理论或哲学原则，而是看作科学必不可少的要求。生命科学和地球科学在18世纪的发展所呈现的却是另一番景象：即使本书所反对的思想被推翻了，科学也能存活下去。假如自然史中的这些思想被推翻后，科学还能存在下去，那么宇宙学和物理学中的这些思想被推翻后，科学依旧能存活下去。

长期以来，那些认为生物学必须使用不同于物理学所用的解释原理的这一主张常常和生命力论联系在一起：生命力论认为生命不仅是一种新生现象，还是一种具有强烈生命力的新生事物。根据这一观点，生命只符合完全不同于无生命自然中的运转规律。因此，生命科学只要蜷缩在自己设有明确界限的领域里就是安全的，既不屈服于物理学，又不威胁到物理学根深蒂固的实践方式和领域内的既定概念。

后续章节的论点既不依赖生命力论的相关学说，更不接受这种对物理学领域内盛行的解释实践风格的和平共处策略。宇宙在其发展历程中目睹了无数新生结构、新生现象和变化的种种形式。这些新生事物并没有和生命的起源相伴而生，而是源自生命。自然史所采用的解释形式尽管十分粗糙和不成熟，却超越了地球和宇宙的有生命自然延伸到无生命自然领域里。我们和自然史有着密切联系的思维方式，能够追溯到宇宙史的什么地步？又能展望到宇宙学的哪些发展方向？仍然是个尚待解答的问题。

* * *

在继续向前迈进之前，我们必须解决长期以来由于“还原论”这一颇具争议的学说陷入危机的困惑。在“还原论”的所有分类中（强还原论、弱还原论），均主张解释实践的所有形式具有一种分级结构的思想。物理学位于这一分级结构的最高层。某一解释活动在这一分级结构中到底位列什么位置取决于多重标准：这一解释活动的广泛性和基础性如何；这一解释活动对牛顿范式的解释策略和猜想的体现有多全面；这一解释活动是否有足够资格与数学结合。在这一分级结构的顶点，我们可以看到的是伽利略和牛顿始创，而后经过麦克斯韦、爱因斯坦和玻尔等人继承并发扬的物理学传统思想。而这些伟大科学家所创立的这一科学的很多绝无仅有的成就却遭到这两大宇宙学谬误的残害。

在这一方法论分级结构中，将看似完美的解释实践和看似不够完美的解释实践区分开的标准之一在于时间、历史和历史偶然性所处的位置。从科学解释实践最为严格的标准的高度看，这一“血统”里存在相互区别但又相互联系的三种要素。第一个要素：这一学科的主题从多大程度上是一种独特且不可逆的过程。第二个要素：组成历史上所有真实变换的独立因果关系之间相互关系的松散度。（举个例子：自然史上，自然选择通过多种因素对物种形成施加影响，其中就有地球陆地的分合。）第三个要素：学科主题和解释实践参与到数学表述的途径有所减少。

对于科学理想的解释越是无力，对科学理想的实践方式越是不完整，可以解释的事件就越可能呈现出不重复，甚至无法重复的形式，这种形式陷入了被剥夺了密切关联的因果关系偶然中，且没法用数学方式进行描述和分析。无论人们是否认可还原主义的最强本体论形式，这种分等级的偏见都会一直存在下去。

本书论点的主要目标是要解读物理学和宇宙学业已发现的现象，并讨论一旦从那些相互联系的方法论基础的负担解脱出来后，它们可能发现些什么。要实现这一目标，我们还要警惕将生物学看作低级物理学，将社会学和历史学当作低级生物学的观点不被与其对立的另一种迷信观念替代：把物理学看作低级生物学，把生物学看作低级历史学。同样重要的是，将历史性的解释实践引进宇宙学和物理学的做法并非是视野水平的降低，这是对严格解释目标的一种偏离。

只有摆脱定式思维的桎梏，且不向其他类似的定式思维屈服，人们才有可能以全新的视角看待物理学和宇宙学领域的种种发现，或许还能改变之前对物理学和宇宙学未来发展的理解。人们还应学会如何在一个领域里寻找洞察另一领域的灵感。

强还原主义认为，所有自然真相，包括自然史的真相，最终都可以用物理法则进行表述：也就是说，都可以用物理学传统思想来解释。

强还原主义不是科学理论，它是一种形而上学体系。但这种形而上学体系从未得到过实施。其自称目的是要用形而上学既定模式统一科学，其真正作用是通过将自己表述为科学解释实践的黄金标准，从而确保这种形而上学既定模式免于外界攻击。

强还原主义所标榜的解释宇宙学对宇宙发现（即宇宙拥有自己的历史）的标准科学实践事实上是彻头彻尾的失败，通过揭露这一败笔，我们可以很好地回应强还原主义。本书的目的之一便是提供类似针对强还原主义的抨击。

弱还原主义认可人们有权做出与基本物理学理论不同的解释。解释的替代形式使我们可以忽视部分现象的特点，把注意力转移到其他事物上。举个例子，对生命体来说，我们渴望对生命体的特性进行解释，如独立个体发生过程中，结果敏感型结构或目标导向性结构引发的基因不变性繁殖现象。我们无需做出全面的、基础的物理解释，因为这一解释可能不具有足够的选择性。

弱还原主义的错误在于，在符合相同科学解释实践分级结构理论的前提下，它假设自然各领域和不同科学的既定解释方法之间存在一定关联。根据这一观点，由于历史解释活动拥有正确的选择性，因此它可能在生物学和地质学中发挥重要作用，但在物理学和宇宙学中的地位就没那么重要了。据这一观点，对于物理学家和宇宙学家来说，历史性推理的地位必须次于结构性分析的地位。

回应弱还原主义这一毫无说服力的教条主义的最好办法是指出世上根本不存在它所标榜的那种可靠关联性。生物学不是低级的物理学，物理学也不是低级的生物学。这种分级式教条观念及其对立面是一种极富偏见的先入之见，它们阻碍了科学的进步。我们有充分理由将生物学中的多种既定解释形式复制到地质学领域里，再从地质学领域复制到物理学和宇宙学领域，同样的，我们也有充分理由反其道而行之。

假设宇宙拥有自己的历史，如宇宙学告诉我们的那样，再假设自然以广泛的不同的形态存在，其中很多形态无法以不同于其支配的事物状态的固定法则进行互动的独立元素形式存在，正如我们对于宇宙历史支离破碎的知识所描述的那样。根据这些假说，哪种形式的解释实践适用于哪些领域，这一问题超出了弱还原主义所预期的范围。这就是我们发现自我的情形，它创造出了这样的可能：生命科学和地球科学所具有的解释实践形式可以在宇宙学中发挥作用。这些解释实践形式甚至可能帮助我们找到解决星际法难题的答案。

* * *

试想这三种在自然史中有广泛运用的解释实践形式。它们的运用绝不是为了限制进化生物学，抑或整个生物学体系。对它们的运用还覆盖了地质学。如果它们的应用不仅局限于生命体，更可延伸到非生命体的话，我们便没有理由拒绝将它们运用到对宇宙及其历史的思考上。

它们是否可以运用到宇宙学领域，以及怎样运用到这一领域，实际上是一个事关自然到底如何运转的问题。对这一问题的解答可不能指望某一形而上学的教条思想。如果我们将这些解释实践方式重新描述为解释原则的话，我们可以将其称之为路径依赖原则，这是自然万物可变性的原则，是法则和现象协同进化的原则。

路径依赖原则肯定了一点：在自然史中（无论是非生命体历史或生命体历史），事物的某一当前状态是由松散联系着的众多事件构成的历史决定的。（如果不是因为当代宇宙学的传统范畴对“迟滞现象”有限定的话，路径依赖还可能被称为迟滞现象。）

说它们松散联系着，是指构成每一事件基础的规律性或有效法则不能构成一个统一的系统。它们的群聚性只是因为共同依赖于那些更具基础性的法则或定理。或许这些基础法则或定理不足以解释那些吸引我们目光的小细节。

因果链之间或多或少有相互独立的个体，甚至在同一学科（地质学）的相同现象也是如此（如不同种类岩石的形成）。它们彼此越是互不相干，其结果看上去越发具有偶然性。没有任何高级法则能够解释为什么一则因果关系会和其他一连串有因果关系的事件（而不是其他事物）发生互动。这样的特征所产生的一个结果是，任何固定结果都依赖某一特定历史：一种不触犯基本法则，形成于更深奥或更广泛层次的历史，这种历史所呈现出来的形式可能与其本质有所区别。

自然史所说的路径依赖理论最主要不是源自相对不可逆的混沌（熵）特性。而是源自更为浅显基础的东西：这种东西分为不同类型和种类，它们要经历持续不断的改变，在此前关于宇宙学两大谬论的讨论里，我将其称作自然的第一状态。

路径依赖理论贯穿于生物的整个进化史。例如，有袋类哺乳动物被隔绝在地球某个封闭的角度，并在那里面临非竞争性灭绝的危险，那么它们的进化主轴有可能变为胎盘线，但并非出自与有袋类动物和胎盘类动物竞争优势相关的原因。促使陆地发生板块构造论所描述的位移的力或许与哺乳动物体型进化受到的结构性或功能性约束没有任何关系（除了在基本法则不断消失的界限范围内）。根据这一简单假设，陆地如果呈现另一种不同特性的话，或许有袋动物便会在哺乳动物界里占大多数。

路径依赖主义的重要性在生物界的起源和构建理论中，甚至在达尔文的进化论中，都占有不可撼动的地位。核酸（特别是当它以DNA的形式出现时）是遗传不变性的重要载体，而蛋白质在生物（甚至包括单细胞生物）都赖以生存的调节机制的运转和发展过程中发挥着重要作用。这两种可复制的大分子的作用一旦发生逆转，那么一定会有类似生命的新生事物以某种独特方式产生。

因此，这不仅仅是生命的特殊形式，同时也是生命的基本结构和属性，从自然史的角度看，这一基本结构和属性具有相对偶然性。自然史不会触犯生命产生前世界所具有的任何有效或基本法则，但其发展轨道无法从此类法则中推导得出。

这一原则同样适用于非生命物质。我们可以找出一个基础的地质学事例，并对之思考。火成岩是经过岩浆冷却结晶而产生的，通过分析母岩浆的结构、温度和冷却速率，我们可以对火成岩进行解释。这一解释活动中涉及到的历史因素十分有限。

但通过分析母岩浆的结构、温度和冷却速率来判定变质岩的形成，这样的方法是很不理想的。对于和变质岩很接近的片麻岩，我们有很多方法对之进行分析，片麻岩的形成很大程度上都带有历史特殊性的痕迹，随之产生的一个结果是，较之将火成岩进一步划分为显晶质岩石和隐晶质岩石的分类方式，将变质岩划分为叶片状岩石和非叶片状岩石的分类方式要更模糊一些。

水介质中颗粒物的沉积、生物有机分泌、水或海水直接沉淀而产生的沉积岩，其形成过程是众多变化和作用的组合。这一系列变化和作用无法用简单的一般性物理法则来解释，其丰富细微的内涵更无法单纯地用一种或几种法则来阐释。关于沉积岩的分类十分复杂，目前的学界尚无统一标准，地质学中有专门研究其分类的子学科——地层学。

修改后的不可逆路径依赖原则的解释由此可以超越生物界，向无生物自然界挺进。如果路径依赖原则在地球科学的地上领域讲得通，那么它也可以运用到宇宙史的外太空范畴。路径依赖原则适用性的基础在于，它是我们所观察到的冷却宇宙中自然的一个基本属性：自然是由多种成分构成的特殊结构。另一个特点在于，这些成分都有自己的历史。

* * *

自然史的研究范围并不包括所有类型的永恒事物：不同种类的生物（将生物归为不同物种），或不同种类的非生物（从宏观上，根据不同属性和起源分为不同类别）。尽管从较长时间上看，这些物质比较稳定，但最终还会发生变化。每种物质都有自己的历史，尽管它们具有一定的稳定性，但依旧难逃改变的命运。这一事实可以通过事物的可变性原则表述。

不同类型的改变在宏观物体上的表现最为明显：也就是不同物种和不同种类的物质。微观世界也存在着变化，脱氧核糖核酸（DNA）以惊人的稳定性和高复制性席卷生物界，而DNA也只是在地球史和宇宙史近代才被发现。DNA同样可以发生改变，不论是通过自身突变，还是通过外界有意的干预（当前的科学技术已经达到这一水平）。

粒子物理学标准模型所描述的元素周期表和基本粒子的历史要更悠久一些，可追溯到当前这个宇宙遥远的早期时代。尽管其历史悠久，但根据现代宇宙学观点，它们也并不是永恒存在着的。这些物质背后的宗谱学是当前人类尚无力描述的领域。无论从较长还是较短时间量程来看，这些物质受人类强制干预发生变化的事实从而成了唯一合理的猜想。另一种观点假设任何拥有明确历史起源的自然物质都不会拥有未来历史，它所能做的，只是保持永恒稳定。

适用于不同物种的生物和宏观物质的可变原则的琐碎性一目了然，但实际上，其蕴涵意义却十分深刻。首先我们可以将其意义限定在特定领域——生物界，然后扩展到整个宇宙进行思考。

在生物界，自然物质即各类物种。它们通常是稳定的，其中不少物种甚至在长达百万年的岁月里也未发生过变化。物种的稳定性依赖三重基础：DNA的持久性及变异的有限性；这一持久性的无可比拟的功能，即对基因恒定性的保持；自主形态生长所需的结构形式和材料十分有限。

除了上述因素外，物种形成有一段充满新气的历史。对于这段历史，我们无法用任何一种法则对之进行细节性推断。在这段历史里，生命没有永恒形式，没有任何物种拥有和地球一样直到天荒地老的资本。

适用于物种形成的理论更适用于所有自然物质的产生和变化。在我们熟悉的冷却状态下，我们的宇宙以特殊的形态存在（为了便于理解，物理学借用了数学概念将其比作微分流形），这种特殊形态由多种以特定方式相互作用的特殊结构组成。这些组件尽管基础，但却是会发生改变的历史实体。在任何时间段内，可能产生的全新事物——不仅新在前所未有，更新在用此前自然历史上已经表现过的规律无法对这一事物进行预测。达到上述条件的一种全新事物便是地球上的生命体——即我们描述的生物的出现。

因此，物质变化原理不仅仅局限于生物界或生命科学领域。它是之前我所说的“自然第一状态”（在时间上是第二）下的普遍特征。在这一状态下，自然特殊的存在着。因此，该物质变化原理无非是历史长河中衍生出来的一种生物学原理。同时，它也是一种宇宙学原理，它要求人们将我们思考自然史所用的思维方式运用到对宇宙学的思考中。

这一物质变化原理与经典本体论的理论体系相抵触，后者旨在对生物永恒的多样性做出描述。这一原理也同样与科学实践相抵触，后者将生物的永恒结构作为前提预设。

物质可变性的另一个重要方面是，决定这些物质呈现自身特征的方式和意义会发生变化，也即，本质和特性均发生变化。不同动物之间的区别方式，与不同岩石之间的区别方式截然不同。事实上，火成岩与其他同类岩石的区别方式，也不同于变质岩与其他同类岩石的区别方式。物质形成和改变的过程赋予了它本身的特殊性。将物质可变性和自然史第三个原理联系在一起的事实是：现象及支配现象的法则之间的协同进化。

物质可变性在宇宙学的广泛运用中，可以得到很好的概括。宇宙不仅缺乏稳定的形态和永久性自然物质，就连自然物质区别于彼此的方式都是变化的。如果自然最初的正常状态呈现一种有结构的微分流形，那么自然的差异性和差异的具体内涵一样不稳定。

* * *

我们用来解释自然史中各种事件所用的自然法则和对称性在展现自身的同时也在展现着各种现象，这些现象的运转原理通常需要援引上述法则和对称性进行解释。（在这一情况下，我常常将规律和法则这两个术语当作同义词来使用，对称性和常量在自然史中所发挥的作用和它们在物理学及宇宙学领域所发挥的作用大不相同。）与强还原主义所宣扬的理论所不同的是，我们不能通过对主宰自然其他领域或自然的规律进行推导，得出上述法则。因为自然在这些现象出现以前就已经存在了，我们唯一可以肯定的是，这些法则和自然史上出现过的法则是相兼容的。弱还原主义尚不曾阻碍我们将自然史的规律性看作其同时代现象（这些现象可帮助我们解释自然史的规律），更不用说那些和弱还原主义假象撇清关系的相关自然科学理论。将上述种种规律性描述成宇宙永恒框架的一部分，是一个没有任何实际意义的哲学问题。

现象是会发生变化的，而它们的变化方式也会发生改变，它们背后的规律也会发生改变。这就是现象和规律的协同进化：它是自然史通常使用的解释方法的第三个方面。在自然主义者所研究的历史里，改变的方式也在断断续续中发生着变化。因此，现象与支配现象的法则协同进化原理的适用范围和生物界的范围没有交集。它可以拓展到非生物领域，因此在宇宙史范畴里也拥有广泛运用。

变化的方式（我们也将其称作解释性法则）以生命体为依托进行。它们随着多细胞生物的产生而再次发生变化，并随着有性繁殖和孟德尔机制又一次改变。同时还随着意识及其依托的产生，通过语言实现改变。它们不仅仅在生物体内发生变化，根据物质可变性更广义的解读，它们可以以现象变化的方式发生变化，变化方式彼此之间的区别也是可变的。

现象与法则的协同进化可以延伸到生物界以外的领域。地质学或地球科学具有协同进化特征，此外，诸如板块构造学和潮汐学这样的综合性学科也具有这一特征。在众多运用中，协同作用受到路径依赖和物质可变性的影响（还受到不同自然物质之间的区别的影响）。但晶体的形成所表现出的是繁殖的不变性机制，它对应其他完全不同的原理，并与生物界的遗传复制大有不同。

那么，现象和法则协同进化原理在什么领域才不受用呢？纵观整个宇宙和宇宙史，貌似没有。地球上观察到的规律和现象协同进化可能出现在宇宙的任何部分及宇宙史中的任意时段。我们大可不必纠结于协同进化到底出现在何种规模的现象里，抑或宇宙史的哪个特定时段里。

现象和法则协同进化原理在宇宙学中的运用并未重复宇宙学第一谬误

的错误：生命科学和地球科学从来没有和牛顿范式兼容过，尽管很多人尝试将它们囊括到牛顿范式框架下。把宇宙学重新定义为一门历史性学科的举动让我们不得不正视书中称作星际法难题这一课题。

* * *

对自然史与宇宙学关系的讨论并不能得出路径依赖原则、物质可变性思想、现象及法则协同进化只适用生物界这一结论，而在这一系列思考后便出现了星际法难题这一课题。实际上这些理论并非生物界的专属，对它们的运用可以超越生物界的界限，延伸到非生物界。因而，我们可以将一种不受生命力论影响的思维方式运用到宇宙学领域里。

在生物界范畴里，当代生物学的发展总结了涉及多种经过论证的非生物运用（错综度、自我组织、间断平衡、临界阈值和物质内生灾难性毁灭）的思想。通过把生物学当作一门结构科学、功能科学进行发展，并根据当代生物学这一人类智慧的结晶，将新达尔文生物学进化综论进行重新解读和改良，当代生物学推倒了隔在生物和非生物之间的伪界限。

这一智慧结晶采用一种凌驾于一切生物与非生物的方式，使人类表述自然史原理成为了可能（就像我在此谈论它们这样）。然而这一方式并不意味着生物界不存在任何特征。相反，生物界存在太多奇异特征，以至生物的出现无法用生命产生以前的自然法则进行预测和解释。然而，地球上生命的特性不过是宇宙历史长河里一个普遍现象中的个案：即通过物质可变性和现象法则协同进化，变化出的新生事物的出现。

现在请大家回忆一下生命体通常具有哪些显著特性：通过 DNA 这一永恒结构达到遗传不变性的生物繁殖；组织结构，即有机体的生长，有机体的产生事实上可以不带任何目的，但它却能像有目的驱使一般依托调节机制发生作用（莫诺称之为存在价值论，而非目的论）；组织机构的形成以独立形态的形成得以实现（形态形成的复杂形式便是胚胎学所研究的主要对象）。上述三种特性中，前两个在其他自然现象中可以找到与之大致对应的特征。

最令人惊讶的是第三个特性，即生物体的自我构建，人们起初认为它是前两种特征的具体体现和实现方式，并将其看作最为显著的特征。有机体个体发展既体现了物质可变性，又显示了现象和法则的协同进化。新生命会以新的方式出现，并展现出新规律。

* * *

把对自然史特征的思考方式运用到宇宙学中的这一做法进行讨论的意义不在于要我们将生命科学和地球科学看作宇宙学的模型，也不是这两门科学能够解答抛弃宇宙学两大谬误而产生的诸多无解奥秘。对这一做法进行讨论的意义在于让人们认识到，宇宙学抛弃两大谬误后，及对“宇宙拥有历史”这一发现之蕴涵的无限探寻所衍生的重重问题，并非宇宙学研究领域所特有的。这些问题反复出现在科学的其他领域，长久以来人们都十分重视其意义。

单纯地把宇宙学定义成一门能够助益自然史某些研究思想和方法的历史性科学还不够精准。摆在我们面前更深层次的问题是，宇宙学研究怎样能够做到既是一门历史性学科，又是一门科学。星际法难题说白了不过是这一问题的尖锐表达而已。

在解决这一问题上，自然史可供人们采纳的方法是一种不尽完善的模型。其不完善之处在于，它的研究领域仅拘泥于局部，于此，路径依赖原则可以阐明这一缺陷的缘由所在。但宇宙学怎样才能既兼备历史性，又兼备科学性，仍然悬而未决。该问题位列本书所要解答的诸多问题之一。

时宇间宙 本书论点及社会学、历史学研究

在整个社会学、历史学研究领域里，我们不难看到（本书所要解决的）种种问题的影子。只有避免将社会学、历史学研究看作弱生物学，把生物学当作弱物理学的思维定式，我们才可以正视这些问题，并从中汲取营养。

认为万物，包括法则、对称性，乃至常量终将改变的观点；认为因果解释实践的关系，一定会同事物状态一同进化，而不是永恒不变的观点；认为一定存在没有规律的因果关系；和认为没有任何现实结构可以永恒存在的观点，对于接受传统物理学思想熏陶的人而言，略显陌生。但凡从事社会学、历史学研究的人遇到上述观点实属难免。其实与宇宙学这一论点休戚相关的诸多疑点，存在已久。

问题之症结不在于我们有望在社会学、历史学理论研究中寻得种种谜团的解决之道，而在于相同谜团会携带不同特征，重复出现在每一探索领域，成为科学探索的主题和不同变换形式。然而，因为见于社会学和历史

学研究领域的此类问题比见于物理学和宇宙学领域的问题出现得更早且常见，它们便助益了许多对自然哲学有利的思维习惯和诡辩学说的出现。社会学家和历史学家们尚未找到解决上述人人关心的问题的答案。尽管如此，不论是学者们已然发现的事实，抑或漫漫求索路上碰到的种种挫折，都将帮助我们不断进步。

这一求索道路上，思维会不断吸收众多人类智慧财富，这些智慧财富比物理学传统思维能给予我们的更为丰富广袤，有了这些财富我们便可直面自然史所要应对的挑战。有了这些智慧宝藏，人们还能反思事物状态之法则（或其他规律）与事物状态的关系、历史与结构的关系，和不断出现的旧现象与新事物的关系。

在数学领域寻求解决这些问题的灵感可谓白费功夫，但很多自然科学家都是这样做的。数学给予人们的是世间种种特性之间最寻常关系之概念的宏大框架，但这一框架却和现象特殊性及时间深度剥离开来，仿佛一具冰冷无面的兵马俑。对于解释自然是如何脱离既定秩序，陷入无序混沌，自然法则为何会与现象协同进化，及为何宇宙（此处所说的宇宙不是一种似是而非的可能，也不是尚待转化成现实的现实前体）总有新事物不断涌现，对于此类问题，数学貌似无能为力。

一旦这些观点在我们脑海中形成，我们或许可以借助数学表达这些问题，又或者，要是所需要的分析工具无法使用，我们还可以尝试创造新的数学方法或非数学方法来表达这些问题。人们思考现实（既包括社会现实，又包括自然现实）的方式可供参考。正视这些问题后，我们便可以更全面地了解现实的各个组件是如何相互联系起来的，以及实实在在存在的事物为何受到压根没有现形的事物的支配。

人们应该思考欧洲古典社会理论和当代积极社会学结构变化和规律的状态。现代社会学思想源自诸如孟德斯鸠、维柯等思想家的著作，他们顶着亚里士多德政治学等陈旧思想的重重压力，创立了“社会秩序可以朝截然不同的方向发展”的思想体系。每种发展方向都会根据自己的方式，在此前研究方向的基础上不断发展。每一种发展方向注定会造就特定生命形式，但在鼓励特定能量和经验类型发展的同时，也会抑制其他能量和经验类型的发展。每种发展方向的特色制度安排倚仗特殊品格或意识形式的养成。

19 世纪的社会学理论所取得的革命性成果是将这一概念向另一理论高

度——社会生活的结构是人类创造和想象出来的——推进了一步。不能把社会生活的结构当作自然现象看待，也不可将其看作组成宇宙的实体（尽管很多19世纪和20世纪初的思潮，如迪尔凯姆的社会学，朝着完全相反的方向发展，但也预示了当代积极社会学的发展趋势）。

在维柯看来，人们之所以能够理解社会契约的原因在于人类是社会契约的缔造者。如果社会契约的可变性阻碍了人们的理解，社会契约的可变性也会阻碍我们获得了解自然的机会：采用帮助缔造者弄清楚自己是如何创造出社会契约的方法，从社会内部了解社会的机会。

社会结构是人类的想象物和创造物这一观点产生了很多争论，其中就有对历史上的结构中断和结构方案的评估。对古典社会理论这一观点最深刻、最有影响的思想便是卡尔·马克思对英国政治经济学的批判。在马克思看来，经济学家们眼中的经济生活通行法则只适用一种特定“生产模式”，即“资本主义”的法则。用当代科学哲学的传统话语来说，此法则只是效用性法则，而非根本性法则。认为这些法则具有普适性的错误观点致使这些法则运用到其他特定领域的可行性变得疑云密布。

如此一来，社会是人类创造和想象的这一观点便可深入到另一层具有更广泛蕴涵的思想，即社会的所有排列，也就是社会机制、常规，以及将既定社会秩序描述为一种对社会生活合理规划的种种概念，一同构成了僵硬的政治。社会契约源自人类对社会生活的短暂抑制或抗争：较之斗争，政治对政府权力的运用更全面。

这一理论衍生的结论是，社会结构和文化结构能够以不同的方式存在。它们越能够轻易在普通生活工作中重建起来，越不会呈现自然物质的外貌。据此，我们可以改变社会约定的质量和内容。我们可对社会约定进行组织，从而助我们缩短人们在（认为理所应当的）特定机制和意识形态框架下进行的普通活动和人们在调整过的机制和意识形态框架下进行的特殊活动之间的差距。推动社会生活的排列朝这一方向，可以降低改变对危机的依赖，削弱非生命体对生命体的影响，并加强我们对根深蒂固的社会及文化体制的驾驭能力。

认为社会结构是人类的创造物这一说法在卡尔·马克思的著作里，及不少经典社会理论思潮中均留下很深的痕迹，但这一理论并没有发展成为像政治那样更宏观的描述社会结构的学说。它受到和这一思想并存于马克思著作中的“制约其发展及效力的思想”的钳制。对这一学说的种种约束的错误必然性的假象中，有三个假象影响巨大。

第一种假象是，将可替代的机构或意识形态体系当作“封闭式选项”的观点。即在人类历史发展过程中，社会组织形式可以分为封建主义、资本主义和社会主义，任何一个社会也逃离不了这三种类型。事实上，无论是社会、政治还是经济组织方式，都不存在任何“封闭式选项”。造成的现象是这种封闭式选项好像真的存在一样，但它没有受到多少机构特异性的限定，因而机构特异性限定的运用比较松散且可能丧失解释能力。这一误解的最典型案例是对资本主义这一概念的模糊运用。对于机构和意识形态方案（像我们通常用来定义资本主义的方案）来说，当受到其能够解释特定社会范围内的经济、政治和话语实践所具备的结构性细节限定时，这一方案便不再是在许多社会和历史条件下反复出现的典型方案。

第二种假象是，认为这一机构类型或意识形态体系是不可分割的整体，所有构成部件是共存的有机整体。因此政治要么是对此类系统的改革性关系，要么是用另一种革命性体系取而代之，如封建主义被资本主义所取代。实际上，社会生活的组织构成要素和意识形态构成要素的改变是一步一步循序渐进的过程。零散破碎的改变可以产生剧烈快速的结果（只要这种改变一直朝固定方向，并按照特定理念发展）。上述革命性变化是历史上结构变化的标准模式。将一种机构类型或意识形态秩序用另一种秩序完全替代的例子是十分罕见的情况。

第三种假象是，认为历史变化高阶法则驱使历史中不可分割的机构体系不断向前发展。由于存在支配特定机构体系的有效法则，因此也存在指导一种体系转变为另一种体系的根本法则或星际法。在马克思的社会理论中，这些法则属于唯物史观，如《共产党宣言》所总结的那样：生产力和生产关系之间的相互关系，其中，生产关系指的是为了推翻既定生产关系，最大限度提高生产力发展的过程中，代表着全人类普世利益的社会阶层之间的关系。

星际法如果真的存在，将赋予历史一份预先设定好的脚本。这份脚本只有在我们回顾历史或很久以后才会兀然意识到。人们对这些星际法的后知后觉只会确定并增强其效力。因而，程序性思维不具任何重要功用，它只是对相近可能的一种创造性构想。历史又在不断完善这种创造性构想。

事实上，历史的根本性法则并不存在。历史也没有什么脚本。但确实存在约束和因果关系的路径依赖轨道，由于我们无法从历史变化的规则中推断出约束和因果关系，因而它们缺乏真实性。我们可以利用此前出现过的资源，如物理学资源、机制资源、理念资源，来塑造历史经验的后续发展。通过创造出可以巩固自身、减弱改变对危机依赖程度的机构和意识形态结构，我们便能够减轻历史的重负。

在社会理论的后续发展过程中，这三种必然论假象的可行度一直在下降。然而，社会学家们坚持使用依赖这三种假象的词汇，并不断向世人展示这三种假象运用过程中产生的思维习惯。例如，宣称自己不迷信任何一种假象的人却使用诸如“资本主义”一样的字眼，好像他们深受这些假象影响一般。

最早走向覆灭的是历史变化存在高阶法则的假象。而可替代机构体系假象及其不可分割的特性有时却能够在半醒半信半疑的情况下幸存下来。如果得以存活下来，它们会暗示一种尚未得到发展和论证的概念：历史中存在支配不同机构和意识形态形成的法则，尽管这种概念对社会理论学家和历史学家来说十分具有吸引力。然而，此类有效法则是和机构和意识形态的形成过程协同出现和演化的。不存在背后引导协同进化的根本法则。这一概念使人想到此前就存在的许多关于生命科学的思想（尽管那些思想尚待解释），但那些思想对今天的物理学来说却是很陌生的概念。

在社会学和历史学领域，法则和受其主宰事物状态协同进化的思想没有进一步发展壮大的一个重要原因是，当代社会学主体上朝着一个完全不同的方向发展。社会学全盘否定了必然论的种种猜测，背后的原因只有一个，即社会学否定了古典社会理论的核心观点：也就是针对人为创造和想象出来的社会生活的特性及对历史中结构间断性和结构更替的观点。社会学的主要发展趋势是，将既定制度和实践描述为进步的功能性演化过程之产物，从而对它们进行规划。

据这一观点，当代社会的既定排列可看作一次次实验累积的产物。优胜劣汰，适者生存。因此，从历史上看，我们很可能碰到很多社会停滞在同一种最优的实践方式和制度里。这一观点在经济学这一最具影响力的社会学科里得到的发展和体现最为完整，至少在经济学抛弃纯度分析所依托的理论后（也就是从 19 世纪末的边际主义起），并在政策制定和行为解释中采取自己特有的方式后便是这样的。根据这一观点，这种结构不存在任何特别的问题。市场型经济运转情况最佳，且具有先天注定的法定组织内涵：这一内涵的典型代表是北大西洋国家最为常见的私有制和自由契约制社会政权。

这种思维方式将历史经验中最为重要和神秘的事物掩饰成了最自然和必需的事物，历史经验中最为重要和神秘的莫过于采用建立和重建社会生活组织和概念假定的方式。在没有对社会和历史研究最根本问题进行深入研究的情况下，对邻近可能的真实状况的洞察和对邻近可能的想象的探究之间的关键性联系就被割裂了。如此一来，社会科学便会沦为右翼黑格尔主义，即对世界的回顾合理化，而对于世界的历史巨变和变化概率，右翼黑格尔主义是无法把握的。

这一史观所带给社会思想的任务便是拯救和激发古典社会理论对社会生活结构的人为可变特性的核心洞察力，即塑造社会常规活动和冲突的组织排列和意识形态假定。这些组织和意识形态体制就是僵硬的政治。必然论猜想切断了这一洞察力在传统理论中的意义和覆盖范围，因此，我们必须把它从必然论猜想的包围里拯救出来。在社会契约的建立过程中，我们必须清醒地认识到人类最应该关心的是什么，这些社会契约的存在方式使我们在不需要利用危机当作改变的前提下便可抵制和修改既定社会契约。我们还得认识到制约因素的客观存在，及序列可以帮助我们解释普遍存在的社会约定方式和猜想。在社会和历史学研究过程中，我们务必要在对邻近可能的现实的洞察与对邻近可能的猜想的探索之间重新建立起不可或缺的联系。在此基础上，我们必须充分利用系统想象的专属特征，也就是对通往“此时此刻”的中间步骤联系起来的可选形式，特别是民主、市场和自由公民社会的不同组织形式。

这一看待宇宙学的模型无法给予我们任何公正对待“只有一个宇宙和时间具有包容真实性”这一观点。尽管这一模型和这一宇宙学观点具有一定联系。二者的联系建立在摒弃了支配时间事件的永恒法则的因果解释实践。二者的联系同时还建立在这一模型坚持把事实基本组件看作间歇性不断演化的事物，对社会和历史研究而言，事实的基本组件是社会生活的组织和意识形态内容构成；对物理学而言，事实的基本构件就是自然的基础构件，对事实做出解释也是该模型的目标所在。组织和意识形态体制会在实际冲突和想象冲突的白热化时段内周期性地消融，其间变得更加具有可重塑性。自然同样要经历那些自身排列发生破裂，规律加速变化的时段。不同之处在于，结构的特性和人类抵制结构的自由之间的关系是可以无限改变的。但根据人类的认知，自然没有这样的自由。

对于宇宙学和社会理论这两种存在共同点的体系，既不能不假思索地接纳存在永恒不变的生物之说，也不能无条件认可法则是永恒不变的框架之说。

时宇间宙 重塑自然哲学

本书不是一本科普读物，更不是一本按照通常理解哲学科学的方式阐述科学哲学的著作。本书旨在对消失已久的思维方式、写作风格重新解读和修改。这种写作风格过去称为自然哲学。一直到19世纪中叶，自然哲学一直都受到广泛认可。在20世纪早期，马赫和庞加莱再次赋予自然哲学短暂的生命，而到今天，自然哲学主要在哲学生物学家的笔头看到。下面我将列举几个自然哲学的常见特征，自然哲学的这些重要特征可辅助本书论点。

第一个特征是将自然，即世界本身当作研究主题，而不是科学。这一特性卷入了一种纷争中，这种纷争认为科学的发展方向和科学实践不过是对宏观自然讨论的一个组成部分。在今天的观点看来，科学才最可能是哲学的主题。而自然哲学的主题一直都是自然。科学和自然哲学拥有相同的主题，但各自的效力和所运用的方法截然不同。

自然哲学的第二个特征是，质疑特定科学的议题或所采用的方法。自然哲学第二个特征对特定科学的质疑并非从科学内部着手，而是从遥远的外部开展。这一特征没有得到任何新的实验发现，也没有将新出现的猜想投入实验。

自然哲学试图把科学对自然的发现和科学对自然的解读区分开来。科学对自然的解读常常受到形而上学偏见的影响，特别是超经验本体论。超经验本体论观点是科学理论体系不可或缺的一部分。科学理论体系越是高瞻远瞩，其功用就越宏大。依赖超经验论观点的代价是未被察觉的盲从：科学的进步要求我们偶尔能识别、抵制、推翻和取代超经验论观点。

在实践这一尝试的初期，自然哲学发挥了作用。但对于仅仅依赖自身有限资源进行发展的科学，自然哲学无法促成科学的发展，甚至无法解释科学的发展方向。但从这一点看，不同于当今很多科学哲学既定观点，自然哲学带有修正主义色彩，其目的不是单纯地分析或解释事物。自然哲学依据什么基础、利用什么方法做到以修正主义视角解答问题，是本章所要阐述的问题。

本书讨论的焦点是宇宙学和物理学对宇宙发现的解读，包括很多至今仍然影响这两门科学的解读，而仅仅是关于宇宙发现的哲学讨论或通俗观点。本书论点和广义相对论的普遍解读，及诸如多元宇宙说等影响深远的宇宙学观点相左。

自然哲学的第三个特征是，突破自然哲学家们对这项工作的传统看法，尽管自然哲学作为一种流派已被广泛认可。我们正视基础且又广泛存在的问题，但绝不依赖脱离科学而存在的形而上学观点。我们不会把时下很受用的自然哲学，抑或把哲学整体看作超科学而存在，在超科学中，不着边际的猜想可以代替实证探究和理论分析的位置，而后者是科学进步的动力所在。我们的口号是，只有基本问题与教条式基本学说撇清关系，我们才会接受基本问题。

本书所要解读和寻找的自然哲学第四个特征是，在其干预自然科学的讨论时，自然哲学模糊了科学内部讨论和科学外围讨论之间的区别。自然哲学无法拥有科学探究的效力：我们会发现，自然哲学的所有假说均缺乏实验论证，更缺乏自然科学必不可少的数学和科技工具。

尽管如此，本书所阐述的问题和观点绝不会不假思索地接受当今物理学和宇宙学的发展方向。这些问题和观点一定程度上可以反应人们对宇宙学和物理学未来发展的展望。它们甚至能提供一种科学外围观点，我们可以通过这一观点评估当代科学在这些领域的发展路径。它们具备修正主义的潜力和目的。

明显缺乏科学所必备的数学或科技工具的观点又怎能宣称对宇宙学等科学的发展方向拥有话语权呢？要弄清楚这样的问题，首先要理解一阶讨论、高阶讨论、元话语之间的关系。我们还需明白三种利用上述关系达到修正主义目的的方法。

一阶讨论是特定科学或学科内部的一种讨论。这种讨论始于该科学或学科在某一时间或某一地点如何自我定位的问题：即它如何组织争论、它所接受的分析方法、解释方法、论证方法，及其关于自然和思想的指导性猜想。

最重要的自然科学预想是那些关于规律、对称性、自身与结构的关系的预想，这些重要的预想在自然中会发生改变。其他预想处理的是数学以及数学分析和因果解释的关系。对于一阶讨论，其指导观点、主流理论和已接受方法的研究从起点开始，并不要求必须达到终点。由于新发现和新假设的不断涌现，我们可以将它们一点点地进行修正。

高阶讨论直接研究这些预想，并通过一系列思考对之做出判断，可能是对特定科学或学科具有重大意义的观点的思考。高阶讨论指出，我们需要改变部分预想的观点可能算是高阶讨论的标志性宣言。之所以要改变它们，是因为高阶讨论想要重新审视既定事实，并指出一条全新道路，即看待旧事物的新思路，从而得到了解新事物的途径。一直以来，为上述想法提供支撑的，通常是哲学。

当代哲学的普遍趋势是轻视高阶讨论，认为高阶讨论是在过多地为思辨推理争取只有特殊形式的调查研究才享有的权威。根据这一观点，我们唯一需要的元话语是能够无情揭露一切元话语之虚妄的元话语。而自然哲学在这种观点中毫无立足之地。

自然哲学给出的最重要的解释是一阶讨论和元话语之间区别的相对性。一种观念在一阶讨论的眼光越是长远，它越可能暗示或促成科学方法或科学内涵的预想的改变。相反地，高阶讨论对修改实质性猜想或方法论猜想的提议都应接受其作用于洞察力的效果的检验，而洞察力可通过以下方式获得：该提议对特定学科产生作用后带来的结果。

对向前运动源自何处做出规定的，恐怕只有纯粹的教条主义。向前运动通常源自一阶讨论的内部冲突。随着一阶讨论内部冲突不断升级，冲突将超越将其和高阶讨论分离开的界限。有时也会出现这样的情况，在二阶讨论中，洞察力会获得新突破，随着洞察力新突破对一阶讨论的暗示愈发清楚，新突破也会从中受益。

人类智能发酵剂（及这一发酵剂所鼓励的洞察力进步）的一个标准是高阶讨论到一阶讨论，及一阶讨论到高阶讨论转化所需要的频率和密度。这一双向运动同时还可以削弱不同科学之间的严格区分。超越高阶和一阶讨论之间区别的争论很可能不止涉及单一领域，还可能使每一领域的组织方式和组织思想的正统性受到质疑。

除了高阶讨论和一阶讨论之间的区别及和实践紧密结合的不同学科之间的差异外，第三种差异，即普通科学和革命性科学之间的差异，也会受到这一人类智慧大转向的削弱。通过进行政治和历史对比，我们可以充分了解第三种具有颠覆性差异的意义所在。总之，革命性科学与常规科学

（正如托马斯·库恩所论述的那样）之间的差异，是这一对比的产物。

经典社会理论的传统观点，包括马克思主义在内，对某一体制被另一革命性体制替代（如社会主义替代资本主义）和某一体制及其“对立体制”的不同管理模式之间的区别有明确划分。它们把每种社会体制看作不可分割的统一体。因此，经典社会理论的传统观点把政治分为改良性修补和革命性改变，前者属于循序渐进的过程，后者属于雷厉风行的剧变。

这些泾渭分明的区分其实有一定误导性。事实上，根本不存在什么不可分割且又循环出现的社会体制（如资本主义），对于体制再生和改变，每种体制拥有自身的固有逻辑。就算改变的结果来得如洪水猛兽，但在实现方式上，它可以表现得断断续续、循序渐进，前提是必须沿着固定方向发展，当改变是受某种思想启迪而生，那就更是如此了。革命性变革最能体现结构性改变的特征，而大规模改革只能反映个例的特征。

然而，从历史的角度看，某一社会机制的重现及其变化之间的关系绝非是固定不变的常量，而是一组变量。对于（我们认为理所应当的）社会体制框架内人们可以做出的常规活动和人们细微改变社会体制框架所处的非凡活动之间的区别，我们是可以加以区分的。但这两种活动之间的区别也是不断变化的。我们有能力把社会机制的排列方式和人类不着边际的活动巧妙地进行安排，使它们不会增加抑或减少二者的区别。

在很大程度上，社会生活的组织和意识形态排列是可以进行批判和修改的。因此，它能使社会和文化更容易地从个体或集体的日常活动中产生，正是通过这些社会活动，我们得以在既定社会环境中寻求自身利益。人类及其道德利益与社会文化制度的这一特性之增强均有着紧密的联系。然而，这一特性的增强和人类的生产能力的状况息息相关（如经济发展水平、技术和组织能力创新等）。它还与人们解开实践、情感、认知活动与根深蒂固的社会划分之间重重纠葛的条件存在因果关系。

要想获得实际成果，我们需要得到对事物，乃至对人、对实践、对思想进行实验和重组的自由。道德上的解放要求我们有能力将他人看作社会背景和我们所渴望变成的超越角色的个体，而不是看作某些毫无进展的社会等级秩序和社会既定等级秩序中的傀儡。只有人们建立起能够自我重建的社会和文化体制、削弱旧事物的势力，重新定义未来、削弱危机作为改变催化剂的地位，否则我们将无法满足上述两种要求的任何一种。

除了可以巩固这些根本实体和道德利益，自我修改的特性拥有自身独有的价值。自我修改特性缩小了处于结构严密型或离散型社会背景之内或之外的差异。我们永远没法构建起生活抑或信仰的明确环境，这是一种适用人类所有为之骄傲之事物的明确环境。要想构建起包罗万象的明确社会背景，我们还需建立起不仅满足实体和道德利益，同时也能在实验的辅助下证明自身正确性的社会约定和猜想，将不可改变变成可改变。

我们可以一门心思地致力于此类社会秩序的构建，无需屈服于它。在日常工作中，我们有权决定自己的事情，而不是向体制低头。如此一来，我们所生活的社会不再是一个让人颠沛流离，饱受折磨的地方，也不再是一个用屈服换来社会融入，用受到孤立换来超脱世俗，不允许我们做回真实自我的地方。

较之对立体制，能够助益自我重塑的社会生活组织形式和意识形态框架拥有不可小觑的优势。然而，要想发挥这一优势，我们无需生搬硬套，采用某些特定的、教条式的组织体制来构建我们的社会和文化，但我们从相对偶然的混乱历史素材做出筛选，使之焕然新生。

通过类比和调整得来的关于文化和社会的每种评论都适用于我们的科学信仰和科学实践的结构。自然和普通科学与科学进化之间的区别程度在科学史上的处境不容乐观。一门更强大的科学应当在其普通实践过程中展示科学在革命性阶段出现的种种特征。

其中一个特征是一种较之通常采用的辩证法，内涵更为丰富的辩证法。它和其他理论、工具和观察结果一同呈现在我们面前。另一个特征是对于跨界问题的调查，这些问题通常跨越多学科，并超越了每一学科的具体组织方法。第三个特征是把高阶讨论和一阶讨论揉捏在一起。从这一角度看，自然哲学致力于克服普通科学和革命性科学之间的区别。

与此同时，我们的目的是要复兴和调整18世纪的自然哲学风格。重建后的自然哲学的目标不应该是信手拈来的猜想，而是积极参与到未来科学的发展议题上，把目光聚焦在人类如何看待科学与世界的关系上。而这里所说的积极参与，需将自然哲学和科学区分开的观点、制约因素和方法的角度进行定义，正如接下来即将展开的讨论那样。

放眼当前，自然哲学并没有彻底销声匿迹，只不过是带着不为人知的假面而已。很多科学著作的受众是只接受过通识教育的人群，这些著作的初衷无非是让缺乏专业知识的普通大众都能了解科学家们的思想和实践方式。科学家们利用这些著作妄自揣测自己所取得的发现背后所隐藏的巨大天机，以此来塑造人们对于宇宙的理解，对于自我在这个偌大宇宙中所处的位置。然而，这些科学家当然还有另一群读者，也就是科学界同行，这些著作总是打着科普读物的招牌，同时也成为了业已消失的自然哲学的一种隐秘形式。

接下来我们打算揭开这层若隐若现的面纱，用明确的词语来谈论自然哲学，不遮遮掩掩，抑或使用任何类比。要做到这一点，我们需要重新解读部分物理学和宇宙学关于世界的发现的意义，并修改科学实践的某些态度、猜想和愿景。

* * *

为实现上述目标，自然哲学离不开三种策略，其中每种策略在本书的论述中都起着至关重要的作用。

第一种策略是，识别并充分利用存在于任何满怀抱负的科学理论之（实验为基础的洞察力与操作程序的）核心观点和这一核心观点通常与之结合在一起的超经验本体论之间的区别。亚里士多德、牛顿和爱因斯坦的理论最能体现这一超经验本体论和上述科学理论之核心观点的结合。很多视野不是十分长远的科学理论体系同样存在二者相结合的情况。

一方面，物理理论可以对实践活动和变革行动提供指导。这告诉我们特定提议是可以产生特定影响的。同时还告诉我们，我们可以也必须调整对于已发生事物有限和错误的解释。现有观察和实验设备对拓展尚无任何根据的认识和革命性干预更强力地作用于自然运作规律有着决定性作用。这种观察和实验设备对于我们来说就好比盲人无法离开他的拐杖那样。

从此观点看，科学的调停作用取得了实质性成果，科学成功地干预并改正了错误的观点。针对这一作用，科学并没有给我们提供关于事物本质的解释，科学仅教会我们如何看待事物，以便实现我们有限的目的。科学对于自然如何运转的猜想可以是严格的，也可以是富有弹性的，因为科学猜想需要和自然各个部分是如何组织起来的观点兼容。

然而，纵观科学史，我们总能发现还有另一种因素的存在：科学所做的不过是侧面反映自然是如何运转的，及在特定领域里自然是如何构建起来的。而单纯就宇宙学来说，这一特定领域就是宇宙整体。由于科学所尽可能扮演的是一个较为次要的、真相揭露者的角色，科学是认可本体论学说的，尽管它通常是破碎的、不成体系的理论，仅仅是对组成自然的事物进行研究的一种概念。本体论的超经验性主要表现在，首先我们无法在观察和实验中将它直接总结出来；其次，总结所得观察和实验结果，我们得出这样的结论：所得结果不可避免地与至少一种此类观点一致。

科学的本体论元素有两个源头，一是源自人们想要了解世界的强烈愿望，二是源自科学发现与感知上的科学之间的矛盾关系。要想正确引导人们对自然的革新干预，我们必须了解我们可以多大程度上依赖感知认识。我们需要在不抛弃感性经验的前提下对其进行组织、拓展和修正，这就给本体论猜测提供了不竭动力。这一需求甚至在和观察和实验最为密切的科学实践形式中也发挥着作用。因此，单纯的解释活动无法使科学摆脱本体论的影子。假如科学无法摆脱本体论的影子，弄清本体论，权衡其利弊，理解其含义，都显得势在必行。

科学理论的覆盖领域越是广袤，其解释目的越是宏伟，超经验本体论的影响就越是明显。亚里士多德、牛顿、爱因斯坦等人的理论体系最能体现超经验本体论的巨大影响力，而这些理论体系在科学史上都有与之对应的特定时段。

尽管如此，理论体系的经验性和超经验性，无论对于作者而言，还是这一理论的门徒而言都是晦涩不清的。通过观察和实验，及强加于其身的形而上学解读而得以巩固的理论核心洞察力给人一种无懈可击的感觉，好像它就是其所对应科学发现和科学理解的不可分割的有机组成部分一样。对经验主义的确定很不恰当地披上了哲学光环和经验的潜在含义。

因此，可以说，主要科学体系也局部反映了一种僵硬的自然哲学，正如一种既定组织和意识形态体制好比僵硬的政治一样，之所以僵硬的原因是社会生活各方面相互冲突引发的短暂干预和相对制约造成的。被理论专家们当作事实后，主要科学体系便开始面临重重挑战。

关于这一现象，本书所举的主要例子是洛伦兹时空概念在广义相对论中的作用，以及时间空间化，所谓时间空间化是指把时间当作宇宙物质排列或运动的附属品，这一观点引用了时空连续体的概念并推广之。为佐证广义相对论而进行的大部分实验测试都无法明确肯定这一观点（第 4 章所讨论的观点）的正确性。而广义相对论的经典测试和后经典测试均认为时空连续体是成立的。

这样看来，科学的操作元素和实验元素便和超经验本体论紧密结合在一起了。但科学的进步需要不断推翻这一密切联系。如此一来，自然哲学便负担起一项重大使命了。当形而上学偏见戴着经验主义的假面时，自然哲学便可以拆穿它的假面。自然哲学可以帮助人们重新解读某一既定理论的观察和实验洞察力。如此，自然哲学便获得了强大的工具，助其实现修正主义目标。

第二种可供选择的策略是，自然哲学需要正视科学某一分支所采用的实践方式，这些实践方式可能是科学其他分支所偏爱的。正视这些实践方式的目的是为了削弱认为方法和主题之间存在必然联系的观点。任何科学的发展方向可能随之产生的改变既会有方法论上的，又会有实体方面的：在科学思想重大革新理念面前，没有任何科学实践方式能够保持一成不变。

然而，正如经验发现可能会和本体论思想自然而紧密地联系在一起那样（其实他们并非一定要联系在一起），特定科学和传统的科学实践方式也可能呈现出一种自然且必然的紧密联系。像本体论这样带有偏见的方法论可能就会阻碍科学获得向前发展进步的机会。这样带有偏见的方法论可能会利用其他科学才适用的方法套用在另一种科学上，使后者无法看清自己领域内的经验发现和实验能力。

推动科学进步的最好办法应该是把众多科学学科的主题和实践方法之间的关系打乱，而不是无中生有地为新概念创造出与之对应的新方法。一旦我们开始问道其他科学，看看我们可以多大程度地从那些领域引进它们的实践方法，我们也就解放了科学实践方法和物质实体之间的关系。从而拓展了人类的认知能力。我们所要得到的结果并不是用另一种科学程序取代现有科学程序，更多的却是清除施加在实体重新定位上的方法论偏见。通过比对和类比的方法可以初步实现理论重建。如此还能为修正自然哲学提供便利。

对于这种策略，本书考虑的是生命科学、地球科学和运动特征，及社会和历史学研究可以多大程度地运用宇宙学思想。因此，自然历史，乃至地质学和生物学领域所熟悉的路径依赖原则、事物可变性原则、事物和规律协同进化原则在宇宙学中或许也能找到类似原则，而前提是宇宙学必须完全转化为一门历史性科学。关于没有规律性的因果关系的思想和关于结构刚形成时期与结构最终定型时期的交替出现的思想在社会学理论中占有重要地位。这些思想可能对解答宇宙史大有裨益。

自然哲学可以倚靠的第三种策略是，我们可以在猜想、经验、实验发现的概率之间建立起直接联系，这样一来，我们大可绕过普通科学无法回避的系统理论中间环节。自然哲学不是一门自然科学，也没有人视之为自然科学，或将其当作自然科学来实践。然而，自然哲学也不会像科学哲学那样，脱离分析事物所需要的自控力，对科学界种种思想品头论足，科学哲学不曾遇到任何外来干预，因而能够肆意插足科学课题的发展。

为了发挥这一作用，甚至猜想也得包含在一种能够经得起实验挑战和考验的思想体系，尽管猜想可能只是构成要素中微不足道的一部分。只要这一思想体系能证明自己具备物理学特性，且能预测实验调查方法，那么就算这种思想体系具有普适性和抽象性，其主张的提议也是值得我们关注的。

科学理论是沟通猜想和（对它们的）实验证明的桥梁。自然哲学没有建立系统的科学理论思想的能力，又如何能告诉我们怎样通过观察和实验来证明种种思想。作为科学的探路者和形而上学和方法论偏见劲敌（后者制约了科学进步），自然哲学在发挥作用的过程中可以且应该做的是预示科学理论。也就是粗略地预示出能将猜想和实验研究课题联系起来的理论。

自然哲学帮助我们成功推翻阻碍人们重新解读已知科学发现的形而上学和方法论偏见后，在寻找悬而未决问题之答案的过程中，自然哲学仍然可以预示科学探索的未来之路。自然哲学可以告诉我们起初矛盾的猜想是如何获得理论轮廓的（实际上只是替代理论轮廓而已）。

由于自然哲学并不是一门科学，只是科学的罗盘，是对科学的预告，因而它不能选择这些方法，更不可能依托它们而前进。自然哲学能为我们指明前进的方向，但永远无法到达终点。

接下来的章节将对这一策略进行举例，看看它是如何通过众多尚未明确的可能替代理论，而非已经得到论证的单一既定理论，将猜想和实证结合起来的。其中一个例子便是非循环多元宇宙的观点，它是对当前宇宙奇异存在性的进一步阐释，是对将优先宇宙时间当作时间的包容真实性的组成部分的辩护及对将宇宙时与广义、狭义相对论的制约性与优先时间进行糅合的辩解。类似于相变局部物理学，在宇宙漫长的演化进程中，自然可能呈现不同形式，而这些形式基本只存在于冷却宇宙，除此之外，还有我们所努力想要解决的星际法难题——也即我们怎样才能弄清楚自然规律和自然结构间的协同进化，怎样才能将这一协同进化学说接受实验探究。

在对这三种策略的描述过程中，我们所忽略的一个观点比这三个策略本身更加重要且更富争议。如果你一定要问是不是我忘了把这一观点列为第四个策略，其实我是有目的而为止的，因为它反映了本书一个核心观点。这便是拒绝将数学单纯看作宇宙学和物理学不可或缺的研究工具的观点：数学是对自然终极结构的预示，是判断物理科学界孰是孰非的尺子。

第6章讨论了对数学及其作用的否认的观点，这一观点导致人们认为对基础科学的预示与当前主导科学相悖。人们的这种理论透露一则信息：自然和数学之间的分歧是知识问题和知识机遇的源头。这种理解更愿意把数学当作一种得心应手的工具，而非用心不良的魔头。它主张修正数学猜想的基础，其中一个突出基础猜想就是数学拥有时间。

假如数学拥有人们所信以为真的那些预测能力，那么自然哲学也就没有它看上去那么有用、那么危险了。

时宇 间宙 深陷危机的是何物

本书所讨论的业已陷入危机的是那些指导我们如何实践科学以及我们如何解读科学重大发现的观点之未来发展。

世界上是否真的存在真实的新奇事物，或看似新奇的事物到底是不是自然终极真实性框架下某种机制的运作模式，又或是等待着从可能变成现实的表现形式？世界只有一个宇宙，还是我们的宇宙不过是众多宇宙中的一个？我们是不是应该把隐藏在可观察到宇宙背后不为人知的奥秘看作同一宇宙尚未被人们了解的领域，还是应该当作（多元宇宙语境下）其他宇宙的奥秘，抑或当作（宇宙交替学说语境下）过去及未来宇宙的奥秘？时间是真实存在的吗，具有包容真实性吗，真实到可以支配一切的地步吗？又或者，我们是否可以把自然终极真实性部分看作超乎时间之外自然永恒规律的永恒框架和自然终极构件的结构。如果时间是一直向前推移的，那么我们是否应该承认，自然规律、对称性和自然常量在真实宇宙的历史进程中是会发生变化的，或者说已经发生了变化？我们该如何调整人们对因果关系的传统看法，好让它们可以顺应法则和规律的变化，因为因果解释离不开这些法则和规律。我们该如何看待因果判断所依赖的自然法则变化的原因？假如不存在主导自然法则变化的高阶法或星际法，那还有引导我们的原则或假设存在吗？如果事实真是如此，我们可以依据高阶法或星际法的实验蕴涵和预测评估来肯定或者否定这些高阶法或星际法吗？我们可以像从生命科学和地球科学，乃至社会和历史科学中学到的那样，断定在物理学和宇宙学中，人们解释万物所需的法则和其所解释的现象一道演化，甚至存在没有规律的法则？时间的包容真实性和宇宙存在的单一性对数学和数学在自然科学领域的运用到底做出了多少解释？在既肯定时间的真实性，又认可数学命题之间关系的永恒性时，我们又该如何理解数学在科学界所具有的“超凡效力”？当宇宙被剥离了时间束缚和特殊性后，我们该如何把数学看作对唯一真实，受时间约束且支离破碎的宇宙的分析手段？对于以上种种问题，及我们对之做出的解答如何才能构成对科学未来发展至关重要的问答机制，而不是单纯从哲学角度进行分析的科学问答机制？

要想得出上述问题的答案，我们得面对下文所诉的两个强劲对手。只有正确理解二者之间的关系，读者才能更好理解本书论点。

第一大劲敌是普遍存在于从伽利略时代到相对论时代，再到量子力学时代的物理学和宇宙学传统思想的观点，这一观点具有很大影响力。牛顿思想体系对于这一观点无疑是一股强人的冲击波，但它还是幸存了下来，并一直在物理学界占有一席之地。这种传统思想不认可时间具有真实性。其对时间真实性的否定主要分为两个主要阶段。

第一个阶段是经典力学时期。最具代表性的举动是对牛顿范式的武断概括：也就是试图区分规定初始状态和法则支配事件的位形空间的解释实践。这种区分方式已经得到了实际运用。然而，这种区分方式不适用于将宇宙看作整体的实践活动中，因为它在宇宙学中没有让人信服的运用成效。

位形空间的观测者身处位形空间之外。在观测者看来，任何发生在位形空间内的事物都是即时的、当前的。每个过程的结尾在开始时就可预知。观测者与位形空间内事物的关系好比上帝和世界的关系一般。

对这一传统观点具有预示意义的思想连续两次对时间真实性进行了否定，原因有二：首先，因为位形空间内的万事万物都受决定论规律或统计规律支配，人们一旦充分吃透这些规律后，便可用这些规律来预示结果；其次，因为观测者在其所处的上帝般的位置上是脱离时间而存在的“超我”，即便从时间存在与位形空间这一高度权威的角度看，也是这样的。

人类所感知的时间经验对于这种层面的观测者来说毫无意义。观测者利用自己拥有的科技手段，将自己从深陷时间泥沼里的人性中解放了出来。观测者通过自然永恒法则观察世界，而自然永恒法则则通过处于时间框架之外的数学命题得以表达出来。

如此看待时间的思维方式的第二个阶段和爱因斯坦的狭义及广义相对论有着紧密的联系。通过肯定狭义相对论中的同时相对性，这一思维方式否定了全球时间存在的可能，这也是全盘否定时间真实性的第一步。通过在对广义相对论具有影响力的解读里将时空表述为一种永恒不变的四维模块，把时间空间化，并表述为另一种“维度”，这一思维方式剥夺了时间的真实性。在这一“块状宇宙论”语境下对时间进行空间化的结果是更加否定和限制时间的真实性，甚至比经典力学做得还绝。在牛顿物理学体系中，尽管物体运动规律具有时间可逆性或对称性特征，但时间总是被保留为绝对的背景，有别于三维世界里的种种现象（后来我把狭义和广义相对论对自然运转原理的发现相关的明显经验残留，和塑造人们如何解读上述发现的本体论偏见进行了区分）。

物理学这两个历史时期对时间的否认或贬低拥有与数学相对应的特权地位，这是这一思想最显著的含义。根据这一观点，如果自然法则是用数学语言进行表述的，那么必须使用所有法则通用的数学语言。数学最显著的特征莫过于不同数学命题之间相互关系的永恒性。这一特征和因果关系的时间制约性特征形成强烈对比，无论是我们对自然最直接的认知，抑或对因果关系的传统运用。

永恒数学为研究时间真实性提供了绝佳的切入点，这一观点与“块状宇宙论”的全局十分切合，好比手和手套的搭配那样。这一观点还符合物理事件和时空整体流形只会发生在永恒的自然法则框架下。根据自牛顿时代以来就不曾被撼动过的传统观点，自然法则的框架超凡智者的想象，它超越时间的局限审视我们的真实的世界。

然而，伽利略时代、牛顿时代、爱因斯坦和玻尔时代，这一传统观点从未与单一宇宙思想分开过，这一观点框架下的所有细枝末节彼此之间都有着紧密的因果关系。自然科学接受了我们这个唯一真实世界所具有的真实性，并得到了实验验证的巩固，在物理学传统观点的历史发展过程中，暂且抛开早期蒙昧状态下人类认知和经历的方方面面，世界的真实性与时间的改变相伴相生。

本书反对这种从 17 世纪中叶一直到今天都存在的（至少在物理学界）

正统观点。本书的论点是，我们需要把所有事情都考虑在内——理解包括物理学和宇宙学所发现的所有事物，以及我们如何才能更好地通过其他途径把已发现事物和关于世界和我们自身的已知事物联系起来，我们应该放弃这一传统观点的每一个特征要素。这些要素可不是科学，它们充其量算是建立在科学发现核心或经验残留上的形而上学光环，来得毫无依据。科学关于世界的发现不同于科学家们通常对这些发现的解读，前者给予了我们抛弃哲学偏见的充足理由。

我们最好充分发挥牛顿范式的作用，放弃块状宇宙观，正视时间的真实性，摒弃脱离时间而存在的自然法则框架，承认自然法则也是会发生改变的，拆穿数学具有探究现实的绝佳视角的假象。较之我们所抵制的传统观点，建立上述思想所需要的哲学猜想显得朴实无华了很多：它们不需要我们过分地和其他科学如何看待自然的思想决裂，也不需要我们过多地和人类对于世界的科学出现以前的原始经验划清界限。最关键之处在于，这些哲学猜想与宇宙学史及宇宙学对于世界的发现更合拍，它们和本书所批判的理论传统对宇宙学发现的种种解读截然不同。

归根结底，科学的部分使命便是要解放施压在人类洞察力之上的制约因素。人类之所以受到制约的原因是由人类只不过是脆弱的肉体凡身的本质所决定的，而且人类更是受到时间和空间的重重包围。本书的目的不在于在科学面前捍卫人类源于科学出现以前的朴素经验，抑或促成二者的和解。本书建立的观点和科学出现前的朴素经验的很多特性有着尖锐的对比，包括我们关于时间的体验，还和时下颇具影响力的科学理论相悖。然而，只有具备两个条件才能挑战科学前的人类经验。

第一个条件是，对时间真实性的激烈否认不能和对人们认知观念的部分调整（如我们意识到地球其实是圆的，而不是平的，即便地球是圆的，行走在其上的我们也不会摔倒）相提并论。坚定地否定时间真实性会削弱因果性观点，也会削弱其他许多否定时间者坚持援引的观点。经验里的时间要素不是我们可以留下其他成分，单独剥离的丝线。单独把时间要素剥离出来会打乱经验的整体布局。这种牵一发而动全身的效应可以达到很严重的地步，以至于我们能否继续倚仗经改正过的感知引导我们获得科学发现。这不是轻而易就能办到的事情，我们需要充分考虑这样做可能带来的后果（在本书第 4 章中我仔细讨论了这些问题）。

第二个条件是，我们抵制原始，未经洗练的感知所依托的基础十分重要。在有理论做指导的观察和实验的推动下放松对寻常实验的限制，和在形而上学思想体系的压力下否认这些限制是截然不同的概念。只要不去相信我们所攻击的超科学思想体系，我们就不会迷惘踟蹰，更不会走向有悖直觉、令人费解，且会颠覆经验发现和宇宙学思想中的超经验本体主义之间相互结合的形式的思想。

套用时下标准宇宙学模型来说，20 世纪主导宇宙学的宇宙学史观足以使我们所抵制的否定时间的传统物理学思想遭到质疑。根据这一史观，宇宙是有源头和历史的。标准宇宙学模型有充足理由让我们相信，当前这个宇宙源自剧烈事件，这些时间的数值可能是有限的，也可能是无限的。在接近这些事件发生的某段时间内，自然法则的作用（正如我们现在所理解的那样）貌似没有得到充分发挥，而自然的基础构件（正如粒子物理学标准模型，或换个角度看，如化学所描述的那样），是不可能存在的，就算存在，也该以完全不同的形式存在。所有这些发生在宇宙里的后续事件必然会构成一段特定历史，而这一段历史必定包含了规律和结构的发展演化。

本书论点所重点抨击的超科学传统所施加的障眼法削弱了宇宙发现对于物理学，乃至所有自然科学的重要性。对时间真实性的否认或削弱，以及把数学看作理解终极现实之捷径的观点只有借助在概念上玩弄小把戏才能在宇宙历史性被发现后幸存下来。玩弄把戏是为了掩饰这一传统观点和我们对宇宙及其历史的发现之间的矛盾冲突。

第一个把戏是，把牛顿范式（初始状态和位形空间内受法则支配的种种现象，而位形空间则受到初始状态的制约）运用到整个宇宙中去，我们知道，牛顿范式只适用于局部宇宙，而不适用于整个宇宙。第二个把戏是，把当前的独特宇宙之特征看作自然自始至终都具备的特性。第三个把戏是，将科学实践和因果解释用具体形式表现出来，这里所说的因果解释是和永恒不变的自然法则（决定论或统计学概念上的），及自然终极构件结合在一起的，就好像少了这些假说，我们就没法开展科学实践抑或解释自然现象了一样。第四个把戏是，对宇宙学的边缘化。边缘化宇宙学的一个重要前提是，我们必须在不参考自然的起源和未来的情况下，也就是抛开时间和历史的情况下，通过研究自然基础成分，确切掌握自然是如何运转的。

所有这些把戏都是为了促成新宇宙学（当然，今天来看已经没那么新了）和我们所反对的传统观点之间的调和，种种把戏离不开它们所需要捍卫的思想。因此，周而复始，它们或多或少也都染上了这些观点的色彩。

我们试图把物理学传统观点所奉若神明的哲学偏见暂且放到一边，抛开所有制约因素，认真思考人们时下看待宇宙学的观点对物理学乃至整个科学有何意义。本书劝说读者暂且抛开以前的思想，如果我们放弃把宇宙学发现和我们所反对的视数学为神灵并否定时间的传统观点达成和解，那么过去几百年里的宇宙学发现又会被赋予怎样的含义？

本部分论点的实质包含于本书最主要的三个论点中的第二、第三个：时间具有包容真实性（任何事物都是会改变的，包括自然规律在内）；数学可以帮助人们准确理解世界，是因为数学抽象的特征（也就是时间和特殊性），而不是因为它可以提供人们了解永恒真相的绝佳视角。

要想继续推进这一伟大而又充满智慧的事业，仅反对这一传统观点，把它定为人们头号大敌是远远不够的。我们还需要反对另一种不及传统观点强势的观点，这一次要观点在物理学近年发展中日益凸显。根据这一次要观点，将关于自然中各种力的学说统一起来才是物理学的首要发展议程，特别是引力学说和电磁学说，强力、弱力的统一，如粒子物理学标准模型所表述的那样。

物理学（在之前我所说的主线中，相对于侧线而言）自 19 世纪中叶以来，一直致力于将所有已知的基本自然力归化到一套统一的法则下。带着我们对其他自然力的理解来统一我们关于引力的种种观点，这是一场一锤定音的角力。如当代宇宙学所表述的那样，宇宙史在人类智慧天地里，不过是终极主题的冰山一角罢了。而这里所说的终极主题便是自然世界的结构，以及能够解释自然世界的具体法则。

据此观点，人们是可以在不参照宇宙史的前提下对自然世界的结构进行解释的。而用宇宙史来解释当前结构，其对于结构的解释得到正确答案的概率要高得多。历史会带领我们走向条理清晰的叙事，远离抽象晦涩的理论。（于此，我们又一次目睹了将数学奉若神明且否定时间的传统观点所具有的强大力量。）

建立在理论和历史之间关系基础上的试图达到自然力统一的努力最终纷纷破产。这些努力的失败似乎也是必然，对统一进程和对自然终极构件运转原理（特别是当代粒子物理学的弦理论）具有促进作用的非历史性理论，到头来统统和自然理论上可以运作，但实际上又无法运作的方式很好地兼容，至少根据观察来看就是这样的。

此外，在我们所观察到的宇宙里，有很多常量和参数携带许多神秘且尚未得到解释的数值。我们把有的常量看作是具有“维度的”：也就是说可以用来丈量事物的，就像测量自然的尺子一样。然而，剩下的无维度的参数的任意性就这样赤裸裸地凝视着我们的面孔。

我们所反驳的第二种观点提供了解决所有问题的方法，或者说，它提供给我们找到这种解决方法的方向。这一解决方法便是单纯地把我们的宇宙当作众多宇宙中的一个来看待。在这一观点及对当代宇宙学产生巨大影响的观点的形成过程中，不仅存在众多可能的世界，还存在许多真实的世界，包括我们已经观察到的宇宙及目前尚不能观察到的宇宙。

在统一过程中形成或发现的法则提出了众多假想宇宙。我们认为是失败的——无法解释人类已知事物的理论不一定能解释人类尚未知晓的事物，事实上，不少人坚持认为这也是一种不小的成就：他们认为这种统一的强大法则可以解释所有宇宙，而不仅仅解释我们赖以生存的这个宇宙。

那些神秘的常量或参数，精确但又尚未得到解释的数值最终会被低阶决定论或统计学理论所解释，而这些解释活动也解决了我们如何对多元宇宙进行分割的问题。从宏观法规体系中选出一套可以产生和适应人类存在的子集法规这一反向认识论工程将会引领我们走向低阶解释活动（也就是人择原理，无论是强人择原理还是弱人择原理）。

与把科学血统变为寓言和毫无依据的猜想不同的是，我们可以明确肯定本书三个核心论点中的第一个，即有且只有一个真实的宇宙，宇宙内部所有成分相互之间都存在或紧密或松散的因果关系。

在陈述本书论点时我们所面对的次要对手（利用想象出来的多元宇宙说来推动物理学的统一）背后藏匿着一个不可告人的动机，它隐藏着我们头号劲敌的致命弱点——自始至终否认或贬低时间真实性的传统思想。

次要敌人让我们不用急着考虑围攻现代物理学已久（从伽利略时代到牛顿，再到爱因斯坦和量子物理学时代）的思想传统，它否定时间，认为数学是通往永恒真理的康庄大道。与此同时，这一次要敌人也没能揭露这一思想传统的制约性，即该思想传统无法助人们充分发掘科学经验发现背后的深刻含义。相反，我们的次要敌人在这些模棱两可的思想周围筑起了一道防火墙。

本书论点所做出的一个可行假设是，对时间的否定与对人们赋予数学的超能力的否定，对多元宇宙学说的否定这两种思想是相互联系在一起的。考虑到这两种思想的时代背景，前者才是最具决定性的一个。而后者，尽管也很重要，但不过是处于从属位置的思想。

值得商榷的是，我们应该如何最好地接近物理学和宇宙学的未来议程。将弦理论和多元宇宙说结合起来的危害是，它会否定时间真实性，使数学作为获得自然终极真理的捷径的思想传统得到巩固。我们要做的绝不是巩固这一思想传统，而是千方百计地摆脱它。我们必须暂时放弃之前的思维方式，抛开它施加在人们身上的种种限制，我们需要重新解读过去所获得的发现，为将来获得更多发现做准备。

3 宇宙的奇异存在性

时宇间宙 宇宙奇异存在性的概念

有且只有一个真实的宇宙。真实宇宙在时间的瀚海里、在多元宇宙里、在宇宙早期状态里，无限延伸。我们暂时还没有确凿证据可以证明同时存在多个宇宙，因为我们无法和那些宇宙建立起因果关系。

因果关系是同一宇宙中自然现象之间相互关系的决定性标准。随着时间的推移，宇宙的各个组成部分都是通过因果关系彼此联系在一起的。时间推移，是一个十分重要的条件。如果自然两个成分在其过去的因果关系中共享某一事件，那么它们一定属于同一宇宙，哪怕在后续发展中它们之间的因果关系早已不复存在。这便是从过去的角度看待因果关系网，过去决定了因果关系的范畴，也决定了宇宙的独立存在。但这一标准是动态的，而非静态的，是历史的，而不是决定结构的，是以时间的真实性为前提的。

宇宙的特殊性不是自然法则和对称性的稳定性所决定的。其特殊性的决定因素是随时间推移依旧存在的因果关系。据宇宙学第二谬误，因果关系的特殊结构和重复出现的现象不会通过特定自然状态将自我呈现出来，这里所说的自然状态包括自然规律，也就是在冷却宇宙中我们可以观察到的自然法则、对称性和常量。自然有规律的运转方式常常被视为因果性的一种模式，而非因果关系的根据。区分单一宇宙时，最重要的是宇宙构件是否有一段尚未被人知晓的因果历史，无论是有无规律，抑或有无对称性。

紧跟这一（随时间推移）将人们对真实存在的宇宙的统一和识别与因果关系联系在一起的根本条件之后，还有另一个条件。目前我们或许无法和很多可观察宇宙内的领域取得因果关系，我们可以观察到的部分对于偌大的宇宙而言，简直就是沧海一粟。尽管如此，只要这些宇宙构成部分拥有共同历史，它们就属于同一宇宙，不管它们之间的因果关系是否已经瓦解。

关于唯一真实宇宙已然失去联系的构件的观点和关于分支的泡沫域宇宙（在宇宙漫长的演变历程中，可能出现的一种宇宙）的观点之间没有明确的界限。后面我会详细讨论这类宇宙，假设它们存在，并构成众多宇宙的一份子。分支宇宙的概念描述的对象是宇宙演变史过程中的种种事件。这一史观不过是宇宙存在奇异存在性的一种表现形式而已，它形成于事件向历史无限伸展的过程中。

本书认为，唯一真实存在的宇宙中，万事万物，包括自然基本结构和基础规律，迟早都是会发生变化的，尽管在我们观察到的冷却宇宙中，自然的结构和基本规律都十分稳定。宇宙的奇异存在性无法推导出宇宙万物都逃不过发生改变的命运。本书第4、5章所讨论的便是这一问题。

尽管如此，在理解宇宙存在奇异存在性背后的含义之前，我们必须先适当了解后面即将讨论的自然法则和结构易变性的几个要素。识别唯一真实宇宙的前提并不需要有相同的法则和结构，仅需要保证其因果关系处于原始的，未经解读的状态（尽管受到强调）。因果关系的持续性和认为万物均会改变，包括改变本身的观点都能表达时间具有包容真实性。

宇宙的奇异存在性学说最终会将我们引向宇宙发生说这种自相矛盾的理论。根据宇宙奇异存在性理论，宇宙史会不断向其过去无限延伸。起初我们通常会有这样的感觉，二者至少得有一个是真理。在过去的某些时段内，宇宙和时间或许会毫无缘故地出现。然而，正如李尔王对女儿柯蒂利亚说的那样，万物皆有因。例如，不稳定的真空状态并非什么都不是，它是有意义的，是有自己的历史的。

此外，宇宙可能是永恒的。所谓永恒即时间上的无限延伸。然而，自然界没有任何事物是无限存在的，而时间也是自然的一部分，根据本书论点，时间是自然最为基础的组成部分，但仅仅是其一部分而已。无限物质不过是一种数学概念而已。只有把数学看作自然的预言者和科学的风向标，无限物质存在的说法才能在解释实践中占有一席之地。本书的一个重要目标便是抵制这种思想，找到替代它的理论。

无限长历史和永恒之间存在天壤之别。援引宇宙具有永恒性可没有援引当前宇宙起源时期的无限奇点那么有说服力。在前面事例中，数学概念的作用都是用来弥补人们研究视角的缺失的，而在实体自然界中却找不到这种数学概念。

我们有充分理由从两个侧面反驳宇宙发生论，它本身都是自相矛盾的。无论是科学还是自然哲学都无法简单地通过论证其矛盾性的某一侧面，或找到第三种人为解决办法，企图以掩盖宇宙发生论本身存在的矛盾性。我们应该做的是正视这一矛盾性（它不仅反映了科学和其与自然哲学相结合的局限性，同时也体现了人类能力的局限性——我们无法弄清楚生命的根基是什么），而不是自欺欺人地认为我们可以寻得某种理论，抑或把科学归为行而上学理性主义的子学科，以此摆脱宇宙发生论所携带的矛盾性。假如硬要向世人宣告科学和自然哲学可以解释生命之奥秘，或用科学和自然哲学强制取代失落宗教的位置，那么科学和自然哲学的身价会因这种荒唐的行径而大打折扣。

认为唯一真实宇宙之历史无限向其过去，向早期宇宙或宇宙早期状态（人类产生的时代）延伸的观点并非出于人类尚无力解答宇宙产生论具有的矛盾性，真正的原因是真实宇宙常常和宇宙产生论的全面自相矛盾性发生相互排斥和抵触。

要是把宇宙和宇宙产生论自我矛盾性的对立，放在距离我们遥不可及的过去来考虑的话，我们可以得出些许有用的东西。用现代标准宇宙学模型来看，这种过去即是宇宙起源时期大爆炸的白炽化状态。实验调查和因果研究可以一步步退回宇宙的过去，在人类能力范围内和现有设备条件下进行探究。由于存在自我否定性和诸多疑点，宇宙发生论的自我矛盾性宛如悬在我们头上的一把利剑，时刻提醒我们别忘了人类视野不可逾越的局限性。但我们也要防止固步自封，在向前迈进的旅途中，可能还会继续错误地认为我们可以依赖现有科学解释诸多生命未解之谜。

宇宙发生论的自我矛盾让人不禁想起康德在其《纯粹理性批判》一书中曾首次提出的自我矛盾。紧接着康德对宇宙学思想体系的介绍，这一让人难以接受的论点便粉墨登场，他认为“宇宙有时间上的起点，空间上的尽头”。与这一观点对立的说法同样令人难以接受，认为“世界没有起点，空间没有界限，世界在时间和空间上都是无限的”。在本书的思想体系中，康德把时间和空间当作假设来看待，正如我们表述现象那样，他也是用这种方式表述因果关系的。相反，我们将时间和空间看作自然的特征，正如我们看待因果关系那样，我们相信，自然纠正人类在科学出现前对世界的错误理解的能力是广袤的，但绝不是无限的。

此外，康德认为时间和空间拥有相同命运，即时间和空间不是捆绑在一起的，更不是无限的。康德还认为，上述两种可能性都经不起推理的敲打。

纵观当代宇宙学，从有限性或无限性角度把空间和时间当作整体看待的观点只有在黎曼空间概念里才能看到，根据广义的人们对相对论和相对论场方程的主流解读，这种观点是相对论和相对论实验验证的有机组成部分（但我认为这种看法有失偏颇）。只要抛弃了这种观点（它是自然的解释同时也是广义相对论必不可少的一个方面），我们便可开辟出一种全新的视角来审视时间和空间。空间可能在不同的宇宙里，或在唯一真实宇宙发展史里某些时段重复出现。从地质学原理的角度看，宇宙可能是有限的，但空间范围内没有边界。然而我们认为，时间不是后来才出现的，也就是时间源自无物，因此，易变性是自然现实性最基础的一面。

我们倾向于认为时间是永恒的，只有宇宙是永恒的，我们才能认可自然界无限大。然而，时间永恒的前提是时间必须持续地向其过去无限延伸。认为世界是短暂的，及主张把自然主义纳入我们对自然的认识中的观点是世界存在的一个方面，而非其他无关事物。在自然真实性的其他方方面面，我们无法从任何高阶理性必然中推导得出时间包罗万象和非衍生的真实性。

科学无法解释宇宙发生论的自相矛盾性。就算时间有起点和终点，我们也无力追溯到时间的起点，或展望其终点。我们无法对把时间真实性当作源自永恒或源自无物的新生事物做出解释。我们也无法想当然地对时间的范畴进行任意限定，好让自然结构和自然所表现出来的规律性保持不变，脱离时间的束缚。我们无法采取形而上学或数学方法，从我们所猜测的约束条件上推导自然的时间特性。我们所能做的，不过是把真实事物的变化看作时间，正如一首乡村音乐歌词所唱的那样：“就随它去吧，除非有一天它变成了其他东西”。历史向其遥远的过去无限倒退的观点为宇宙学提供了广阔的发挥空间，而宇宙学拒绝继承形而上学的托辞，并承认宇宙学无法调和宇宙产生论自身的矛盾性。

在本节的末尾，我会明确几个概念，以更好地阐述我们对其他宇宙的讨论。下一节将粗略探讨宇宙奇异存在性存在的几个论点，以反击其对立学说的冲击。

本书创作伊始，那时最具影响力的多元宇宙学说莫过于平行宇宙学说，该学说认为存在多个具有独立结构和规律的宇宙，它们彼此间不存在任何因果关系（除非彼此发生碰撞）。而关于宇宙存在奇异存在性的观点，最成气候的是这样一种学说：在当前冷却宇宙形成前，宇宙历史不断向早期宇宙或宇宙早期阶段延伸。正如我之前列举的那样，宇宙存在奇异存在性的观点，即有且只有一个宇宙存在，它不断在时间里向后延伸。此外另一种猜想是多元宇宙，即多元宇宙中的各个宇宙都是独立运行并有独立结构。以上这两种猜想是当前关于宇宙存在的主要争论。

* * *

在多元宇宙论看来，同时存在多个甚至无穷多个宇宙，同时（考虑到弄清不同宇宙间的时间关系非常困难，前提是时间具有真实性）我们也无法判定这一宇宙拥有历史。分支宇宙、膨胀宇宙或域宇宙均拥有共同历史，但它们没法代表多元宇宙，原因此前已经阐明，多元宇宙这一术语是独立存在的。这里我所论述的多元宇宙拥有自己独特的历史。

多元宇宙彼此间不存在任何因果交联，也不可能存在任何联系。事实上我们永远都无法真正近距离靠近它们。接近多元宇宙的条件是它们之间发生碰撞的假设可以成立。宇宙膨胀或许会留下一些蛛丝马迹，剧烈撞击可能产生宇宙微波辐射。然而，人们迄今为止尚未真正观察到这种撞击产生的“涟漪”。另一种条件是，如多元宇宙学者所提出的那样，那些让人望尘莫及的多元宇宙除了发生彼此撞击外，或许还通过某些不为人知的方式在苍茫宇宙留下了自己的足迹。例如，21 世纪初，曾有宇宙学家声称人类在银河星系团发现了“暗流”运动。透过这些神秘莫测的暗流，宇宙学家们宣称他们觉察到了多元宇宙的踪迹。即使这一现象得到了证实，我们也无法断言找到另一个宇宙的足迹，因为对于这一现象我们完全可以做出另一番解释。由于我们尚无力接近这些多元宇宙，即使纯理论上也不能，无论人类的观察设备和实验装置取得怎么的惊人进展，依然无法证实其他多元宇宙和我们的宇宙之间是否存在因果关系的机制。

根据这一观点，多元宇宙主要有两大分支。第一，平行宇宙指的是拥有相同（和我们宇宙一样的）结构和规律，但彼此没有因果关系或相同历史的多元宇宙。第二，相异宇宙指的是彼此间不存在因果关系或相同历史，但各自拥有独特结构和规律（法则、对称性和常量），这一点有别于平行宇宙。在当今相关讨论中，许多人将相异宇宙看作多元宇宙，但实际上多元宇宙这个大标签也同时包含对平行宇宙的阐释。

把多元宇宙粗略分为平行宇宙和相异宇宙，从概念上说会产生了两种界限模糊的可能性：其一，拥有相同结构，但规律各异的宇宙；其二，拥有相同规律，但结构各异的宇宙。第一种可能性略显荒唐，因为相同结构必定会预示相同规律。第二种可能性的成立需要一个前提条件，即规律在证据不足的情况下依然可以证明不同宇宙中寻常事物的状态。以上便是20世纪中叶引导反对哥本哈根量子力学诠释的一小群人得出多元宇宙理论雏形的推理依据，这一推理依据在20世纪末成功推动了弦理论学派学者们为多元宇宙论寻找理论依据，从而推动了学术信仰自由。

平行宇宙和相异宇宙两种学说在科学和自然哲学历史上都能追溯到很久以前。本来我应该放弃对其历史进行研究，但最新出现的很多证据威胁到了本书论点。

没有因果关系或共同历史，但拥有相同基本结构和规律的平行宇宙好比彼此的镜子，无法解释当代宇宙学的许多问题。如果宇宙的结构和规律相同，并且无法随着时间的推移而发生改变，那么这些概念中的镜子宇宙唯一的作用便是展示（重复出现的）宇宙发生论的无限活力。但这种活力绝不类似于任何生命形式在进化过程中所表现出来的生命力。在生命进化过程中，甚至在选择机制和孟德尔机制形成前，数量的繁多便意味着差异的存在。

当代宇宙学最能体现这一观点的地方在于当代宇宙学隐晦地企图在永恒膨胀论中扩大宇宙发生论的存在，但它没有明确地解释不同宇宙所呈现的不同结构和规律，多元宇宙的形成可能源自多重爆炸事件，而无限膨胀论可以预示多重爆炸事件。此外，假如这种多元宇宙真的存在，最好把它们看作一连串的连续事件。这样一来，我们便可以平常心看待平行宇宙在当代宇宙学中还是一块尚待开垦的处女地这一现状了。

多元宇宙学说在当代宇宙学中最具代表的流派是相异宇宙学说，它是多元宇宙学说的一种。在因果关系上，所有宇宙都是孤立的，细至每一级基础构成上，每一个独立宇宙都有自己的运行法则和组织方式。一个宇宙就是一个独立的世界。

在过去六十年里，有人至少两次提出过相异宇宙这一概念。每一次提出此概念时所援引的理论基础都各不相同。但背后的理论动机和逻辑又惊人地相似。20世纪50年代，休·埃弗莱特和约翰·惠勒从量子现实的角度提出了多元宇宙概念，前者初步提出了此概念，后者做了进一步推广。他们认为量子状态产生的每种结果或许存在于不同世界。因此，根据主流的“哥本哈根诠释”对量子理论不充分论证需要用多元世界理论进行重读，每个世界是对另一个未发生量子可能的折射。对我们眼中的不充分决定论进行重读的是一种把所有事物可能状态当作真实看待的理论，虽然是在不同的地方。

在20世纪的最后10年里，多元宇宙假说的动力是弦理论，更广泛地说，应该是在宇宙学框架下，将弦理论和永恒膨胀说和人择原理理论结合在一起。该假说的每一种数学可能对应着不同的真空状态或宇宙，实际上可能有10^{500}个或更多。在粒子物理学中，该观点对我们在冷却宇宙所观察到的宇宙所进行的论证严重缺乏依据，并且无法为事物不同状态的选择提供有效标准，而这些事物状态恰巧是该观点所认可的。我们所面临的尴尬是：需要找到一种有效的解决方法，而事实上又无法找到。要想找到解决方法，我们不妨做如下的简单猜想：设想每种那些我们无法观察到的事物状态在另一个宇宙里都可以得到体现，并拥有自身独特的结构和规律，且符合该理论所认可的无数（但不是无限）表现形式。

这样的循环机制可能与人择原理论关系密切：我们所赖以生存的宇宙，只是众多宇宙中的一个。我们宇宙离奇的初始状态（之所以说离奇，是相对用来解释冷却宇宙中自然运转方式的思维标准而言）是独一无二的，正是人类发现了种种事物的真相。

这一循环机制和数十年前埃弗莱特提出的部分观点之推理逻辑相符合，其理论基础为粒子物理学，而非量子力学。然而该理论却剑走偏锋，将数学看作可以预示自然真实的神器，并过分推崇追溯人择原理，把后者看作对物理学主要传统观点因果解释的标准。

本节主要集中批判多元宇宙观，通过向过去无限延伸，主张和维护宇宙存在奇异存在性的观点，提出多元宇宙是不存在的，宇宙只不过是不断经历演替和变化罢了。然而，有趣的是，从另一层面上看，多宇宙说（主要表现为相异宇宙或多元宇宙）和宇宙的奇异存在性和宇宙不断演替的观点上又有一定的交集。

多元宇宙在当代的表现形式及其极端主张提出了自然具备法则的观点。虽然自然界或许真的有万物通用的基础法则，但实际法则才能反映每个宇宙的独特规律，才能在不同宇宙间划定明确界限。而这些法则是局部适用的，非万物通用的。但这些局部法则无法决定环境，反而是环境决定了它们，这也是伽利略和牛顿创立的物理学标准思维方式所缺失的思想。我们要更多地削弱数学所被赋予的揭露事实，解释万象的能力，而不是单纯地描述自然的不同表形形态，只有这样，我们才能更清楚地看到这一局部性特征。

宇宙存在奇异存在性和宇宙演替非周期性的论点可运用到宇宙史的不同时期，或运用到演替宇宙上，演替宇宙和域法则的观点较为接近，均反对自然存在统一规律的说法。局部法则，或不同宇宙各自的法则在不知不觉中便为否定自然统一规律，及撼动自然法则和其他规律的牢固地位打下了基础。但也随之产生了两种各不相同，但又影响深远的后果。

第一种后果：在奇异存在性和演替性观点看来，自然变异随着时间的推移而不断作用着。对自然法则绝对特性的削弱只是时间上的，非空间上的。时间真实性概念和宇宙存在奇异存在性的概念之间的关系变得密不可分。自然的法则和规律是唯一宇宙的可变特性。

第二种后果：如果把时间看作具有包容真实性，我们便不能同时把自然规律和结构都当作不受时间的约束。无论是法则、对称性、自然既定常量，抑或自然基础成分，都不可能是自然的永恒特征，不可能在自然发展史上充当无动于衷的旁观者，不可能在不断进行的互动作用中保持不变。从这一观点上看，在宇宙历史上，没有任何法则或结构是始终不变的，无论多么基础的法则或结构也不例外。甚至因果关系在表现重复出现的有规律特性的具体形式时也各有不同，这也折射出了自然的某些特定状态。在宇宙里，万事万物都是变化的，甚至包括变化本身。

* * *

现在让我们集中注意力来关注宇宙奇异存在性学说的主要体现形式。宇宙可能是一种孤独的存在，在宇宙学标准模型所否认的宇宙诞生时的炙热状态前，宇宙可能并没有任何前世或历史，它突然从无到有地出现了。

此外，宇宙历史可以延伸到从标准模型推导得来的“大爆炸”以前，大爆炸发生在宇宙最远古时期。对宇宙历史做如此研究的便是演替理论了，它是宇宙存在奇异存在性学说下的一种观点。我们可以把这段远古历史想象成宇宙的演替，或唯一真实宇宙历史上不同阶段的演替。如果允许真实宇宙史上不同演替时段之间因果连续性受到强压，但不至破裂的话，我们选择何种词汇进行描述则不需要那么严谨。

因果连续性保持延续意味着因果交替（前者塑造后者）即使在极端恶劣的条件下也可以不受干预地进行。上文所说的“受到强压”是指，法则和事物状态之间的区别在这一极端条件下可能会破裂，且两者的因果关系可能不再呈现规律的重复形式。自然是奇异事件构成的世界，认为因果关系是自然的原始特性，非法则和对称性的实例或法则及对称性的具体体现的观点是自然的可能性（据本书反驳宇宙学第二谬误的论点）成立的前提。因此，自然的可能性还有另一个前提，即认为法则和对称性是因果关系的一种模式的观点——冷却宇宙中常见的模式，而不是因果关系的基础或因果解释活动的依据。

反过来，演替说有两种版本：循环演替说和非循环演替说。根据循环演替说，纵观演替宇宙整个历史，自然的基本规律始终是静止不变的。自然的结构形式是会发生变化的，但其变化必须符合不变的规律和重复出现的阶段。这些阶段在这一循环周期内始终保持不变。尽管循环宇宙学提出了许多不同的观点，但纵使经过20世纪的百年发展，历经了索迪、托尔曼、弗里德曼、萨哈罗夫、罗森托尔、罗森、以色列特、彭罗斯、斯坦哈特、图洛克等人的不同发展阶段，循环演替说成功跨越不同版本，保持了惊人的一致性和独特的辩论策略。

据非循环交替说，自然不存在永恒不变的特质，它受不断变化的改变（也就是我们所说的时间）的作用。非循环演替说构成了本书所构建和捍卫的时间自然主义的有机组成部分。

宇宙存在奇异存在性三种流派——绝对起点、循环演替说和非循环演替说，各自面临着不同的解释挑战，但这些挑战能够帮助我们弄清其间的区别。下一节我们（“论宇宙的奇异存在性”）将论述非循环演替说，批判宇宙奇异存在性的其他两种学派（绝对起点和循环演替），及多元宇宙说。

* * *

在当代宇宙学看来，绝对起点说源自宇宙初始的无限奇点说，在20世纪里，宇宙学家们一直主张利用场方程来解释宇宙奇点问题。然而，人们广泛认为（甚至爱因斯坦），该推论揭露了这样一个事实：场方程一旦越过其运用领域，就会站不住脚，因为这里是利用场方程做推论，而不是对事物的物理状态进行描述。更简单地说，正如我所主张的那样，也正如很多人在物理学和数学史上所认同的那样，该观点所援引的无穷物质属于数学概念，而自然界内不存在无穷物质。至于多元宇宙观，持绝对起点论的人试图把认知视野的局限性转变为自然概念和自然史范畴。

此外，解读宇宙存在奇异存在性，以及其前提是绝对起点的假设，我们就得接受宇宙发生论自身矛盾性的第一个棘手问题：宇宙源自无物的理论。掀开宇宙学领域内无限物质概念所生硬套用的数学假面，我们便要在关于绝对起点的两种解释面前抉择。第一种说法认为，无物就是什么都没有：我们可以强制切断因果关系和时间，这样便可表明因果关系和时间均源自无物。第二种说法认为，无物也是有实体依托的，例如，无物可以表现为一种不稳定的真空场。如此一来，我们便有资格，或者说被迫提出这样的疑问：这种实体又从何而来，其早期历史是什么，如“大爆炸”前的历史。这样依赖，我们可以摆脱支持宇宙演替观点的绝对起点论。

绝对起点论现在所面临的挑战便成了如何跳过这些可供选择，但缺乏说服力的理论。但遗憾的是，它好像也无能为力。

* * *

当我们再次把目光放到把奇点论和演替说（演替说被描述为一连串宇宙组成的序列，或唯一真实宇宙历史上不同时段组成的序列）结合在一起的奇点思想时，循环演替说和非循环演替说将面临一个共同的挑战，即它们与实证科学发展议题的关系。不同于彼此间毫无因果关系的多元宇宙说及展现绝对起点理论的无限初始奇点论，循环演替说和非循环演替说原则上都可进行实证研究，就算无法直接进行，也可以间接地通过其显著特征、残留痕迹或产生的影响进行研究。然而，由于宇宙学目前所具备的观察实验设备越来越先进，其理论视野也愈发精准，因而宇宙学已经具备实施许多实验项目的能力，所以循环演替说和非循环演替说也有可能无法接受，或辅助实证研究的实施。假如缺少实证论证，我们便有理由咬定演替学说和它反对的多元宇宙概念一样，不过是毫无根据的臆测罢了。而因果连续性和时间延伸这样的推定也无法撼动这样的斥责。

演替理论（循环和非循环）要面对的另一挑战是宇宙发生论自身矛盾性摆出的第二大棘手问题。循环或非循环宇宙演替是否拥有起点。如果拥有起点，且这个起点从时间上追溯到宇宙学标准模型所认可的当前宇宙大爆炸起源之前，那么我们才推回宇宙过去的关于绝对起点的一连串问题便又一次摆到了我们面前。如果演替说存在起点，那么宇宙作为一连串时段或宇宙构成的整体，就是永恒的。这样一来，我们有必要重新引入之前在宇宙学其他思想领域遭到否定的时间无穷大概念了。不同于空间，我们把时间看作没有起点的事物（第 4 章所探讨的话题），背后的原因或许可让永恒时间摆脱反对自然和科学具有无限性的制约提供了依据。

然而，认为世界是永恒的论调既不是时间无起点说的必然结果，也无法同否定无穷性的法则妥协。世界是永恒的论调越是接近科学界里自我否认的法则，摒弃了形而上学和神学幌子，就越可以更好地运用各种资源来假设宇宙，或不断演替的多宇宙向过去无限延伸。宇宙学，至少从其当前状态及其当前视角和设备来说，还没有底气把世界描述为永恒，抑或源自绝对起点。时间可能被看作是没有起点的，因为我们无法找到比他更基础的东西，且时间源自无物，除非我们把时间描述为永恒的依据，而不是否定“无中生有”的观点。

循环和非循环演替说都要面对的第三个挑战是演替理论与当前人们对广义相对论主流解读之间的矛盾。广义相对论的主流解读坚持认为时间是“多触角的”，把时空连续体当作广义相对论最核心且又必不可少的一部分，它们把时间看作宇宙中物质和运动排列方式的一种衍生特质，排除了宇宙时间或全球时间的可能性，从某种程度上讲，笔者此处使用的是宇宙时间。主流解读只允许使用覆盖整个宇宙但人们又没有优先选择的时空坐标。从演替理论的角度看，选择时空坐标的做法显得有些牵强。

优先宇宙时间可使宇宙或演替宇宙历史上所有事件都能够在单一时间线上找到对应的位置。我们不清楚怎样才能在不援引优先宇宙时间的情况下弄明白演替说和宇宙存在奇异说。在第 4 章我们将重点讨论的是为什么和怎样重新解读广义相对论的实证核心，从而论证演替说所离不开的优先宇宙时间的存在。

除了演替理论所有学说共同面临的挑战外，循环演替说还面临着一个额外的挑战。循环演替说肯定了在特定阶段重复出现的自然基本结构和能够解释这一重复性的自然规律。这样一来，自然的基本结构和规律便能免于时间变化和相互作用的影响了。但后文中我会讲到，没有任何事物能够摆脱时间变化和相互作用的影响。

此外，我们已经知道，在宇宙历史初期，很多方面是不可能存在的，如化学结构。早期时的宇宙呈现炙热且高度密集的状态，就连自然最基础的构件及互动方式与我们今天都应该有很大不同。从结构上讲，所有事物的前世今生都是不同的，因此自然规律怎么可能保持不变呢？

我们不得不假设历史相同的结构发生过无数次改变，这无数次的改变是在法则、对称性和常量的支配下完成的，而后者却在历史的长河中保持不变。然而这样的观点其实是一种形而上学的大跳跃，除了在冷却宇宙中观察到的稳定规律和宇宙早期时段相对稳定的规律，人类对自然的认识完全无法给予这种观点任何佐证。这种观点更简洁，与科学的解释实践更加契合，这里我们所说的科学指的是诸如地球科学、生命科学等在内，探寻其研究对象的不变性，并认为规律是和结构协同演化的科学学科。

非循环演替说坚持认为万事万物，包括结构和法则，迟早都会发生变化，非循环演替说还会面临两大挑战。

第一个挑战是冷却宇宙中自然规律和构件不可否认的稳定性，一直以来，宇宙都是宇宙学和物理学研究的唯一对象。当我们再次把目光放到这些在历史上发生过改变，并且将来还会发生变化的结构和规律时，我们必须把结构和规律是会发生变化的观点和它们曾经稳定过的观点很好地进行调和。

第二个挑战是结构和规律的易变性所导致的，即我们所说的星际法难题。如果说法则和结构是协同演变的，那么根据这一思维和因果关系的联系性类推，其协同演变既不可能是法则支配进行的，更不可能是毫无原因的。解决星际法难题是本书在后续讨论中要重点探讨的问题之一。

时宇间宙　关于宇宙奇异存在性的论据

现在我要粗略地罗列关于宇宙存在奇异存在性、宇宙非循环演替说、反对多宇宙说的论点。在提及多宇宙理论之前，我想重点谈谈该理论是怎样从无到有的，该理论近来颇具影响，也就是笔者此前（“宇宙存在奇异存在性概念的间接”）所提到的相异，而不是平行多宇宙说，现在更多称之为多元宇宙说。

这些论调各有不同。有的很消极，矛头直指多宇宙理论。有的很积极，认可宇宙存在奇异存在性的观点和非循环演替说。有的探讨宇宙学中理论猜想和实证验证之间的关系；有的论调援引对过去宇宙学发现最具人气的解读；还有的把重点放在本书探讨问题外，笔者所赞许和批判的观点，也就是时间的真实性和数学的作用。有的讨论触及科学界内若干根本性问题。有的则是对这些根本性问题进行补充。

这些论调之间存在差异，也存在交集。它们展现了一种本该由理论推理议题和实证研究议题的活力来判定的观点，而该观点的特定命题的优点也可体现其活力。本章剩余部分会对宇宙具有唯一性这种思维方式的影响进行探索，对于宇宙学现在与未来发展至关重要的很多问题都持这样的思维方式。

1. 论多元宇宙论的非实证性

多元宇宙论实际上是越过了实证研究而存在的。它们排斥实证考察是因为它们和我们的宇宙从来没有过任何因果关系。多宇宙不会横穿任何光锥，直接穿过我们宇宙的历史，因而和我们的宇宙毫无交叉。要利用实证证明它们的存在是极度困难的，无从下手，因而渐渐地，更多人把这一理论看作纯粹胡诌。而任何胡诌学说的科学理论都会携带无数瑕疵。

要建立这种观点，我们首先得抛开分支、泡沫或域宇宙等多宇宙观点的干扰，分支、泡沫或域宇宙等观点或许和黑洞理论一样，起源于我们宇宙史中的一系列事件。多宇宙应该仔细考虑交替事件，而不是多种事件。当前我们宇宙或许和那些多宇宙尚无因果关系。但在过去的某一时刻里，它们彼此是存在因果关联的。因果交联是一种历史的概念，而非静止的概念，这是宇宙学基本概念之历史特性的又一体现。

我们或许没法借助现有设备和观察模拟工具充分利用宇宙间的历史交叉时段，或同一宇宙不同部件间的历史交叉时段。在此之后，不同的宇宙之间，或同一宇宙不同部件之间与我们的宇宙之间的因果关联便终止了。尽管如此，实际上它们还是可以接受实证研究——就算现在不可以，将来也许可以做到，无非是直接抑或间接罢了。

随着时间的推移，因果关系便成了区分宇宙的标准，无论是单一存在的或是众多宇宙中的一个。值得注意的是，因果关系的观点不会对遥不可及的作用进行假设，正是这一点引导着爱因斯坦在接受并命名了“马赫原理”后又决绝地将其否定（尽管如此，但这一作用目前尚未得到关于场和量子纠缠相关思想的认可）。局部惯性场完全是由宇宙动力场所决定的，并非是在不考虑诸多场的作用下而由宇宙物质含量所决定的。

因果关系网必须保持其连续性，即使相距甚远也无所谓。一个宇宙中的所有事物通过关系网或因果影响传递机制对另一事物施加影响。但这种影响可能是历史性的。因此，找出可以解释类似联系或机制的宇宙学或物理学理论，并对其进行观察和实验，便成了我们所面临的一大课题。

宇宙独立存在这一标准成立的前提是因果关系的连续性，因果关系同时也是时间真实存在的前提，而这无关于因果关系是否呈现为有规律的形式。如果不对宇宙的演变史进行研究，我们是无法就某一宇宙进行识别的，只有把它放到一个不断演化的状态下看待，也就是放到时间里进行考虑，我们才能加以辨别。

因果交联有时也会出现断裂的情况。何时会出现这断裂依靠我们现有的知识很难提前预料，更没有任何理论体系就此发表过定论。这取决于宇宙到底是如何演化的，特别是宇宙膨胀的本质和速度。

从单一宇宙理论分流出来的相关宇宙学说和同一宇宙内不同部件彼此不存在因果关系的学说，没有太大的区别，这种现象则表达了一个观点：我们不该把分支宇宙、泡沫宇宙，或域宇宙看作多宇宙的成熟例子。认为就连我们宇宙可观察到的部分彼此间也不存在相互因果关系的观点，是当代宇宙学界广泛认可的思想，这种观点催生了宇宙膨胀论的产生。我们宇宙的统一性成立的前提是因果关系连续性随时间推移得以延续，而不是所有时段覆盖万物的不间断因果关系。

根据之前章节（“宇宙存在奇异存在性概念的简介”）给出的术语，多宇宙可以用平行宇宙的概念呈现，平行宇宙说认为，所有宇宙具有相同规律（法则、对称性和常量）；此外，多宇宙还可以用相异宇宙的概念呈现，相异宇宙说认为，宇宙之间各自规律和结构均不相同。在当代宇宙学框架下，相异宇宙被归为多元宇宙学说的一种。

我实在找不出任何能支撑平行宇宙说的观点：平行宇宙说缺乏实证验证，或者说它经不起实证验证的挑战，且不能帮助人们解释宇宙之谜。这也就不难解释为何这种学说没有吸引当代宇宙学家太多目光。与之相反，相异宇宙说既缺乏实证验证的支撑，又不具备解释功能。然而，事实上人们并未接受相异宇宙说提供的依据，反而引来了大家对这一理论的质疑。

提出相异宇宙假说背后的动力是想要把相异宇宙说不具有解释功能的尴尬处境转变为可助人们走向正确解释的主动地位。不具备解释功能的尴尬处境是当代粒子物理学最具影响力的学说——弦理论的失败所在，弦理论仅适用我们所能观察到的宇宙，而无法运用到那些我们目前（或永远）无法看到的不计其数的宇宙。就算我们在弦理论上强制施加一系列约束

(这一连串约束符合德西特时空的，只有一个)，真正适用于我们这个可供观察的宇宙的约束，更是寥寥无几。只要我们愿意接受多宇宙观点，我们便可以让自己相信，总有一个我们无法观察到的宇宙里能对应每种当下看似不适用的理论。通过这样一种形式的申辩，我们便可以佯装自己做到了“转败为胜”，仿佛主流学说面临的种种挑战对我们而言，不是值得我们好好把握的机遇，而是敬而远之的污点。

有人力挺多元宇宙说，称粒子理论表明多元宇宙说所做出的许多预测都是成功的，因此，粒子理论关于多元宇宙的预测是值得我们重视的学说。然而，这种诡辩可谓漏洞百出。首先，它把粒子物理学标准模型卓有成效的预测功能和弦理论的主张混为一谈，前者与多元宇宙论毫无瓜葛，而后者本身就问题重重。第二点也是最本质的一点，多元宇宙说对预测这一概念的使用有滥用的嫌疑。人们根据多宇宙论中任意宇宙都能与自然众多可能状态找到对应这一论述，做出存在多宇宙的假设，但这一论述是根据物理理论的数学运算得来的，是一种非自然条件下才成立的预测。假如我们无法在现实中观察到上述假设的实体，甚至任何间接线索都没有，那么对于多元宇宙假设而言，它对预测这一概念的运用和预测在科学实践中的既定含义便相去甚远。

当我们将多元宇宙概念和人择原理实践结合起来，并强行将那些未解谜团定义为解决方法，把失败当作成功时，我们便错上加错了。弦理论提出的那些粒子物理学可能只有极少数接近可观察宇宙里存在的现实（事实上没有任何一种弦理论学说做到了对粒子物理学标准模型的百分百复制，于此，大量观察和实验，甚至弦理论的超对称延伸都能提供佐证)。弦理论提出的所有其他方程和解决方案必须对无法观察到的宇宙进行描述，据推测，这些宇宙适用的现实应该是真实存在的。每一个这类宇宙的规律只能对应那些在我们宇宙不成立的方程和解决方案，因而此类宇宙的规律和从冷却宇宙观察得到的法则、对称性和常量不可能一样。

把这一系列动作串联起来看，我们貌似是要扳倒粒子物理学中的大量不充分论证所呈现在我们面前的难题，而这些学说如今却拥有强劲的后援支撑。然而，为达到此目的，我们只好构思出一套会削弱理论洞察和实证发现间重要联系为代价的研究议题。

对宇宙存在奇异存在性观点的反对可是持续数百年的传统了。反对宇宙存在奇异存在性的观点有意回避对形而上学的虚妄。然而，其保守主义却演变成了革命精神。它否定了我们对相互联系到一起的重大难题的草率解决方法。因而它开辟了另一种鲜为人知的道路，助我们解决那些相同的谜团，这条道路将重心放在时间真实性观点和自然法则不变性观点上。这些观点反过来会迫使我们重新审视数学和自然、数学和科学的关系。

这样的转变并不涉及任何空想实体，其很多方面我们是无法观察到的，也没法进行实证测试，但有的方面却又是可行的。但这种转变的观点绝不可能永远规避实证的挑战。

2. 关于解答“宇宙初始状态和自然法则从何而来”这一问题之观点的讨论

认为多元宇宙彼此不存在因果关系和交叉历史的观点让我们无法解答“宇宙初始状态和自然法则从何而来”这一问题。又或者更准确地说，多宇宙说为这个问题提供的答案就这么一个：那便是基础物理学理论所预测的无数可能性中的一个，这种基础物理学理论同样适用其他可能性。其他所有可能性，也就是那些在我们宇宙找不到对应实体的可能性，在其他宇宙是可以找到对应实体的，只不过后者仅是通过我们的假设进行感知，无法接受检验，哪怕间接检验也不行。

我们大可在不参照多元宇宙说具体内容的情况下概括这一论点。

原则上讲，我们有 3 种方法可用来解释自然法则（和其他规律）基础和宇宙初始状态的相关问题。

A. 法则和初始状态是自然的原始特征，我们无法从任何地方把它们推导出来。这样一来，自然规律就像非比寻常的奇异事件一样，当然，除了非比寻常和奇异，更无法进一步解释宇宙。

由此，科学便将看似规律的宇宙混沌状态呈现在了我们面前。然而这种表述也有捏造之嫌，只有把法则、对称性、常量，和未得到解释的宇宙初始状态结合起来，我们才能解释种种现象。但在接下来的推理过程中，法则和宇宙初始状态均处于未知状态。

B. 自然法则和宇宙初始状态可以从高阶法则抽象地推断：也即，可能存在的多宇宙（如多元宇宙说认为的那样）的一系列法则，而只有我们这一宇宙的特征是可以得到解释的。究其原因，可能是因为它们以最繁多和全面的形式呈现了生命体的潜在可能，推导得出。

这种方法（和诸如莱布尼茨、黑格尔等哲学家的表述有所不同）总是把某些事物弄得很神秘。它使得自然的虚无性或虚假性在理性的必然性面前均荡然无存。唯一真实宇宙的惊人特性很容易受到形而上学理论的干扰，这会使可溯性合理化过程的可信度大打折扣。

这种方法可演绎为以下观点：数学构想出的结构在某些宇宙中可以表述成法则和对称性。在极限状态下，每个宇宙都是一种数学结构。由于我们在我们宇宙中所观察到的现实只是众多数学结构的一小部分，其他宇宙中也必须存在这些结构。真实的合理事物就是数学。从根本上看，此观点否定了时间的真实性，并和宇宙初始状态的概念背道而驰。

C. 我们可以从历史的角度解释法则和初始状态。和自然界所有事物一样，法则和初始状态是事物早期状态的产物。诚然，光靠历史的解释实践，我们终究还是没有办法规避虚妄性问题，也就是宇宙及其历史，或历史范畴里的宇宙，不过是似是而非的概念罢了。

尽管如此，第三种方法比前面两种还是有优点的。优点一，该方法开创了实证探究议程，与过去一百年所获得的具有分量的宇宙学发现产生了紧密联系。所有这些宇宙学发现都和宇宙历史有着千丝万缕的联系，它们为把宇宙学界内不断进行的改革向历史科学的推进提供动力。只要人们不从历史的角度看待法则和初始状态，这一改革就永远无法告罄。当务之急是要想办法让这些问题经得起实验和观察的检验，要达到这一目标，我们可以仔细考虑对关于宇宙早期历史，或早期宇宙历史的其他猜想在当前宇宙会产生什么样的实证结果。

优点二，这种方法为我们缓解了宇宙虚妄性问题，所谓宇宙虚妄性，指宇宙就是宇宙，不是别的事物，及我们无法从任何高阶法则推导出宇宙的实质。科学无法确定生命存在的基础，即科学无法解释为什么存在生命；为什么要接受本书所提出的理论；宇宙有无起点又或者源自无物，而时间则没有起点等问题。然而，自然现实的残酷本质（通过理性的分析暴露无遗）是否会在科学探究的前期或末期出现，对科学来说，是个至关重要的问题。从对自然科学有利的角度说，这种自然现实的残酷本质出现越晚越好，理论设想和实证研究间的辩证关系会跨越更广泛的层次，呈现出无限惊喜。

除上述优点外，第三种方法还具有第三个优点，便是该方法可以促使并帮助我们放弃援引无穷概念的想法。该方法用历史代替了无穷性。早在20世纪伊始，广义相对论场方程就力辩宇宙源自一个无穷的奇点。人们广泛认为，对无穷概念的援引揭露了场方程不适用于宇宙最原始时期的状态，更不是对事物物理状态的解释（详见后文第 4 章和第 6 章关于无穷概念的讨论）。这里我们所讨论的无穷依旧是一种数学概念，非自然真实存在的现实。坚持认为宇宙及其可能“前世”间的因果连续性只是受到了强压，但绝没有破裂的宇宙学完全没有必要援引数学无穷概念充当“天外救星”。

循环和非循环演替说都可能具有这三种优点。但不同的是，较之循环演替说，非循环演替说能更充分地体现这三种优点。循环演替说认为演替宇宙的规律保持不变。这样一来，每个宇宙的初始状态要么是保持不变的，要么呈现（上述保持不变自然法则使之成为可能的）事物状态的随机事例。由此产生的结果是，任何可以解释为什么是这些法则而不是其他法则保持不变，及为什么是那些特定初始状态而不是其他初始状态出现的机会均严重缩小。

另外一重困难是已知的法则和对称性无法解释宇宙的初始状态。实际上这些状态不可能在以这类法则和对称性所描述的世界里出现。因此，弄清循环演替说是如何充分解释早期宇宙初始状态，或当前宇宙初始状态将变得困难重重。困惑我们良久的谜团不仅没有得到解决，反而变得更加神秘。

相反，非循环演替说会促使我们发出这样的疑问：自然法则、对称性、常量，及宇宙初始状态是如何一步步发展到当前状态的，并促使我们在宇宙演替的历史长河中探寻答案。对于这种观点，正如后文即将讨论的，我们不必去区分法则演化史和初始状态演化史之间的区别。要想将宇宙学转化为一门历史性学科，并规避宇宙学第一谬误（称之为牛顿范式），我们就必须否定二者间存在的区别。

当前遗留的问题是：我们是否有更充分的理由否认自然规律拥有这样的演化史，尽管我们从冷却宇宙观察到这些规律具有惊人的稳定性。下面将要进行的讨论会告诉你，我们完全有理由那么做。

3. 从对宇宙学第一谬误的否定谈起

宇宙奇异存在性存在的观点和非循环交替论使我们不必采纳完全站不住脚的牛顿范式。

回顾现代科学史，所有重要物理学理论均运用了牛顿范式：包括经典力学、统计力学、量子力学、广义相对论和狭义相对论。牛顿范式最显著的特征是，它对既定初始状态和固定法则所约束的位形空间内支配可变现象的永恒法则进行了严格区分。本书总体观点认为，牛顿范式在宇宙学中的运用不算得体，当自然法则和既定初始状态运用到整个宇宙范畴里，而非自然局部领域，或宇宙特定部分时，自然法则和既定初始状态彼此间的区别便不可能得到维持。

多宇宙学说似在模仿牛顿范式的运用条件，认为牛顿范式可运用在多元宇宙所设想的多宇宙上，而事实上，牛顿范式只适合运用在单一宇宙上。这种概念上的简单挪用其实是肤浅且漏洞百出的。

一方面，在对牛顿范式的正确运用中（即只运用到宇宙的特定部分），只有初始状态是不断变化的，而既定永恒法则是保持不变的。然而，在多宇宙学说众说纷纭的理论中，当今唯一略成气候且颇具影响的莫过于多元宇宙说，这种学说认为不同宇宙的法则和初始状态彼此各不相同，这种学说的理论所表达和认可的事物状态和我们宇宙的完全不同。

另一方面，在对牛顿范式的恰当运用中，上一实例经过解释得到的初始状态自然而然地成为下一实例的已知现象。这好像是定义位形空间，进而定义规定和解释之间区别的探照灯，它缓缓地移动，最终会照亮这个充满谜团的神秘宇宙。但在多元宇宙概念框架下，这样重复实践的机会几乎不存在。对于多元宇宙概念而言，每个设想出来的宇宙都是完全封闭的实体，与其他宇宙没有任何因果关联。

用演替理论代替多宇宙说，使结构的解释方法服从历史的解释方法可以为杜绝宇宙学领域运用牛顿范式开辟道路。假如有且只有一个宇宙（前提是存在分支宇宙和尚无法观察到的我们宇宙的某些部分），演替说代替多宇宙说，那么在宇宙及其历史领域内，我们便无需试图区分未知初始状态和法则支配万物变化的位形空间。在没有这种区别的情况下，整个宇宙的演化进程就成了人类解释活动的主题。尚待人们探索解释的现实，如不同于牛顿范式的初始状态、受法则支配的现象，和解释活动所依赖的法则，在人类发展的长河里，终究会一步一步得到解释。

让我们再次回顾非循环演替说，它在这些方面比循环演替说拥有优势。自然规律不再只是宇宙史或演替宇宙发展史上冷漠永恒的旁观者，相反，它们摇身一变，成为了上述历史的主角。该书后文部分（第 4 章、第 5 章）我会详细地探讨，其实我们完全可以从历史角度来阐释自然规律。

4. 论宇宙存在奇异存在性和非循环演替说相关思想与宇宙膨胀论思想的兼容性，论它们与永恒膨胀论的不兼容性

当可观察宇宙被认为可能呈高度弧形且异质时，宇宙学标准模型却面临着一系列问题，这些问题一定程度上和解释可观察的宇宙为什么是平的、同质的、均质的这些问题的必要性有关。和这些谜团一样引人注目的还有视界问题和平坦性问题。[①]

这些问题在刺激宇宙膨胀论学说的形成过程中，发挥着重要作用，所谓宇宙膨胀论指的是，宇宙早期存在超速膨胀现象。根据宇宙膨胀论，应该存在一种巨大的膨胀力，使宇宙体积不断膨胀，而不是一种在不断膨胀宇宙中导致温度和密度不断聚合的标准因果活动机制。宇宙体积的增加可能产生因果活动机制无法引发的现象，因为时间上不够充分。

循环演替说的支持者认为循环演替说在不援引宇宙膨胀论的前提下给这些问题的解决提供了解决方案，他们认为宇宙膨胀论至今为止尚无直接证据，不过是一系列猜想罢了。演替理论或许通过将时间界限向后推移，以设定可观察宇宙的显著特征，既宇宙的同质性、均质性，及其平坦性特征（它们是可观察天体形成过程中不可或缺的要素）。

这些解决方案的前提是，人们需要用历史的角度理解宇宙在解耦时所呈现的特征，不仅从最早期形成事件和解耦之间的关系出发，更要考虑到这些事件发生前的历史背景，也就是大爆炸前的宇宙。一旦我们认可了演绎论，并将宇宙学上的奇点重新定义为温度和密度达到极限值，而不是无穷值的时刻，且把奇点看作较长历史时段上的一个事件，非一个绝对起

---

①视界问题和可观察宇宙的特征和物理过程产生这些特征所需的时间之间的关系有关。在无核状态下，我们称之为解耦，指的是原子处于稳定状态，光可以自由穿梭，宇宙长期保持惊人的同质和均质状态；宇宙在何时何地都表现出温度上的高度一致，密度微小扰动范围也是一致的。在宇宙奇点之间消逝的时间少之又少，正如传统观点所认识的那样，因为处在奇点时的宇宙的所有构件会保持彼此间的因果联系。在我们推导得出的关于宇宙初始状态的所有信息（不做主观特别规定的前提下），都没法解释这一惊人结果。值得再次申明的是，视界问题主要基于广义相对论的建立，只针对已知事物做假设的宇宙早期模型无法解释宇宙微波背景的统一性问题。宇宙微波背景的部分构件——最早期宇宙的残留，不可能受到它们被观察到其温度在何时何地都是保持均衡的时间的影响。

平坦性问题指的是，在我们宇宙中，光束既不像广义相对论所认为的那样，在太空曲率为正值时，光束就该发生聚合，在太空曲率为负值时，光束就该发生离散。平坦宇宙应该与膨胀率和宇宙能量密度互相抵消彼此产生的效果时所达到的临界状态十分接近。

点，这样一来，宇宙的特定部分或许可以得到充足时间而变得同质、均质。即使最终人们都无法验证宇宙膨胀论，那么这也不可能是循环演替论或非循环演替论导致的。

我们可以设想，假如我们有足够的证据证实宇宙膨胀论。循环演替说深层蕴涵和非循环演替说深层蕴涵之间存在根本性差异。如果仅仅是因为这种学说假设当前宇宙起源于一种和膨胀学说不兼容的低能量状态，“Ekpyrotic”（意为运动和变化）循环演替说（正如斯坦哈特和图罗克所提出的那样）就很明显是伪造的。

循环演替学说很少涉及的宇宙源自这种低能量状态的主张和膨胀理论学说的冲突便没那么明显。如果我们拒绝把宇宙膨胀看作由永恒规律（正如永恒膨胀理论可能表现的那样）决定的重复出现事件，我们就得把它当作是宇宙特殊且极端罕见的初始状态所诱发的事件看待。这样一来，我们就很容易地用历史的角度解释宇宙了，这种对宇宙的历史性解释不会假设我们可以从已知法则推导出宇宙史。这种解决膨胀论的方法要求我们留心这样一个问题：宇宙初始状态从何而来？要想彻底解释这一问题，我们可以从宇宙初始状态产生以前的宇宙对其进行解释。换言之，我们需要从历史的角度解决之。

如果一定要说只有不变法则才能解释宇宙的演化，那么也一定是那些不断产生相同初始状态的法则。这些规律是循环演化论提出的设想（包括Ekpyrotic 理论和彭罗斯的共形循环宇宙学），它们摒弃了宇宙初始状态的概念，并达到了逻辑值的极限。这些理论认为，万物都寄生于法则，因而没必要把初始状态区别于这些法则看待。

然而，这些对宇宙初始状态规律的解释（导致宇宙膨胀的），不可能和我们目前所知晓的自然法则、对称性和既定常量有任何相似之处。否则宇宙初始条件也不可能呈现出我们所看到的那么遥不可及。初始状态之所以遥不可及，是因为它们不是我们所熟知规律所产生的结果，这里所说的规律指的是可以运用到可观察的冷却宇宙的规律。

尚无任何思想反对宇宙存在奇异存在性学说和非循环演替学说结合而成的宇宙膨胀理论，这种理论有别于永恒膨胀论（假设宇宙初期的超速膨胀可以通过可观察宇宙中发现的早期宇宙残留痕迹得到确定）。宇宙膨胀是宇宙在超密超热时段所产生的一种状态。宇宙膨胀构成部分事件在发展进程中，因果关系发生断裂，而参数值尽管达到了极限，但绝非为无穷状态。假如因果关系可以一直维持下去，那么科学可以做出这样的假设，即因果关系可以无限地向过去延伸。

在遥远的地方还存在大量或无穷多的其他宇宙，这样的猜想丝毫不能填补我们对宇宙过去的一无所知。我们不过为自己停止利用数学寻找人类在自然界尚未找到的事物提供借口罢了。

宇宙膨胀论的提出是为了反对认为同时只存在一个具有因果关系的宇宙的观点，但它无法驳斥非循环演替说。而永恒膨胀论成功驳斥了非循环演替说。这种驳斥和对立是通过永恒膨胀学说相关理论对宇宙学中的稳态理论部分体系重新定义而实现的：永恒不变的宇宙进程不断向前推进，永不停歇地重塑宇宙初始状态，以保持其连续性。这种对立达到另一个更高的程度是因为永恒膨胀论是和多宇宙观结合在一起的。二者相结合产生的成果是永恒膨胀论提出的不可观察“口袋宇宙”无穷性猜想。对于将永恒状态延伸到未来，而没有后退到过去的永恒膨胀理论其他流派，这一对立状态也只是受到轻微削弱而已，根据这一观点，宇宙膨胀部分在过去的方向上注定是不完整的。

尽管做出“永恒膨胀论是对宇宙膨胀猜想的自然延伸”这种设想不足为奇，但永恒膨胀观点拥有完全不同的特性，特别是当它和多宇宙学说结合在一起时。永恒膨胀论牵扯到受永恒法则支配的重复过程。且永恒膨胀论有意逃避实证确认。永恒膨胀论对其不服从实证检验所做出的反应是求助于（本书所探讨的）数学和自然的关系，及数学在科学中的地位这一受到误导的观点。在某种程度上它和循环理论有很多相似之处。正如二者都共有的，永恒膨胀论告诉人们自然最重要的事实——那些触及其基本结构和基本规律的（永不改变的）事实。

如非循环演替说提出的那样，宇宙存在奇异存在性的论点和宇宙膨胀论的观点是相互兼容的，但它不可能和永恒膨胀论共生。这一不兼容性绝非一种缺憾，相反，它更是一种优点。在某种程度上，这种不兼容性使得宇宙存在单一性理论可以接受实验的检测。如果有任何能够佐证永恒膨胀论的证据，正如其支持者所宣称的，一定存在这种证据，可以力排宇宙存在奇异存在性，及宇宙或宇宙状态的历史演替说、非循环演替说。

5. 论对宇宙学第二谬误的否定

宇宙奇异存在性的观点和非循环演替论让我们渐渐清楚，在宇宙历史长河的漫漫长路上自然的基本结构或组件，和自然种种构件之间互动的规律是如何出现的。当前我们所熟知的标准（“大爆炸”）宇宙学模型十分成功地为我们提供了正确理解人类目前在宇宙史领域所得到的发现的理论框架。

然而，标准宇宙学模型存在两个基础性缺陷。其一，标准宇宙学模型支持者长期依赖广义相对论的形而上学理论，即把时间表述为时空连续体的一个方面，并看作是一种四维半黎曼流形，而这种表述很容易被时空坐标的无穷数值撕裂。第 4 章我会就黎曼空间展开讨论，认为黎曼空间代表了广义相对论实证精神所折射出来的哲学光芒，当然就黎曼空间对首选宇宙空间的否定，对时间的无起点性根本特点的否认，并把时间（连同空间）看作一种伴随事件，再到黎曼空间对宇宙内部事物和运动的处理方式等问题进行了讨论。我接着还会讨论，这种时空连续体的形而上学理论阻碍了我们对已发现宇宙及其历史现象的理解，更阻碍了我们进一步探索宇宙未解之谜的创造力。

标准宇宙学模型建立过程中产生的另一缺陷存在于它对最早期宇宙里所发生事件的看法上。只要这些事件一直掩藏在无穷性，即无穷初始奇点背后——人们错误地把初始奇点当作对物理事件的解释，而不是将其看作能够指示标准宇宙学模型这一物理理论运用界限的数学概念，我们将无法在理解这些事件上取得长足进展。只有当我们把最早期宇宙历史看作一种温度和密度达到极限值，但绝非无穷值时，以期使早期宇宙历史可以接受物理学推理和实证考究（至少从理论上）。

这样做的目的是为了满足我们宇宙和任何在其之前的宇宙之间因果连续性的基本条件，或者满足唯一真实宇宙的膨胀状态和收缩状态之间因果连续性存在的基本条件。

演替学说因此应运而生，替代宇宙稳定论和宇宙永恒论（如 20 世纪早期出现的稳态宇宙理论），及宇宙绝对起点、源自无物的理论。演替论不需要太多发展间隙，而其对立学说则需要，这不仅表现在我们已知的（人类赖以生存的）冷却宇宙的历史，更广泛地说，还表现在已知的若干特定学科专门研究的自然运转方式。

分析至此，我们可以看出，其实完全没有必要一定要选择循环演替说，或者非循环演替说。其实两种学说都能顺应因果连续性，都能说清当前宇宙的炙热起源，也可以避免援引无穷数学猜想，或者“无物”生“有物”的理论。

一旦我们着手思考宇宙基本结构是如何出现的问题时，循环演替说和非循环演替说的不同含义和优点开始变得清晰起来了。我们可以很确信地说，在宇宙最早时期里，元素周期表所描述的化学元素是不可能存在的。在当前标准宇宙学模型指导下进行的研究为我们提供了越来越多的依据，表明自然基础构件（如粒子物理学标准模型所描述的）同样不存在于宇宙早期阶段，至少不可能以当前所呈现的状态存在。

正如我们在冷却宇宙中所观察到的，自然基本结构是拥有自己的历史的。自然基本结构在历史发展过程中不断涌现并不断完善。宇宙起源时期的等离子体（plasma）和粒子物理学标准模型所描述的宇宙初期结构（但它没有历史地解释这一结构）并没有任何相似之处。目前我们没有任何证据能够证明粒子物理学标准模型对发生在核合成之前的宇宙状态进行过描述。

我们从历史的角度解释自然基本结构是如何一步步出现的过程中碰到的困难存在两种不同的推理逻辑。第一种推理逻辑是，即使推翻了无穷初始奇点理论对实证研究做出限制的条条框框，我们也缺乏可以模拟最早期宇宙实际状态的实验手段。那时的温度甚至要高于当今粒子对撞机所产生的能量。然而，没有任何理性原则可以告诉我们，为何我们今后不可能设计出能够研究那些初期状态的方法。

第二种推理是，我们对于宇宙最早时期的法则、对称性和常量的理解和我们观察到的导致基本结构产生的宇宙演化之间存在鸿沟。我们所记录的自然规律，及那些我们无法在冷却宇宙里得到确认的惊人稳定性或许和导致该结构产生的变化相兼容。然而，这些变化无法对该结构做出合理解释。它们是支配在早期宇宙历史中生成的机制的规律。但它们无法解释这一机制是如何出现的，也无法解释自身又是如何产生的。

这样的鸿沟迫使我们必须从两种思维模式中选择一种。根据伽利略和牛顿开创的物理学传统最具代表的思维方式，规律在宇宙发展长河中是永恒的，且是不可撼动的，不受时间的限制。这种思维不仅限定了历史和时间的范畴，还违反了互动作用的原则：我们猜想自然的法则、对称性和常量在没有受到相互作用的情况下发生作用。这些法则、对称性和常量没能对自身做出解释，尽管许多科学家为此付出了不懈努力，但我们无法从普通的理性必然中推导出它们，因而它们依旧是人类尚未解开的谜团。

判定这种方法具有合理性的依据是，冷却宇宙中，法则、对称性和常量表现出毫无争议的稳定性。然而，这种方法如果无法在以下两项活动上获得成功，它将无法把这些稳定规律看作是永恒的。第一项活动，即把自然在稳固且不断演化的宇宙中所呈现的稳定形式看作自然所有形式的永久标准（宇宙学第二谬误）。第二项活动，即把认为法则、对称性和常量是永恒的观点看作科学解释活动不可或缺的前提。但这两件活动都尚未得到妥善解释。

对第一项活动的否定具体表现在，我们或许有理由得出这样的结论：自然在早期宇宙，或在宇宙后续的极端状态下有可能呈现出不同于我们如今所观察到的组织方式。眼下摆在我们面前的问题是，自然基础秩序是否存在变化——换言之，其基本组成领域和基本粒子（如粒子物理学标准模型所描述的那样）存在的方式是否古今一致。我们可以给出的最安全的假设，也就是和宇宙史有关发现的发展趋势最兼容的说法是——自然基础秩序不可能保持古今一致。

对第二项活动的否定具体表现在，认为自然所有方面都是可变的观点无需削弱人类解释因果关系的能力。于此，生命科学和地球科学，甚至与之联系略显疏松的社会学和历史学研究的解释实践都可以加以佐证。

学会正视这些否定阻力（本书前面章节和后面章节分别有所阐述）为建立其另一种思维方式提供了思路。据这一替代思维，自然结构及其规律是协同演化的。实际上，因果关系构成了自然的原始特性，而非不变法则的具体实例。尽管我们习惯了看到自然结构在可观察宇宙中呈现重复和普通的形式，但它们在自然极端状态下并不一定会表现出如此具有规律性的特征。这里所说的极端状态，即在当前宇宙最早时期所常见的状态。

多宇宙概念，包括分散宇宙说、平行宇宙说提出：不同在宇宙都拥有各自独特在规律和结构。而弦理论等物理学派的学说不可能助我们解决这一系列问题。相反，由于此类学说提出存在多宇宙的观点，这只会使尚未解决的谜团更加迷雾重重。对于每一个这样的宇宙，其基本结构和规律必须由某种物理学机制推导而来，而此类宇宙却无法用数学可的能性进行描述。此外，如果我们把每个这样的宇宙和我们自己的宇宙进行类比，从而试着理解那些宇宙（由于我们永远无法接近这些宇宙，我们还有什么其他办法理解它们吗?），或许会发现，每个宇宙的基本结构在起源时期或许都是各不相同的（除非我们对时间的真实性进行全盘否定）。因此，我们便可能提出这样的问题：如果主宰事物状态的规律不存在，那我们为什么还绞尽脑汁设想这些规律呢。

只有宇宙存在奇异存在性观点才能助我们解决这些问题，这一观点是在历史的大背景下提出的，为宇宙演替说和宇宙状态演替说提供了基础，也使它们能够接受实证研究。从这一角度看，非循环演替说比循环演替说占更大优势。

循环演替说认为，自然基本结构和自然法则、对称性和常量都是保持不变的。试图解释此前发生了些什么对后来发生事物的理解没有任何预示性。如果真是如此，据这一观点，在每个新宇宙的形成过程中，自然基本组件再次出现时，它们必须聚合成相同的自然形态，并符合相同的规律。

为了使这种观点自圆其说，我们必须交代清楚这种观点所圈点出来的规律能够明确表明在每个后续宇宙形成阶段中，相同结构重复出现的结构是什么。事实上，我们可以借助计算机模拟技术把当前人们对自然法则的理解进行编码，计算机模拟技术可以模拟宇宙较早时期的状态。但我们无法实现其反向工程，我们无法得出标准粒子物理学模型所描述的基础构件存在时，或存在前的宇宙形成阶段。

比起粒子物理学标准模型，循环演替说在对早期宇宙状态的运用上没有任何优势可言，循环演替说不过是简单地原封不动地把相同的未解谜团向后延伸，使之在某一时间段内是永恒的。如笔者在第 4 章所讨论的，假如时间可变的，那么循环演替说便模糊了时间的真实性。此外，循环演替论相关理论要求对宇宙结构的重复出现做出解释，以帮助理解出现在较前时间段里的宇宙，但人类对自己赖以生存的这个宇宙（或者其当前状态）事实上也无法做出正确的解释。

相对而言，非循环演替论则更显优势。非循环演替论猜想，人们永远无法在我们所观察到的宇宙的规律之基础上解释冷却宇宙基本结构的起源，我们所观察到的宇宙拥有较稳定的结构和规律。非循环演替论采取了一种多一分务实，少一分夸张的姿态提供了依据，即规律并非先于结构而出现。对于那些受“自然法则要么永恒，要么不存在”及“只有自然法则是永恒的，科学才能正常运转”这种教条思想熏陶的人来说，这一观点可能显得有些自相矛盾。

关于这一替代思想，我们必须保持清醒的头脑，认识清楚什么是实实在在的证据，什么又是毫无依据的推测，以及其推测成分在何种程度上与自然科学实证议题联系在一起。认为可观察宇宙是真实存在，及可观察宇宙一定构成了更宏大宇宙的一部分的观点，其实都是事实问题。不论是平行宇宙还是分散宇宙，抑或先于我们宇宙存在的宇宙，在当前看来，都是缺乏依据的猜想而已。不同的是，多宇宙学说中的平行宇宙或分散宇宙不但无法在当下进行观察，也不可能在未来接受直接或间接实证观察，即便之前存在过的宇宙的确遗留了某些痕迹，也不可能通过其所谓的痕迹接受实证观察。此外，我们或许可以模拟宇宙起源时期或早期发展阶段的某些状态，但却不可能将宇宙早期的所有真实状态完全重现。

另外一个不同点还在于，我们的多宇宙学说和演替论的方法存在天壤之别，且这些理论和自然科学的联系也各有不同。我们提出多宇宙观的初衷就是为了弥补当前许多物理学理论的不足，最显著的便是粒子物理学中的弦理论，这些存在严重不足的理论仅是与多宇宙学说兼容，而和我们的宇宙却无法兼容。相反，演替论的出现是因为我们试图把宇宙源自无穷奇点这一数学概念不再看作是对标准宇宙学模型的一种正确理解，这种无穷奇点概念和其他无穷概念一样，均无法真实反映事物的实体状态。我们得出演替论还离不开对因果解释实践不懈的坚持，以及对演替论关于所有事物状态必定存在原因，原因和后果之间的关系从本质上来说是随时间改变的推论。“今生”必定存在“前世”与之匹配，直到时间的尽头。当我们面对起源不明的事物时，我们没有任何资格把人类对宇宙认知的局限性当作无法解释这一事物的托辞。

我们所面临的是在循环演替说和非循环演替说之间做“二选一”。但事实上，我们在当下面临选择时，还缺乏强有力的实证和理论依据。因为两种观点都还停留在推测阶段。尽管困难重重，但我们已经从我们的宇宙里得到了某些线索，而我们可以依据这些线索在地球上，在我们身边找到与之对应的事物。这些线索明确指出，所有生物或自然物质，包括自然基本构件，都具有易变性和历史性。自然承认了万事万物都具有易变性和历史性，那么离将我们已经运用在其他领域的原理设想运用到宇宙学中，也只是一步之遥了，这一原理设想是：物质只要具有结构，且其结构会发生变化，那么物质表现出来的，且遵循的规律就会发生变化。

这些线索和本书所提及的其他论点都倾向于支持非循环演替论，而非循环演替论。做出这种选择的依据并非来自强有力的实证证据，更不是纯粹臆想。这些证据向我们展示了自然哲学充当科学风向标所依赖的复合型特点，并促进了把实证考究和形而上学偏见结合起来主导科学思想这种做法的瓦解。

6. 论宇宙存在奇异存在性理论、时间真实性理论和数学的选择现实性理论之间的相互支持

对宇宙演替论扩展过的宇宙奇异存在性论点的评估，不能只局限于它的优点，还要从更大的范畴上考虑。这一概念和本书提出的其他许多主要（关于时间和数学的）论点的契合度达到了最高。它支持了这些论点，反过来，这些论点也支持了这一概念。这些论点具有的优点和缺点在这一概念上都可以得到体现。

时间具有席卷一切的真实性这一说法成立的前提是，万事万物包括自然规律都无法逃脱时间的束缚，即随着时间而改变的命运。正如我在第4章所讨论的，时间席卷一切的真实性这一说法将始终处于岌岌可危的状态，除非我们能找到一种优先宇宙时间，使自然史上发生的所有事件都可以安置在一个单一完整的时间表里。只有不断的遮掩，时间才不会继续沦为其他事物的附庸，特别是物质的安置和运用的发生（的附庸）。找到这种优先宇宙时间的必要性还在于，它是宇宙具有席卷一切的真实性的前提，只有找到它，我们才能知道时间的年龄。尽管广义相对论的标准解读十分排斥这种宇宙时，但这也无法阻挡我们寻找它的尝试，对广义相对论的标准解读采用洛伦兹时空；这种宇宙时同时还受到狭义相对论建立的相对同时概念的否定。

只有保证同时只存在唯一宇宙才能用分散宇宙说提出的前提来满足这些条件。演替宇宙为优先宇宙时间和时间席卷一切的真实性的成立提供了切实物质条件。演替论使我们宇宙的不同阶段可以拥有一个统一的历史，并把这一历史向后扩展到演替宇宙史，或扩展到单一宇宙真实性的收缩或膨胀阶段。

然而，正如我在第4章所述，可以延伸到演替史前的宇宙奇异存在性不是优先宇宙时间存在的充分条件，尽管可能是必要条件。我们必须清楚地了解如何观察和测量时间。假若时间是不可观察也不可测量的，那么较之不可检测的多宇宙猜想，优先宇宙时间的概念也没有多少优势可言，它所仅有的一点点理论优势不配在宇宙学中占据如此瞩目的位置。

为了保证优先宇宙时间在宇宙学界拥有合理的地位，宇宙的相对均质

性和同质性必须按宇宙观测者优先选择的不同方位的等效衰退双重形式进行排列，这样我们才能获得宇宙时表，宇宙一旦这样排列了，它才能够展示出自己的同质性和均质性，并从天空不同方位展示出优先观测者所观察到的相同宇宙微波辐射背景温度。从宇宙某些特征来看，宇宙时表也就是宇宙本身。人们有理由相信我们生活的宇宙是：在这个宇宙里，宇宙时是可以进行识别和测量的，而不只是广义相对论主流解读所宣称的理论预见或多触角时间。

我们还利用宇宙演替论的观点来支持时间没有起点，源自无物，而不是从某种基础现实衍生而来的观点。假如时间在宇宙初始无穷奇点上是停止的，或时间是时空连续体的一个侧面（正如广义相对论主流解读所认为的那样），时间就不可能具有根本性了。奇点的动力学，或者连续的几何学才具有根本性，而不是时间。宇宙的奇异存在性和宇宙演替说提出了不同于此的另一种视角。这种观点认为，时间没有起点，源自无物及其席卷一切的真实性特征，是可以表述出来的。

时间的包容真实性的言外之意是自然法则、对称性和既定常量都是可变的，尽管从所能观察到的宇宙看，它们呈现很强的稳定性。时间包容真实性的另一个暗含意义是所有自然物质，即自然界里所有存在的物质，乃至最基本的例子和场，都是会发生形变的。在非循环演替说中，我们可以找到与结构和规律的同年代历史相关的观点。

这种与历史相关的观点与数学和自然及科学的关系同样颇有渊源。多元宇宙概念和认为数学在自然科学中占有特殊地位的关系有紧密的内在联系。这种表面上归属物理学范畴的理论，一深究其深层启示和表象，我们会发现它更像是数学理论，正如归属粒子物理学范畴的弦理论那样。从最基本层面看，它可以为许多自然的内部排列方式提供佐证，数量之多，程度之深。有的理论家又会做出这样的猜想，认为所有未得到证实的所有自然排列可以在其他宇宙中得到重现，而且我们很容易观察到，并对之进行检验。但这样的观点揭露了这类理论家认为数学对自然有一种独特视角。

然而，假如可以证明数学创造可对应自然现实的无限多的宇宙根本不存在，假如宇宙是奇异存在性的，假如宇宙源自宇宙奇异存在性演替，而这种演替具有的特征无法通过数学抽象理论推导得出（尽管数学有助于表现出宇宙各组成部分间的内部关系），假如冷却宇宙的稳定结构源自宇宙的某段独特历史，而不是某段独特历史源自冷却宇宙的稳定结构，那么自然和数学间的关系便会出现裂痕了。

这样一来，我们有必要重新审视数学思想和自然事实及科学发现的关系了。宇宙不可能与某种数学对象是完全一致的，更不可能就是这种数学对象。数学在自然界的运用必须是经过筛选和有条件的。我们必须摒弃所有在数学（如无穷概念）上成立的构建，只要依仗其数学有效性，都在自然界拥有一定的地位这样的猜想。但我们必须警惕这种数学猜想的反时间偏见，因为这种偏见会将我们引向错误的方向，即贬低甚至怀疑时间真实性的方向。

认为宇宙存在奇异存在性的观点并不是一种孤立无援的理论。它构成了自然哲学和宇宙学界内更广泛角力的一部分。我们越是清楚争论的核心是什么，越能对方方面面做出合理解释。

时宇间宙 宇宙学发展议程的潜在含义

本章节剩余部分讨论的是我们到底应该选择多宇宙论还是单一宇宙论，准确说来就是多宇宙论和演替宇宙论，或者不断变化的奇异宇宙史之特定阶段不断演替的观点之间做出选择的问题。在具体讨论这些争论前，有必要拓展一下演替说和演替说与多宇宙论的关系。

如果宇宙拥有自己的历史，并且源自极限聚合的阶段，在这一聚合期内或之前，当前法则、对称性和规律是不成立的，那么宇宙必定是源自无物。认为宇宙源自无物就好比承认了人类当前没有能力进一步推进科学对宇宙起源的解释工作。

此外，我们接下来讨论“宇宙源自实物”的观点。相应地，宇宙必定有一段史前史和我们通常概念中的历史，也就是先于大碰撞事件之前的时期，宇宙学家们称之为宇宙奇点（宇宙大爆炸）。如之前在关于宇宙学第二谬误的讨论时所提到的，在这一宇宙历史早期阶段里，因果关系可能尚未形成现在的有规律状态，自然分类或许还没有形成当前这种永久固定的类别。做出这样的描述就好比是在猜测演替宇宙之间，又或者我们所能观察到的宇宙的早期形成阶段前后不同状态之间存在某种形式的因果关系或因果连续。

诚然，这种当前宇宙和先于当前宇宙出现的宇宙之间的因果关系或因果连续不可能拥有基本法则、对称性和常量。十分剧烈的变化会产生此前我们已经提到过的（星际法）难题，此后我们还会持续不断地回顾这一难题。法则的改变要么就是受法则主宰的，要么是不受法则支配。若是的话，即使高阶法也必须发生改变。否则我们就得毫无缘由地做出规定：世上特定事物不受时间和改变的束缚。然而，要是法则的改变不受法则支配，即使从统计测定的角度看，我们会发现自己会直接面对自然的任意性，更要面对人类解释能力的有限性。

这些问题都是实实在在，需要寻找答案的问题，不是什么虚构出来的困难。它们十分强调随演替假说带来的种种谜团。然而它们不只单纯地运用在人们关于宇宙起源的观点。假如我们有相信自然法则、对称性和常量的框架是在时间范畴里而不是之外（并且会发生改变）的理由，如果我们必须重新审视数学和自然及科学的关系，那么这些问题使得我们所有因果判断和整个科学都显得微不足道。然而自然规律的这种改变可能是不连续的，和我们世界的某些部分的改变一样：有时来势汹汹，时而娓娓道来，而这样的改变我们是有直接经验的。

考虑到这些调整，我们应该把宇宙演替论看作关于宇宙历史的一种观点，它跨越了宇宙史的不同阶段或时段。因果连续和因果关系可能受到外力挤压或震荡，但绝对没有破裂。

根据这一观点，用演替论取代多宇宙论并非是我们认知范围之外的一种未解之谜取代另一种未解之谜。演替论的相关谜团主要涉及自然史与我们因果判断之基础的关系。藏匿在大碰撞过渡时期背后的世界状态（如可观察宇宙的形成阶段），不可能直接进行观察和实验。然而这些状态并没有和因果关系发生矛盾对立。但它们也没有援引形而上学理论实体，如和我们世界毫无瓜葛的平行宇宙，这些平行世界无法接受科学考证，无论是多么远程、多么间接的考证都不行。

和空间范畴相比，在时间范畴里，宇宙演替不足以描述为多宇宙。在唯一真实宇宙的时间范畴里，宇宙演替是一种剧烈的变化形式。

宇宙起点的有穷性和无穷性

对宇宙奇点（当代科技概念中的奇点）的特征进行归纳总结是当代宇

宙学所面临的若干问题中的第一个，这些问题催促我们在多宇宙说和宇宙演替说之间、连续演替论或非连续演替论之间、拥有相同自然规律的演替宇宙之间或同一宇宙史不同阶段之间做出选择。

彭罗斯和霍金认为，假设一个没有空间边界的宇宙时空，为其设定小量条件，而在其有限特定时间（对于任意观测者而言）的过去一定存在时间边界，一旦超出这个边界，广义相对论的场方程便不再适用。这一结果通常被解读为，假设存在广义相对论方程和对物质分配方式的合理推测，那么我们宇宙的过去必定存在宇宙奇点。奇点（宇宙学概念中的奇点，而不是宇宙存在奇异存在性的奇点）是指所有物理量（如温度、密度和引力场强度）都同时达到无穷大。当达到宇宙奇点时，场方程会发生破裂，再指望靠追溯宇宙史来解释场方程则显得不科学了。

宇宙奇点的理论看似为更清楚地阐明对宇宙起源的主流观点（宇宙大爆炸论）提供了依据。这一理论认为宇宙源于无穷遥远的过去，并且源自无物。在自然量处于无穷状态，所有物质和力都处于同一整体时，自然法则、规律和对称性尚未呈现稳定格局。在这一观点看来，时间是不存在的，时间产生于宇宙奇点的临界值消失的瞬间。奇点一旦消失，宇宙便开始呈现我们所能够（直接或间接）观察到的统一形式，即拥有多样的独特结构和力，并受永恒法则的支配，这样的永恒法则同样支配着沉浸在涌现时间里的种种事件。

尽管这一概念没有直接提出多宇宙的观点，但它把宇宙初期形成阶段描述为不在人类可观察和解释的范畴内，以至于在面对多宇宙论时，它排除了我们的最初思维障碍，多宇宙可能和我们的宇宙没有任何因果关系，它们也可能源自和奇点一样人类尚无法解释的未知环境下。如果说实物源自无物的事情可以上演一次，那为何它不能反复出现呢?

对无穷奇点推理持反对态度的主要观点有四种。

第一种反对观点是对时间包容真实性的否定，它主张人们把宇宙源自奇点的推论放在广义相对论场方程适用范围之外的领域，而不是充当对事物真实状态的描述。无穷性这一数学概念在自然界内尚未得到实现。这一反对观点鲜明地表明迷信数学为深入探究自然运转规律提供了捷径这一思维定式的危害。

第二种反对观点否定的是“实物源自无物”的观点，即不需要任何材料、介质、条件、时间就能产生。对这种观点很好的解释是，与其说它是一种宇宙起源的思想，倒不如说成是一种承认人类目前尚不能解释宇宙起源的观点。比起把它藏掖在我们无法归纳到任何科学界所熟知的因果解释理论派别中，直接承认这种无能为力的事实要来得更干净利落。

第三种反对观点认为，从无规律状态（时间和特征出现前）的世界到有规律状态（时间和特征出现后）的世界的过程不仅不为人知，还无法用让人信服的科学术语或数学语言进行表述。有时我们只好相信无穷量会变成有穷量，自然的特殊结构是会出现的，支配自然结构的法则会有开始发挥作用的那一天，时间开始流转也是势在必行之事。我们可能需要接受人类无法解释这一改变的事实。但更需要接受的是，我们甚至无法描述这一改变。“怎样做”和“为什么”一样让人无可奈何。

第四种反对观点认为，关于宇宙初始奇点的假说不仅难以和我们认识自然的其他方法相符；还难以和当代物理学的某些实证含义相兼容。把奇点看作源自无物的事物这种观点不容易和量子力学的观点兼容（前提是如果真有一丝可以相互兼容的可能）。当我们从量子力学的角度考虑问题时，宇宙奇点便会呈现一种极端（但绝非无穷）剧烈的事件，那样的奇点弥漫着极高（但不是无穷高）的温度和密度。无穷和有穷之间的差异天壤之别。

认为宇宙史上最早时期的形成事件可以打破并改变人们在后续宇宙中断断续续观察到的各种未知力和现象之法则、对称性和常量的观点，无需对因果性和时间做静止的推断。相反，这种观点指出要把宇宙拓展到其过去：追溯到剧烈碰撞事件发生前，那时可能存在其他与当时宇宙匹配的法则存在。它指引我们进一步向演替说靠拢，如我们所描述的那样，而非多宇宙论，并且让我们更加倾向于非循环演替说。

我们称呼宇宙形成前的世界为“宇宙早期状态”或“早期宇宙”，这不过是图个方便，无关紧要之事。要是做出存在因果关系和因果连续的假设，那么这个“早期宇宙”或“宇宙早期状态”则可以进行实证探究了。

存在于这一早期宇宙和我们之间的是当前宇宙的炙热起点，人们对这些起点进行了重新解读，将其看作是受时间束缚且会发生变化的。若我们假设世界的组成和结构在上述事件的时间里变化比自身的变化更剧烈、更快速，那么我们可以想象得到，人类对这一早期宇宙的探寻能力只怕是受限的。而早期宇宙是不会消失不见的。

据这一观点，一方面，宇宙形成时期剧烈碰撞的那段时间，自然法则的可变性及依赖自然法则的因果解释实践的可变性，和碰撞前后的自然法则可变性之间或许有明显差别。后文我将认真思考认为“时间比自然科学传统认识所认知的还要真实”这一观点的理由；以及认为“时间的真实性、时间包容真实性所暗含的深层意义是自然界万事万物均无法逃脱时间的束缚和最终发生改变的命运，就连自然基础结构和规律也不例外”这种观点的理由。尽管如此，使自然法则、对称性和既定常量在冷却宇宙中保持稳定是十分重要的。

自然法则（和其他规律）的可变性向我们呈现了一连串难题，我们到底是该把这些难题看作不可逾越的自相矛盾体，还是终会被慢慢拨开面纱的未解之谜，这是我们要在本书讨论的问题之一。自然法则会和它们主宰的现象协同演化。因果关系可以脱离法则而存在。这一系列观点足以震撼物理学界。然而，长期以来，这些观点都是生命科学，乃至社会学和社会学史界所熟知的话题。

另一方面，世界的后续状态可能会遗失之前状态的某些痕迹。如果以特殊结构呈现的冷却宇宙和其炙热、混沌的初始状态之间的差异是有限的，而非无穷的，那么这些痕迹的保留才会变得可能。关于痕迹得以保留的例子：看似随意，实则精准的自然常量值，借用大碰撞后的宇宙法则是不能对他们做出合理解释的。

时宇间宙　宇宙历史上的初始状态

揭露在多宇宙论与宇宙存在奇异存在性，及非循环演替论之间做出选择的第二个争议在于我们是如何解释宇宙初始状态的。

普遍认为，宇宙起源时的温度并非零度，这意味着我们需要大量，乃至无穷信息才能把这种微观状态描述清楚。换句话说，宇宙形成时拥有无限自由度，可以任意形成各种奇特状态。广义相对论和量子场论——是目前对宇宙解释最全面、最可靠的理论，有不计其数的解决方案。事实上，它们真的有不计其数的解决方案，这些解决方案与观察所得是极为吻合的，并且符合宇宙奇点说。

这种替代解决方案——及它们所呈现的事物其他状态——其不同之处体现在粒子和放射状态上，由于宇宙源自炙热状态，因而初始时期的宇宙充斥着光子和粒子。替代解决方案和事物不同状态的不同之处还体现在引力波的排列上：出现轻微的不对称。基于这些事实，奇点后宇宙的初始状态貌似暂时是无法得到妥善解释了。

用随机因果关系来解释这一状况会面临缺乏一套面面俱到的概率决定论的困难。普通概率分析通常符合这样的条件：所有独立结果的概率总和为“100%”。但在这样的条件下，我们没有依据来定义总和，我们不清楚这些独立状态分别对应什么概率。我们不能把基础构件看作是稳定且泾渭分明的，其排列组合的解释旨在依靠数据分析法进行，因为我们见证了这些基础构件的产生和分化。我们无法追溯用数据解释的现象与用决定论因果分析解释的现象之间的界限。

这种种问题的背后隐藏着宇宙内部概率及和宇宙相关的概率的混乱局面。随机推理可运用在宇宙内部概率上，但如果宇宙是独一无二的，那随机推理便不能运用到宇宙的形成和宇宙历史范畴上。多元宇宙概念尝试为将概率运用到宇宙范畴创造条件。为了达到这一目的，多元宇宙论凭空臆想出了多宇宙的说法。多元宇宙论语境下多宇宙的排列方式仅受粒子物理学弦理论概念里的大量臆想宇宙限制，而弦理论却是一种论据不充分的物理理论的数学逻辑。我们不能肆无忌惮地把概率论的推理方式运用到这一情况里，即使存在某种专门用来辅助概率推理在此运用的思想，并得到了这种思想的支持也不行。

在对决定论因果关系的运用过程中，我们注定会遇到很多困难。过去几百年里，科学领域内决定论解释实践的经典模型莫过于牛顿范式，即在既定位形空间内，现象初始条件和支配现象运动变化的法则之间的差异，而这一位形空间是以这些初始条件为边界的。在对宇宙某一部分解释实践中的初始状态可以看作对宇宙另一部分解释实践中有待解释的主题，如位形空间里受法则支配的现象。然而，宇宙的初始状态永远无法在这样的互动进程中变成“解释项”（拉丁文：explanandum，意为待解决的事物）。初始状态并非自然的某一部分，而是宇宙早期阶段的所有内容。说到底，无论我们重复多少次牛顿范式，对宇宙初始状态、自然（可能的）永恒发则、对称性和常量的解释永远都是一项未竟事业。

似乎利用宇宙学和物理学标准是无法解释惯例上对宇宙初始状态贴标签的情况，它们不过是人为的存在着。解释这些情况的唯一办法是通过历史的角度，利用先于它们的事物状态进行解释。假如宇宙真的源自无穷大的密度和无穷高的温度这样的有限事件，那么从历史的角度解释它们就不可行了，正如宇宙奇点论的传统观点所认为的那样。此外，这些人为的规定和受法则支配现象间的分线并不是非黑即白的，我们可以把任何人类目前尚不能解释的事物均归为初始状态这一迷雾重重的定义。

在运用随机推理解释宇宙初始状态的过程中，我们很容易蜷缩在决定论解释的思维里，以逃避期间的种种困难。我们可能会求助于随机推理，以期解决在进行决定论推理时所遇到的难题。然而，就算把这两种不充分的解决方法叠加起来也无法为我们所面临的问题提供一个有效答案。

如果认真比较这两种解释方式失败的深层次原因，我们会发现它们其实是同一困难的不同表现形式。对于“概率因果关系”和“决定论因果关系”这两种领域来说，这一困难的产生是因为把仅适用于局部的推理形式错误地运用到全局。

要想解决这一问题，我们必须着手处理另一个更复杂的问题，这个更复杂的问题源于宇宙初始状态特殊且惊人的具体成分。在人们想象中，宇宙起源时灼热状态的不规则性和熵量远高于它的真实水平。根据当前观察，并结合广义相对论标准模型法则可推测，宇宙整体源自一个十分对称的几何图形。而宇宙早期灼热气态里涌动的粒子不对称运动丝毫不会对该几何形状的对称性产生干扰。举个例子，有证据表明，在宇宙早期存在少量黑洞。我们可以这样表述这一问题：物质起源于极度炙热状态，但引力场却源自绝对零度。

如果初始状态是任意的，那么根据冷却宇宙中自然的浮动标准，这种情况发生的可能性则非常低。研究这种低可能性的意义在于，为进一步解释带有此类特征的宇宙初始状态是如何产生和发展的提供推理动力。单纯运用数据推理法和决定论推理法不足以解决这一问题，原因不再赘述。

如此一来，我们便有两大类方法可以解决这一问题：多宇宙论和宇宙演替论。多宇宙论认为，宇宙源自一个宇宙奇点（在该奇点里，宇宙形成事件的参数呈无穷值），且我们的宇宙不过是类似大碰撞事件形成的众多无限大，甚至无穷多宇宙中的一个。从用随意推理对初始状态的解读来说，众多宇宙可以限定事物其他状态的范围，概率微积分在这一范围内可以发挥作用。我们宇宙自呈现初始状态那一刻开始便具有的对称性和均质性是可以消失的，因为我们的宇宙相对其他宇宙而言，只是一个离群的存在。一旦我们用随机推理的思维解释初始状态，削弱初始状态那些天方夜谭般的特征所具有的重要地位，我们便可以通过当今科学已得到验证的数据推理解释活动了。在特定宇宙初始状态中可以找到决定论解释实践适用的所有局部位形空间的终极起源。

根据这种推理思维，假如走运的话，我们所建立的法则、对称性和常量不仅只能运用在我们的宇宙，更能运用到所有宇宙。让随机推理思维来决定初始状态，这些法则、对称性和常量便可以和每个宇宙各自的初始状态兼容。把超宇宙法则和某个特定宇宙自身的偶然性初始状态相结合，反过来会产生一系列适用这一宇宙的法则、对称性和常量。

读者可能会觉得本书读起来像是用现代词汇重新演绎柏拉图的《蒂迈欧篇》。但事实上，这种说法却说明了宇宙学和物理学很多解释活动在对宇宙初始状态进行解释时所表现出的倾向。这一伪科学的意义不在于替代随机推理和决定论推理思维来思考初始状态，更重要的是弥补后者的不足：对它们加以补充，使之更有说服力，因为在解释实践中我们离不开这些方法。

我们可以从另一种基础——宇宙演替论出发，来理解初始状态，将其看作宇宙存在奇异存在性理论的一个具体实例，而不是替代。值得注意的是，宇宙最早期形成阶段中的大碰撞事件始终维持在有限的范围里：有限物理范围，尽管那个时期的大碰撞事件数量十分庞大；有限几何范围，尽管空间很小；只有“逝者如斯夫，不舍昼夜”的世界时间，才是自然界唯一值得奉若神明的真实存在。

当前宇宙起源时期的事件所具有的有限性质在于，它们（有限性质）用因果关系实现从事件出现前的宇宙跨越到事件出现后的宇宙，它们启发人们从历史的角度去解释陌生又不可思议的宇宙初始状态。

历史地角度解释宇宙初始状态这种方法衍生的问题具有双重性。第一个问题是，当研究主题变成一个宇宙，且为历经不同发展阶段的唯一真实的宇宙，我们该如何归纳总结它。把这一问题类比作相变物理的做法是行不通的，因为此处我们需要处理的不是局部和重复出现的过程，确切来说是受冷却宇宙里表现稳定的（即使它们不是一成不变的）法则、对称性支配的局部和重复出现过程。笔者预计那些目前为我们所知的事件是不会以同样方式、同样特征出现两次的。第二个问题是，我们很难解释自然中来势汹汹的变化，它们发生得十分突然，甚至可能伴随自然法则、对称性和常量的改变。由于第二个问题的存在，我们或许要放弃面对自然万千变化，自身依旧保持不变的框架这种猜想。法则和其他规律的不重复性和变化决定了非循环演替论描述的宇宙史的形式。

采用历史的观点或许有益于我们解释大碰撞后宇宙的相对同质性和均质性。反过来，这种方法或许能帮助我们解释宇宙的非对称性和其他可能出现的与高斯理论不符的特征。

接下来我们会面临下面的问题，对宇宙初始状态的理解到底是一种纯粹猜想，还是可以通过借助某种方式建立这种理解的理论体系，使其可以接受实证探究。这个问题对我们论证的说服力具有至关重要的作用。于此，在本部分中，我只打算蜻蜓点水，点到为止（斯莫林在后续章节中会系统地阐述）。

两套观察和实验体系可帮助我们分别了解这两种方法对当前宇宙初始状态解释的优点在哪儿。其中一种方法依赖初始无穷奇点概念，它认为宇宙奇点拥有无穷高的温度和无穷大的密度，主要体现在当前对广义相对论的主流理解和对广义相对论场方程的主流解读上。该方法援引多宇宙论，认为多宇宙语境下的各个宇宙之间是彼此封闭且不存在因果关系的，正如永恒膨胀论所给出的解释和理由那样（前提是永恒膨胀论被这种方法囊括到其解释活动中）。第二种方法对当前宇宙的形成事件做了重新解读，以确保它们始终处于有限值范围内浮动。这样一来，这种解释方法就符合宇宙演替论了（在本章前文，即“论宇宙的奇异存在性”中，笔者建议选择非循环演替论当作研究议程的工作设想）。在第二种方法中，当前宇宙的形成事件和先于这些形成事件的事件之间的因果关系受到宇宙当前状态下宇宙猛烈起源的撼动和挤压，但并未破裂。对宇宙存在奇异存在性说法的论证部分地变成了寻找选择这种替代观点的原因。

从两套观察和实验体系做二选一，涉及到产生任一物理过程的不可能性，这种物理过程会使有穷波动范畴变成无穷波动范畴。任何事物都不太可能是这里所说的“具有无穷值而不是单纯的高数值特性的物理过程”，人们在自然界很难观察到类似物质，它必定包含在自然运转方式的框架下的剧烈变化，于此，我们必须弄清楚这一过程中到底会发生哪些变化。该体系假设这一物理过程的激化（也就是其定量加重过程）最终会达到临界值，这一物理过程从而转入非有穷波动范围。

由于一次次实践的失败，人们对永动机的探求最终破产，以及我们找到了可以证明这种想法是不可能的理论证据，我们的世界存在摩擦力、阻力、熵，因此，即使在最理想的状态下，获得永动机的想法也是不切实际的。同样地，我们得坚持特定物理过程的密集实验检测，以观察自然界内是否真的存在蛛丝马迹，可以表明该过程无法进行有穷性特征分析和解释。

一种足够特别的实验和观察体系应该有条件解释当前宇宙起源时期一系列剧烈变化的前后事件之间因果关系的物理机制，它们之间的因果关系受到强烈挤压和震荡，但不会中止。我们可以通过观察并研究大碰撞后的宇宙局部条件以实现这一目标，大碰撞后宇宙局部条件重现了大碰撞事件的某些特征。通过实验手段，我们能够模拟这些局部条件。在宇宙奇点论（从广义相对论得来）这一非有穷观点的框架下致力于推动物理法则最终实现统一这项研究的不少人认为，很多目前技术条件下可以得到的粒子对撞机若投入使用，必当促进这一目标的早日实现（这些粒子对撞机已经运用到实践中，帮助人们得到了夸克 - 胶子等离子体，从而我们可以进一步探索它们之间的深层次相互作用）。

通过观察或模仿宇宙初期的炙热状态，我们可以对和宇宙初始状态相关的两种核心猜想做出确认。第一种猜想是，大碰撞后产生的事件和结构只能借助大碰撞前的事件和结构进行理解。这种跨越时空的因果反思对于后续事件的理解至关重要。

第二种猜想是，如非循环演替说指出的，形成事件的极端撞击特征或许不仅能改变自然法则、对称性和常量，它们可能还会产生因果关系不再呈现普遍性和重复性规律的状况。由于此类观察或实验向来都是从宇宙中找出某一单独部分，来代替整个宇宙进行实验和观察（因为人们无力观察整个宇宙），因而它们能提供的证据都是零散的、不成系统的。但积水成渊，慢慢地，或许我们能获得足以阐明宇宙核心奥秘的利器。把我们所发现的当前宇宙形成事件前的宇宙状态和宇宙法则、对称性及常量的变化放到一起，充分利用之，或许它们能帮助人们解释那些可供观察但却无力解释的宇宙特征。

在进行这一系列实验尝试过程中，每当想到未来某一天，我们将获得某种科学设备，可以帮助我们更加明确地洞察早期宇宙的残留痕迹（这里所说的残留痕迹指的是处于不连续的历史轨道上两段时刻的自然，在与我们所熟知且感知得到的时间维度存在巨大差异的另一个时间维度上剧烈变化着），我们就该倍受鼓舞。

时宇间宙 自然无法解释的常数

尚未得到解释的自然常量备受争议的地方是，我们尚未得到众多自然常量的确切数值，其中包括粒子物理学标准模型及标准宇宙学模型的自由参数。

首先我们可以用最普通的方式思考这一问题。我们会发现有的常量或恒定关系（我们可以把它们描述为众多物理理论的参数）其实在我们的世界里十分常见。然而，我们并不知晓为何它们具有那些数值。它们的数值好比赤裸裸的事实，是宇宙尚待解释的一个有机组成部分。还有基础粒子的质量（及质量的比例）、不同力或相互作用的强度、宇宙学常数（空间的能量密度）、光速、普朗克常数和牛顿万有引力常数。基于目前能够察觉的自然法则，人们做出了很多尝试，试图解释这些数值，但所有努力都被这些数值本身否定了。

其中二个尚待解释的参数——牛顿万有引力常数“G”、普朗克常数“h”和光速“c”，从本质上讲，是有量纲的，甚至很少发生变化，因而我们可以利用它们来定义很多东西，如：时间、质量、能量等。这几组参数的这种功用（帮助人们测量世界的功用）一定程度上也使得它们自身免于遭受这样的盘问：为何这些参数只有一个固定值，而不是很多个？

然而，我们接下来要面对的谜团和不可避免的事实，都将转移到剩下的其他参数上。剩下的参数都呈无量纲比例。我们同样面对它们为何只有一个固定数值，而不是别的数值这样的困局。

至于粒子物理学标准模型，除了这三种参数 G、h 和 c 外，还有 28 种无量纲参数，我们同样可以借助这些参数计算自然里的各种数值。

这些具有惊人随意性的数值带来的问题主要有两方面。

第一个方面是，即使参数只出现十分细微的差异，也会导致无法出现稳定的原子核、稳定的分子、恒星或生命体。似乎根本不存在任何供目的论结果施加因果影响的机制，也就是说，没有任何机制可以帮助我们解释为什么这些参数会是这些数值。人择原理的部分版本认为：援引适宜人类生存的宇宙之特征的反向因果解释，填补了未做出充分因果解释所留下的空白。

第二个方面是，微调的难题。很多参数的数值很小，这些如此精细的常数数值让我们认识到充分解释的迫切性，而且还让我们了解到持续、努力解释它们的重要性。

和粒子物理学标准模型参数一样神秘莫测的还有标准宇宙学模型的参数。至少从核合成过程上看，标准宇宙学模型运转良好，核合成是指等离子体中质子和电子结合，形成中子的过程。然而，对于它的解释取决于其他一些尚待解释的参数。很多参数还有待调整，以适合星系和恒星的形成，适合生命生存。

现在让我们认真考虑更大的问题，这个问题来自粒子物理学标准模型和标准宇宙学模型的精确但又尚待解释的参数值所造成的迷局。在冷却宇宙中，这些参数充当了常数。要是任何一个或者任何一些参数产生了变化，造成的结果是，世上所有事物都会随之改变。

尚待解释的参数或常数给物理学和宇宙学带来了不少谜团。现行主流理论尚不能解释他们为何是这些数值而不是别的。从这个层面上讲，这些理论对结果的证明是不够充分的。

通常我们有三类方案可以解决这一不充分证明的问题：概率和必要性的辩证关系；把我们的宇宙看作众多宇宙中的一个；从历史的角度进行解释。从历史的角度解释问题包括承认在时间长河里，自然法则和它所支配的众多现象一样，有改变的可能。不仅仅是自然法则的内容可能发生变化，还有因果关系的规律性特征也可能发生改变（根据无规律的因果关系之论点）。

第三类方案（从历史的角度进行解释）事实上还没有建立起来，而本书的一个目的便是把它建立起来。前面两种解决方案存在不可弥补的瑕疵。这些瑕疵源自它们对待时间包容真实性这一事实的深层次含义的立场上。

因此对宇宙存在奇异存在性；宇宙演替论，特别是循环演替论优于多宇宙论的论证取决于对时间真实性的论证，本书第 4 章有详细阐述。对宇宙存在奇异存在性的论证和对时间真实性的论证实际上是紧密相连的。

我们或许会把自然参数尚待解释的数值归因于可能性的作用——宇宙骰子的作用。但随着人类解释活动不断向前推进，这种解决方法的效果越来越不尽如人意。这种方法对解释特定的物理和生物事件可能有一定帮助。但扩展到宇宙学领域里，就不那么受用了，甚至是徒劳的。这样的方式只能说给出了一半的答案，它的意义就大打折扣了。

现在让我们仔细谈谈关于“骰子”的比喻，我们必须弄清楚该如何组合这些骰子，又该如何投掷，在什么样的现实背景下，这种宇宙博弈游戏能够顺利进行。任何一场赌局的规则都是事先制定好的；一种概率论解释方法可以在其他方法定义的框架下发挥作用，而不是当概率论解释方法用来解释自然事件最普通的框架时才发挥作用。从这个广阔的层面上讲，使用概率论思维方式就是用一种神秘未知的事物替代另一种神秘未知的事物。

对概率论的一个基本的反对意见是：宇宙存在奇异存在性，即同时只存在一个宇宙。这些尚待解释的参数正是这个唯一宇宙的自然的永久特征。这种情形违反了使用概率论推理的头号要求：概率论的使用需要一组明确定义的数据。

对参数或常数的理论不充分论证的第二种基本方法取决于对多宇宙说的援引。据笔者了解，这种方法主要有两种形式。第一种为宏观形式，也就是平行或离散宇宙（多元宇宙论），我们的宇宙不过是众多宇宙中的一个。第二种是微观形式，即宇宙在不同维度会表现出不同形态，这是当代弦理论的一大主题。

宏观形式将自然法则向上拔高了许多，并分配给自然法则支配在多元宇宙或平行宇宙中的现象的权利。这样一来，自然法则和尚待解释的参数或常数的关系就好比基本生化约束、规律、自然历史的相对偶然且路径依赖细节。

微观形式却把多宇宙论的地位降低不少，使之沦为物质不同组成成分得以互动的不同方式的倍增形态。物质组成成分在可观察宇宙中的互动方式或许可以解释为下列众多可能性中的一种：符合人类出现的可能性。这样一来，我们便可以把我们世界看似任意的制约因素当作人类出现不可或缺的背景，把这些制约因素的任意性看作为上天的安排，好让我们满意。

从当代科学世界观看，对于宏观和微观两种形式来说，援引多宇宙说是对神秘莫测的事实残留的一种逃避，而绝非是一种解释，这些事实残留通过尚待解释的参数或常数，及受到良好调试的宇宙初始状态可以很明显地呈现在我们面前。这样的“引经据典”根本无法证明我们宇宙为何是众多虚构宇宙中的一个。“人择原理”向后溯源，为我们展示了参数或常数的数值，将其看作人类出现的背景的组成部分，“人择原理”弥补了解释活动的缺失。

自由主义观点的罪过在于它把科学谜团转化为本体论幻想看待，即多元宇宙概念。在这种转化的作用下，科学只好采取类比手段，因而真实宇宙呈现出虚拟宇宙的某些非真实性，虚拟宇宙也得到某些我们宇宙的真实性。

这样一来，真实宇宙便丧失了它所表现出来的最重要的特性，无论是科学领域还是艺术领域的特征。从历史长河来看这些特性包括：宇宙现在、过去、未来出现的特征；宇宙的本质；宇宙现在、过去、未来的样子。真实世界所呈现出来的，就是世界本身，而不是其他什么事物。我们越是清楚地认可这一点，我们对真实性（即真实存在事物和虚拟事物之间的鸿沟）的领悟就越深刻。遭到否定的类比下的虚拟世界可能会为我们提供真实事物和虚拟事物之间的“特尔蒂乌斯（tertius）”，并让二者的对比不要过分鲜明。

这两种解决方法都没能解释宇宙现实残留的事实，无论是尚待解决的参数和常量，抑或宇宙初始状态，这就将我们逼向第三种立场。据这一第三立场，历史必然产生事实，因为时间不仅是真实的，而且还是包罗万象的。如此，我们便要面对宇宙奇异存在性和时间包容真实性的关系了。现象必然会发生变化，同样地，法则也会发生变化。某些不会重复出现的自然状态也可能具有因果关系，但正是这种重复出现的性质指引人们根据自然法则对之仔细思考。根据这一观点，我们在自然中观察到的参数——某些参数用现行有效科学原则是无法做出解释的，或许可以在自然历史中得到解释，也就是通过自然规律和结构的演化对之进行解释。

这样的宇宙学完成了历史性科学的华丽转变。要完成这种转化，宇宙学必须摒弃借助物理学和数学的两两结合，否定时间的真实性特征，同时还要放弃对自然法则拥有永恒不变的框架这种思想的依赖。

4　时间的包容真实性

时间宇宙　思考问题：自然多大程度上存在于时间里？

时间是真实的，任何真实存在的事物，或过去存在过的事物，或将来会出现的事物，必定存在于时间范畴里。从这一论点看，我们必定会得到这样的结论，即自然法则也是会改变的。自然法则和这个唯一真实宇宙里的所有事物一样，都拥有自己的历史。

我们在这里讨论时间具有包容真实性并不是同义赘述，更不是老生常谈。相反，它是一种颇具革命精神的命题。只要我们正确并彻底地理解了这一点，就会发现，时间具有包容真实性这一点和现代科学的传统思想无法相互兼容，这一传统思想从伽利略和牛顿时代一直传递到了今天的粒子物理学时代。特别是这种观点和"块状宇宙"思想相左，并和牛顿范式放到整个宇宙中进行实际运用的观点相悖，牛顿范式是探索（由宇宙初始状态限定的）位形空间里受法则支配的现象的解释实践。它也向我们对待因果关系的传统观点施加了不小压力，促使我们重新思考自然中一切可能事物和新生事物的看法。该观点认为自然法则是会发生变化的，自然法则和自然状态之间的关系并非一成不变。它为我们提供了根本性理由来逆转自然科学中历史性解释和结构性解释的关系，从而我们可以认识到历史性解释比结构性解释更基础，最终我们会明白，前者可不是从后者推导而来的。

对时间具有包容真实性的论点的建立需要一种时间的自然观，对于时间具有包容真实性的论证也注定会产生这种时间的自然观。在很多方面，这种观点都无法与人们对当代科学发现的主流理解兼容，但它和科学的切实发现并不一定会发生抵触现象。本章的推理思维，同时也是本书的推理思维，试图向读者说明，我们不仅要重新解读科学关于宇宙及其历史的发现，还要重新调整宇宙学、物理学中实证研究议程和理论论证的方向。

20 世纪的物理学一度贬低了把空间和时间当作自然事件独立背景的观点。这样一来，物理学却恰巧巩固了自然法则作为永恒（因为自然法则是不变的）背景的观点。以庞加莱为首的众多学者提出，这种观点不仅是和世界有关的事实，还是科学实践的要求。本书还提出这样的论点：要想推动科学进步，必须推翻自然法则拥有不变框架的思想。然而，在把时间看作宇宙的空间的虚拟延伸这种思维方式的禁锢下，根本无法推翻宣称自然法则拥有不变框架的思想。要想切实推翻这种思想，必须把时间看作是基础的，没有起点的且包罗万象，即任何事物都无法逃离时间的束缚，就算自然法则也不行。时间不是突然出现的，尽管空间有可能是突然出现的。

对这种观点的提炼发展和论证必然会对科学内外众多影响力十足的思想和实践方式造成不小冲击。作为大多数被广泛接受的科学和哲学信条，这样的认识十分普遍。

请认真思考一下我们对因果关系的传统认识为何与大卫·休谟（苏格兰哲学家）对它们的经典批判不一致。和很多逻辑命题、数学命题的许多关系不同，因果关系是以时间为前提的。原因在时间上必须先于后果。如果时间是虚幻的，那么后果可能和其原因是可以同时出现的。这样一来，因果关系和逻辑关系之间便没有太大区别。通常情况下，我们都依赖于因果解释活动的合理性和独特性。如此，在日常关于因果关系的信条里，我们便假设时间是真实存在的。

然而，假如时间一刻不停地流转，因而自然法则必定是受到时间的限制，而不是脱离它的束缚，从而自然法则迟早会发生变化。和世间万物一样，自然法则也是拥有历史的。一般而言，因果关系都依赖于自然法则，自然法则充当着因果关系的保证，现象间重复出现的持久关系构成了我们对自然法则的普遍认识的重要部分（如果不是主导部分的话）。但如果时间是席卷一切的，而自然法则因此会发生改变，那么人类所有因果解释活动都是可以改变的，即使有时变化并没有发生。

此外，关于宇宙史领域的发现，学界还存在一种较为公正的看法，认为过去自然的存在形式和我们在可观察到的成熟宇宙里看到的截然不同，无论从基础构件的结构、规律性事物状态的区别，还是（对于任何事物状态）下一步会发生什么的严格限定范围。当自然未表现出这些特性时，因果关系就可能以无规律的状态存在。如果因果关系可以脱离规律而存在，那么这样的因果关系必定是自然的一个原始特征。我们尽可能地把科学能够建立起来的法则当作是对特定状态里重复出现的因果关系的总结归纳，而不是当作因果关系的基础和保证。

没有规律的因果关系扩展了认为法则可变性观点的运用领域。它是从历史角度看待宇宙而达到效果的：认为我们所观察到的规律性因果关系只是自然世界中特定状态的一个特征，而不是自然的永久特性。这一观点源自之前我们讨论的对宇宙学第二谬误的否定。

一旦我们决定要正视这些问题了，就必须转变我们看待因果关系的态度。我们对因果关系的传统看法实际上是混乱的。传统看法假设时间是真实的，真实到足以构建起逻辑关系和因果关系间的区别，但时间又太过真实，以至威胁到因果解释活动的稳定性和解释实践程序的合理性。然而这种摇摇欲坠的妥协方式依旧无法阐明因果关系的真相。时间是真实的；纵观过去的一百年，宇宙史视角下的科学发现带给我们越来越多的理由，使我们相信时间具有包容真实性。

时间具有包容真实性论点暴露了当代科学世界观存在的问题，正如它也无情地揭露了人们对因果关系的传统观念存在不一致性那样。物理学核心传统观点认为，时间没有明确的支点。在牛顿的“对绝对空间和时间的批注”中，牛顿这样写道：“绝对的、真实的、数学的时间不停地流转，而不管任何永恒事物，我们把这样的过程成为周期”。但在牛顿的物理学体系中，不存在任何可供我们确认时间具有真实性的基础。牛顿运动定律是时间对称的，它们未能提供给我们任何在未来事件和过去事件的时间次序进行区分的理由和契机。

在这一牛顿传统思想里，对时间真实性的否定不仅意味着牛顿运动定律具有可逆性，它还是我们牛顿范式进行标记时所使用的解释方法产生的后果。我们在对所有现象进行解释时应该把它们当作在一个受初始状态严格限定的位形空间里按固定轨道运动的物体来看待，而这些初始条件都是人为规定出来的，为该解释活动提供便利。在另一例相同的解释实践中，我们可以把这些相同的假设初始点当作已知现象看待，而不是既定初始条件。

只要存在对位形空间进行限定的初始条件和支配位形空间内的事件的法则，那么，任何事物的出现都将变得可能。实际上，我们有可能通过当前事件推导出未来事件和过去事件。因而，观测者也好，理论家也罢，都可以同时思考当前、过去和未来事件。

观测者身处位形空间之外。他从时间对称法则的制高点上看待这些事件，而这些法则是以数学永恒命题表达出来的。与观测者的知识对应的调节性理想是（虽然在特定条件下观测者的理想不一定会得到十分充分的实现）对上帝创造了这个世界的认识（人类自由意志的神圣规定或许需要这样的条件）。对于这样的科学家而言，过去、现在和未来不过是简单的当下而已。

牛顿范式所巩固的时间观使得物理学和宇宙学从未彻底摆脱过其后续历史，且牛顿范式以这种时间观为前提。据这一观点，时间好比无数静态图片拼成的一部电影。

然而，时间并不是一幅幅静态照片的堆积。把时间看作电影的比喻揭露的深层次问题是，所有非因果分类格局——从我们的逻辑和数学推理开始，在处理时间连续体（这一概念我们在建立本书第三个论点：数学及其与自然和自然科学的关系中已经探讨过）时的困难。把时间比作由一幅幅静态照片组成的电影不失为使时间屈服于此类种种推理形式的反时间偏见。事实上，这整个传统——现代科学的主导传统——无法顺利承认时间的连续性：这里所说的连续性不是数学概念上实数的连续性，而是一种未断裂的流形连续性，我们无法细致地从其构成元素上分析这种连续性。这一传统的支持者却又重新投向了时间是无数静止照片组成的电影这一观点的怀抱。

在什么情况下自然科学的后续历史会推翻这些观点和实践的含义，并为认可时间的真实性打下基础呢？要想回答这一问题，我们得正视一个矛盾的事实，它和本章讨论的主题息息相关。自牛顿时代起，我们就有充足的主流理论，足以使我们确信时间具有根本的、包罗万象的真实性。

常常援引统计力学（热力学和流体动力学）和量子力学的思想体系无法为让我们确信时间具有真实性提供足够的基础。我们有必要停下来做这样的思考：为什么我们要解释本书所探讨的这些谜团。热力学和流体动力学是局部适用的理论：它们只能解释自然的局部问题（于此，爱因斯坦提出了原则理论和建设性理论的概念之分，前者属于一般原则，后者依赖于对物质构成的猜测。他举例热力学是原则理论的典型代表，而流体动力学是建设性理论的代表）。这种局部理论（在其解决的自然特定部分和区域内）能预见原则上可以逆转的进程，以及在特定初始状态下和特定历史条件下不可逆转的进程：这里所说的历史不仅是源自初始状态的历史，还有可以产生初始状态的历史。尽管这些思想体系援引的统计学因果关系，而不是决定论因果关系，但它们仅仅限定了初始状态并明确了由受法则支配的现象组成的位形空间。正如此前所论述的，这一实践不能用来解释整个世界（也就是对宇宙学第一谬误的否定）。

由于其他原因，试图把优先的、不可逆的、连续的和非突然出现的宇宙时建立在量子力学分析基础上，从自然最小构件进行剖析这一努力受到了误导。作为量子力学研究主题的历史进程结构性产物，它可以为我们理解这一进程提供一些支离破碎的线索，但它无法为产生这一结果的一般相变理论提供佐证。因而时间在量子力学框架里的演化必然是可逆的。通常认为，时间在量子力学范畴里的真实性和必然性来自被描述作波动函数之崩溃的现象。然而，随自然基础运转而产生的这种时间不过是时间的一小部分，非整个宇宙史上的时间。

因此，过去150年里科学界所视若理所当然的这两种关于时间真实性的理论基础都未能给承认时间的真实性提供十足底气。但它们也没有对时间真实性的认可发生抵触。事实上它们是和时间真实性的认可相符的。它们告诉人们，一旦发现时间真实性建立在了某种不同以往的更普遍的理论基础时，我们应该如何将这一新发现的基础和一直以来被认为是世间真理的东西和平共处。但它们没有，也不能完成对时间的确认这一壮举，而一直一来，人们都认为它们有这样的能力。

假如一直以来被认为可以为认可时间真实性提供充足理论基础的某些当代科学理论没能做到这一点，那么就是在宇宙学领域拥有最广泛运用的理论中作梗了。爱因斯坦物理学体系中（特别是其最具影响的解读）对时间真实性的轻视比其他理论体系来得更严重（于此，在下一章节，即“科学和自然哲学之争论”，笔者将讨论时间包容真实性论点和狭义相对论、广义相对论的关系：这一问题涉及本书所讨论的争议最大的问题，并涉及物理学界的主导观点）。

时间被囊括到了空间的几何形状里，以时空连续体这一概念来表述，并且使时间从属于宇宙中物质和运用的排列方式。把时间用几何形呈现出来是正确理解时间的关键所在。把时间描述为第四维度的空间比喻是时间解释人气最高的一种解读。它揭露了这种思想运动中，时间空间化（用原科学术语表达）已深陷危机。

综上所述，自牛顿时代以来，只要时间真实性观点尚存一丝生机，物理学核心传统观点就未曾停止过对时间真实性观点的削弱和贬低。尽管如此，牛顿物理学也为宇宙拥有历史这一观点提供了支持和佐证。我们掌握充分信息，可以断定当前宇宙的年龄约为 138 亿年。我们可根据对当前宇宙的已知研究，或宇宙残留痕迹，或宇宙迟来的表现，来推测不同阶段的宇宙的形态。从人类已掌握的当前宇宙、过去宇宙的知识，我们可以揣测未来宇宙的形态。当代宇宙学研究完全被淹没在有关宇宙史的争论里，以及有关宇宙学和基础物理学理论的关系争论上。

宇宙拥有历史的观点如何与削弱（尚且不说是否认）时间真实性的观点共生呢？宇宙拥有历史的论点并不是对科学的发展毫无用处，这是人类最伟大的成就之一。制约时间真实性观点的理论（或与其相关的解释实践）与宇宙拥有历史的观点（这一观点的前提是时间是真实存在的，比我们认为的更真实，否则这一论点将毫无意义）之间的争论在科学思想框架内划下一道深深的断层线。宇宙拥有历史（拥有明确且不可逆转的历史）这一观点，是有关时间是真实存在观点的最重要的表述。这也是承认时间真实性给贬低时间的科学传统与自然哲学带来的最大阻力和困难。

认为时间不具有真实性的驳斥声也迫使我们理清科学内外的混乱局面。在科学外部，这一驳斥暴露了人类最具影响的关于自然如何运转的传统观点存在不一致，如我们看待因果关系的方法。在科学内部，它要求我们处理好宇宙拥有历史这一时间依赖型观点和尚未为时间真实性观点提供充足依据的基础理论之间的关系。

为了使时间真实性观点无条件得到世人的接受，我们必须猛烈地调整上述传统观点，并严格区分基础理论中，哪些是得到实证论证的认识，哪些不过是超实证的推测。我们必须给予宇宙拥有历史的观点和它应该得到的特权。我们应该思考，这一特权的阻力多大程度是来自人们的偏见，而并非科学的知识，也就是对科学关于宇宙的发现的特定解读，而不是发现本身。

时宇间宙 科学和自然哲学之争论

本章和第 5 章所谈论的时间真实性观点和自然法则可变性观点共同构

成了更大的一个理论体系和论证。现在笔者将会指出这个更大的理论体系，而后再对其局部进行阐述。笔者会在本章节具体讨论和捍卫该观点的具体内容，更多地阐述为何要建立这样的观点，以此指出这一更大的理论体系。

一旦把这一概念放到我们所说的更大的语境里讨论，我们会清楚地认识到，这种概念提出了重新调整宇宙学研究议题的提议，而不仅仅是单纯的主流科学思想。它主要还是依托一种实证基础，尽管是间接地。这种概念含义十分丰富，因而可以接受实证考验或反证。和科学或自然哲学任意全面思想一样，这一概念面临物质事实的审判，这种物质单独出现不能成为命题，只有在聚合体里还算得上一个命题。尽管该概念产生了很多后果和假设，它同样面临实证考验。

在建立这些观点的过程中，我们必须克服无数会阻碍它们的理解和接受度的形而上学的偏见。当前科学界最富影响的思想中，我们可以借助观察和实验手段，把科学对自然运转方式的发现和被套上形而上学光环的科学发现进行严格区分。在宇宙学广义相对论领域，没有任何事情比严格区分二者更迫切、更重要的了。

* * *

宇宙学是有历史的。着手解决宇宙史是过去100年里最重要的宇宙学发现。此外，根据这一当前拥有大量实证后盾的观点，宇宙史源自炙热的超凝结状态。从这一状态着手，我们便一步步建立起了我们所观察到的具有特殊结构和稳定规律的冷却宇宙。我们知道宇宙的年龄，或者更确切地说，当前宇宙是由炙热凝结的等离子状态经过膨胀后得到，宇宙学家们普遍认为当前宇宙的年龄为138亿年，但这一认识一旦跳出历史范畴便毫无意义。通过观察和理论分析，并从早期宇宙史的角度看，我们可以推测出宇宙是如何从最初的原始炙热状态一步步发展到现在我们所看到的相对冷却的状态。我们可以从遥远的视角看到宇宙早期的样子。

任何没能解释出宇宙这一历史特性的宇宙学或物理学观点肯定存在某种不足。根据这一标准，即实证标准而不是单纯的推测，我们可得知，当前的主流宇宙学观点是有瑕疵的。

有人可能认为宇宙有历史这一发现对目前主导宇宙学和物理学的思想不会产生太大影响。假如宇宙被表述为是受永恒不变、不受时间支配的自然法则主宰，或若像粒子物理学所表述的，自然基础结构始终保持不变，那么我们很有可能得出上述结论。

然而，任何对宇宙的历史性质进行限制的因素都会面临两个阻力，于此本章后续部分将展开讨论。第一个阻力和近一个世纪以来，我们对宇宙学及天文学的发现的具体内容有关；另一个阻力和宇宙史有关。

在核合成可以从当代主流物理学理论中推导出来之前，任何对宇宙初始状态和自然基本构件组成的猜想都是不切实际的。最好的情况是，这段历史的某些方面可以用这些想法进行协调，如与粒子物理学的弦理论达成妥协。麻烦在于，这些思想（还是拿弦理论做例子）还可以和多宇宙论中的其他宇宙达成妥协，而不仅仅是我们可实实在在观察到的真实宇宙。正是理论指导下的剧烈不充分论证才推动了虚构多宇宙观点的创立，这一点在第3章中有阐述。

主流宇宙学理论无法运用在宇宙最早期历史阶段。这一不适用的典型代表是，从广义相对论场方程推导而来的宇宙源自无穷奇点的理论，就此在本章后续部分将讨论到。

即使是对当前盛行的霸权理论思想，我们也很难看到自然法则能够运用到宇宙起源阶段。之所以很难看到，是因为这些法则把自然构件不同成分之间的互动看作其核心对象，特别是对于粒子物理学标准模型表述下的自然法则来说，尤其是这样的。包括粒子和场在内的这些构件，本身就是宇宙史的主角，而不是宇宙史永恒背景的一部分。它们源自真实时间框架下的历史变迁过程中。

能够表述我们当前对自然法则的理解的计算机模型可以“预测”宇宙演化的多方面（包括其化学演化）的说法是可信的，和我们所观察到的现象一致。毫无疑问，自然法则（反复出现的程式化因果关系）、对称性和量纲或无量纲常数自宇宙初期，就呈现十分稳定的状态了。从自然法则和其他规律的稳定性，及我们的科学成见，推导出法则必须是永恒不变的这一结论貌似有板有眼。

思考一下，有四个理由促使我们谨慎对待由法则的稳定性推导出它的不变性这一结论。

第一个原因，也是最重要的原因，认为法则具有稳定性和不变性的做法向我们抛出这样一个尚待回答又无法回答的问题：宇宙法则和初始状态从何而来？历史地解释活动至少使这个问题能找到一个潜在的可能答案。但要达到这一点，必须满足以下条件：宇宙并未源自一个绝对的起点，或者说源自无物，如宇宙源自无穷的初始奇点就是典型；宇宙史只有通过宇宙遗留给后续宇宙事物状态的痕迹才能接受间接的实践检验；尽管我们有理由不做出（如笔者此前所讨论的）宇宙的时间真实性，或宇宙的演替，或宇宙状态的演替一定就是永恒的结论，但它们确实已经经历了无限岁月。我们无法深入到宇宙的起点仔细研究时间的起源。我们在无法深入宇宙初始时刻的情况下又通过分析宇宙过去来解释宇宙后续状态的做法着实是人类认知的短板。然而，这并不意味着人类渴望探索自然的愿景就是一个死胡同或者悖论。

这种不同寻常的历史性解释方法面临的另一考验是，它与牛顿范式互不兼容，特别是在初始状态和受法则支配现象组成的受限制位形空间上存在典型差异。由于此处所探讨的是宇宙学整体，而不是某一局部现象，因而我们应该把这一不兼容性看作优点而非弊端。

第二个原因，反对由法则的稳定性推导出法则具有不变性的理由是，正如我们对宇宙史已有的认识那样，宇宙起源时期的基础构件的规律或宇宙的结构都和当前我们所观察到的有很大不同，后面我们将对此做进一步讨论。这一推论表明，自然法则和基础结构的改变有时可能十分快速，有时可能十分缓慢，这和新达尔文主义进化论的间断平衡概念很相似。但要想把间断平衡观点很好地运用到宇宙学里，我们必须建立一种能够说明法则和结构如何协同演化的思维方式。较之自然历史，在宇宙学里，我们有更充分理由做这件事，因为在宇宙学领域里，我们没法像在自然历史领域里那样确信有其他什么更基础全面的学科会真正去做这件事情。

第三个原因，不能从法则的稳定性推导出法则具有不变性的理由是，宇宙及其历史的某些特征和宇宙史的不可逆转性直接相关。其中最明显的一个特征是宇宙保持了热平衡状态。我们可以断定，将宇宙历史的不可逆转性归因于尚未被科学证明的初始状态，抑或某种不可逆转性的特定定律或原则，只是换个说法去肯定以下论点：对宇宙的解释活动必须先从历史的角度出发，而后才是结构解释。

第四个原因，不能把法则的稳定性等同于法则具有不变性的理由是，这些我们所知晓和善于表述的法则对可观察到的宇宙的论证完全不充分。计算机对宇宙演化的模拟容易使我们误以为，经过宇宙那段神秘莫测的起源后，所有事物都可以用我们对自然法则的理解方式来解释。实际上，当前的标准宇宙学模型和粒子物理学标准模型都不可能有我们想象中的那么天衣无缝。粒子物理学可以套用在我们宇宙是因为它也可套用在多宇宙说语境下的无数宇宙上，而我们没有足够充分的证据来证明多宇宙真实的存在。

认为宇宙具有历史性可能对宇宙学产生深远影响的原因不仅局限于以自然法则不变性为前提的宇宙历史的深层含义。这些原因同样和认为宇宙有历史的观点相关。假如宇宙是由结构决定的，而不是历史；假如结构对历史的决定是通过自然法则表述的，那么结果便是彻底做空历史概念了。拉普拉斯决定论及其更加激进的后续形式——用块状宇宙理论解读广义相对论的宇宙学含义——否定时间的意义。它们犯了本末倒置的错误。这不是用历史看问题，而是对历史的否定。对历史的否定最终会导致对时间真实性的否定。这种观点把科学家摆在了上帝的位置（而且是闪米特一神教里的唯一上帝），他眼里只有永恒的当下，因为他从宇宙起源就看到了宇宙终结。

在过去150年里，这个话题对于人类史学家和社会理论学家来说并不陌生。笃定存在支配人类社会中组织形式和意识形态演化的法则这种观点是有充足理论的，有人认为，要是没有这样的观点，历史性解释活动将变得毫无根据，从而沦为一种不可知论的表述。但其他形式的因果解释活动会弥补这种观点的缺失，而这些因果解释活动不会和历史改变永恒法则的观点有任何瓜葛。因而宇宙学界内必定存在这一观点。

* * *

接下来，问题便接踵而至了，自然是否有什么部分是不受历史影响的？也即不会发生改变。一直以来占主导地位的观点认为，自然界最基础、最有意义的部分是永恒的，换言之即非历史的。宇宙里最显而易见地不受历史制约的莫过于自然法则、对称性和既定常量。长久以来普遍认为，这些规律是不变的，于此只有很少一部分科学家提出异议。事实上，很多哲学家和科学家错误地认为宣称自然法则、对称性和常量可能会改变的观点简直就是痴人说梦。此外，根据主流认识，自然基础结构也不会改变。

上述种种认为特定宇宙构件可以逃脱改变的命运的观点在既成科学思想体系中早已根深蒂固，因而它们才得以在一轮轮思想改革中幸存下来，屹立于宇宙学和物理学界不倒。关于这些观点的一系列假设甚至深深影响了用宇宙演替论代替多宇宙论的理论。循环宇宙论（由21世纪初，彭罗斯、斯坦哈特、图罗克等人提出）通常假设循环宇宙呈现的是相同的宇宙结构，并符合相同法则。

关于历史里变与不变事物之间区别的主流观点拥有双重基础。第一个基础是可观察宇宙中法则、对称性和常量的稳定性。从稳定性出发，我们可以推导出法则具有不变性。无论这一推论是否有理有据，它都绝对依赖于宇宙历史事实。当前宇宙学模型表明，宇宙可能存在于一种极端密度和温度中。这些状态可能和粒子物理学标准模型所描述的基本结构相左。它们可能与冷却宇宙的规律——法则、对称性和常量相悖。

但在其他状态下，自然会表现出与粒子物理学标准模型描述的基本结构相似，并符合冷却宇宙的种种规律。然而，要是把这种符合规律、结构特殊的自然状态看作自然的唯一机制（宇宙学第二谬误），这样的观点便误判了宇宙及历史。自然法则、对称性和常量的稳定性在和自然相关的历史事实中才能找到最合理的解释，而不是诉诸认为法则、对称性和常量永恒不变的臆想。

从自然法则（及对称性和常量）的稳定性草率地推导出它们具有不变性这一举动还可能源自另一组方法论形而上学思想。据其中一种思想，法则具有可变性简直就是一种混淆视听、自欺欺人且毫无意义的说辞，因为我们只有参考不变的事物，才能分辨出变化的事物。根据这种思想，只有自然的某些部分，包括其基础结构和法则保持不变，我们才有望理解自然中会发生改变的部分。然而，这一不同意见只会不利于所有法则同时改变的观点。自然及其历史中没有任何证据表明法则可以同时发生改变，当然前提是法则会发生变化。但值得注意的是，这一伪命题却和一个现实问题紧密相连：即本书试图以“星际法难题”这个标签来解决的问题。

第二个基础，用来从稳定性推导出不变形的方法论和形而上学思想是，（庞加莱等科学家提出来的）科学离不开永恒的法则。然而，这一异议好比试图把某种特定解释实践定为科学的必要条件。生命科学和地球科学，甚至社会学和历史学研究方法都无法与这种思想一致。

星际法难题向我们抛出了反对自然法则和其他自然规律可能发生变化的一个原因。尽管在冷却宇宙里法则呈现出一定的稳定性，但认为自然法则可能会改变的观点迫使我们在两种思想中进行选择：其一，法则的改变是受规律支配的，结果是高阶法则或基础法则可免受历史的约束，并从中获益，而低阶法则或有效法则却没有这样的特权；其二，法则的改变来得毫无缘由，也就是说法则的改变是任意的，或具有不确定的真实性，人类并不知晓法则的改变。

* * *

宇宙是有历史的这一观点得到了认为宇宙万物（包括宇宙基础结构和法则）迟早都是会发生变化（或已经在历史里发生了改变）的观点的巩固，对这一观点做全面彻底表述的条件是，人们接受优先宇宙时或全球时间的概念。这种时间的深层次意义是，先于当前宇宙发生的事情，或会发生在（多）宇宙史未来的事情，可以排列在某一单一时间轴上。笔者在后文如再次用到“宇宙时”或“全球时间”的术语，在未做解释的前提下优先表示“宇宙时”。

如果对于优先宇宙时没有很强烈的认知，那么时间的真实性和宇宙的历史性特征很可能受到制约和削弱，原因后文将细细讨论，总结如下：

第一，假如不存在宇宙时，那么也不会存在宇宙全史，有的只不过是一系列的支离破碎的局部史。这样的历史事实上是一种被贬低了的历史，它们把历史看作结构的附属品。如果说结构或结构解释实践是普遍适用的，反之，时间和历史的解释实践只可能是局部适用了。此外，如果彼此存在因果关系的事件无法在独特的时间序列中进行排列，那么因果关系和时间之间的联系可能出现了破裂，或遭到彻底修改。如此一来，我们很难看出时间的基础性特征，因而时间必定是从其他物质衍生而来了。

第二，假如成熟宇宙不存在全球时间，那么它必定会通过两种形式中的任意一种和早期宇宙事件存在联系，但两种形式都很复杂。第一种观点认为，在宇宙起源初期，或许存在一种统一时间，那时的宇宙还是处于无比炙热、极度凝结的等离子状态，光被禁锢在这种等离子体里，而不是可以任意游走的气态。然而，接下来宇宙便开始膨胀，宇宙时开始分崩离析，出现“多触角时间”。貌似时间的解体是宏观宇宙中的一个事件，而不是时间的一个深层次特征。另一观点认为，宇宙时从一开始就不存在。如此，我们便会分不清当前宇宙到底有没有历史，更无法对宇宙的真实年龄做出有实证证据的断言。所以，断定宇宙的年龄大约为138亿年（如宇宙学家当前普遍认为的），也就毫无意义了。

第三，假如不存在优先时间的原因是因为时间和空间不可分割，或者具体地说，是因为空间对时间的几何塑形及宇宙物质的排列方式（正如学界对广义相对论的普遍解读那样），这样一来，全球时间的缺失也就为自然导致时间真实性的成立创造了充分条件。

将上述考虑全部放在一起审视，我们可以发现，在摆脱宇宙时的过程中，我们会不可避免地削弱时间的真实性及宇宙有历史的理论。宇宙时的终结象征着时间终结的开端，这是一种有事实依据的合理科学概念。

优先宇宙时的存在似乎会和广义相对论发生抵触。拥有充足实证和实验后盾的广义相对论对优先时间概念来说，或许是致命一击。对于二者之间存在的显而易见的分析，我将分两步进行阐述：第一步是作为本观点的一部分进行阐释；第二步作为笔者在探讨宇宙学未来发展议程的一部分进行探讨。

在广义相对论中，同时性的相对性在时空流形上选择时间坐标时，具有更大自由度。从广义相对论的角度上看，这种选择无非是牵强的。宇宙中存在许多宇宙时轴，而不是只有一个。从优先宇宙时的激进观点看，可能根本不存在优先时间：没有任何能够对宇宙历史进行描述的特定时间轴。

相对论思想表述下的非优先时间所反映的是相对论描述宇宙的特征，而不仅仅是广义相对论场方程典型解决方案的侧面反映。人们把时空连续体描述为四维的半黎曼流形，而对于它的任意切割可谓巧合。在这种观点看来，我们可以一直把广义相对论的宇宙学解决方案分割作时空状态的一种演化性交替。广义相对论主流解读下的所有宇宙学解决方案基本都可以表述为一种单参数的状态演替。但它们必须符合标准不变性的猜想，这一猜想旨在解释广义相对论的呈现方式，而此举毫无物理学意义。

支持摒弃全球时间的人反对优先宇宙时的主张，它们不认为狭义相对论和广义相对论的充分实证后盾能给全球时间观点带来任何益处，也不认为优先宇宙时观点需要什么在现实中无从验证的猜想。为了阐述宇宙学未来发展之路，我们难免会遇到种种言辞激烈的辩论，这在所难免，而该反对观点其实是这些辩论的私自排挤。当前所接纳的传统认识语境下的相对论时间可套用任意时空坐标，这种相对论时间和宇宙时都是无法直接观察到的。尽管如此，正如全球时间那样，优先宇宙时在拥有众多含义的理论中产生，且其含义可以接受实证认证或实验考验。摆在我们面前的问题是，这两种相互对立的思想体系到底哪一种可以告诉我们科学的研究议程到底是什么，哪一种经得住时间、实证和实验的锤炼。

正如笔者此前所论述的，对优先宇宙时存在的论证不足以佐证时间席卷一切的真实性和宇宙的历史性离不开这一活动。这样的观点可能不过是人们的纯粹猜测，并循环出现在我们视线里。从根本上讲，最具决定性的还是宇宙的事实、宇宙的组成和历史。宇宙的进化和排列方式都是为了给优先宇宙时创造条件吗?

答案是优先宇宙时可以理解为宇宙其余部分的优先状态，但这是从全宇宙的角度说，而不是从宇宙局部的角度看。认为存在宇宙局部的优先状态的说法和狭义相对论相悖，而后者却有充足的实证证据。

宇宙局部存在优先状态的观点具有一定操作意义，值得从支持优先或基本观测者的宇宙特征的角度进行实证认证，即在观测者看来，宇宙看似呈现一种全方位的不断膨胀并且变化的状态。从这个角度讲，观测者处于中立的位置。

选择这样的观测者的方法很多，尽管选择观测者的标准各样，但甄选出来的观测者都是一样的，上述两点都是这些不同标准做出选择的印记。第一个标准是银河系以相同速度后退的变化范围。第二个标准是宇宙在相同温度下宇宙微波辐射背景的变化范围。

这样的优先观测者存在的实际条件是宇宙的相对同质性和均质性。但我们无法从任何理论或先验思维中推导出该条件。我们对此的无能为力正好说明了宇宙就是宇宙本身，而不是其他任意事物这一重要特质。而宇宙的很多特质可能无法找到历史性解释。

选择宇宙剩余部分优先状态的优先观测者的这两种标准处于相互重叠交叉的状态，但对这两种标准的运用可不是猜测也不是臆想。这两种标准适用地球，而且结果十分接近真实情况，但前提是我们要控制好地球在太空运动而产生的种种后果。

对上述两种标准的重新思考其实是对优先全球时间存在的否认，而后者宣称对广义相对论拥有解释权威。伴随这两种否定思想产生的是，支持非全球时间的证据所肩负的重担得到了转移，这些证据是对广义相对论的主流解读，并反对存在优先宇宙时的观点。

第一种标准反对优先宇宙时是因为它的时空连续体概念和该观点所提倡的时间空间化理念不一致。笔者在后文将讨论到，这种观点其实是一种超验本体论观点。本体论没有资格拥有广义相对论古典和后古典测验的权威。相反，我们有充足的理由把这种形而上学的毒瘤赶出广义相对论核心体系。其中，最重要的理由事关时间的真实性和宇宙的历史性特征，及思维方式上的要求和能够解释这些理由的研究议题的要求。

第二种标准反对我们所看到的使宇宙剩余部分存在优先状态成为可能的宇宙特征，同时还否认具有同样意义的优先观测者。它把宇宙史所呈现的此类特征看作没有太多意义的偶然事件。根据这一思维方式，这些特征不具备理论意义。这些特征没有得到任何自然法则和对称性的解释，据目前已掌握的科学知识，它们也没有体现出任何法则和对称性。根据多元宇宙说的相关理论，这种初始状态表述了自然很有可能出现的形式，而我们所掌握的数学表达无法选择出我们所真正观察到的宇宙。

然而这种反对声音不过是在自毁声誉。它揭示了牛顿范式（宇宙学第一谬误）和形而上学理性主义的危险结合。而数学被视为自然和科学的风向标这一观点也加入了这一“同盟”。请允许笔者认为宇宙最重要的事情是宇宙的本质，而非其他事物。是假定初始状态和永恒法则的区别，这一区别限定了牛顿范式，并在宇宙学领域缺乏合理利用，及我们无法从形而上学偏见或数学抽象概念中推导出自然真相这一点。至少我们无法指望数学能像它论证其他实证那样推导出自然运转方式的真相。但我们却不该轻视唯一真实宇宙种种特征所具有的宇宙学意义。自然科学应当竭力解释这些特征。当前人类所掌握的理论存在太多不尽如人意之处，假如这些理论无法对其做出解释，我们就需要找到更优良的理论。

* * *

此前我们就谈论过优先宇宙时的含义，我们还探索了其含义对时间包容真实性这一理论的建立，用历史的眼光解释宇宙，及反对优先宇宙观的思想。笔者总结认为，对优先全球时间的介绍应该采用另一种方式，而这种方式把优先宇宙时划入宇宙学思想标准的范畴。笔者再一次指出，优先宇宙时和广义相对论的不可兼容性是值得各位注意的问题。

根据其他思想而对广义相对论进行的重新解读需要把广义相对论的主流理论，特别是得到实证认证的发现，和优先宇宙时协调起来。其中一种思想体系便是形态动力学，李·斯莫林在本书后面部分会详细阐述这种思想体系的特征和含义。就目前而言，我们可以肯定地说，在广义相对论里（据广义相对论主流解读），体积是绝对的，时间是相对的，而在形态动力学中，时间是绝对的，空间是相对的。广义相对论的命题可以转化为这种不同的语言表述，而不失实证验证上所取得的成功。

形态动力学成为优先宇宙时思想，需要借助一种通过常平均曲率切割方可获得的规范固定条件。从本书所捍卫的宇宙学研究议题的角度看，除了可以将广义相对论和优先宇宙时协调起来，形态动力学还拥有另外一个优点，即消除奇点。因而，宇宙学领域，无穷初始状态（或者称作奇点）阻碍了人们用历史的方法解释宇宙的尝试，而形态动力学正好可以助宇宙学打破这一桎梏。

但接下来的内容可不会突然变成对形态动力学的优点和发展前景进行讨论，更不会把他当作一种科学理论来论证。接下来的部分是为了暗示读者，广义相对论和优先宇宙时的关系比我们想象中的更复杂、更模糊，我们也不能简单地把这一关系表述成不可逾越的对立。笔者在本章后续部分将探索由广义相对论对优先宇宙时的主流解释对前文提到的否定观点引出的另一种反应，即把具有实证佐证的广义相对论核心思想和笔者所讨论的形而上学对广义相对论发现的修饰分离开来。这种修饰主要包括时空连续体观点和该观点所维护的时间空间化学说。

用会削弱优先宇宙时接受度的理论语言把广义相对论用形态动力学等进行转述，把广义相对论和时空连续体这一超验本体论思想分离开，这两个活动是使广义相对论和优先时间达成和解的两种方法。较之第一种方法，第二种方法的修正主义色彩更加强烈。这两种方法尽管可以勉强带领我们实现目的，但在重建当代宇宙学和物理学研究议题的道路上，我们还需要借助其他力量。

* * *

狭义相对论和广义相对论问世后，人们便发现了宇宙具有历史性，且一步步得到实证的佐证。那时，量子物理学已处于起步阶段。这一系列理论都以不同的方式削弱时间（当然前提是没有完全否定时间），正如我们对它们的理解和运用那样。最尖锐的矛盾是广义相对论（对广义相对论的主流解读）和（有别于多触角时间的）优先宇宙时接受度的不兼容：广义相对论认为时空具有不同的坐标排列方式，而优先宇宙时理论认为，对于时空坐标的选择是任意的。如果不利用优先时间的概念，我们便无法全面地解释宇宙的历史意义和时间的真实性。

在详细阐明优先宇宙时和广义相对论之间的矛盾所具有的意义之前，我们有必要回想一下狭义相对论、广义相对论、量子力学和其他所有在20世纪进行的物理学界内的有力运动都共有的一个特点。这些理论都否定了牛顿所认为的空间和时间是物理事件的静态背景，它们进一步确认了自然法则具有永恒不变的框架。

宇宙有历史这一事实的发现时（不是永恒不变的历史），大的时代背景是知识界仇视对时间的全面认可。而事实上，从经典力学向广义相对论、量子力学的转变过程中，物理学变得更加抵制时间的真实性。宇宙拥有历史这一发现会不可避免地大打折扣：这一发现得和制约时间真实性的观点协调起来。这些思想具备真实性的一种方法是否定优先宇宙时的概念。

虽然牛顿法则在原则上支持时间可逆性，但其时间可逆性很可能被自然界不计其数的任意摩擦抵消。我们或许可以把这一物理学发展方向或时间“之箭”的熵量的后续普遍基础看作解救这一方向和时间真实性的另一个例子，前提是把它们建立在自然运转方式不对称的基础上。

在经典力学中，绝对时间和绝对空间始终处于自然事件的发生阶段，而不是莱布尼茨的关系论所需要的事件的整体性质。只有在这种受削弱的状态下，牛顿物理学才可能被优先宇宙时的概念所取代。然而牛顿力学剥夺了优先宇宙时的实质内容，并没有将其看作经典力学时间可逆性的必然结果，而只不过是在真实宇宙情况下把自然的作用解释为不可逆的尚待解释事实。此外，这种解释方法（牛顿范式）和后续物理学一样，都无法为我们带来任何自然结构的历史和规律的发展史。牛顿物理学假设宇宙没有历史。

让我们再来看看广义相对论，在对广义相对论的标准解读看来，情况又大大不同了。我们有必要问问我们此处所讨论的时间包容真实性，包括优先宇宙时的存在，是否会和广义相对论相悖。如果，它和广义相对论相悖，我们必须进一步弄清楚，它与广义相对论所不符的部分，到底是已经得到实证认证的核心理论，或者仅仅是实证核心可能受到分离的形而上学的实证观点。

从一开始，广义相对论所产生的宇宙学后果就备受争论，连它的缔造者都说不清楚。但最关键的地方是那样朴实地摆在我们面前，以至常常被遗忘。广义相对论是关于宇宙结构，而不是宇宙史的一种理论。它形成的时代背景是，宇宙学一直以来被视为物理学的一个组成部分，或者科学的一个额外延伸，那时人们是从结构的角度看待宇宙学的，而不是历史的角度。这种物理学的传统认识没有给历史的角度丝毫生存空间（甚至直到现在，也成问题），把历史当作结构的附属品。

后来人们发现，宇宙是有历史的，这便给结构理论对宇宙的阐述体系制造了不小的麻烦。如此一来，我们不难看出，在历史角度的观点来看，结构理论对宇宙历史的解读方式是值得商榷的。早期对广义相对论场方程最具影响力的解决方案是弗里德曼 - 勒梅特 - 罗伯逊 - 沃尔克度规度规（FLRW），该方案认为宇宙起源于奇点，其引力场、密度值和温度都是无穷大的。彭罗斯和霍金后来证明称，过去的所有对广义相对论场方程的解决方案都是不全面的，只和有限的几种描述我们宇宙的状态一致，其中最重要的两种便是物质能量密度呈正值，及肯定存在一种三维曲面，在这个三维曲面上，宇宙向四周不断延伸。过去人们认为这一证据可用来佐证从场方程可以推导出无穷奇点。

宇宙源自无穷奇点这一理念的部分意义在于，它为宇宙源自绝对起点的观点提供了理论基础，也就是宇宙源自无物，及时间产生的突然性和衍生性观点。当广义相对论的这些解读和狭义相对论的局部相对同时性结合起来，必然会导致宇宙时的概念可能无法在物理学和宇宙学中找到立足之地。然而，在没找到第三个要素，对相对同时性和宇宙源自无穷奇点这两个要素进行补充前，一切都是悬而未决的。时间制约思想的第三个要素即用时空语言把时间重新表述成空间不可分割的一部分，这里所说的时空，是一种思维的半黎曼流形结构。

从一开始，很多人就认为只要援引宇宙源自初始无穷奇点，而不是描述如何推导事物真实的状态，就意味着只要运用到早期宇宙的极端事件上，我们就得承认广义相对论无法投入实践运用，或崩溃瓦解（这些人中就有爱因斯坦和勒梅特。尽管勒梅特也参与了 FLRW 度规，但早在 1927 年他曾明确指出，他更倾向于他所描述的宇宙历史的循环理论）。

对于这一无穷奇点的观点来说，它可能并无法反映自然的运转方式。19 世纪的数学界曾对这一无穷概念进行过改良，但我们还是无法在自然中找到与之对应的实物。然而，把数学当作了解自然如何运转的捷径这一概念在第 6 章遭到笔者的批判，它和无穷概念的合法性有些许相似之处，它把实际上是数学假象的概念运用到物理学领域。援引这一无穷概念所带来的主要后果是，阻止了人们从因果关系的角度探索现象从有穷值变为无穷值前后的宇宙状态。

然而，结果不那么令人满意的原因不止这一点。在这一观点看来，不管时间如何流逝，自然法则始终保持不变，直到早期超级凝结形态的宇宙开始形成的那一刻。然而，当达到某一时刻时，自然法则开始不再一成不变。到了那时，自然法则的哪些部分还能保持不变则成了未知之谜，由于它超过了无穷临界值，所以更是我们无法获知的。

我们可以理解有的实证科学家在解释宇宙史的实践中把这种猜想的结合看作是一种摇摇欲坠的妥协：它最多是接近一种尚未形成的更全面的观点。

值得注意的是，在对待宇宙史上的不同时刻上，越是普通的观点越具有普适性，尽管普通观点不愿意把时间看作脱离空间而单独存在的物质。

具有广义相对论宇宙学含义的 FLRW 度规并非我们仅有的资源。一方面，我们还有哥德尔关于场方程的解决方案，这一理论产生了具有封闭循环类世界线的宇宙。另一方面，广义相对论可能被用特定方式所理解，这种方式允许宇宙剩余部分存在优先状态，进而允许优先宇宙时的存在（李·斯莫林会在本书后续部分就其中一种上述解读方式进行讨论，将其看作形态动力学的一种形式）。

在本书讨论中，我们提及对广义相对论的不同解读是因为狭义相对论和 FLRW 度规等场方程相关解决方案无法排挤优先宇宙时或（简单说来就是）无法否定时间的真实性。只有引述第三个因素，即时空概念与时间空间化概念时，这些否定时间的结论才能派上用场，时间空间化把时间看作“第四维度”，因而对这一概念的表述有些隐晦。反过来，这种概念催生了“块状宇宙”这种宇宙学说，块状宇宙认为空间和时间是一组单一现实，或者是因果事件的单一系统，因此发生在时间里的事件可以在时空维度上的某一个点表述出来。

我们可以把块状宇宙看作是拉普拉斯决定论的后续形式，但在表达时间的非真实性上（不仅仅是宇宙时的不存在上），块状宇宙要比拉普拉斯决定论更加激烈一些。块状宇宙说不仅使宇宙早期历史无法受到解释，就像对待宇宙源自无穷奇点的推论一样。它和宇宙拥有历史的学说整体都是矛盾对立的。二者的矛盾对立主要表现在，块状宇宙把历史变化转述为了非宇宙结构，也即是把时间里的时刻转述为了时空里的点。

广义相对论的这一主流理解方式的第三个方面，也就是对已得到确认的狭义相对论思想的吸收和对宇宙源自无穷奇点的援引。狭义相对论是对惯性参考系相对性的一种科学理论，得到了实证和实验证据的确认。我们最好把宇宙起源于无穷奇点从广义相对论场方程的角度看作一种数学推导，表明场方程的运用领域是有限的。把时间空间化是解读广义相对论这一主流方法的第三个方面，这种做法可以把两种不同的要素结合起来。在实证基础上，它们彼此间有截然不同的差异。

第一个要素是把牛顿引力学说纳入一个探索空间结构的理论体系。空间不再是独立于物理事件的不变背景。引力由此成了物质和空间互动的代名词。

第二个要素是一种形而上学观点，主张人们最好把时间看作是空间的延伸，或空间的一个综合结构，既不同于空间，但又不具备自身独立的真实性。根据这种说法，时间的存在和流动都是虚幻的，正如块状宇宙对广义相对论的描述一样。对宇宙时的排斥只是对时间排斥（或对时间剧烈）的第一步而已。①

我们可以用一种数学概念来表达这种形而上学观点。它把时空看作一种四维的伪黎曼流形。这种流形可被全球时空坐标通过无数种方式进行切分。但任何一种坐标都不享有优先权。且没有任何一个对优先宇宙时，即

---

①爱因斯坦本人强烈反对把广义相对论表述为时间的空间化形式。在其所著《谈 M. 埃米尔·梅尔森的〈相对论推论〉》（《法国和外国哲学杂志》1928 年第105 期第161—166 页）一文中，爱因斯坦这样写道："此外，梅尔森强调，很多有关相对论的表述都会错误的提及'时间空间化'的概念"。空间和时间实际上都融合成了一个统一体，但该统一体不是均质的。从表述两个邻接世界点之间的区间平方的方程式可看出，空间邻接性和时间邻接性始终是不一样的。爱因斯坦所谴责的这种趋势（尽管很多物理学家也认识到了）所产生的影响并不真实，更不深远，因为那些关于相对论的论调，不过是某些大众学者及少部分科学家的放纵言辞罢了。

1948 年6 月19 日，爱因斯坦致信林肯·巴尔内特，于20 年后再一次强调其抗议。信中道："我不赞同认为广义相对论把物理学或引力场当作几何学来研究的观点"。

从许多观点和陈述我们可以看出，爱因斯坦就广义相对论的主要焦点在于找到一种统一的学说，以确定引力和惯性力的等质，并把空间和时间均看作宇宙物质排列和运动不可分割的部分，而不是物理现象独特而绝对的背景。此外，爱因斯坦和我们一样坚持认为，数学具有重要的实证使命："到最后，几何学需要告诉我们实验体系的行为。这一联系使几何学成为一门和力学一样实实在在的实验科学。因而，几何学的所有命题都可以接受验证，以知真假，正如力学的所有命题那样。"（该文字选自《自然》杂志 1919/1920 年未完成也没有发表的一篇文章）。

本书对于优先宇宙时的维护是在主张时间具有包容真实性和自然法则具有不变性的基础上展开的，其许多观点和爱因斯坦的理论主张都不尽一致。本书更是和爱因斯坦的方法论偏好相悖。爱因斯坦不会赞同把得到实证验证的广义相对论核心思想或残留（狭义相对论的同质性的局部相对性）和四维半黎曼流形的超验本体论相分离。

尽管如此，爱因斯坦避免并抵制了把广义相对论转变为一种发展成熟的形而上学思想的举动，这种形而上学思想把时间看作是空间的附庸，或者把时间看作是源自空间的。而爱因斯坦也正因为他那些"放纵的言论"才得到自我拯救，他拒绝把数学概念当作物理洞察力的替代品。爱因斯坦的理论和其理论的众多解读者和发扬者存在巨大的矛盾，而本文所讨论的话题与其理论的矛盾程度远无法与之相提并论。

宇宙历史的时间，进行了表述。

我们不该把第二个要素——形而上学观点及其数学表述，和第一个要素混淆一通，但我们应该把它看作一种前科学观点（它本身就是），而这些活动可以表现在我们如何看待两个要素与广义相对论的实证基础的关系上，它们与后者的关系截然不同。但这些实证基础只和空间结构有直接关系。它们和时间的结构丝毫没有关系，除非先认可空间和时间是不可分割的，且时间是对空间的延伸或修正。

然而这样的假设在任何关于广义相对论的实证中都找不到基础。它与广义相对论的结合建立在形而上学偏见上：对时间席卷一切真实性的偏见。现在物理学历史中大部分时间都伴随着这一偏见的存在。它还得到了数学同自然、科学的关系的启发，但后者是我们在后面要强烈批判的。

没有任何一种对广义相对论的经典实证测试和时间有直接或接近关系，也没有对黎曼空间有任何依赖性，更没有对闵可夫斯基的几何化时间形成依赖，包括水星近日点岁差、光的太阳偏转，及光的引力红移等测试。它们全都得到了引力的几何学重解和空间重解的充分解释，物质在宇宙中的位置与空间几何之间的关系的充分解释。我们没有必要将它们视为与时间真实性或优先宇宙时相矛盾的观点看待。

在众多对广义相对论的后经典测试（如引力透镜、参考系拖拽，及对脉冲双星的观察）中，只有得到了长基线干扰测量法确认的夏皮罗时间延迟效应测试才和黎曼流形有些许紧密关联。然而，甚至就连这一测试也可以用广义相对论中与光的物理本质和地球引力相互作用的部分理论进行调整，这一测试预测接近太阳表面的光子运动中存在时间膨胀现象。它需要依赖对时间空间的解释。人们对时间空间进行解释的强烈欲望泄露了形而上学思想的踪迹，而广义相对论实证核心思想应避免，也可以避免这种形而上学思想的痕迹。

对这些观察测试的描述通常用时空连续体的测地线术语表述出来的，并同时间空间化的超科学理论体系紧密联系在一起，这种说法是正确的。然而，从每个实例看，甚至这些测试中涉及时间膨胀的方面都可以用相对论关于物质、运动、引力、空间及事物速度和引力效应（符合爱因斯坦关于引力和惯性质量相等的原则）的观点得到充分说明，包括人体生物钟或细胞。这些测试中没有任何事物，或者说它们测试的对象中，没有任何事物要求我们把时间单纯看作空间的局部延伸，或看作时空连续体的一个不可分割的维度。

对广义相对论中（或其主流解读中）这种超验本体论元素的识别和批判就是在承认这种援引了本体论的理论在其核心运用领域中是成功的这一前提上，导致我们会认为这种超验主义思维的跳跃是有实证观察作为佐证的。然而，与其说广义相对论在这一领域的成功运用可以证实黎曼流形这一形而上学概念，倒不如说经典力学运用在其核心领域所取得的成功验证了牛顿所认为的以空间和时间作为独立背景，由相互作用的力和物体组成的世界这一观点。在每一事例中，深入运用领域的活动都会引发自然哲学的一个典型问题：实证物质或残留与这一形而上学观点的结合何时才会终结，其终结又会产生怎样的效果。

一旦把这一立论表述为“广义相对论可用的等价语言，如从对实验观察保持中立的两种词汇选择一种进行重新阐述”，我们可以更容易地理解接受这一立论（例如，和胡安·马尔达西那“规范/引力对偶关系”有关联的朱利安·巴伯的“形态动力学”把广义相对论的多触角时间规范不变性用不同规范原则来对待：即范围的局部变化规范）。将广义相对论的经验内容和时间空间化活动分离开，对这一思想来说其实无关紧要，在时间空间化活动中，需要找到能够成功充当科学目标的同样构想。对于这一目标来说，具有决定性意义的是，此类构想必须揭露已知事实和我们如何解读、表达、重述实证发现之间存在的差距。

现在笔者想谈一谈本书观点和广义相对论相矛盾的程度，但前提是全面认可宇宙的历史性、时间席卷一切的真实性，及宇宙时的存在。答案是，本书论点确实和广义相对论的一般表达相矛盾。然而，它并不与广义相对论中适用于三条说明的流派矛盾。笔者在接下来的段落中将仔细讨论这三条说明。

第一条，同时性的局部相对性必须认可宇宙剩余部分存在优先状态和优先观测者。这样的观测者应该从一个足够大的规模观察宇宙，从一个不受物质排列的局部非同质性及非均质性扭曲的有利位置上观察。他们能决定，在宇宙时线上，发生在仙女星座的事件到底先于还是后于 NGC 3115（纺锤星系）内发生的事件，他们能够使其观察和宇宙时线对应上。是否存在这样的观测者完全取决于构成宇宙的部分事实，如其相对同质性和均质性，但我们无法从先验考虑中推导出是否存在优先观测者。生活在地球上的人类无法准确地扮演优先观测者的角色这一点不会与宇宙时存在的相对同时性或其蕴涵的含义相矛盾。事实上我们可以指正人们关于地球运动的观点，并估计出优先观测的条件。

第二条，我们需要把从广义相对论场方程推导出宇宙起源无穷奇点这一活动当作对广义相对论运用领域的特定时间限制的数学启示。绝不能把它理解为对宇宙真实状态的猜测，不论是宇宙远古形成时期的真实状态还是后续时期的演化状态。

第三条，也是最重要的一条，我们需要在排除黎曼空间概念、空间化时间概念或块状宇宙说的前提下重新解读广义相对论，这些观点均未得到支持广义相对论的实证证据的验证。实证理论必须剥掉形而上学光环，这就暗示我们需要重新调整宇宙学的研究议题。

上述多重条件于我们对广义相对论的理解来说，可不只是微调整。但这几项条件都得到了宇宙学关于宇宙及其历史相关发现的充分解释。抵制用数学思想来解释物理学的诱惑和腐蚀也需要这些条件，因为那些数学思想在自然如何运转的理论中毫无地位可言，如对无穷事物的表达的数学思想。上述种种理由可不是对毫无关联的发现和思想的胡乱引述。但这些理由把对宇宙历史性的相同基本观点的不同方面进行整合，就连最强势的自然结构论在这些不同方面面前，都必须调整，否则自然结构论可能会对其主旨做出错误解读。

* * *

接下来，笔者将介绍关于时间及宇宙历史性的讨论，以及与量子力学的关系。至于量子理论和广义相对论，本文将讨论这一理论关于自然万千变化的发现是否会和本书提出的种种主张相矛盾。于此，笔者打算精简笔墨，原因不仅因为量子力学和这一讨论的关系不大，相比之下广义相对论与之关联更直接，还因为李·斯莫林将就此在本书后面章节展开深入讨论。

和广义相对论一样，量子力学是一种结构理论，而不是历史理论。量子力学不是对发生在自然历史时间里的变化所进行的描述。当和热力学原理一道运用时，薛定谔方程确实可以为自然运转里的时间，及宏观世界里原子尺度上的连接变化创造基础。

这一系列含义都不足以为理解发生在宇宙历史上的时间进程提供基础，而这一点早已被惠勒－德威特方程所证明。该方程表明，量子力学一旦运用到整个宇宙上，时间便无法在量子力学中找到位置：量子力学在宇宙学中的运用导致了和块状宇宙学说等效的量子力学思想，而块状宇宙是受对广义相对论最具权威的解读方式所启发才产生的。以巴伯为首的很多学者提出了这一系列量子力学的含义，旨在否定时间真实性。

量子力学及其最令人瞩目的成就——粒子物理学标准模型均得到了实证及实验结果的充分肯定。是否可以恰当地援引这些理论来反驳我们所提出的时间观和宇宙历史论呢？答案是否定的，因为量子力学本身就是不完善的，只是一种估测，其不完善性主要表现在两种不同但又紧密联系在一起的形式。

其不完善性首先表现在量子力学对其主题和冷却宇宙中自然在最基础层面上的运转方式的解释上，未能产生任何关于自然运转方式的肯定答案。量子力学不仅要使用随机性推理（非确定性推理），还需要援引无穷概念，确切的说是无穷可能性位形，而不是从广义相对论场方程推导得出的宇宙起源的无穷奇点。

然而，正如科学界始终如一的那样，无穷事物并非一种物理现实，它在自然界中毫无地位可言。无穷概念是“人类无知的体现”。对随机推理的运用其实是对数学（非物理学概念或自然概念）无穷概念的间接使用，成了爱因斯坦对量子理论反驳的对象，而量子理论的建立得到了爱因斯坦的极大帮助。

对这一人类无知的纠正将我们的注意力放在了对“隐变量”的探索，如果能弄清楚“隐变量”，很多可能性或许都将变为确定，在原子层面上何时发生了何事的观点将会取代猜想中的无限性。能够解释自然和隐变量所产生效果的隐变量理论只可能是关系思想：它们需要解答量子力学所研究的粒子、场和力是如何通过相互作用和宇宙的特征联系在一起的，而量子力学无法触碰到宇宙的种种特征。

下面我们将讨论量子理论不完善之处的第二个方面，正因如此，量子理论才被迫局限于特定的运用领域里。其不完善性是由其非历史性所决定的。有人或许会说，量子力学针对的是自然整体，尽管它所处理的是最基本的自然过程，但绝不是自然的局部。这样说来，量子理论也就不会受此前我们讨论过的宇宙学第一谬误的干扰，即把只适合探索自然部分的方法运用到对宇宙整体的研究中。然而，就算人们对这种说法买账，但我们依旧无法保证量子理论没有犯宇宙学第二谬误的错误，即量子力学的不完善性还表现在它把冷却宇宙所呈现出来的规律性鲜明结构看作宇宙的永恒的内在配置。

宇宙学关于宇宙形成的发现表明，粒子物理学标准模型所描述的基本结构并不是永远存在的。例如，在宇宙形成中十分关键的退耦阶段就只发生在原子处于稳定状态时。假如这一结构一开始就不存在，或者呈现不同形式，那么该结构在宇宙后续历史中或许也会呈现不同的结构，如在黑洞内部或在遥远的未来。我们的实验技术，如粒子对撞机，或许可以带领我们模拟出自然的极端状态。

如果把宇宙学层面的情况推广到相变的局部物理学当中去，那么我们当前所理解的量子力学可能会变成描述自然演化某一阶段的基本运转法则的理论。和其他所有科学研究体系一样，要想彻底弄清这一研究，我们必须理清现象在特定情况和条件下的前世今生。说到底，结构性解读终究是要服从于历史性思维的。

推进量子力学的未竟事业，并取代量子力学对随机推理和数学无限性的依赖所需的隐变量理论，必须是时间理论，且又是关系理论。由这些理论构成的科学必须得到时间自然主义彻底的武装。

除非我们能切实掌握这样的科学，否则我们永远无法有十足的把握将量子力学运用到宇宙学中去。由于量子力学的双重不完善性，其在宇宙学领域的运用注定会继续指朝不同的方向：要么支持，要么否定时间的真实性；要么适应或抵制宇宙所有规律和结构都是有历史的这一发现。

* * *

我们很正常地做出这样的假设，时间的真实性和方向（或“时间之箭”）除了热力学长期既定原则外，并不需要任何理论支撑。导致每一个熵过程不可逆转的与众不同的条件在宇宙演化进程中势必扮演了重要角色：宇宙早期具有较高的同质性，相应地就有较低的熵。在粒子物理学中，这些宏观过程的时间不对称性可能会得到弱相互作用C（电荷对称）、P（宇称）破坏的巩固和预测，这是真实存在的现象。

尽管如此，热力学原则还不足以为和时间有关的基础性思考提供基础，这主要有三方面的原因。

第一个原因是，对“时间之箭”基础的解释不足以回应否定时间真实性的观点，或把广义相对论和狭义相对论当作肯定优先宇宙时过程中遇到的无法逾越的障碍。

第二个原因是，从统计力学的理论、方程式和流程看，统计力学是一门研究宇宙局部现实的学科。和经典力学不同，统计力学通过将不变法则运用在位形空间里不断变化的现象上，而位形空间则受到既定初始状态的限定。宇宙学领域对统计力学的运用导致的结果是，初始状态和永恒法则之间的区别变得不再有意义。位形空间成了整个宇宙，没有任何事物是它所不能覆盖的（除了多元宇宙说提出的想象中的多宇宙外）。初始状态不过是宇宙整体在其历史上某个任意点上的状态：这一点和位形空间一样，但仅限于宇宙早期状态。对这种局部理论的宇宙学上的探索正是宇宙学第一谬误的一个例子。

第三个原因是，只有在特定条件下，熵过程才是不可逆的。相反，只要我们把事件的特定真实世界特征添加到经典力学运动法则所通常解释的条件中去，那么经典力学运用法则便是不可逆的了。经典力学的可逆性和统计力学的不可逆性之间的对比不是绝对的，而是相对的。

宇宙层面上熵的减弱是如何变得不可逆转的，对于这一点的任意理解的前提都是时间的真实性和宇宙的历史性，这比对它们的解释还要重要，但要涉及宇宙最早期的特殊状态。倘若这些特殊状态没有隐藏在初始无穷奇点无法让人理解的屏障背后，那么我们需要用历史的方法来解释这些特殊状态：事物的前一状态必须解释清楚事物到底是如何演变成过去的样子的。这种解释思路需要援引时间的概念，和（至少是形成阶段的）优先宇宙时，即使（根据对广义相对论的主流理解）这种统一的时间观后来会被多触角时间观所取代。

另一种解释方法需要引述定向法则，这是一种至少在宇宙学层面上，最好将其添加到热力学标准内容上的原则，以确保过去和现在之间不对称性的存在。但这样的“原则”不过是对时间的另一种称呼，而不是对时间源自更基础的物理现实假定的解释。

比起统计力学对时间的理解和想要把时间运用到宇宙学领域的努力来说，我们更需要为对时间的理解找到更深刻、更广泛的基础。

* * *

因而，我一直在寻找可以相信时间真实性，及宇宙时存在的理由，它们二者和可观察宇宙的特定特征和宇宙有历史的重大发现有一定联系。笔者一直在探讨关于时间的种种观点是否会和已经得到实证支持的既定科学相矛盾：首先是广义相对论，我们的主张和广义相对论存在巨大分歧；其次是狭义相对论和量子力学，但二者的矛盾冲突不及前者直接和尖锐。

然而，相信这里所提出的时间观点的理由绝对不止这些。当然还有性质更为基础广泛的理由。自然哲学和全面科学理论中的许多观点应该用其优缺点来全面系统地对自身做出评估，包括受到其研究议题启发的机遇，及其组成部分的解释能力和实证基础启发而来的机遇。为了对得起自己所具有的影响力，上述考虑需要经得起实证挑战或肯定。观点的权威需经过整体评估，并和相反的研究计划进行比较。

在这几条普通原因中，我们有必要区分研究议题所探索的和如何理解自然现象有关的原因，及依赖科学猜想的原因之间的区别。

对于第二种普通原因，也就是关于科学实践要求的原因，我们必须本着严谨的态度对待之。没有任何科学实践方式是毫无争议且放之四海而皆准的。具体实践方法必须听从缜密思维的指导，而不是让思维跟随具体实践方式的指导。对探索项目的捍卫体现了正确的科学实践可以轻而易举地掩饰住形而上学偏见，并阻碍思维与方法的辩证关系。

和我们的论点直接相关的一个例子是，认为科学不能和自然永恒法则的框架分开。是否真实存在这一框架是摆在我们面前的一个问题，无论这一问题研究起来有多复杂。另一个更为复杂的例子是，有人试图把因果关系特定观点加以巩固，视作人类理解体系的内在构成，如康德面对牛顿物理学体系的强大压力所做的那样。

尽管如此，此类普通原因里仍存在与科学实践有关的合理残留。这是对接受实证和实验测试的保留，无论测试种类多么繁多和复杂。有人之所以反对援引宇宙源自无穷奇点的观点，并把它看作超越数学归谬法之外的概念，是因为这种观点把很多现象放在了无法进一步探索的位置。而有人反对多宇宙（宇宙间不存在因果关系）观点，是因为该观点大大增加了无法用实验进行探究、确定，乃至排除的实体。这种观点避免了解释实践上会遇到的尴尬局面，但却衍生了更尴尬的局面。

相比之下，本书所论述的自然哲学和宇宙学论点可全方位接受任何实证结果的挑战。在任意充分理论思想体系中，有的思想较之其他部分更接近实证含义。尽管如此，我们还是将其看作对认为该体系可免受事实拷问的观点的致命反击。

通过这一点，我们可以找到挑选研究议程和研究与之相反的理论的首要原因，也就是与要解释的现象息息相关的原因，这一系列原因更具合理性。实践席卷一切的真实性观点及全球时间的观点共有的一个优点是，较之其他相反的观点，它们更容易和宇宙存在奇异存在性和数学的选择现实性观点相兼容。我们认为，还有其他独立原因可以证明宇宙的单一性，及数学与自然之间关系的不完整性。

宇宙存在奇异存在性、时间包容真实性、自然法则不变性的内涵（尽管在冷却宇宙中自然法则具有较高稳定性），及数学的选择现实性等概念都是相互交叉，相互重叠的概念。我们不可能接受其中一个却又否定其他的。

时间的包容真实性之所以和宇宙的奇异存在性有着紧密联系，是因为前者在不破坏因果连续性的前提下，使宇宙状态演替理论成为可能，使之代替了无因果关系多宇宙论。假如所有已经发生事件或将要发生的事件都可以在单一时间表格中找到应有位置，即优先宇宙时概念的引入，那么不止当前宇宙的事件可以对应这一表格，其他宇宙的事件也可以对应，当然，前提是这些宇宙存在。

根据我们提出的另一个时间的特性，也就是假如时间不是突然出现的，那么时间的流淌便不会受到宇宙演替（或宇宙状态演替）的干扰，当前前提还是这样的演替存在。就算演替宇宙经历极端密度和温度阶段，因果连续性也不会受到干扰。即使在这种阶段里，自然法则和受其支配的事物状态出现合并的现象，时间的流淌也会持续不间断地流淌。在宇宙冷却、膨胀，形成特殊结构，事物状态和支配事物状态的法则之间形成鲜明差别这一系列过程中，时间依旧会持续不间断地流淌。

正如宇宙学体系的自然哲学基础那样，由于对这些观点的表述十分抽象和笼统，因而让人觉得这些观点是纯粹的猜测，且无法进行实证测试。但我们可以通过简单的观察或实验证明时间的消失、出现，或中止，无论从局部看还是从全宇宙看，这样便可以推翻这些观点了。

这些概念和论点没能对否定时间真实性的理论提出质疑，而它们没能提出质疑的原因仅仅是否定时间的解释方法让它们经不起实证测试。而这些理论用与时间无关的语言重新描述我们认为发生在时间里的观察和实验，以此来对抗实证挑战。以此类推，这些概念对宇宙拥有历史这一发现的解读毫无意义，因为假如历史一定有什么含义的话，它一定意味着真正时间里的因果演替。

把数学看作是对自然最普通现象的简化表述这种准实证数学观没有给予数学任何优先权来揭露现实的本质，这种观点完成了自身的变化发展，即使其表述在自然界中找不到对应物。这种对数学“排气”的方式和肯定时间真实性有一定关系。即使在理解数学和自然时，这种关系也发挥着十分基础性的作用。

正如在微积分中所看到的那样，数学命题间的关系是永恒的，即使把它们运用到，或专门设计来陈述时间事件。假如自然万物包括自然法则在内，都是受时间制约的，那么我们便难以分清什么是自然，什么是数学了。至少没有哪种数学对象能和自然事物达到同质。更简单地说，数学抽象和其永恒性有着密切联系。数学抽象的直接主题不是真实自然界，而是在自然界中寻找一个剔除了时间和特殊性的虚拟替代物。尽管异常特殊性和对时间的否定有着紧密联系。

这些关于数学的观点还可以服务于实证和实验议题，背后的原因很明确。它们反对把数学推理替代实证考究，而不当作必要途径。它们通过实证的方式来解读任意数学概念是否能在自然界得到验证。它们还可以辅助解释数学为何如此受用，尽管数学和自然现实存在差异。

三个核心思想组成的本书论点巩固了我们所提出的时间自然主义的实质。自然主义为不断向历史性科学发展的宇宙学提供了支撑，宇宙学不断成为物理学的核心，而不是被边缘化。它也武装了促进人们更广泛地接受宇宙拥有历史及宇宙万物迟早都会发生变化的观点。

* * *

这些特殊及普通考虑解释了宇宙学最为重要的大发现：宇宙拥有历史，并推翻了全面接受这一认识的所有障碍。宇宙万物过去的样子和现在是截然不同的。宇宙万物迟早都会改变。

我们没有任何充足的理由假设存在可以逃脱时间束缚的事物，也就是说任何事物都无法摆脱改变的命运。

然而，据此原则，主流宇宙学和物理学观点却提出了两种联系紧密的特殊情况。二者认为，首先，自然法则、对称性和常量是永恒不变的框架，其中常量指自然运转方式里特定基础关系的值或系数。其次，构成自然最基础的粒子和场，也是永恒不变的。

这两个例外情况是相互联系在一起的。自然法则、对称性和常量把自然特定构件间的相互作用当作探索主题，离开后者，它们也就变得毫无意义。只有和支配它们的法则、对称性、常量联系在一起考虑，这些构件才是有意义的。但这两种特例并没有得到宇宙学发现的佐证，更不是科学实践的必然要求。

然而，根据当前我们对宇宙史的理解，在宇宙起源初期，自然规律和自然构件都不可能和冷却宇宙中我们所看到的一致，那时它们呈现出截然不同的结构。假如那时的它们不同于今天我们所观察到的，那么它们以后也可能再次发生改变。

下面罗列了我们为何坚持认为这两个特例可以逃脱时间的束缚的四个原因。虽然这几个原因可能不仅完善，但至少也囊括了主张宇宙史终极结构和规律不受时间束缚的主流学说。

第一个原因，宣称时间是不存在的，或时间仅存在于某些极为有限的条件下。如此一来，我们便无法迎合宇宙拥有时间的理论，及宇宙史息息相关的所有观察结果和实验，除非我们能彻底重新解读它们的意义。在后文中，笔者将讨论两种否定时间真实性的哲学观点，不论该真实性是否包罗一切。

第二个原因，如果不假设自然法则、对称性、常量及自然特定构件具有不变框架的话，科学将无法继续推进其解释活动。这种理由纯属形而上学偏见。许多科学考究都和该理由矛盾，特别是依赖这一假设的生命科学、地球科学和自然历史学研究。如果没有永恒自然法则和构件的话，我们确实无法开展物理实践。但我们得学会怎样才能做到。现代科学史给予我们许多线索。没有永恒不变法则和自然组件做支撑的宇宙学和物理学向我们呈现出了一个无比真实的谜团，也就是我们所说的星际法难题。

第三个原因是，科学实践无法探究宇宙最远古时期的事件，因为它们具体内容十分庞杂，且非常接近宇宙起源时期的无穷奇点。然而，这种推论错误地把（从广义相对论场方程推导而来的）一种数学推理当作自然运转方式。此外，这种推论所描绘的理论定会招致科学家的不满：它认为在保持不变的结构直到在特定时期陷入无限的深渊里，才会发生改变。这种推论最好符合宇宙拥有历史的发现及物理学具体的局部分支学科的实践方式（如相变物理学），并假设变化随着时间的流逝而断断续续地进行着，包括规律和自然构件的改变，只有这样我们才有望一步步探索和解读宇宙的奥秘。

第四个原因是，在我们所观察的冷却宇宙里，自然规律和自然构件都呈现出十分稳定的状态。我们很容易从它们的稳定性中推导出永恒性和必然性（此前笔者提出了为何我们要抵制这一诱惑）。然而，一种全面的迎合宇宙历史性的宇宙学观点必须能将宇宙的稳定性和变化性协调起来。这样的统筹活动能催生成功的科学研究体系，我们熟谙这一点的原因在于它是新达尔文进化论综合说的主要原理之一，如间断平衡论所宣扬的那样。在地质学这一无生命自然界、人类史研究和社会学研究中，我们也可找到与之对应的现象。

通过比较上述研究议题我们可以得出这样的结论，对稳定法则和自然形态的理解会因为看待其可变性的视角而发生决定性的改变，即使它们在特定领域较长时间内保持着较为稳定的状态。从本质上讲，科学的视角总是将目光聚焦在改变上：结构性理解远不及理清现象变成其他事物，或演化为当前状态的具体条件那样深刻。

* * *

这些构建起全面的时间自然主义宇宙学体系的论点均援引和佐证了时间的观点。它们是关于改变的论点，同时也是关于时间的论点，因为改变和时间都是紧密联系在一起的概念。二者都和因果关系紧密联系在一起。

纵观整个自然界，时间是现实的根本所在，自然万物都会改变。由于万物相互间都是联系在一起的，无论直接还是间接，其中最关键的是彼此间的关系，自然万物都是会改变的，这里所说的改变是相对于其他事物而言的。

这种对于现实的理解方式符合三个极简主义假说。第一个是关于时间的假说：时间是有具体形式的，而不是无物的。第二个是关于多重性的假说：不止存在一种现象或状态。第三个是关于关系的假说：存在着的多重性事物彼此间是有联系的。

有人认为这三个假说组成了原始本体论，前提是这一标签不会导致人们的误判。原始本体论能够武装否定自然事物和支配自然事物间相互作用的规律具有永恒不变性的观点，如本书所提出的时间自然主义观。对自然事物和法则（或原理）体系进行定义正是经典本体论的目的所在。由关于真实性、多重性和关系一道组成的体系或许更适合称为反本体论，或反本体论的前身。

这种思路下的时间会发生微分变元。由于事物的变化可能是各式各样，或者均匀改变的，因而可用做其他事物变化的参照物。

时间具有包容真实性意味着自然任何事物都无法逃脱改变的命运，包括变化本身。包括所有法则、规律、既定常量，所有自然物质和最基本的自然构件，都逃脱不掉改变的命运。

我们需要把这种有关时间的概念建成一种特殊的概念。详实阐释宇宙拥有历史这一发现的意义，这一概念需要把时间看作是非突然出现的、全球的或全宇宙的（根据强优先时间理论）、不可逆的、持续不断的。本章剩余部分将主要讨论这种时间概念的构建，并探讨其宇宙学、历史性基础运用和含义。

当然，时间有四个特性，第一，非突然性是最根本性的一个。第二，时间以优先全球时间和局部时间的形式存在，根据对广义相对论最具影响力的解读版本，这一点是最富争议的。第三，时间是不可逆的，这一点是宇宙史的近因前提。我们必须在宇宙学范畴内确定他是不是关于宇宙及其历史的思想。我们无法百分百地从任何局部现象的理论（如统计力学）中得出这一特性。第四，时间是持续不断的，由于数学猜测带有反时间的偏见，因而这是时间最神秘的一个特性。

起初这一概念可能和关系方法的猜想相悖。我们很可能把这一概念看作是根据亚里士多德或斯宾诺莎形而上学思想体系对某一件事或某物质特性的描述。这种解读可能导致学界重新投向时间绝对思想的怀抱，如牛顿的思想。

因此，我们可能会视时间为现象可在其中运动的介质，如 19 世纪末物理学提出的以太，或者像在物理世界会留下道道印记的片片薄膜那样。

然而，时间可不是这样的。时间是万物本质的一个有机组成部分。万物呈现出现在的样子，因为它们可以变成其他样子。也正因为它们可以变成其他样子，我们才有办法理解它们现在或过去的样子。

正如因果性一样，时间性是自然及自然运转方式的一个原始特性，时间性离不开因果性。与休姆和康德及他们开创的传统不同，因果关系的必要性在对时间性的理解上仅处于次要位置。时间性和世界的关系先于与人类的关系。

* * *

这一系列观点告诉我们一个宇宙学观点，即自然法则、对称性和既定常量也是会发生变化的。尽管如此，我们必须把它们的可变性和冷却宇宙中表现出来的稳定性兼顾起来。

把它们的可变性和稳定性兼顾起来的要求出于宏观天文学领域的宇宙历史事实，及理论宇宙学相关思想的压力。在宇宙史进程的不同阶段里，自然所呈现出来的形式是截然不同的。只有把宇宙学当作历史性科学，并在宇宙学中找到相变物理学对应物，才能为兼顾自然法则的可变性和稳定性提供理论基础。

要做到这一点我们必须充分认可对相变物理学进行类比的局限性。第一个不同点是，相变物理学针对的是局部现实，因而可以充分援引牛顿范式。第二个不同点是，相变物理学所解释的相变是自然的长期状态，与稳定规律相符。

从一开始，这一宏大项目便面对着星际法难题这一窘境。如果说法则的变化也是受规律支配的话，要解决这一问题，我们只有再重申不受时间束缚的论调，也就是可以逃脱改变的命运，这一点符合高阶法的主张。如果法则的变化不受规律支配，那么它可能就是任意的或无法解释的了，没有任何解释自然和未知局限性的理论的支撑。是否能在这一星际法难题的解释上取得进展事关宇宙学的未来。

本书后面部分，两位作者将分别阐述人们对星际法难题的不同反应。首先表现在，有人将因果性看作比自然法则更为基础的，而不是把自然法则当作因果判定不可或缺的保证（正如我们所假设的那样）。同时还有人把因果关系看作自然的原始特性，而不简单是（像康德颇具影响力的方法那样）对人们如何理解自然的假设。我们要弄清楚的，不仅仅是通过时间表现出来的一切是由什么引起的，更要弄明白我们所看到的现象是如何产生的，因而，因果关系的特性不能仅仅是单纯的理论偏见。它们可以作为实验探究的主题。在宇宙学中，它们呈现出最为广泛和重要的形式。

然而，假如我们没办法解决上述问题，那么我们便没有任何理由不承认自然法则的可变性不仅被时间的包容真实性所运用，更通过我们已知的宇宙史知识，清楚明显地摆在我们面前。

* * *

在着手处理反对时间真实性的几种哲学思想前，我们姑且停下来回想一下本章前面部分的讨论，归纳总结（这些哲学思想所支持的）宇宙学研究议题背后的主要原因。如果我们能暂且将所有技术性制约和难题都放到一边，以便更好地掌握这些观点的核心内容，那么我们便可以发现为何要把宇宙学转化为一种历史性科学的三个主要原因，当然，前提是建立在对时间具有包容真实性的基础上。

探索这一研究议题的第一个原因是为了拓展我们解答下列问题的空

间：自然法则、对称性和宇宙初始状态是如何产生的？历史不是对理性形而上学的继承，也就是说，历史不会向我们解释法则和对称性为何呈现我们所看到的那样。然而，对宇宙研究的历史性方法，如本书所探讨的观点，大大拓宽了科学核心实践、因果探究的空间。

历史性研究方法同时还削弱了法则必要性的不确定表现形式和初始状态的怪异性、不确定性和任意性之间的强烈差异。根据这一观点，纵观宇宙历史，初始状态和法则都是起点，并且不断演化的。目前存在的事物的历史，乃至曾经存在过的事物的历史，我们均可找到相应的自然法则、对称性和既定常量（即其规律性）的演化史与之对应。

要达到这一目的，我们必须取消施加在从广义相对论场推导出来的无穷初始奇点对因果探究的限制。如笔者此前所说的，取消这一限制既有特殊原因，又有普通原因。特殊原因是，初始无穷奇点只能对特定物理事物状态进行描述，一旦跳出特定范围，便意味着这一理论的崩溃。然而，这一做法的最大动力来自另一个普通原因，即自然界不存在无穷物质。除了宇宙奇点的概念外，还有数学无穷概念，数学无穷概念得益于数学所拥有的不可比拟的力量。

遵循这一研究议题的第二个主要原因是，这样的议题可以让我们避免在没有该研究议题时，宇宙学研究所遇到过的令人不满的局面。后面将出现的关于宇宙演化的论点会渐渐告诉我们，自然万物，包括自然最基础的构件和组织方式，它们过去的样子和现在的样子截然不同，并且在宇宙未来某个位置、某个时段，变化还将继续上演。面对一个连基础结构和组织形式都会发生变化的自然，试问我们如何想象自然法则、对称性和既定常量是永恒不变的呢？

我们或许可以类比相变物理学，并宣称法则可以像支配相变那样解释自然构成的改变。此外，我们可以从对宇宙演化全无争议的成功实践中寻求援助，以支持这一表述，但这样我们需要根据已知法则，回顾宇宙较早时期的情况。我们会面临的问题是现有自然法则和规律性无法解释核合成前的变化。核合成前的自然构成或组织形式，及因果关系的规律性都可能和冷却宇宙后来的表现形式大为不同。

我们口中的“宇宙初始状态”，也是这一时期的组成部分。该时期由两个标准进行限定：我们可以从自然规律性中将其区分出来，及自然规律性无法解释这一时期。无法解释宇宙初始状态意味着当代物理学和宇宙学界建立的结构法则无法解释宇宙的演化。

对于这一困局的两种不同反应这下就变成了可能。第一种反应是，根据时下宇宙学主流思想和实践，假设随着科技进步，未来我们将能够在宇宙学及宇宙史范畴里，再创相变物理学的成功。该物理学以规律的形式解释了自然局部构成上的变化。

要确保宇宙学类比作相变物理学行得通，我们对宇宙演化的解释必须顺应已建立的法则。考虑到宇宙史过程中发生过无数剧烈的改变，我们至少要拓展自身对自然规律性的认识。为了做到这一点，我们不仅需要援引或调整各种法则和对称性，还有不同的规律性解释方法。假如宇宙的形成阶段是由许多奇异事件构成的，并且没有表现出规律性，那么我们将无法指望通过简单地拓展或调整现有解释思想来解决这一问题。因此，有必要改变我们解释活动的方法和内容。

另一种反应是继续假设结构会发生变化，法则和对称性也相应发生变化。我们所熟知的关于这种反应的一种典型模型可在自然历史、生命科学和地球科学中看到踪迹，它们常常援引法则和现象的协同进化，承认自然万物及路径依赖原则均具有可变性。根据这 观点，我们没必要纠结于要是受自然法则支配的事物状态不存在，那么自然法则还有何用这样的问题。如此一来，我们便有足够的空间构建一种纯粹的历史性宇宙观，一种不用拘泥于自然组成而永恒不变的观点，更不用把自然法则和对称性看作宇宙史不受时间变化左右的永恒支配者、旁观者。

重新调整宇宙学研究议题的第三个重要原因是，我们需要另辟蹊径，取代近几十年来人气渐旺的众多学说，如弦理论，包括弦理论在宇宙学领域的含义和运用；多元宇宙论、永恒膨胀论和人择原理等。尽管这些理论起源不同、动机不同、主张不同，但它们一道，使当代科学界发生了根本性的不祥之变：即偏离科学的实证和实验原则。除了避开实证挑战外，我们还挥霍了科学的许多宝贵财富，这些都是藐视众多主流观点后，自然呈现在这一原因面前的问题。

只有找到替代思想，我们方可有效抵制这些观点的影响。本书从自然哲学的角度出发，提出时间具有包容真实性的论点，及本书总体论调的目的在于描绘出另一种研究议题的基础。这种替代思想必须是一门科学，而不是单纯的自然哲学。

这一宇宙学研究转向对物理学，乃至整个基础科学的未来发展都会产生深远影响。人们对自然某些部分的认识取决于我们如何看待这些部分所属的自然整体。这些假设思想通常以通俗易懂的形式呈现在我们面前，因而它们的作用也不再那样具有决定性。

一旦我们采取历史的观点解释宇宙，并肯定自然构成和规律性是会发生改变的，并进一步巩固对自然部分的认识需建立在对宇宙整体及其历史的认识上。由此一来，我们便不能依赖宇宙某一部分，或者宇宙史某一时刻作为揭开自然基础现实的敲门砖，即使我们把这一部分和其他部分的关系都一起研究了也不行。

纵观物理学主流传统观点，宇宙真相的揭露总是局部进行的。局部发现和观察上升成为宇宙结构理论和支配这一结构的法则及对称性理论。整个现代史都可看到物理学的这一扩展过程。这一扩展过程构成了我们所说的“牛顿范式”和宇宙学第一谬误的基础。

主张历史性解释活动的观点认为自然的组成或规律性可以逃脱时间和改变的约束，因而剥夺了这种物理学扩展的合理性。这种观点表明，事物状态最重要的特征来自宇宙史及其与不断改变的自然事物、自然法则与规律性之间的关系。一旦转变为历史性科学后，宇宙学便不再是一门边缘性科学。该观点认为粒子物理学是自然科学中最包罗万象和基础性的学科。

* * *

回顾人类思想发展史，许多哲人提出时间不具有真实性，并为之辩论。我们姑且避开哲学史上现象界的浅显和短暂特征，并和根本性的统一永恒生物进行比较，以专门解决有关时间真实性的争论，这一争论在当今学界具有广泛影响。这些争论值得我们仔细思考，因为它们的作者是在和宇宙学纠缠交织的背景下构建出这些论点的，并常常探讨其宇宙学含义。有关这些观点的总结性考量无法对它们做出解释。尽管如此，相比之下，关于时间真实性的讨论可以对我们所相信的时间自然主义的内容和基础做出解释。

我所了解的反对时间真实性的观点最终分为两大派系。第一大类反对观点充分利用了时间作为自然的客观特征和人类所体验与谈论的时间概念之间的差异。这一系列观点强调我们无法清楚明白地（特别是无法从数学的角度）解释时间为什么是真实的，时间的轨迹为什么是断断续续的。这些反对观点所要达到的效果是证明“时间是真实存在的”这一观点缺乏连续性，它本身就是矛盾的、模糊的。其实我们都不清楚“时间是真实存在的”这一观点背后的真实含义，因此，时间是不存在的。

关于第一类反对观点，最著名的例子是麦克塔格特有关时间非真实性的论述。这一论述利用了作者在时间理解上的困惑，他认为时间必定牵扯到改变，但作者无法从主观经验、过去、现在、未来的相关语言的角度对时间进行清楚的解释。假如我们所拥有的，仅是过去和将来，那么我们便无法拥有真实的时间，除非我们能固定未来、现在和过去的参照物。但这种关于未来和现在的讨论是不连贯的：任何事件不可能同时属于过去、现在和未来。假如我们说该事件不同时间段属于未来、现在和过去，这便是麦克塔格特对自己论点的否定，于此，我们简单地假设时间具有真实性（而这一点我们永远无法解释清楚），这样一来，我们便是作茧自缚，纠缠于一个没有尽头的恶性循环里，一旦我们抛开时间的“有限性”和“无限性”进行讨论，我们便可得出时间的永恒排序。

然而，我们应当对得到宇宙学发现支撑的观点进行仔细思考，正是从这一观点出发，我们才得出当前宇宙拥有历史（拥有起源和终点）的结论。在这样的宇宙里，改变的发生是通过因果关系得以实现的。在由相互联系的多现象构成的世界里，现实会发生不均衡或区别性变化的特性，就是我们所说的时间。

无论宇宙是否存在某种优先静止状态，无论是否能适应某一优先宇宙时间，我们都能就宇宙早期阶段和后续阶段进行探讨。假如时间正如广义相对论所宣扬的主流解读方式那样，即运用于早期宇宙的任何全球时间都会给多重时间让步，而物质的排列和空间的几何学都离不开多重时间。然而，依靠自己在宇宙中的位置，任意观测者都可以将其经验和至少一种时间联系在一起。

假如宇宙的构成是这样的：纵观整个宇宙史，宇宙可支撑的能够察觉宇宙时间流逝（尽管其他观测者无法避开同时性的相对性）的观测者，那么，宇宙任何地点的任意时间都能与单一宇宙时间线相吻合。（只需做出适当调整）人类位于地球的位置有助于我们估计出优先观测者的具体条件。

我们现世经验和优先宇宙时间保持一致的方式，或和广义相对论主流解读所宣扬的其他宇宙时间保持一致的方式不是由人类人性经验和语言的规律来决定的，而是由和宇宙历史相关的物质事实及我们在历史中所处的位置来决定。在把主体导向型的词汇（创立该类词汇的目的是唯一适应人类活动的规模）转化为历史性宇宙学语言的过程中，或在把历史性宇宙学语言转化为主题导向型词汇时，我们势必会遇到种种困难。但我们不应该被这一系列困难打倒，或绕道而行，这些挫折不过是我们跳出我们所处位置进行发散性思考所需要付出的代价的一小部分。

这些考量不仅成为解释麦克塔格特反对时间真实性的答案，同样是对所有依据唯心主义观点反对时间真实性的观点的解答。它们具体描述了视因果关系和时间为自然内部特性和原始特征的自然主义之立场，它们还将人类语言的模糊性看作自然语言在表达宇宙史和自然上的限制，而不是看作很多现实不存在的证据（然而，我们有很多其他理由相信这些现实的存在）。

反对时间真实性的第二大类当代思想认为，人们在宣称时间真实存在的同时却无法提出明确的论据。这种观点特别指出，我们无法从数学的角度解释时间的流转。更简单地说，我们无法清楚连贯地将时间同现实的其他方面区分开来。既然我们无法解释或区分时间，那么只能得出时间不存在的结论了。

这种反对观点存在一定合理性。然而，我现在所说的对时间真实性的否定观点使问题的真实意义本末倒置。在对时间及其流转的阐释上，最大的困难根源于数学：物理学中必不可少的且危险的工具。

在解释自然及时间的特性时，尽管自然语言是不断进行自我调整的，但仍然十分模糊。数学虽然很精准，但又很难驾驭。本书第 6 章中，笔者将探讨在对自然的表述中，数学的优点和弊端很大程度上取决于数学与时间的矛盾。数学命题或逻辑命题间的关系是永恒的。

一旦我们把所有数学概念都看作是对自然模拟物的探索，这种观点抛弃了时间和现象特殊性（但在自然界里，二者是相互依存，不可分割的）。数学起初是研究自然最普通的领域——形状和复数，或者是数，但它很快从自身发现了重大灵感，并在自然科学带给数学的课题中又一次发现了其他次重要灵感。数学的极度简化正是数学所具有的强大威力所在，也正是其缺陷的源头。考虑到数学和时间及现象特殊性存在矛盾，理解自然的某些构件比理解其他构件要更有用。数学与时间的矛盾同样折射了数学和历史及对自然进程的历史性解读存在的矛盾。数学更倾向于朝着一门结构性科学发展，而不是作为一门历史性科学做自我阐释。

数学与时间的争论最重要的是围绕数学无法顺利表述时间的流转（详

见第 6 章）。数学连续思维通常建立在真实的数轴上，只能把时间的流转表述为一连串的片段。当前主流的现代离散数学体系无法完整地将模糊的（非数学）连续概念表述为连续性的非离散概念。实数的序列始终保持有顺序的排列：这种排列方式并没能转化为不可数的无穷数字流。类似困难同样困扰着数学对时间和自然历史其他特性的表述。

然而，我们并不应该单纯因为碰到这些困难就排斥数学无法完整表述出来，或只能大致接近相应现实的概念。数学是迄今为止最具效力的科学工具，但它并非绝对可靠的。数学并不适用所有值得科学探究的领域或科学应该研究的所有现象。在物理机制的启发下，加上物理设备的支撑，实物图片可以转变成取决于观察和实验的理论体系，而不必用现有的数学表达进行表述。

我们最好把数学在对时间的表述上遇到的问题看作数学和物理学之间存在的区别，而不是理解为时间的非真实性或时间其他特征的非真实性。

* * *

此外，还存在怀疑时间真实性，乃至宇宙时间的存在的另一种论调。貌似在努力捍卫时间真实性的过程中，当科学进步很大程度上存在于对经验假象的反叛，我们却向感性经验做出了妥协。

起初我们凭感知认为地球是平的，后来才发觉，这种认知是错误的，至此，有关这一点的争论不停地进行着，一步步席卷我们对世界认知的各个领域。

我们可以思考一下，在前科学时期，相对于人类如何理解自然及人类自己，时间真实性占据了无法超越的核心地位，甚至高于地球是平的这一概念。地球是圆的而不是平的这一概念，及尽管它是圆的但行走在地球上的我们不会掉进太空中去，引发了人们的无限遐想，是一次了不起的发现。由于发现了这一点，我们才可以回过头来，重新解读许多被前人理解错误的感官经验。

相比较而言，时间的真实性对我们的经验来说是最普遍的，它对我们如何理解自然的运作方式，及人类在地球上的位置产生了深远影响。人类生存及认知的方方面面都多少受到时间真实性的影响。我们理解世界的种种概念和我们表述对世界的理解的种种措辞，都离不开对时间的间接参考。

举个普通的例子，我们用来测量的尺子这一概念跨越了自然语言和科技语言两个领域。尺子较之其他会发生改变的事物，尺子是不会发生变化的，至少在其局部环境里是这样的。从这一角度上说，尺子好比钟表，它间接参考了时间（但钟表是直接参考了时间）。从这一有关时间参考的简单事例中我们可以进一步升华到更关键的例子：我们会把自己看作凡夫俗子来理解，在时间不可逆转的洪流里，一步步朝着死亡逼近。

假如时间是虚假的，那么我们感知的一切可能性，及对周围世界里万事万物乃至人类自身的定义，都是不成立的。如此一来，我们对现实的感知，就会和真实世界发生急剧脱节，我们如何顺利开展科学研究都会成为棘手的问题。我们也可以进行特定实验，如粒子碰撞实验，并把我们有关粒子物理学的观点看作对这一系列能力的务实体现。但我们的普通语言习惯和实验实践，始终和时间紧密联系在一起。

对时间的排挤并不等同于对认知中某一孤立因素的纠正，一旦该元素被纠正了，我们便可以继续联系经验残余了。对时间的排挤肢解了我们的全部经验。它的影响之深远，甚至削弱了科学在不切断和人类认知的联系的前提下，远离人类认知的所依赖的流程。甚至对于最具革命性的科学来说，人类对自然的直接经验及其理论纠正之间，都存在着辩证关系。

好像我们处在笛卡尔所描述的那个凶残魔鬼的掌控中一样，又好像对在自然进化上，人类的认知及理解能力所赋予我们的力量是那么狭隘地局限于短期的生存目标上，因而认知价值是无法通过对认知及理解能力的运用得到的。我们为什么要相信某些推测性概念，如时间的非真实性，这些概念尚未得到直接的实践确认。此外，考虑到实践确认总受到改变和因果关系的约束，而因果关系和改变总受到时间的约束，因此，这种确认又会是以何种形式呈现呢？

否认时间真实性的古印度、古希腊，乃至现代欧洲哲学思想，它们否定时间的真实性是因为它们某种程度上属于形而上学的思想体系。它们提供了对现实的另一种描述，如实地反映了现实的本来面目，就像我们所能感知到的那样，并把对现实的描述和生命准则联系在一起。对时间真实性的否定可不是什么能够信手拈来的凭空猜测，就好像我们不可以光把经验的主线抽离出来，而把其他成分原封不动地放在原处一样。

放眼世界，有关时间的哲学思想的发展史具有一个惊人的特征，即关于这些主题，其最具影响力的思想传统可以和人类已掌握的有关宇宙如何演化、自然如何改变的科学发现相兼容。其中一个思想传统与古典本体论体系（最典型的是亚里士多德的形而上学及后来形成的几支西方哲学体系）有一定联系，认为时间的真实性和自然万物的永久特性都是存在的。另一种思想传统（典型代表主要有古印度和有别于斯宾诺莎和叔本华观点的西方哲学家们所提出的哲学体系）否定了时间的真实性和永恒物体的存在。这种思想传统把人类对时间变化和现象特殊性的体验当作模糊永恒统一物体真实性的假象。

然而，科学所传递给我们的真相和这两种对立的观点均无法兼容。自然界根本不存在绝对永恒的物质，原因是时间具有包容真实性。自然万物及自然各种规律的可变性均属直接推论，而不是时间真实性的对立面。据此观点，在展现现代科学的过程中，距离真理最近的观点，在哲学发展史上却只发出了最微弱的声音。

这些标注针对的是时间的真实性，而不是优先宇宙时间的存在。对否定时间真实性观点进行权衡的相同考虑没能在抵制放弃宇宙时间观点的力量中发挥作用，有的人或许会不接受这点。事实上，宇宙时间是否存在本身就没有必然性。这完全取决于人为特征，而非随机特征：宇宙的组成方式和演化方式有利于静止优先状态，也有利于优先观测者处于较这一优先状态的中立位置。即使优先宇宙时间不存在于某种特定但又意义非凡的层面上，时间也会可能是存在的。这样一来，我们便可以肢解时间的概念，把时间的概念看作其他可肢解概念的一部分：有的可以保留，但需要重新解读，而有的概念则可以直接拒绝。

尽管如此，正如我在之前引述的原因一样，对优先宇宙时间的否定或许可能当作时间真实性之终结的开始。我们有充分理由做这样的回顾：假如根本不存在这样的时间，那么我们便无法弄清楚宇宙在何种意义上是拥有历史的。这样一来，只有非全球时间的局部历史才是存在的。据广义相对论的主导解读，这样的历史离不开宇宙物质的排列和空间的物理几何学。这些历史很难做出调整，形成某种主导叙事。因而，宇宙学无法脱离历史性科学的转变。

* * *

笔者并没有详细按本章节所描绘的知识体系一一执行。具体细节的执行会超出自然哲学的界限，涉及到宇宙学著作的范畴。李·斯莫林将在后续章节同各位一同探讨类似话题，共同探索宇宙学理论议程和实验议程的意义。

从这一广义的范畴上看，本章和第 5 章的剩余部分将着眼四项任务。全部放在一起进行思考，它们会反映出我方才所描述的道路的开端。它们可以为宇宙学提供一份自然哲学绪论，以展开对这一知识体系的探索。

第一项任务是，描述时间具有包容真实性需要达到的前提是什么。时间的包容真实性概念是不可能发挥作用或经得起验证的，除非我们能够明确其具体含义和其源自时间的特性。我们只能在模糊的自然语言能提供的精确度范围内，在数学的时间反抗性背景下做到这一点。

要说明时间包容真实性的具体含义并不等同于解释时间的真实性是如何包罗万象。然而，除非我们能进一步探究时间的包容真实性，否则我们将无法区分宇宙学或自然哲学和其他对立学说的区别了。我们无法实现理论、观察和实验可能实现的议程的条件。

第二项任务是，对时间包容真实性概念在宇宙学中可扮演的角色进行考虑，该角色将时间的包容真实性看作一门历史性科学，因为它把宇宙历史定义为其学科领域的主旨中心。

第三项任务是，讨论时间包容真实性概念的含义，以及宇宙拥有历史这一发现背后的含义，这里所说的“宇宙拥有历史”是顺应自然法则、规律和既定常量的可变性而发现的。此类讨论必须说清楚在什么条件下，自然规律的可变性和冷却宇宙中规律的稳定性才能相互兼容。

第四项任务是，解决规律可变性观点和相对稳定观点所产生的主要问题，即我们称之为星际法难题的问题。我们有充足理由不要急着否认所有法则的改变都是受法则支配的（以削弱时间具有包容真实性的观点），抑或所有法则的改变都是没有原因的观点。法则的改变也有可能是不受法则支配的。

解决星际法难题的首要在于，我们应该把因果关系当作自然的一个原始特征，正如时间本身一样，因果关系和自然是紧密联系在一起的。当然，我们还要注意到，重复出现的规律性因果关系不一定都出现在自然所有表现形式里，我们需对这点做出评估。根据驳斥宇宙学第二谬误的观点，我们不能把冷却宇宙最显著的特征看作是自然的永恒特性。

这一更加具有选择性的智能体系为本章所讨论的更宏大的体系做足了铺垫。它同样揭露了我们所提倡的时间自然主义的特性和某些暗含。

时间宇宙 时间作为变化的改变

时间和改变休戚相关的命题一直以来都是哲学和科学思考自然时的一个永恒主题。然而，由时间表述出来的改变通常被表现为运动，也即通常用空间范畴来表述。这一结论旨在支持肯定空间优于时间的观点。这是一种可以延伸到亚里士多德形而上学，乃至爱因斯坦相对论的通常解读方式上的一种偏见。然而，一旦我们掌握了时间包容真实性背后的含义，我们便不可能再接受这种偏见。

事实上，虽然时间和改变息息相关，但人们不应该把时间表述作空间的附庸。

时间是变与不变所构成的对比。更确切地说，时间是以某种特定方式发生的改变及没有发生改变，或以其他不同方式改变事物构成的对比。换言之，时间就是改变的相对性或异质性。

根据这一观点我们可以进一步推导出：时间从内部上和改变有密切的联系。改变是随机发生的，时间即是改变。从这些命题出发，我们应该从马赫的话中得到启发，而不是沮丧，马赫曾说过："用时间来丈量事物的变化是一项绝对超出人类能力范围的事情。恰恰相反，时间是我们通过事物的改变而总结出来的抽象概念"。（假如我们没能认可与结论性概念误解紧密联系在一起的智力机会，我们可能再一次受到打击，正如托马斯·霍布斯在《世界报》所说的那样"时间总是呈现人们想要的样子"。）

只要我们继续把因果关系视作自然的唯一不变法则，那么将改变时间和因果关系联系起来进行思考的意义总是会受到限制。事实上正如我在第1章所阐述的那样，因果关系是自然的一个原始特征，自然界必定存在不呈规律出现的因果演替形式。

假如变化在速度、范围、方向及结果上都是统一的，那么这就不可能是变化了，除非存在大幅度减弱的情况。我们无法察觉或记录改变。我们可能没有时钟，因为时钟是借助一种形式的改变测量另一种改变的设备。原理就是这样的，无论这一钟表是认为制造出来的还是自然的一部分。

即使事物所有状态都以相同的方式发生改变，那么我们依旧能够熟记事物变化前的上一状态吗？哪怕在原理上，这都是不可能的事情。变化在人的大脑里肯定存在某种意识，或物理表达，告诉我们改变会按照自身程序、自身速度进行，以便人们可观察到时间的变化。

时间和改变的不平衡性特征有关的论点表明，时间无论在更大还是更小范畴里，均能存在。改变的不平衡性越是深刻，越是全面，时间的真实性就愈发强烈。最真实的是，事实上改变自身也会发生变化。我们可以这样理解“改变是会发生变化的”这句话：现象改变的方式是会发生变化的。

现在请大家思考一个简单的例子（这个例子在后面有关自然法则可变性概念引发的星际法难题的讨论中笔者将再次回顾）。基因的重组及性别选择的相继规律均在它们所塑造的现象之后出现。它们是新类型的改变，与新类型的现象紧密相关。史上还未出现过这种事物抑或这种类型的改变。它们一旦出现了，改变的方式也会随之发生变化。与这种变化的改变相伴而生的是世上已存在着的事物的改变。根据此观点，时间真实性的全部内涵可通过变化的改变进行披露，这也是定义何为时间的另一种方法。

在自然漫长的进化过程中，科学对自然的已知发现充分肯定了真实世界里改变是会发生变化的。尽管如此，这一事实对如何理解时间的意义却从未得到过充分阐述。对如何接受这一理解方式的关键性测试最终被证明是自然法则的暂时状态。

一直以来，很多人错误的辩解说，有关自然法则永恒性的猜想是科学研究所不可或缺的。然而，这一猜想鲜明地站在“改变会发生变化”这一观点的对立面。声称改变会发生变化这一观点就好比认同自然法则是会发生变化的。我们只有认可法则的改变是受规律支配的，改变的可变性才能和法则的不变性相兼容。然而，这一做法只有使改变会发生变化这一观点站得住脚，方能解决这一矛盾，高阶法则才能充当反对时间的证据。

有一种简单的思维实验可以澄清时间真实性观点的依据和含义。这一思想实验并没有多么深奥的内容实质，不过是一直以来拉普拉斯决定论所特有的条件。世界是受一种简单的不变法则的支配。改变在速度、范围和方向上的任意变化都是受法则支配的。自然法则完完全全地决定着自然界万事万物，无论是存在于过去、现在，乃至未来的事物，直到永远。自然法则可以精确地做到这一点完全依仗我们所知晓的因果决定。对于自然法则的发现或许我们还没有达到弄清它们是如何塑造世上所有细节的地步。但有一点需要明确：不能错误地把认知的缺陷当作世界混乱无序的原因。

假如我们知道得足够多了，便可以依据当下事件，推导出过去及未来事件：不单是已经发生的事件和那些可逆性事件，还有所有未来可能发生的事件。事实上，从原则上说，根据任何时间段内的事物状态，我们有可能推导出所有时间段内的事物所有状态。机遇和灾难，包括从相对小的动荡中得出较大逆转都被排除了。那些纯粹的新生事物也是一样的：任何新生事物都是由已存在事物演化而来的。

在这样的世界里，时间只能存在于剧烈减弱的状态里。假如一个人对宇宙历史有全局性认识，他就能站在当前的角度概括，甚至预示宇宙史的方方面面了。这样的思维可以说是上帝的思维，或者自然科学的思维方式，只要这种思维方式一直采取这种高尚神圣的视角，并不断努力朝着这一规范性理想境界靠近。在拉普拉斯体系中，时间的真实性受到了限定和妥协，我们认识的视角越是深入，越没有必要看重时间的真实性。

在这些情况下，事件因果顺序之间的差异和逻辑命题或数学命题之间的联系可能会缩水，也就是说，根据人们对自然的理解，后果和其原因的关系会更加接近数学和逻辑推理中结论和前提的关系。我们或许可以找到更加充分的理由，把数学当作解读自然如何运转的敲门砖。

然而，我们的世界并非这种思维实验所描绘的世界。于此我们可以找到三个原因。

第一个原因是，我们有充足的理由认为临近可能的范围或深度（即在给定某种事物状态的前提下，下一秒可能发生事物的范围）不是永恒的。根据目前影响力不断上升的宇宙学模型，总的来说（但不能决定地说），当前宇宙形成阶段的临近可能必定远高于后续发展阶段的临近可能。（我们可以回想一下第 1 章讨论的宇宙学第二谬误）将概率论解释同“隐变量”相结合的理论有意将宇宙不同发展阶段和自然不同形态囊括进去，根据拉普拉斯决定论的观点，这些发展阶段和自然形态具有更多的形变机遇。然而，随着自然法则和他们所支配的事物状态之间的差异渐渐减弱，自然越是接近此前笔者称作无规律因果关系的状态，而拥护拉普拉斯猜想的做法却会越不可取。

第二个原因是，科学历史表明，该思维实验所刻画的描述自然规律的方法只有在牛顿范式语境下才能发挥作用，即在限定位形空间下支配现象的法则对自然不同构件的解释。在解释实践中，对初始条件的解释总会被囊括在其他解释实践中，前一解释的既定初始条件从而成为下一解释活动的已知现象。正出于这一特征以及笔者已经提到过的其他考量，所以牛顿范式不能不加以区分地运用到整个世界上。

第三个原因是，也是最根本的原因，运用拉普拉斯理论存在一些障碍，它们不单纯是因为暂时性认知缺陷造成的。它们源自我们所不得不相信的基础，也就是当今科学所建立的理论基础，即改变会发生变化，改变的变化是自然现实的重要组成部分。

改变会发生变化的观点，不应被看作人们可以从因果关系中解放出来的契机：我们也不能由此得出宇宙是开放的、具有创造性的，或拥有能够让我们认为宇宙是站在我们这边的特性，在冷漠的自然面前给予我们慰藉。在改变发生变化时，因果关系及因果决定论会做何发展，这应该是时间真实性的重中之重。

时间宇宙 时间的特性：非突然出现性、全球性、不可逆性及连续性

我们可以想象，在把时间当作改变的变化这一最初思想的基础上，时间还要具备四种特性才能保证时间的包容真实性：任何事物都离不开时间，任何事物都逃脱不了时间的束缚。对于这些特性的描述会建立起时间的概念，于此，前面章节也略微带过。科学迄今为止的发现表明，在这个真实世界里，时间不具备这些特性。或者换句话说，综合考虑，比起否定该观点的学说，时间具有这些特性的观点与已确立的自然知识更加兼容。对于时间的最终解释无论如何都不会和在当代科学界中占有重要地位的理论发生抵触。我们所要作出决定的是，是否可以找到能肯定时间真实性的更佳理由，或能够佐证这些理论的更好理由，即使那些理由与认可时间具有真实性的观点相抵触。

* * *

时间的第一个特性就是非突然出现性。理查德·费因曼曾这样嘲笑道："时间是在所有事物都消逝后，依然存在的东西"。我们可以想象一下有时间突然出现的世界：例如，一个改变不会发生变化的世界，又或者这个世界里，时间的突然出现和消失源自空间结构的变化。这就是解读广义相对论的主导情形。时间具有非突然出现性指的是时间无法用通常和广义相对论非数学方程有联系的维度语言表达出来。时间绝非空间之附庸。

时间的非突然出现性构成了时间包容真实性的一部分。如果时间是突然出现的，那么从定义上看，它应该源自其他更基础的现实，如永恒的，甚至毫无目的的自然法则。前面章节所讨论的时间包容真实性的特殊及普遍理由因此同样是将时间看作是非突然出现的理由。

* * *

时间的第二个特性是宇宙性或全球性。宇宙史上存在一段时间，在这段时间里，时间不是单纯的局部时间的累积。例如，时间的存在使我们可以大致断定，宇宙产生于138亿年前。至少在我们的宇宙里（有别于早期宇宙或后期宇宙，或者有别于我们宇宙的早期或后期状态），我们可以把宇宙时间这一猜想，转化为准确且有严格限制的优先宇宙时间概念。这样的时间可以被优先观测者所记录，优先观测者在宇宙中的自然位置满足此前笔者所明确的具体要求。

纵观20世纪的物理学界，每次关于此类全球时间是否存在的争论，最终都会以对全球时间和时间真实性的否定而告终。因此，有人可能会说，就关于时间包容真实性，对时间全球性的否定迈出了形成剥夺时间真实性观点的第一步。然而，对于第一步的阻碍似乎会和20世纪有关自然如何运转的发现相悖。这或许会向我们对时间的感知体验做出应激性退步，而不只是纠正“地球是平的”这一认识的阻力。为了理解对全球性特征的肯定是否会和20世纪的物理学发现相悖，我们需要将注意力更多地放在时间的这一特征上。

时间的全球统一性理论很容易被误解。理解这一点最大的困难是存在一种倾向，这种倾向的出发点建立在一种继续笼罩人们关于自然的普遍认识，也即牛顿的绝对时间概念。随着这一观点不断接近不可靠的感知经验，它的生命也随之得到永久更新。

相反，我们应该从关系观点的角度来解读宇宙时间。这种观点的特征是，认为时间应该从相对改变和因果关系的角度进行理解。采取这样的解读方式，我们会得到这样的结论：宇宙及其历史的因果统一的终极基础是这一统一且具有历史性的宇宙中存在着的可变性、间断性或不规律性。在这一观点看来，时间具有全球性，因为奇异宇宙只有一个单一的历史。全球时间是可观察和测算的，因为改变在整个宇宙及其历史范围内都不是统一的，并且改变自身也会发生变化。

在牛顿物理学本体论体系中，真实存在的被看作是绝对的：所谓的真实指的是摆脱了改变和运动的混局。这种混局相当于一种幻觉，隐藏在自然现实背后。相反，本书认为现象是足够真实的，它们属于构成世界的不断演化着的关系网。对改变进行限定的不是外部参数，而是动态关系网限定的。真实时间是此类变化的现实。

从绝对角度解读全球时间理论而不是采取关系的角度解读受到这些思想发展史中出现的骇人听闻的特性的推波助澜，这一骇人听闻的特征是：对相对关系思想充分陈述的缺失。这一缺失给指望着援引这一关系概念的人们增添了不少压力。

在自然哲学史发展过程中，我们可以找到两种对关系理论描述较为全面的观点：莱布尼茨和马赫。但两种版本均没有达到我们想要达到的目的。

莱布尼茨对关系理论的阐释所面临的问题是，该版本构成了可以掏空因果关系之意义，进而可以掏空时间的意义的哲学体系的一部分。该版本可以做到这一点不仅是因为其形而上学机制，更广泛地说，是因为该版本从因果关系压缩到了逻辑（或数学）：这是一种物理学应该遵循的预测方向。

马赫关系理论的缺陷在于，他错误地将关系理论同一种传统的（事实上是牛顿理论体系的）因果关系论混淆一通。只有当我们把自身关于因果关系的认识和关于因果关系与自然法则之间的关系的认识纠正过来，关系思想才能走上正轨。只有我们把因果关系当作比自然法则更为基础和普适的事物来理解，并将前者看作自然法则的前身，而非后续发展，看作世界的一个特性，而不是纯粹的思想创造，这样一来，我们方能清楚地理解关系理论的激进性。马赫的现象论阻碍了他进一步提出类似概念，也阻碍了他进一步阐明爱因斯坦口中的“马赫原理”。

在本书的谈论中，三个关于全球时间及其含义的问题很快浮出水面。为什么关系论范畴里的宇宙时间和绝对（牛顿）理论范畴下的不同？在关系论语境下，时间的全球性理论如何与局部时间流逝过程中出现的变化这一发现或局部时间的相对性相兼容？假如全球时间真的存在，那么我们又该如何对其进行测算？笔者将重点思考第二个问题。该问题在把科学同形而上学区分开上发挥着重要作用：20 世纪的物理学界到底发现了什么有别于元科学视角的重大发现，一直以来人们都是采用元科学的视角来解读实验核心发现的。（此处所探讨的宇宙或全球时间是指，单一的优先宇宙时间，非广义相对论主流解读所接受的时空坐标的无穷数值。）

关系论和绝对论各自范畴下的宇宙时间的区别在于，前者，时间的全球性取决于奇异宇宙及其奇异历史中永不破灭并包罗万象的关系网，而非取决于其他独立因素：如恒定不变的背景或上帝之眼。

如果说将变化和因果关系称为时间这一论述只是单纯的字面上的区别，有的人对此或许会持否定态度。然而，更为重要的事情却出于危境之中。自然中任何事物都不是永恒不变的：任何生物的血液学（粒子物理学和元素周期表所描述的）就是实例，没有任何自然法则是永恒不变的，一事物不可能变成其他事物，只有变化中的改变可以细水长流。

当我们从变化的可变性思考变化时，也就是有的事物保持不变，而其他事物也保持不变，或有的事物按有的方式改变，而其他事物按其他方式改变，我们称之为时间。当持续不停的改变的背景是整个宇宙时，将其放在和宇宙历史的相对关系中，或放到宇宙里不断进行的局部变化中进行思考，而不只是当作部分的累加来看待，我们称之为全球时间。

宇宙时间这一概念的主要指示物是，在宇宙及其历史是因果关系的统一体这一猜想下得出宇宙拥有历史的发现。既然援引了全球时间的概念，我们可以断定，宇宙历史不仅仅是局部历史的开放式集合，这些局部历史即使是从原理上也不能被强制合并在一起。只要宇宙学想要变成一门历史性科学，它就离不开全球时间这一概念。

对宇宙时间的否定及认为对宇宙时间的否定源自20世纪的实验发现的观点和认为科学只能探究时空的有限领域是错误的。

没有人能在不做出有关整体猜想的前提下，就能从善如流地处理好局部猜想。宇宙史只是很多局部历史的累加，这一猜想也无法使我们摆脱这一条件。自勒梅特时代和泡沫宇宙说时代起，我们所了解的宇宙就是拥有历史的，且源自138亿年前。关于宇宙结构或宇宙史的猜想可以帮助我们理解宇宙的局部历史。

假如宇宙学不是一门历史性科学，那么它必定是一门结构性科学，像化学那样。但目前我们所面临的问题是，宇宙学既不是一门历史性科学，也不是一门结构性科学。对把宇宙学转化成结构性科学的最大反对声是，只要是结构性的事物，迟早是会发生变化的。

用关系论对全球时间之意义的修订（前文的讨论间接提到过），可以引领我们解答肯定全球时间理论所引发的第二个问题。根据宇宙物质的排列方式，得到我们联系狭义相对论和广义相对论得出的实验发现的充分佐证的时间局部流逝过程中的变化如何能同宇宙时间的存在兼容？根据这一观点，只要在理论上（不一定非要在实际中），一旦全球时间说具有观察意义，并且能够有法可测（第三个问题），那么，二者的相互兼容便不会存在任何障碍。

有充分证据可以表明，时间在宇宙某些部分的流逝比其他部分要慢，例如，接近恒星的和星际空间相对立的地方。宇宙呈现出十分有序的状态，因果关系在特定条件下会出现局部加速的情况，而在其他特定条件下则会出现减速的情况。在这些情况下出现加速的情况就是我们所说的时间加速流逝的情况。

我们什么情况下才能试想在协调宇宙时间和此类局部变化时，会存在某种不可逾越的巨大困难？一旦我们将全球关系时间误看作全球绝对时间，就会出现这样的困难。

要是我们错误地把与狭义相对论和广义相对论有关的实验发现和本体论混淆在一起（我们常常犯这样的错误，且爱因斯坦的继承者们，而不只是爱因斯坦本人，也是非关注这一问题），也会出现这种情况。我们将其称为爱因斯坦-黎曼本体论，其鲜明特征是认为时间是几何学的一个模糊支系，即时间空间化。其特有的数学陈述是把时空表述为一种四维的伪黎曼流形。哥德尔在其生命尾声之时清楚地掌握了这一本体论否定时间的含义，并在其对广义相对论的反思中将这一顿悟阐述得淋漓尽致。

爱因斯坦-黎曼本体论和广义相对论的实验内涵间不必非得存在对应的关系（正如我们在前面章节所讨论的那样）。在与这一本体论决裂之时，我们可以保留实证残留。然而，我们只有通过“将理性核心从迷雾重重的躯壳里拯救出来”，并立即着手这样做，才能达到这一目的。假如有充足理由对这一本体论进行反驳，我们大可不必对它毕恭毕敬，只要我们拥有另一套完整的替代思想体系。本书的讨论将会告诉大家，我们有太多理由对这一本体论说不。

实证发现和本体论思想体系的纠葛缠绵始终贯穿着科学的发展史。最富雄心的理论体系可以沟通并掩饰二者之间的差异。但明确区分二者也是十分必要的。当科学受到蛊惑，试图通过玩弄文字游戏或其他特殊途径，将成功当作失败定义时，我们更有必要这么做。当代物理学和宇宙学常常屈服于这一蛊惑。

科学史一定程度上就是该本体论思想体系的一部分，特别是对于物理学来说，以亚里士多德、牛顿和爱因斯坦最为典型。这些思想体系好像具有魔力一般。想要摆脱这一魔力正是另一种新视角所要努力的方向。

对于爱因斯坦而言，这一形而上学思想体系所摆出的承诺是那么拥有诱惑力，以至于他不惜和自己历经千辛万苦想要建立的量子力学体系发生冲突。就爱因斯坦本体论的诱惑，我们需要注意爱因斯坦的忠告：请留意科学在实实在在做的事情，而不是他们对自己所做事情的解释。

根据我们所讨论的这一观点，我们如何才能测量出宇宙时间，并且测量宇宙时间有何意义呢？孩子般的天真烂漫或许能帮助我们解决这些问题，我们可以揭露眼前的智力困难和智力机遇。

有三种钟表可以测量时间的流逝：局部钟表、外部钟表和全球钟表。局部钟表可以测量时间的流逝，它们的运用方式和周围事物的运动方式一致。它们所能做的，不过是对照相同位置下，其他事物的变化来测量另一事物的变化。

外部钟表在宇宙遥远的外部对某一位置上的时间流逝进行测量。外部钟表的优势是，它们处于宇宙中时间发生位置的外部，由此我们可以利用它们来测量时间。由于外部钟表根据不同约束条件进行运动，这些约束条件源自钟表所处区域中物质的分配方式，这些钟表可以更好地利用宇宙中改变的变化。当然，与此同时，这也是它们的缺点所在：出入它们的信息信号会消耗时间，容易混淆它们所能记录的时间和自身消耗的时间。任何利用此类外部钟表的情形必须处理好难以解决的同时性问题，我们透过狭义相对论才认识了同时性问题。

全球钟表呈现的是另一种秩序性问题。貌似这样的钟表既不在宇宙外部，也不在宇宙内部。那它究竟处于何方呢？为了使这一钟表可观测得到，宇宙的排列方式必须接纳优先观测者。宇宙物质排列方式所决定的钟表位置必须能够使观测者看得到那些钟表，而不受钟表位置不规则性的干扰。

这样的观测者自身不能充当钟表。他们只能充当钟表的观测者。宇宙的非自然性使此类钟表的存在成为可能。

既不在宇宙内部，也不在宇宙外部的钟表必定是宇宙本身。也就是说，宇宙的某些可量化的、不断缓慢变化的特征，如星系向四面八方的消退、宇宙微波辐射背景下光子的色温，必须运用到对其他改变的计时中，无论是在宇宙整体中还是在其某一部分里。

* * *

时间的第三个特征是不可逆性。时间的不可逆性和其非突然出现性及全球性直接相关。有时人们会想象时间是可以倒流的（如，哥德尔把时间想象成是可逆流的，以此来解读广义相对论的含义），但这仅局限于局部时间的逆流。而全球时间的逆流在当代没有任何实证依据或理论命题。尽管时间的不可逆性无法通过单纯分析（无论是逻辑学还是数学）非突然出现性或非突然出现性的不可逆性推导出来，二者是相互紧密联系着的。正因为全球不可逆性，时间才拒绝沦为其他现象。时间不可逆理论触碰并威胁到了万事万物。

此外，我们不能把时间的不可逆性简单表述为特定物理过程的产物，如热力学和流体动力学所研究的熵的过程。我们也不能把时间不可逆性说成取决于特定物理极限，如光能的光速极限，或光锥传递信息的光速极限。反过来，时间的不可逆性却能呈现出无数的表现形式，其中就有熵的动态学形式及通过光传递近期和遥远过去之信息的形式。实际上，不同于时间，熵过程在特定初始条件下是可逆的。建立起那些我们唯一真实宇宙不存在的条件是客观事实的需要，而不是逻辑学或数学分析。

时间不可逆性是过去和未来的不对称性的基础所在。过去是闭合的。根据科学对世界的发现，我们无法改变过去，这是因果连续性的要求。在人类经验的塑造上，我们无力改变过去的状况本身就是一种悲剧。从这一层面上讲，过去并不是闭合的，在一定程度上它是开放的，对惊喜、对新事物和变化机制都是开放的，在那些现实的范围内，我们足以发挥影响，而这些事实取决于变化改变的方式会出现怎样的发展。

* * *

时间的第四个特征是连续性。在对时间的表达上，连续统不仅仅是一种启发机制。这是对时间本质的真实表述。

对物理学家来说，连续统概念和实数序列有联系。这一联系的优点是给予这一概念一个准确的数学公式。然而，我们为得到这一优势付出了很大的代价：我们否认了用来明确自然中不够持续的事物，也就是说没法细分进零散部分的事物，不管它有多小。这是模糊的连续统概念，非数学连续统的概念：连续统作为一个流动体，只有通过强制区分，才能拆分为零散构件，例如，我们用来测算时间的构件（详见第 6 章用数学方式陈述连续统的讨论）。

自然至少有一个侧面是能够满足连续统这一模糊概念的，也就是时间。然而，将连续统的时间概念用在时间上貌似可以支持时间实际上是不连续的这一观点，正如实数序列一样。是否存在比实数序列更佳的，对连续统这一模糊概念的数学仍然是摆在数学界面前的一大挑战，但这并不是将可以由数学进行表达的事物错误地当作自然现实的理由。然而，数学在陈述连续流体上存在内在制约性，因为数学的根本在于计算明确的实体，且数学对现实持否定时间的态度。

假设我们无法设计出这种充分的数学表达方式。我们依旧没有任何理由对看待理解自然至关重要的数学能力的科学视角做出调整。任何对数学能力之含义的相反观点都源于对数学和数学与自然、数学与科学关系的误解，而本书第 6 章的内容强烈反对这一误解。

这一连续统非数学概念无法运用到相对成熟和有特点的宇宙的能量和物质上，才是科学对世界结构发现的意思所在，特别是在量子力学领域和粒子物理学标准模型领域。在最大（但不是无穷大）密度形成时期，当宇宙还没有演变出有明显结构时，或没有演变出我们目前所观察和总结的分离式构件时，自然法则及其支配的事物状态间的差异或许还不是十分明显。较之当前状态，那时的宇宙或许拥有更多自由度，这样一来，较之科学之前的发展，连续统概念更加接近空间物质的事实。在未来的极度高温的高密度收缩宇宙中，还会有可能再次达到这样的临近状态。

然而，对于时间来说，连续统额外的数学概念可以不满足条件就直接运用。将连续统的概念运用到时间上的做法不具有时间依赖性。这是时间非突现性、全球性、不可逆性和真实性的内在反映。

这一声明——时间的第四个特征所暗含的声明绝对不是一种定义，更不是一种逻辑和数学分析。相反它是关于自然现实的富有争议的一种猜测。它排除了在科学发展史上十分普遍的思想：时间的胶片影像，也就是认为应该把时间当作断断续续进行的，及静止时刻或静止时空的集合，就像电影胶片是由很多静止图片构成的快闪集合一样。

我们不能仅仅将时间的持续性实质看作单纯的定义事项。它可能被关于世界的种种发现判定为是无效的：特别是被指示时间具有量子性质的观察和实验结果判定为无效，正如有时它也可能被判定为有效的。这样的结果可能与时间的普通体验背道而驰，时间的普通体验完全符合连续统的表达。然而，假如时间真的是一个连续统，正如我们所体验到的那样，而不是碎片的累积（每一片代表世界的一个静止状态），那么我们便有理由肯定，时间对于自然其他方面也有独特性和不可还原性。

非突然出现的、全球性的和连续的时间在很多方面很像牛顿举世闻名的批注里所描述的时间概念。然而，时间却又不同于牛顿所描述的版本，因为从我们所认可的时间和关系自然主义的角度看，时间既不是一种事物，也不是一种状态，更不是独立于现象的大背景。时间是自然的一个基础和原始特征：自然所有物质都会发生差异改变。此外，在牛顿物理学体系中，似乎不可能对时间做这样的定义。一个原因出于经典力学定律的时间对称性。另一个原因出自更为基础的牛顿范式的解释实践，它摒弃了时间的真实性（虽然不是直接地）。在物理学后续发展中，无论是广义相对论或狭义相对论，还是量子力学，均压缩了而不是拓展了将时间看作非突然出现的、全球性的、不可逆的和连续的可能。

对后牛顿物理学限制了（而不是拓展了）时间在自然中的作用这一观察的一个最熟悉的例外是统计力学和熵理论。然而，根据此前已经提到过的原因，这一例外不能为肯定时间具有非突然性、全球性、不可逆性和连续性提供充足依据，反而有许多说法可以否定时间的这些性质。至少它无法在不把下列因素结合起来的情况下做到这一点：其一，其自身的不合法性，其二，承认自身的不完整性。其不合法性主要表现在从区域性解释转化为通用性解释的举动：在某个有界限的位形里从对特定现象的解释转化为对整个宇宙的解释（宇宙学第一谬误）。承认其不完整性取决于其对特定初始条件的依赖，以便获得时间的不可逆性，这种观点无法解释此类初始条件的存在（从玻尔兹曼和埃伦费斯特时代，人们就认为，统计力学中的熵并不是千篇一律地不可逆。这样的不可逆性只是低熵初始状态才具有的特征）。

但当前我们却遇到了新的问题。这不是广义相对论关于量子力学的普遍问题（或者根据广义相对论重新解读的万有引力），在最终统一的标准下，这一问题变成了当代物理学最远大的志向。这一问题是由宇宙拥有历史这一理论与科学界不愿完全认可宇宙拥有历史的传统之间的矛盾所产生的。我们已经了解，在历史的某些时段里，自然法则及其支配的事物状态，及自然基础结构之间的关系或许并没有呈现出它们后续所呈现的样子。宇宙历史向我们揭示这样一个道理，不仅时间是真实的，并且它还具有此前笔者所罗列的那些特征，时间的每一个特征都昭示宇宙拥有历史。

除非时间是真实的，否则宇宙不可能有历史。纵使时间是完全真实的，那也必须是非突然出现的、全球性的、不可逆的和连续的。假如时间具有包容真实性，那么，任何事物都逃脱不掉时间的约束，都无法避免时间的折磨和敲打，就算自然法则也不例外。然而，这样的时间观和宇宙史观无法和物理学主流信条和猜想达成一致。我们所要做的，要么修正或重新解读这些观点，要么使宇宙史及对时间真实性的肯定符合上述观点。

当代物理学最宏大的工程是，把几大基本物理学派统一起来，特别是将广义相对论和量子力学统一起来，要实现这一宏大工程，我们需要在宇宙史概念的基础上采取一个全新的方向。

时宇间宙 关于时间真实性的本原本体论猜想

在我再一次更加系统地重申时间真实性观点之前，请各位思考一下时间真实性观点对世界所做的更为普遍的猜想都是什么。这一问题所追究的是，这一基础本体论概念是否指出了这一观点，即世界的基本结构将始终可以进行实证确认和否认，无论从外围还是内涵上看。

这一问题的答案是两个否定，一个是有条件的否定，另一个是毫无疑问的绝对否定。没有任何基础本体论提及这一时间观。取而代之的是一种本原本体论观点：这是一系列广泛却又相互联系的，关于世界是怎样的猜想，以及我们如何才能掌握有关世界是怎样的条件。这些纯粹的猜想也就是我们所说的有条件的否定。

然而，我们不该把这一本原本体论看作一种形成中的本体论看待：就好像把它看作一种没能进化成为一门成熟稳定的哲学，而始终呈现着不稳定的弱点。时间包容真实性这一理论宣判了贯穿西方形而上学历史的经典本体论体系的末日：这一体系旨在建立可以将世界表述为拥有永恒结构、由相互存在永恒互动的物质构成的任意理论。假如时间真的具有包容真实性，且宇宙史观点拥有未曾受到抵制时间的观点渗透的意义，那么历史一定能打败结构。如此一来，我们必须要反对一直以来始终处于经典西方形而上学体系之核心的，误导了我们的基本本体论。这就是绝对的否定，而不是有条件的。

这一本原本体论并非是对世界的完整表达。它并不是科学的先驱，也不是一种科学极简主义理论。它也并非是对事实的宣言。它为我们提供了本书所探讨的时间观和自然观必须做出的有关自然的一种极简主义猜想。这些猜想只有通过它们所使之成为可能的科学及哲学体系之优点才能得到解释。

该本原本体论的第一个思想是有关真实性的思想。世上一定存在某些事物，而不是什么都没有。宇宙学有关这一思想的表述是，认为事物不可能源自“无物”。没有任何事物会源自“无物”。最大密度和最高温度形成时期，即我们应当假设当前宇宙形成的最早时期有一段先前历史存在。这就是用宇宙演替论取代多元宇宙论作为宇宙如何运转的假设的意义所在。

由此看出，对于我们对自然的理解必定存在一个作用性前提，即世界（非当前宇宙，而是不断演替的宇宙），或宇宙不断演替的状态，又或者现实的因果延续，尽管受到挤压，但并没有破裂，肯定是十分陈旧了，并且拥有无穷的后续发展。世界拥有无穷大的年龄和无限的寿命扩大了因果探究的领域，但却不能等同于永恒。如阿维森纳和其他科学家所做的那样，肯定世界的无限性就得承认自然具有无限性，因为永恒即时间上的无限。

至少有两种思想可以取代自然无穷老的假定。第一种观点是，世界并非无穷老，因为它是一种外力，或信徒们称为上帝的人所创造出来的。另一种观点是，世界并非永恒的，因为在某些时刻，在时间的尽头或开端，会有事物源自无物。对世界永恒性的这两种替代论——世界是神灵创造出来的，及世界的产生源自无物，它们在概念上是等同的，因为它们同样的神秘，都无法转化成我们所见到过的任何一种对世界的研究学说。

这一本原本体论第二种需要肯定时间真实性的思想是多元宇宙论。世界上必定存在着很多事物，而不只是一种事物。我们所说的多种事物指的是，在现实中，它们彼此间所呈现的形式不同，尺寸各异。根据此前所表述的观点，时间不是突然出现的，自然存在于变化的不均衡性及变化的自身改变上。即使在最大密度和最高温度时期，当宇宙未曾或（在宇宙演替时期）停止表现出一种无限的受法则支配的结构时，不可能存在统一形式的物体。同一物体内肯定还存在一定差异：差异变化会导致更大差异的产生。任何改变的发生都不可能不表现在某一统一个体的局部上，也不可能在不改变部分间的关系的条件下进行。

然而，请特别留意该观点绝不妥协的极简主义。它并没有对世界的特定结构做出假设：也就是生物的任意持久结构。它甚至没有要求不同生物间必须存在一种差异流形，或自然法则和它们所支配的事物状态间必须存在显著差异。该极简主义所唯一要求的是，统一体必须可以发生变化或存在差异：也就是单一和统一的现实。

第三个思想是联系的观点。世间万事万物在一定程度上都是联系在一起的。世间万物或事物状态，也就是引发联系问题的万事万物或事物状态，它们直接源自前两种观点的结合：时间真实性和多元宇宙。

在本原本体论的这三种思想里，即时间真实性、多元宇宙说和联系的观点，第三个是最难把握和限定的。然而，这一困难的重心并不在于彼此间的相互联系。原理上看，联系需要信息的传递：不论通过光还是其他途径。此外，信息的传递会消耗时间，因此，信息的传递以时间的存在为前提，正如光的传送所揭示的道理一样。该本原本体论的各个要素离不开科学的假设，信息概念依赖于时间真实性、多元宇宙说及关系论的假设也能说明这一点。如果没有结构清晰的对比，就不可能存在信息。

然而，空间，也就是多元宇宙的排列，一旦产生，联系的另一种模式便会出现，即空间几何学，它可以是顺时发生的，不需要时间的存在为前提。根据科学所发现的宇宙史事实，我们有理由相信，联系的这一非暂时形式是后续发生的：它发生于仅存在于时间内部的联系之后。空间或许是后来才出现的，它也可能同世界的永恒性相兼容，当然，前提是世界必须是永恒的。无论空间是否是后来才出现的，其几何学总是在时间里不断演化，作为宇宙历史的特征之一。

为什么在这一论述中万事万物都是存在特定联系正是联系观点的难点所在，原因再明显不过。世上不存在任何闭合的和永久的联系。正如万事万物那样，联系的形式也在不断发生变化，这不过是迟早的问题。如万事万物一样，它们无法摆脱时间的束缚。

构成这一本原本体论的三个观点绝非空洞，更不是老生常谈。它们排除了很多观点。目前为止，由于启发了自然科学的研究议题，它们也间接地可以接受实验测试了，尽管它们具有极度抽象、极度概括和极度简化的特点。

现在我们可以弄清一点：这些时间真实性、宇宙多重性和联系的观点无法作为本体论的出发点——这是世上存在的，旨在把本体论变成西方形而上学传统之核心的事物的信条。这些观点并没有极度渴望提供一种基础性哲学，相反，它们作为本原本体论的同时，也充当着反本体论的思想。根据此观点，世界没有永久性结构，有的只是一种部分特征会缓慢发生变化的结构，这种结构的其他特征在某些情况下会发生剧烈变化：也就是说，在时间连续统里断断续续地发生变化。

自然物质中存在于这个世界里的类型不可能是永恒不变的。同时，自然万物——自然现象或事物状态彼此有所区分的方式也不是永久不变的。宇宙史不只是单纯见证了所有新事物的产生，更见证了不同事物不同于彼此的方式的产生。某些物种内部的个体生物彼此间保持不同的方式和物种间不同的方式是不一样的。例如，物种间保持不同的方式不可能和沉积岩与火成岩的区分一样。此外，火成岩与沉积岩的区别不会和光子与电子的区别一样。光子和电子的差异方式不可能和在它们产生前就有的超热宇宙和超密宇宙内部构件的差异方式一样。

不同种类物质的这一相同的非永久性及其特殊性同样会影响它们互动的方式：它们之间联系的方式，甚至受时间约束最少的空间的几何学也不例外。

那么，到底什么才是永久的呢？答案是：时间。时间的剧烈真实性和包容真实性所要达到的条件是万事万物的非永久性。从实质上讲，时间和变化及因果关系都是有关的：它们都是自然的基础原始特性。

因此，从原理上讲，基础性质的本体论的宏伟大计就受到了误导。其主题——世界的永恒结构，是不存在的。由于这一宏伟大计向来是西方形而上学思想体系的核心，尽管其主张遭到很多质疑，我们应该否定这种形而上学传统的信条。否定它们的理由不是因为我们对世界的认识具有局限性，即我们无法深入事物的本质，正如康德和很多哲学家所认可的那样。相反，我们至今尚未获得对世界本质的深入认识，特别是借助自然科学的渠道。

这一思想所包含的含义对于物理学和数学来说，都具有深远意义。纵观物理学史，至少从牛顿时代看，物理学的经典主题一直都是世界的永久结构。自 19 世纪末期以来，物理学史一直就受到这一专有主题的包围，甚至更甚。物理学通过将重点放在对自然基础构件的研究上，才实现了这一点。

它同时还借助了把“自然众多构件是如何相互结合和互动的”这个静态问题放到“事物某一状态如何源自其他状态”这一动态问题进行研究的

议程。当在量子层面上探索自然时有效的解释延伸到对宇宙的研究领域时，从解释实践的意义上看，我们所要达到的结果是，将宇宙历史看作是从属于对自然优良结构的非历史性分析。这样一来，宇宙学便成了物理学的一门边缘学科，而不是包罗万象的构成部分：宇宙学拥有最佳资质，足以充当物理学的主学科。

笔者所略述的反本体论指出了为什么世界事实会使这一方法误入歧途的原因。那些目前仍然捍卫物理学主流议题的人们到头来只能承认任何看似永恒的自然结构具有的终极永恒性，但他们最终却否认这一妥协结果，认为那是毫不相干的事情。他们也许会这样论辩，一旦宇宙冷却下来，形成当前所呈现的独特流形，并受有别于事物状态的法则支配时，从科学角度出发，其结构可以看作是永久性的，甚至是永恒的。

然而，有两个原因可以表明这一回应的不足。第一个原因是，任何自然物质的革新方式（也就是它们保持不同于其他物质的特殊性所在），及它们联系的方式，在宇宙史任何时期都是会发生变化的。地球及其生命体的产生，及法则都能佐证这一事实。第二个原因是对受时间约束的历史现象，例如所有自然现象，结构解释活动必须从属于历史解释活动。

我们总是拿不准什么是可以为我们所掌握的，或者在什么条件下它们是可以变得能够让我们理解的。只有我们弄清楚这些东西是如何变成它们呈现出来的样子时，我们才能真正理解和掌握它们。在这一方法论的竞赛里，对于科学的发展来说，最为重要的是洞悉真实事物和对可能事物的想象之间的重要纽带：而不是可能存在世界的外部世界，或者可能存在的事物状态（而实际上我们无法观察到的），而是真实的可能，也就是临近可能——我们可以触及得到的可能性。

假如对经典本体论这一宏伟大计的否定对于物理学研究议题有什么意义的话，那么它对我们理解数学和其与自然和自然科学的关系就不会有太大意义。此时此刻，我们应当注意世界拥有一个永久性基础结构的思想和人们渴望数学能够为理解和探索这一思想提供捷径这一愿望间的密切关系。这一愿望的一个条件是，自然不同构件之间、数学命题之间，不存在根本性差异。否则，后者将无法等同于，或完整地代表前者。

然而，根本差异是客观存在的。数学命题间的关系完全脱离时间，甚至用它们来表述时间中的运动时，也是如此。而自然各构件的关系全都处于时间内部。

时宇间宙 重述时间包容真实性概念

鉴于发展时间的包容真实性概念和这一时间概念所依赖的本原本体论，时间的剧烈真实性和包容真实性可以用单一命题的形式进行重述。任何在这个世上真实存在的事物在特定时间段内都是真实的，属于时间洪流中的一个片段。

真实存在的任何事物都真实存在于某一特定时段里，这一概念的一个必然结果是自然法则具有可变性。自然法则的可变性是本书第5章的主题。

通过和当代哲学许多标准立场对时间的思考方式相比，时间包容真实性这一理论才可以形成更清楚的意义。这样的标准立场有现代主义和永恒主义。

在现代主义看来，只有存在于“当下”的事物才是真实的。“当下”对科学来说有着十分特殊的意义。“当下”便是所有真实存在事物的总和。过去的事物的确是真实存在的，但它们已成为历史。对于过去的事物，我们有的只是一些模糊的痕迹，尽管考虑到通过时间传播的信息在途中会有一定延误，但过去的残光也可能在当下鲜活敞亮地呈现在我们面前。而未来不具备真实性，并且是不确定的。

而永恒主义认为，所有的当前、过去和未来事件（时间是真实的，当前、过去和未来存在着真实的差异）都具有相同的真实性。宇宙的结构和规律都离不开它们。“当下”对人类的经验来说至关重要。但与此同时，它对科学也具备特殊意义。

因此，现代主义和永恒主义的差异是：现在、过去和将来是现实的特征，还是非经验的特征，包括我们的观点，我们和其他人、其他时间和现象的关系。

真相在现代主义中的比重可以这样看，对于当前的每个时间段，我们可以做这样的思考：宇宙中那个时间段里，什么才是真实的。所有现实都取决于当前阶段的范围。然而，考虑到信息检索和同时性构建上的困难（二者同时作用于当下），我们可能无法在宇宙不同位置间做出权衡。从这一角度上看，当下对科学和人类经验都至关重要。

在当前时段范围内结合存在优先宇宙时间的理论，对现实进行权衡的做法可以明确一点：现在、过去和将来都是时间范畴里自然现实的特征，而不仅局限于人类的经验。当前时段即当下，无论在宇宙范畴里看还是对人类经验来说，它都有别于过去和未来。自然的时间性就算没有人类也仍然存在，因为自然先于人类的产生而出现。

然而，真实存在的事物并不符合当前时段的范畴。如此一来，现代主义便站不住脚了。现实不可能一直局限于当下的范畴里，尽管我们认为未来由过去或自然规律和结构来决定。

宇宙万物始终处于转变为其他事物，或不再改变的过程中，唯一的不同在于速度的快慢罢了。自然结构或规律要么处于一种比较稳定的状态，要么处于快速剧烈的变化中。改变本身也是处于不断变化中的。时间就是万事万物，包括改变本身，都会发生有别于他物的改变。

这种不断发生变化和停止变化的过程不仅是真实的，它们比自然界里其他一切事物都来得真实。假如任意事物都是真实的，那才是真正的真实。它构成科学，乃至科学的最大范畴，即宇宙学的主题。然而，它不适用于当下，因为当下具有瞬时性。

从这个角度上看，要是缺少了对人们经验的向心性，那么当下对于科学便没有任何特殊的意义。当下可能是我们所能拥有的全部，因为我们只能活在当下，但当下不能限定科学探究的边界。就人们对自然的认识来看，我们研究科学的目的是为了超越没有任何佐证的认识和未得到修正的经验。

假如自然建立在基础构件构成的一个永久结构上，受不变的法则、对称性和常量的支配，那么当下无法捕捉到真实和无法为科学提供其主题的遗憾将没有现实表现得那么令人震撼。这样一来，自然从根本上说，是不会发生改变的。当下便可以代表所有时段了。然而，当我们肯定时间的包容真实性和宇宙的历史性时，我们所否定的是这一观点，宇宙中万事万物迟早都是会发生变化的。任何接受本书观点的人，都必须否定现代主义。

永恒主义的真理在于，认为真实事物是超越当下时段而存在的。然而，永恒主义认为过去、现在和未来都是受到限定的。如果它们全都是受限定的，正如拉普拉斯测定和时下块状宇宙那样，那么在一定程度上，它们可能是同时发生的。有一种完全决定论认为，过去、现在和将来具有否定时间的同时性。在此类科学家上帝般的慧眼里，它们都是同时发生的，这些科学家力排其他反对观点的干扰，例如从很多对广义相对论的主流解读的有关学说到时间的真实性。只要知道初始条件，此类科学家就可以从原理上预知时间的终点，也就是说，他能像看到现在一样地预测未来。

有人可能会反驳，这种受到限定的未来理论给人的感觉就好像演员再怎么说还是要记台词的，罹患不治之症而病入膏肓的患者，再怎么样也难逃死亡一样。如此说来，抛开决定论的观点，时间很可能是存在的。然而，全面且毫不妥协的决定论抛弃了这一条件的意义，丝毫不给意外事件留任何可能的空间，如演员可能有忘词的时候，而那位病患也可能奇迹般地治愈，又或者死于其他原因。在过去100年里，物理学把时间当作是一种突然出现的现象看待，是宇宙物质排列方式和运用方式的附属品，从而时间只能是局部的，永远不可能是宇宙的，或者只有在特定强制时空坐标内才可能是宇宙的，这种看法彻底破坏了将时间真实性当作不同时段组成时间流这一概念。这种看法也虚化了过去、现在和未来之间的差异。

宇宙的未来一直都是科学的一个正经话题。然而，假如不存在永恒不变的法则、规律，或既定自然常量，且不存在自然的永久分类或基础构件；假如自然法则和自然结构一齐发生变化，且变化的方式不受任何闭合的高阶法则支配；假如历史性解释高于结构性分析，而不是后者高于前者，那么，宇宙决定论的最极端形式不可能是正确的。

不受那两种宇宙学谬误污染的宇宙学乐于接受自然史、路径依赖的普遍性，不同物种的可变性，及法则和现象的协同进化等观点，并与时间包容真实性的依赖无法和永恒主义相兼容。这种宇宙学必定会主张，宇宙不可能像永恒主义者所设想的那样呈闭合状态。

宇宙历史应该有足够空间承载新事物的出现——这里说的新事物，指的是完全不受外界因素干扰过的新事物，而不是按自然既定法则应运而生的新事物。当稳定的宇宙结构开始解体，因果关系不再表现出规律的形式时，在这样的宇宙史的不同阶段中，为新事物的出现预留的空间最充足。随着时间的推进，人类的洞察能力和科技手段不断提升，这也会对宇宙史和地球史的发展产生一定影响。假如在小行星撞击地球之前，我们就能够预测得到，那为什么我们无法预测到未来还会有更多无法逾越的障碍和干扰呢?

对永恒主义的批判是它没能指出宇宙历史是开放的，从而人类历史也是开放的。也没能指出自然是站在我们这一侧的，并且有利于我们的计划和价值。但我们仍然不能确定宇宙史究竟在多大程度上是开放的。结果是，我们尚不能确定永恒主义中的什么部分有价值，可以进行纠正和改进。但我们可以肯定的是永恒主义水分太大，需要在不全盘否定的前提下适当“放水”，这样才能使时间真实性观点和我们所主张的解决宇宙史的方法得到支撑。

时宇间宙 从维持本原到发生变化

当和一种关于自然更为普遍的思维方式联系在一起进行陈述和阐释时，时间的包容真实性理论才具有完整性。我们称之为变化的哲学。这与维持本原哲学相对立。它肯定了改变高于维持现状，过程高于结构的观点。它还补充说明了触及现实的一种方法，这种方法中，时间并非突然出现的命题是行得通的，尽管空间可能是突然产生的。

变化哲学的核心是自然万物或真实存在的任何事物都不可能永生不灭，除了改变本身，也就是我们所说的时间。除了时间外，所有事物迟早都会发生改变。因此，我们最好把生命体的不同形态看作改变突然出现的产物——也就是说，改变流的产物，而不是把改变当作对现状的纯偶然修改——也就是对具有不变元素的结构，或受不变法则支配的结构的修改。阿那克西曼德曾这样评论西方哲学和科学的起源：“万事万物均源自彼此……在时间的次序里”。

此处笔者并不是想要从变化的哲学里推导出时间的包容真实性，或者在和科学毫无关联的形而上学的基础上捍卫变化的哲学。笔者也不是要宣扬科学的轨迹（当我们把科学轨迹当作整体进行考虑时）给予我们足够理由选择变化的哲学，而不是本原哲学。科学轨迹总是受到物理学，乃至地球科学、生命科学、人类社会和历史学研究的排斥，而科学轨迹曾一度主导过这些领域。笔者同时也打着变化哲学的旗号，据理力争，也是为了获得能把时间包容真实性理论及假说的含义更加清楚地表述出来的各种优势。第一个优势就是时间具有包容真实性这一理论本身：这样直白明了的手段使我们得到了一种理论，这种理论下，很多有关自然的猜想不再和那些关于时间的观点冲突。这些优势使我们得以解放，从此人们不再需要在形而上学猜想的基础上构建时间包容真实性的概念，而这些形而上学猜想常常被误认为实证科学。这些猜想阻碍了科学全面地评估科学自身所取得的发现。

本章前面部分提到的时间和空间的关系观点是本书论证不可或缺的一部分。只要我们坚持时间和空间的绝对观，把它们当作有别于它们所依托的现象的独立实体，而非事件的排列，我们便无法正确对待时间的包容真实性。我们其实一直误解了具有时间的包容真实性。我们还误解了时间的全球性，使它与对狭义和广义相对论毫无争议的核心解读方式发生不必要的对立。

然而，这种关系论并没有提供充足的背景资料，表明我们需要弄清楚真实时间包罗万象的意义。孤立的关系主义——也就是没能形成变化哲学一部分的孤立关系主义，始终和宇宙拥有永久性基础构件的观点及自然运转方式受永恒法则支配的观点相兼容。只有当我们将关系主义放在变化哲学的语境中考虑，我们才能以能够完全吻合宇宙奇异存在性、时间包容真实性和数学选择现实性的方法进行思考。我们最好把关系主义——我们所需要的关系主义，理解为建立这样一个更宏大的概念所需要的一个小组件。因此，我们十分有必要尽可能地把这一概念的内容和结果构思清楚。要做到这一点的一个方法是将它和它所反对的观点做对比。

从前苏格拉底时代到今天，变化的哲学一直都存在于西方哲学体系中。典型例子有，赫拉克利特、黑格尔、柏格森及怀特黑德等哲人。该清单表明这一思想有三个特征。

在西方哲学体系中，变化哲学传统的第一个特征是，它总是一种异见观点。最具影响力的哲学当属变化哲学众多表现形式中的一种，后面笔者将具体阐述。相反，变化哲学在其他领域却是潮流所在，例如在古印度这些流派中。

第二个特征是，变化哲学传统无法代表一种思想体系，甚至一种定义明确的传统观点。变化哲学处理现实的方法已经通过其他截然不同的形式得到表现，并和许多相异的观点结合在一起。它充其量只能算是有关哲学信仰和态度的一种体系，且广泛受到否定和误解。

第三个特征是，变化哲学与特定科学的关系始终呈现模糊不确定的状态。和其他许多哲学教条一样，变化哲学显得漂浮在科学之上，既没有从科学中汲取生命力，又不能给予科学生命力。这种分离性固化了其本就明显的模糊性。

尽管如此，改变高于现状、过程高于结构的观点对于习惯从物理学制高点看问题的人来说，其接受度比我们所看到的要高得多。这种观点一直以来都被现代物理学之核心所排斥。然而，该观点在自然史中、在生命科学中、地球科学中，乃至整个社会学和历史学研究中，都称得上是一种不受广泛认可的正统思想。对于现实的这种处理方式的哲学表达之间的交集，及该处理方式在这些学科程序中的具体体现仍然呈现不规则和未开发状态。结果是，变化哲学继续浮于科学和经验之上，并受到教条思想的左右，而不是从科学和经验中汲取养分。

现在让我们考虑一下变化哲学所反对的一些思想体系。我们可以把它们归为本原哲学的名下。在西方哲学体系和基础科学，特别是在物理学中，变化哲学始终维持着霸权地位，正如自伽利略和牛顿时代到今天我们所理解的那样。

本原哲学肯定了结构高于过程的观点。它认为自然或现实拥有一个终极结构，这个终极结构正是哲学、科学乃至艺术所要揭露的。它认为改变或多或少是结构的一种局部修改。

和变化哲学教条一样，本原哲学拥有许多相去甚远的版本，以至于其核心思想的统一性有可能显得有些模糊。思想史和科学史上有三个主要例子。当我们弄清楚每个例子中，到底发生了些什么，我们会惊奇地发现，本原哲学的处境十分危险，从其强大持久的影响力看，我们很难想象到这样的处境。是时候改变我们处理现实和特定科学的方法了。

本原哲学的第一个例子是世界的自然种类体系概念，即不同的生物种类或类型。在我们认知经验中，我们可以接触到的生物种类都是地球科学、生命科学、社会学和历史学所研究的对象。正如我们在日常生活中所遇到的那样，非生物种类和生物种类区分，经济、政治和社会组织的区分，都是我们观察到的自然表现的区分。这便是此前笔者称为古典本体论宏伟大计的灵感所在，最典型的代表是亚里士多德的形而上学。

现在让我们仔细思考一下本原哲学的第一个，也是最具特点的例子。在世界特定部分，它得以存活于学究哲学中：不计其数的形而上学观点宣称自己是在传承古典本体论的思想体系，就好像科学发展史中什么都没有发生过一样。然而，这些做法类似于幽灵幻影：根据我们对自然表现和社会生活有调理的理解，执行这一思想体系的基础早就被摧毁得荡然无存。

就地球科学和生命科学而言，自然历史的原则（本书第 1 章讨论过）会削弱本原哲学设定的种种条件：如物种的可变性，在路径独立原则和法则及事物状态协同进化的大背景下可见到。无论是永久结构还是永久法则都不具备这些原则。对于自然主义的主题而言，所有事物都是历史的：包括事物本身和它们变化的方式。过程高于结构、改变高于现在的基础并非只有达尔文进化论。否则，这些事实将会被限定在生物界内，尽管有时它们也能延伸到非生物界：如从地球进化的角度进行岩石的历史类型学研究。

当我们将注意力放在社会的组织和意识形态结构上时，本原哲学所赏识的方法的失败和无能更加确切无疑。某一社会的组织和意识形态制度好似一种冰冷的权术，它们反映的是对社会生活短暂干涉的结果和对社会生活冲突的克制。这些组织和意识形态制度无论在特征还是内容上，都是会发生改变的：也就是说，它们要么将自身与外来挑战隔绝开来，要么就使自身保持开放姿态，接受外来改变，对于这种接近冰冷权术的本质，它们有时遮遮掩掩，有时大方表现出来。尽管它们的改变受到约束，但没有历史法则可以支配它们的演替。

在人类社会中，甚至除了自然主义所研究的自然表现外，没有什么不可分割的永久组织类型和永恒的改变方式是忠于本原哲学的社会理论而完全吻合的。19 世纪及 20 世纪初期的深层社会理论（其特点是不可分割的组织体系会进行规律性演替）的可信度已经大打折扣了。

本原哲学的希望充斥着自然历史和社会生活的方方面面，后又延伸到自然法则的基础隐晦构件上：也就是物理学及与之有着紧密联系的相关科学的主题。在思考这些希望在那些领域为何同样是令人沮丧的这一问题之前，让我们再看看另一个例子，也就是在思想史上，本原哲学的第二个例子。

这个例子便是人们推测而来的一元论：认为世界只有一个本原。根据一元论，世间所有独立本原，包括人类自身，都是虚幻的、衍生的，抑或肤浅的。假如它们并非虚妄的存在，那么至少也没有隐藏在表相背后的本原来得真实。纵观西方哲学史，对这一观点表述最淋漓尽致的当属巴门尼德（柏拉图对话中虚构的巴门尼德篇和真实的巴门尼德的本原片段）、斯宾诺莎和叔本华等。后继出现的很多哲人推测出来的一元论形式上更为完善。对于猜想多元论的大多数版本来说，生命体的多重性只是一种假象。对于条件完备的版本而言，它是一种粗浅而短暂的现实。

猜测一元论和变化哲学的关系是模糊和矛盾的。某种意义上看，它是这一哲学的对立面。而另一方面，猜测一元论又是变化哲学的另一面：它们均认为万事万物都是会发生变化的，或用阿那克西曼德的话来表述："在时间的支配下，万事万物都会变成另一事物。"

有两个因素决定某一特定猜测一元论是否是变化哲学的对立面，又或是对变化哲学的表述。第一个因素是这一元论如何承认存在于即定时间内的事物类别的真实性，及它们发生变化的不同方式。现象间存在差异的观点的对立面一定是它们是如何发生变化的，以及变化是如何改变的。

第二个因素，也是更基础的因素是一元论是否肯定时间具有包容真实性。否定时间真实性的猜测一元论和大部分西方和非西方哲学一样，和变化哲学的信条存在明显矛盾。肯定时间具有包容真实性的猜测一元论正朝着这一方向发展。

然而，一旦一元论朝着那样的方向发展，它便会遭致一种致命缺陷：无法解释清楚单一事物是如何发展成为多个的，或是如何呈现出变成了多个的假象，以及这些多个事物（或单个事物）的不同形式是如何发生改变的。它缺乏对世界的认知，并缺乏和我们寻求掌握自然及社会运转方式的探究手段与条例性学科的联系。一元论同样浮于事物和现象的表面，所以才称其为一种推测。

有一系列观点和推测一元论有着紧密联系，因此，乍一看，它们似乎可以为解决这一问题提供解决方案。它打着万有在神论的名义，将上帝或生命体、思维、单一事物，看作世界的组成部分，而单一生命体是无法超越世界的。一元论努力想要形成一种关于单一事物是如何以我们在自然中所遇到的生物独特类别表现出来的。并把事物的多种形式看作是单一事物的流溢。

然而，流溢理论的形成从没有使其更加接近我们探究周围世界所采取的实践方法和科学，也并没有让我们进一步发现世界是如何运转的。根据万有在神论的观点，一元论始终是一种建立在猜测基础上的理论，无论是在普罗提诺学者、（库萨的）尼古拉斯学者，还是在海德格学者手中。

综合上述种种原因，猜测一元论是思维史上的一个死胡同；在这样的死胡同里，本原哲学就算不在这两个事例里受到限制，也会在其他地方受到。

在本章前面部分，笔者曾提到一种本原本体论：这是关于真实性、多重性和联系的一系列假设——罗列了宇宙存在奇异存在性、时间包容真实性、数学选择现实性等理论都必须做的有关真实事物的最低限度假设。这样的本原本体论更适合反本体论这个大标签。它回避经典本体论的宏伟大业，致力于描绘生物永久类型学。

前面提到过的这一本原本体论或反本体论所具有的其他功能，现在就变得一目了然了。它旨在排除猜测一元论，至少是一元论极端学说所提供的选择：否定多重事物真实性的一元论学说。该本原本体论是通过其关于多重性的假设：世上有多种事物，而不是单一事物，来排除这种极端学说的。多重性假设否定了这一极端猜测一元论的决定性理论。关系假设：多重关系，清晰地表明了多重假设对科学的意义。这些联系均具有因果性，是以时间为前提的。它们并不一定都呈现周而复始的规律形式，因而，它们先于自然法则而存在，而不是从后者衍生而来。对自然界里的因果关系的研究，是科学的根本主题。而对自然规律的研究只是其次要主题。

除了经典本体论及其自然物质类型学、猜测一元论和对生物单一性的坚持，现状哲学的第三个例子牢固存在于现代物理学的主流传统思想中。现状哲学在该领域的失败会使它毫无栖身之所，只能依附猜测一元论，因为它已经在其他领域败下阵来：当我们在人类活动和感知中运用现状哲学时，它却无力将世界表现、自然历史和社会生活解释清楚。

现状哲学第三个例子的两大支柱是世界终结组件的永久性结构和支配这些组件之间相互作用的自然法则框架。世界上存在一种根本性生物，充当其他所有物质的基本构件，同时还存在永恒不变的变化体系。科学的任务就是要揭露这一根本性生物和这一永恒不变的变化体系。

根据这一观点，自然是一种会在固定构件基础上发生变化的独特结构。粒子物理学和化学这两种相互补充或互相重叠的学科，均对这一固定构件进行了描述。这种独特结构的运行规律符合重复出现、永恒不变的规律：自然法则、对称性和自然常量。这些规律构成了所有因果关系的基础，并佐证了所有因果解释。

根据这样的自然观，时间不可能完全是真实的。如果时间是真实的，它就不可能是包罗万象：基本构件和根本法则是永恒不变的。它们没有历史，不同于宇宙起源阶段无限初始奇点的神秘起点。没有改变，何来改变的变化。因此，时间的真实性不可能包罗万象。有的现实（并非所有的）可以脱离时间而存在。

假如从最基础的层面上讲，自然拥有这样的特性，数学便是自然的特殊表达。这一特殊结构是一种明显的流形。联系着各种事物的改变的固定形式可以通过自然法则得到表达，并用数学方程式的形式表现出来。假如数学的永恒性至少得到自然合时性限制因素的部分支撑，那么，“数学命题间的关系是永恒的，因此它们所表达的现象受时间的束缚”，这一观点便不再那么令人困惑不解。

这是有关自然到底是什么样子的观点，一旦我们透过自然历史起作用的中间阶段，本书旨在挑战这种观点。在这一竞争中，时间真实性观点是重要的一环。

得到宇宙学历史上最为重要的发现的推动，宇宙学必须演变为一门历史性科学。在笔者所总结的那种处理自然的方法的限制下，宇宙学是无法正确对待领域内的种种发现的。在对宇宙学议题及其猜想的调整过程中，宇宙学必须寄希望于变化哲学，即使模糊不明了，至少要像牛顿及其继承者依赖现状哲学那样。这样做的目的是出自解释上的便利和制约，而不是出自哲学偏见。

这一探讨必须在多层次进行：从物理学内部争论和专门科学，到更大层面的不同对立的形而上学体系间的对立。科学和形而上学之间还存在着自然哲学。它没有任何特权能够为这一争论和提议免于科学都需要遵循的实证纪律的束缚。这一争论有时还需要通过解除事实调查结果和本体论先定约束间的密切关系，后者是所有已知科学思想体系的一个标志。此外，还需要更新实证发现和理论想象间的辩证关系，要做到这点，我们需要扩大可行概念的范围并允许我们用新视角审视我们一度误认为自己已经理解的事物。

5 自然规律的可变性

时宇间宙 不断变化发展的规律

自然规律会改变吗？众多哲学家和科学家认为，自然规律的不变性是开展科学研究的前提。作为此看法的支撑，他们援引了一个特定的科学观点：物理学的核心传统是一直由牛顿时代延续到爱因斯坦时代的科学模式。只有在这个传统下，自然规律的不变性才不会被撼动。无论如何，只有极少数物理学家，如狄拉克（Dirac）和费曼（Feynman）明确质疑自然规律的不变性，认为早期宇宙时期情况肯定不同。

在其他一些科学分支中，科学工作者并不会立刻赞同规律的不变性，除非他们急着证明自己的科学实践遵循——或貌似遵循——所谓的主导科学，即现代物理学。通常，我们认为有关自然演化规律的解释载入了现代达尔文合成论，随着生命的演化而发展。现象和规律的连锁转化并非昙花一现，而是持续不断。例如，我们也随着有性繁殖理论的出现，对孟德尔生物进化机制的运作原理进行了描述上的修改。

根据处于弱势地位的还原论，所有这些有效规律都可以还原至物理学中所谓的基本、不变规律。不过，这样的说法只是对物理学主流传统奠定的解释模型的空洞膜拜而已，无法提供关于地球和生命科学的任何解释。

自然规律具有不变性这个观点与牛顿范式之间有着特别紧密的关系。不变的规律被用于解释位形空间中发生的变化，而该空间的轮廓受不明原因的初始条件限定。这种解释行为的操作假设是：适用于解释位形空间里各类现象的规律恒定不变；理论家兼观测者们保持着他们永恒、神圣的角色，挥舞着自然规律不变性的利器。可一旦我们断言或认为自然界的规律是不变的，那么整个宇宙，而不仅是宇宙的一部分，都会陷入囹圄。

此类解释——在我们看来——无法合理适用于整个宇宙（否则等同于

宇宙第一谬误）；它适用于对局部现实情况进行解释，同时受限于各种规定的初始条件。将物理学推崇为示范性科学，随之而来的结果就是把一种不能合理应用于宇宙学的解释理论推用于宇宙学。

自然规律的不变性是各门科学开展的必要条件，这种观点是错误的；这是在毫无根据地固化科学研究的某种特殊方式，是把自然现实预设为思想（至少是科学）不可或缺的前提。屈从于这种诱惑，就是毫无道理地禁锢科学的自我颠覆和革命性。我们的关切点恰好相反：重新调整那些经验思维中被视作无法规避的假设，摆脱经验束缚，对其进行挑战。多数我们倾向于视作必要的假设，实际上只是早期科学探索中僵化的副产物，抑或是不合理、不被认可的哲学偏见。

前文中我已经给出原因，解释为何要摒弃这种将自然规律的不变性视作科学必要假设的观点。现在我也要结合已知的大自然运作法则和科学解释的可行做法，提出理由，解释为何自然规律确实可能会改变。然而，可能会改变并不意味着一定会改变。是否改变、何时改变以及如何改变都需要在探究大自然的过程中去发现。

自然规律的可变性可从三个原因考量。第一个原因源自我们捍卫并拓展的一个普遍观点：宇宙的奇异存在性和时间的包容真实性。这实际上是一个哲学概念，但仅从自然哲学作为自然科学前沿阵地的意义出发。自然哲学的其中一个目标就是使科学摆脱抑制其前进步伐的梦魇，不受内在形而上学预设的束缚。

第二个原因源自对宇宙历史的认识，事实上这基于宇宙探秘，不论揭示的结果是零星破碎的，还是偶尔前后矛盾的。一些固有观点对宇宙运行机制的判断与宇宙真实情况之间的巨大差距（通常相差几个数量级）不应当使我们灰心丧气。相反，这是在激励我们更要清晰大胆地去研究过去几十年中宇宙发现的最一般意义，以期能有助于制定研究和理论化大纲，克服此类差距。

第三个原因是方法本身具有的解释力优势。关于自然规律易变性的猜想有望扩大因果调查的范围。如此一来，我们或许可以从历史根源上揭示出规律因何成为规律，而不是人为地诉诸未解之谜。如此一来，我们也不需臣服于形而上学理性主义的充分合理原则，也就能够承认科学永远无法完全解释为何世界的本来面目就是如此。

以上三个原因——第一个（自上）源自我们对这个真实世界唯一性和

时间性的认识，第二和第三个（自下）源自我们对在观点偏见的圣坛上牺牲某些奇特实证发现的拒绝——汇聚于一处。汇聚而成的观点中，关于自然规律易变性的猜想占据着核心位置。这一猜想又表明了我们对科学解释现状和未来的认识可以扩大化。

* * *

时间的非突然性、普遍存在性、不可逆转性和连续性不允许本规则下的任何例外。任何事物都无法超脱于此；这是现实无法削减的一个特征。这是一个概念——哲学概念——关于将时间的真实性这个概念发挥到极致、毫无保留地承认的意义。时间的真实性具有包容和激进的特点，这与我们对现实世界的感同身受不谋而合。同样这也为宇宙的历史演变过程赋予了最充分、最不受约束的意义。

留给我们的问题依然是时间这一概念是否实现了本质。本书的宗旨在于说明，广义科学和狭义宇宙学的种种发现使我们更有理由相信，时间的概念已经实现了本质，而非相反。

如果要做出选择，那么问题的症结可以归结为两种观点之争：一种是宇宙之间无因果关系；另一种是宇宙之间有因果关系，换句话说，宇宙跨越时空，通过一个重压之下却从未断裂的因果纽带紧紧相连。这个因果纽带在宇宙发生内爆或爆炸的时刻饱受重压，彼时大自然就不再具备错落有序的结构，事物的不同状态和规律性也被打破。

这种想法加深了宇宙历史观的概念，这也是上个世纪宇宙学的最伟大成就。有了它，我们不必再违背过往的观察和经验，去设想时间会在特定条件下出现和消失。我们也不再需要妥协于学术上对其他宇宙的凭空捏造，除了定义上无法产生任何因果关系外，对这类宇宙我们也没有任何直接或间接的经验。原则上，这一点是经得起实证调查的：过往的宇宙或是宇宙的状态，必定会在今后的宇宙或状态上留下印记。

不过，认为宇宙或宇宙的状态之间有因果关系，这样的想法需要付出代价。代价就是我们必须得抛弃一系列笼罩于科学发现上的形而上学的粉饰。有些习惯性思维已经在我们大脑中根深蒂固，因此我们往往忽略科学和形而上学的共生关系，把它们分别看作自然界的现实情况和思维的必然要求。

思维偏见中，首当其冲的就是自然规律的框架体系永恒不变的观点。虽然20世纪的物理学颠覆了现象独立于时空的观点，却重申了自然规律的框架体系永恒不变的观点。

倘若一切事物不论早晚都会发生改变，那么自然规律同样也会改变，只不过一些规律改变的速度慢、频率低而已。倘若一切事物不论早晚都会发生改变，那么改变的模式也不会保持一成不变。事实上（前文我已指出），我们可以将时间定义为周而复始的转变。由时间的真实性我们可以直接推论出自然规律的变化性，尽管变化可能是非连续的。

这个推论让人担心并小心避免。可以猜测出，这主要是因为它对科学的种种追求构成了威胁。然而，受自然规律易变性这个观点威胁的并非科学，而是科学研究的某种特定方法。该方法从未克服它在时间的真实性这个认识上的矛盾心理。牛顿范式的运用以及数学之于自然的特殊关系又为这种矛盾心理提供了支撑。20 世纪的物理学坚守着这种矛盾，在广义相对论主流解释的庇护下，令人瞠目结舌地把时间空间化：换句话说，把时间作为时空流形的一部分进行几何描述和分析。

如果我们能考虑到自然规律与被其左右的事物状态之间的变化关系，那么自然规律具有变化性的看法就不会那么令人惊讶和困惑。宇宙的特殊构造决定了偶尔会产生根本性变革；规律与受规律支配的现象之间，界限会缩小，甚至消失。因果关系也会失去颇具经常和一般意味的规律性、对称性，而这恰是宇宙冷却后的主要特点。有时变化的速度会更迅猛：事物的本来面貌及转化为其他事物的方式。

较之规律（法则、对称及假定常数），现象更容易发生改变。我们称为自然法则并为因果解释奠定基石的规律，实际上是对反复出现的因果关系进行了归纳，它们不容易发生改变，或者说很难改变。法则遵循的原理，如能量守恒和最小作用量，只有当宇宙历史的长河中出现根本性变革时才会发生改变。

发生何种改变，如何改变，何时改变，我们都无法借由科学探索的逻辑推断出，也无法将与大自然接触的局部经验推演为自然界的普遍永恒真理。这是事物的本质，并非对自然界某些片段的记录；它反映的是整个宇宙及其历史客观存在，包括宇宙及其状态交替的过往经历。

自然规律具备可变性的观点实际上也是表明这些规律——无论是因果解释援引的规律，还是规律遵循的最基本、无法违背的原理，抑或是自然界中的种种对称和假定常数——都属于宇宙史的一部分。规律并非独立于历史之外，不受其影响的。

* * *

鉴于自然规律包含在时间之内，我们不妨思考下自然规律的可变性与现代宇宙学教义的直观核心之间的关系。换句话说，如果不受形而上学假设的蒙蔽，承认时间的包容真实性，那么现代宇宙学的教义是什么呢？

有关自然规律易变性的任何提法都要面对现实情况的抗衡；自当前宇宙的早期历史阶段起，自然规律就似乎一直处于稳定状态。任何脱离这种稳定性的情况，例如精细结构常数的变异，都非常罕见少有，也颇受争议。因此，可能出现的例外情况似乎反印证了规律的永久性。

然而，这个事实，如果属实，也解释了为何自然规律的易变性不仅与现代宇宙学相辅相成，还得到了它的有力支撑。

当人们就自然规律及其他法则的易变性发生争执时，第一条反对意见很可能就是人们观察到的稳定性。尽管严格意义上，自然规律的稳定性与易变性二者并不矛盾，但稳定性很有可能被看作规律不变性的依据。

有两类论据可以借用来调和自然规律的稳定性与易变性二者之间的矛盾。第一类是理性主义的：指通过诸如充分合理原则等关于自然或思想的形而上学原则推导出来的结论，这类结论独立于自然界运作的观察或推断结果之外。从这个意义上说，它们也可以被称为先天论据（无论是否符合康德的先天综合判断）。第二类论据，尽管得不到观察或试验结果支撑，也许是推测性的，但其根源存在于或者可以追溯到宇宙及其历史的本质。由此类论据构成的观点有待接受实证检验和挑战，即使其内含的最一般概念不需要，其引申出来的问题也需要。第 4 章对时间的包容真实性做出的辩护，就是此类思辨或实证推理的例子。

领会了这些思想的内涵和框架，就不难判断出可以用来调和稳定性与易变性二者之间矛盾的观点属于第二类论据，而非第一类。只要能够设法避免，这类论据就不应受任何形而上教条的影响，而是独立于我们探索自然运作法则的科学实践。比较恰当的做法是，我们应当考虑到理解上的种种约束和科学实践的不同要求（它们会随着科学史的发展而不断修正）。不过，恰当的前提是仅把它当作某种广义上经验观点的补充，而不是观点的替代。

自然法则及其他规律不断发展演变，因而更容易受解释说明性因素的影响。如果不能从历史的角度出发，那我们就无法对其进行解释：换句话说，就无法说明它们何其成为法则和规律。剩下的唯一选择就是把它们解释为人类数学见解的表达或主张，视作对自然本质的顿悟。作为数学启示或预言，鉴于数学命题间的相互关系不受时间影响，自然法则及其他规律也就应当永恒不变，这也是物理学主流传统的观点。然而，我们不能据此对自然规律作出合理解释，并在此基础上，由其稳定性推断出不变性。第6章中将对此进一步阐述。

我认为，随着对宇宙历史的认识日益增长，我们能更好地理解自然法则及其他规律的稳定性。基于这个想法，宇宙冷却后的各类规律、对称性及常数都将保持稳定；在论述第二宇宙谬论时，我将此描述为第一或正常自然状态。自然在此状态下的特性为其稳定性提供了依据。

然而，反对第二宇宙谬论的观点认为，自然很可能另有其他的运作形式，这些形式主要与当前宇宙炽热却有尽头的起源有关，也与宇宙历史进程中具有起源特征的特定后期发展情况有关。此类运作形式更能适应事物本来面貌及相互作用方式上的急剧变化。只有第二宇宙谬论中普遍存在的时代错误——将平行宇宙中的自然运作机制视作唯一的变化模式——才能合理解释为何能够根据宇宙现象中观察到的整体稳定性推断出自然规律的不变性。

为了阐述这个观点，下面我将重申先前关于宇宙历史进程中自然演变的讨论。

* * *

基于我们已知的宇宙历史，我将用前科学和前哲学的概念对当前宇宙和早期宇宙之间的关系进行描述，解释为何自然规律的稳定性和易变性都属于宇宙历史的特征，并说明引起稳定性的历史进程也同样会催生出易变性。

从历史的角度出发，自然规律的稳定性和易变性之间不仅不冲突，反而互为补充。如果忽略宇宙历史，二者之间则相互矛盾。

较之其火热的形成阶段，当前冷却后的宇宙仿佛一具行尸走肉：动能、温度和自由度有限，结构稳固，自然规律或法则持久。然而，宇宙在历史上经历了一段有着极端密度和温度的时期，彼时事物状态和呈现规律之间的界限并不清晰（这段时期可以被描述为规律形成期或无规律时期），自然界也未像现在这样被明确划分为不同组成部分，各类现象享有更高的自由度。形成的瞬间造就了随之而来的各种规律和结构，这也是无量纲常数或自然参数的属性难以解释的根源所在。

以上基本描述——其对宇宙历史某些核心特征的模式化解释符合当代宇宙学——将宇宙分为两个阶段：一个是宇宙的形成阶段，相对短暂，密度、动能及温度都处于极端状态；另一个是宇宙形成后的阶段，相对长久，密度、动能及温度都有所减小。我们有越来越充分的理由相信，拥有极端密度和温度的宇宙形成期是一个往复不断的过程，新的宇宙会不断形成。换句话说，宇宙之间具有因果关系，而非毫无关联。宇宙往复更迭并不表示会带来相同结果：宇宙构成及其规律性并非保持不变。非循环交替的本质是指，尽管宇宙形成过程不断反复，但其构成及规律性并没有被保留下来。

在宇宙形成的瞬间，尽管密度、动能及温度的数值很大，但并非无穷大。所以说，它们不是如今传统意义上的奇点。由于这个缘故，世界初成时并非一个无穷大的初始奇点。数值大却有限的重要性在于，我们不应该把宇宙形成所需的种种条件看作前后宇宙间因果关系的阻碍，而应该据此强调这种因果关系。密度、动能及温度的数值大却有限，这是宇宙前后更替的必要前提。

这样的宇宙历史观能够解释自然规律的稳定性及易变性共生共存，为了说明这点，我们不妨把这种观点看作是糅合了两种自然运作状态——分别存在于火热的宇宙形成期及随后漫长的宇宙历史期。当然，自然的两面性或两种状态间相差悬殊，也直白地说明一个历史事实：时间永远不会停止流逝，事物总是由一个状态转化为另一个状态。此外，冷却后的宇宙具备可遵循的规律以及错落有序的结构，处于极端形态下的自然特征至少在一定程度上可以重现：例如，在黑洞的内部。

首先，在宇宙火热的形成瞬间，密度、动能及温度的数值都极高，但并非无穷大。数值具有有限性而非无限性，原则上说明它们有待科学调查的检验，尽管是间接的。如果我们要把这些观点转化成经验和实验调查方案，那么这种有限性将是一个重要的衡量因素。例如，如果把最早期的宇宙环境描述为传统意义上的奇点，各类参数值都无限大，那么用粒子加速器进行的实验原则上无法模仿出宇宙环境的特征。如果这些参数值的大小是有限的而不是无限的，我们原则上可以模仿宇宙的部分状态。对于宇宙学和物理学而言，这有着深远的影响，不必再将已知宇宙作为洞察自然运作机制的唯一依据。

其次，大自然并没有一个泾渭分明的结构：其基本要素之间的界限已被打破。自然种类的既定宝库不复存在：事物的多样性。

再次，自然规律及受其制约的现象之间的对比已消失殆尽。一方面，这种对比以大自然转化成一个差异化的结构为前提；另一方面，在极端密度和温度条件下，现象的转化同时会促使新的自然运作机制产生。

最后，在此情形下会爆发新的大规模自由度。如果我们能够见证这类情形，就可以理直气壮地彼此宣扬，若不是因为用来丈量人类和宇宙时的刻度间存在不可言喻的失衡：我们可能无法目睹到任何迹象。宇宙形成期间，新事物的产生并非随心所欲，并非无缘无故自发而生，而是在前期宇宙或其状态的影响下出现。因果之间无规律。换句话说，由于大自然的差异化，因果关系尚未形成或已经丧失其反复性，从而我们得以区分现象和规律。

在火出现及之后，因果前因在大自然上留下了印记，限制了材料的范围和自然运作的过程，甚至激发了更高的自由度并导致差异化结构的丧失。因果关系的连续性，尽管会受到震撼但从未完全中断，原则上需要接受实证调查的检验。即使我们不能直接探索过去的宇宙及事物状态，我们也可以研究它们留下的影响和痕迹。

现在我们再回头看看经历了炽热的诞生后最终冷却下来的宇宙。首先，密度、动能和温度的数值都大幅下降。但这种下降并不意味着无限值（如奇点的传统概念）和有限值之间存在对立，而是有限值不同数量级之间的对立。

其次，自然具备一个差异化的结构，拥有基本成分。在这个宇宙中，一部分基本成分可以通过粒子物理进行描述，另一部分由于其涌现出的复杂性，可以用元素周期表进行描述。千姿百态的事物及其个例真实存在着——直至物种进化到了动物生命的高级形态。

再次，自然种类及自然基本成分间的差异性造成了（或者说再现了）事物状态及其支配规律间的差别。自然运作机制已经常态化，每类事物都有固定的运作模式，形成了有效规律——也即，规律适用于特定领域，各领域因其不同的自然种类及相互作用而有别于其他领域。

规律反过来支撑着因果解释，尽管从一个更广泛而深入的角度而言，我们已经认识到因果关系是自然的原始特征。规律由因果关系推演而来，而非相反。牛顿范式就是一个建立在规律基础上的因果解释，它预设了世界已经转化为一个差异化结构、自然规律及受其制约的事物状态间存在对立。

最后，宇宙冷却定型后，就某一特定时刻发生的情形与下一刻可能发生的情形之间的关系而言，自然界展现出的自由度越来越少，这与宇宙其他特点相一致。不过，自由度的缩减并非线性、不可逆转的。在某一特定时间，宇宙的膨胀可能会扩大相邻可能的范围，同时增加自由度。[①] 宇宙膨胀是否会导致相邻可能范围的扩大，如何导致，这是现代宇宙学的前沿问题，有待实证调查的检验。

这个关于自然其他形态的比喻向我们展示了一种二重性：宇宙历史上必定是经历了更为复杂的转换和变化。通过一种高度简化、程式化的方式，向我们传达一种猜想，鼓励我们去抗辩第1章中描述的第二宇宙谬误。较之将冷却宇宙中自然界的运作方式视作自然现实唯一形式的观点，这种猜想更加完整、更具说服力地契合当今标准宇宙模型中的宇宙历史理论。

由此我们可以推断出自然运作机制具有多样性，这说明自然规律的相对稳定性和相对易变性之间相辅相成，而不是相互排斥。自然规律的相对稳定性是在宇宙定型后才具有的特征，而相对易变性是在宇宙成型过程中，或者更笼统地说，是在宇宙处于极端瞬间时展现出的特征。第二宇宙谬论的本质就是自然运作永不停息：在成熟宇宙中，各类生物多样存在，它们由元素周期表和粒子物理学规定的基本成分构成，事物状态和自然规律的差别看似清晰明确，而相邻可能的范围受到极大限制。

然而，两种宇宙时期间的区别——前面我已通过前科学和前哲学的语言，借用来启发思考——只是相对的。首先，这是因为宇宙经历了一个历史过程，平静宇宙是由炽热宇宙演变而来的。在某些时期，转化和转变的速度要比其他时期迅猛许多——特别是在宇宙形成初期——但并非转瞬即逝，正如宇宙形成期的数量参数大小不会无穷大。根据这个不科学的比喻，两种极端时期之间必定存在多种自然状态。

区别具有相对性的另一个原因是，冷却宇宙中，自然的极端形态可能会呈现为局部现象（正如黑洞内部的情况），直至宇宙历史的下一阶段再次恢复普遍性（根据对宇宙未来收缩及随后“反弹”的猜想）。相对性的

---

①相邻可能与自由度这两个概念的差别表现在能否适应涌现出的新特征。因此，斯图亚特·考夫曼（Stuart Kauffman）用相邻可能这个概念来描述在当前物种基础上形成的新物种。根据这种观点，构建出每类物种的底层原子，它们拥有的自由度保持不变。

另外一个原因在于，宇宙定型后，新的生物形态并没有停止涌现：事物状态及其支配规律间的区别占据了主导地位；各个现实领域，按照科学揭示的稳定规律，遵循着先因后果的顺序。地球上的生命、人类、意识和文化就是如此形成的。

我在前面说过，意识的一部分是机械化的：换句话说，模块化和公式化。但是，意识的另一部分却是反机械化的。由于大脑拥有可塑性，尽管尚无法解释，意识却可以通过一种预设并激活了的方式去重组结构和功能。意识呈现递归无限的能力：以千变万化的方式重新组合有限元素——例如自然语言——的能力。意识具有自我否定力：能够感知和思考刻板印象以外的事物。具备这类属性的意识就是我们所说的想象力。

拥有了想象力，我们就不会总是按照写好的剧本去感受世界。我们会把剧本撕碎，弱还原论的拥护者认为，任何活动，不论具备多大颠覆性和变革性，都不可能违背所谓基础物理学中描述的自然规律。强还原论的信仰者更加过激，声称人类最具颠覆性的行为也要听从于决定一切的物理力量的支配。

以上观点都是在表现一种无为的姿态：对我们的行为以及对它们的把握影响甚微，或者没有影响。弱还原论者援引的相容性，无法帮助我们推断出任何结果，只不过是再一次尝试把令人匪夷所思的事情解释得自然而已。至于强还原论者，只是公布了一套自己都无法施用的解释方案。

这种姿态力求证明，宇宙处于炽热形成期时呈现的自然特征，在宇宙定型后没有留下任何痕迹。如果较之成型初期，宇宙结构更加稳固，规律更加稳定，那么比起宇宙历史上的其他任何时期，生命和经验的形式会更加开放。

鉴于这个事实，我们不该发挥想象力，认为宇宙和人类一样具备开放性和创新力。我们对开放性的体验是以失败告终的；我们的想象终究划归虚无。我们无力考察时间的开始或终结，也不能以结论性的、不容置疑的方式去理解世界。在这个尊重规律的宇宙，各种力量在我们身上交织，表现出永不满足的欲望。人类的经验并不支撑形而上学理论中那些自我感觉良好的思想，不支持滥用思辨性的思维，出卖启蒙思想来获得慰藉。

原始宇宙和后期宇宙间的区别，不仅表明自然规律兼具易变性和稳定性，还鼓励我们拒绝承认时间的真实性。人类科学观形成的基础是宇宙达到一个相对冷却、稳定的状态。在这种状态下，自然界的每个属性都能在从伽利略到牛顿时期的物理学中找到对应。根据这样的科学实践，时间的真实性站不住脚。

不过，基于对宇宙演变历史的认识，宇宙学取得的其中一个研究成果便是颠覆了上述关于自然和科学的观点。将自然探索或科学实践的方法依托于宇宙的某个瞬间或是自然的某个变化，都同样是误入歧途。我们的任务就是使我们的观点包容所有瞬间和变化。要想实现这个任务目标，我们必须毫无保留地肯定时间的真实性。

时宇间宙 元规律难题

承认自然规律的可变性就要面对由宇宙学延伸至物理学中越来越重要的一个问题。这个问题我们称为元规律难题。

首先，我们可以将这个问题抽丝剥茧至最简单的形式，将其视作一个悖论。但是，我们无法按照曼努尔·康德（Immanuel Kant）的方法，通过探索理性认识的结构去判断它究竟属于真实悖论（正如宇宙演化论）还是虚假悖论（正如其他许多假定悖论）。不去考虑特定的思想观点或是自然的已知和未知，就无法得到一个可靠的结论。这取决于我们能否通过科学本身，而非形而上学，发现一条解决这个尴尬选择的路径。

我们可以假设，自然规律的变化本身受规律约束：高阶规律或元规律。那么即使到下一阶段，自然及其规则的历史性仍然还是一个问题。无论我们多么努力地去认识时间的包容真实性，以及也许毫无规律性的因果关系，我们知之甚少，甚至毫无所获。我们要么承认自然规则会随时改变，要么相信它们不受时间影响，不会发生变化。我们只是延迟了这个问题的解答，或者把它从一个解释层面转移到了另一个层面。

我们也可以重新假设，规律的变化本身不受规律约束。不论是确定性的还是概率性的变化，都不是外因造成的，随意性大，至少无法解释。如此一来，宇宙的历史观就会把我们带向解释性虚无主义。那些担心完全肯定时间的真实性会颠覆科学的人，他们的观点就会被证明是正确的。

需要注意的是，有关元规律难题的论述忽略了因果解释和自然规律解释力之间的差别。言外之意是倘若无法援引自然规律进行解释，那么因果解释也同样无效。这种忽略是毫无根据的。对它提出质疑，我们就有希望解决元规律难题，证明它是一个错误的悖论。

根据我们对因果关系的传统理解，自然规律为因果解释提供了依据。在物理学的标准实践中，至少从伽利略和牛顿时代起，任何解释——无论是直接明确的抑或间接含蓄的——都依赖于具有规律特征的规则：对称性、常量及自然法则。科学的主要任务就是探寻这类规则，尤其是自然规律下特定变化的特定解释。

然而，在我们的日常经验中，我们经常假设自然运作机制具有稳定性从而进行一些因果判断，却不去参考那些用数学语言表达出的物理学一般关系，纵使间接地。

在关于悖论的第一个陈述中，我间接忽略了原因和规律，为了解决这个问题，我将采用另外一种形式对悖论进行重新描述：将其描述成关于因果关系的悖论。第二个陈述强调的是悖论与时间真实性二者间的关系。

假设自然规律事实上不受时间和变化约束，且物理学研究至今基本都是如此认定的。（我已数次追述，为了推翻自然现象和时空背景以及时空二者本身存在鲜明对比的观点，二十世纪的物理学不断重申自然规律不受时间影响。）恒定不变的规律给因果解释提供了一个坚实的依据。不过，这个依据的前提是必须确保时间的可变性及真实性。

牛顿范式的应用实践说明，我们可以赋予时间一定限度的真实性，避免走下坡路：也即，让时间触及一切，赋予事物变化性。

假设另外一种情况是在走下坡路，或者时间包含一切，其结果就是自然规律具有可变性。那么所有的因果解释都不靠谱，会随着变化无常——至少是可能变化的——自然规律而摇摆不定。

关于元规律难题的第二个陈述让我们看清，因果关系的传统观念（包括科学探索的实践观）在时间真实性这个问题上是含糊其词的。时间真实性只在一定程度上被认可：只要能满足因果交替的真实性即可。不过，时间真实性并不被看得很重，否则自然规律无法岿然存在于时间约束之外。根据传统观念，时间必须是真实的，但这里的真实性是有限的。

宇宙时间　重温早期宇宙中的因果关系问题

在思考元规律难题解决方案的一般特性之前，我重温了因果关系这个问题，以及早期宇宙中因果关系与自然规律之间的关联。自然法则与事物状态之间并非泾渭分明，自然规律和事物状态相互作用下形成的物体可能被激发更高的自由度，相邻可能的范围也比我们通常（但不总是）在定形宇宙中观察到的更广。

不过，尽管这种情况扰乱了我们科学探索的常规模式，但并不意味着因果关系的中断。这是由两个基本原因决定的，对于我们寻找解决元规律难题的出路来说非常重要。

第一个原因是，在自然规则及受其约束的现象相互作用下形成的物体具有更高的自由度、更广的相邻可能范围，因果关系并未中断，而是不再具有合理性：它不再是一个差异化、井然有序的结构中各要素之间循环往复出现的关系。

在这种情况下，自然界展现出的更高自由度可以被诠释为当前事物状态下的更多相邻可能：由此及彼的范围更广。尽管自然早期状态下的各类规则和结构已消失在宇宙起源时的炽热火焰里，但还有一些更具普遍性的限制条件约束着因果关系，产生最接近的可能情况。

这些更具普遍性的限制条件可能就是指我们通常称为原理而非定律的终极规则，例如最小作用量原理、能量守恒原理，以及同样基本的交互作用原理，根据这个原理，因果影响总是交互作用的。不过，根据我们既定的科学思想，这些原理的应用领域有限，而且同样受到时间和变化的约束。最小作用量原理仅能用于经典物理学，而不能用于量子物理学。能量守恒只是对称性反映在时间变化里的偶然结果，不能用于广义相对论。

以上原理（也被称作基本原理）与特定领域中现象的有效支配规律之间并没有任何坚不可摧的界限。不过，尽管事物都具有变化性，但是一些事物变化的速度慢些、频率低些：现象变化起来比有效规律更简单和频繁些，而有效规律变化起来又比原理或基本规律更容易和普遍些。

早期宇宙的情形并不意味着因果关系的中断，其第二个原因是：正如我们观察到的，自然界中总是旧事物塑造新事物，即使影响机制发生了改变。这个改变也是源于自然界的一般性特征，而这个特征与时间的性质有关：变化也具有变化性。

即使在早期宇宙的极端条件下，因果连续性也需要两个前提预设：一是关于宇宙演替（而非多个宇宙并存）的猜想，二是关于最早期宇宙中密度、温度和动能数值有限性的猜想，尽管可能处于极值（相对于宇宙定形后的对应值)。这两个预设使得因果关系由一个宇宙承接到另一个宇宙成为可能。自然界只能利用现有材料进行转化，一切都是转化的产物，包括转化后的转化，这是由时间的性质所决定的。

因果关系由一个宇宙承接到另一个宇宙，尽管绷得很紧但从未因为最早期宇宙的特殊情况而断裂，这是与前后宇宙或宇宙状态间的差异性相匹配的。宇宙如果存在演替，新的宇宙结构会发生变化，构成物质会有不同，表现出的规律也不一样。在新的宇宙或宇宙状态下，万事万物经过形成期极端条件的过滤，仍然与旧宇宙或宇宙状态保持着千丝万缕的联系。

早期宇宙或当前宇宙的早期状态，会留下一些痕迹或化石。例如，一些常数具有难以解释的特性，尤其是所谓自然界中的无量纲参数。抛开那些本质上有量纲却难以解释的参数不谈：牛顿的万有引力常数、普朗克常数及光速，剩下的参数都保留了早期现实的特征，例如基本粒子的质量(质量比值)、不同力量或相互作用的强度及宇宙常数（空间的能量密度)。这些无量纲参数好比是象形文字，我们总有一天能够通过其已被忘却的语言来读取逝去宇宙的记录。

这个方法可以应用于最早期宇宙的各种推理和实证调查，但前提是我们必须摒弃初始奇点无穷大的观点。如果数值无穷大，就会对进一步调查构成不可逾越的障碍。我们应该不会也没必要故意把这个障碍强加给自己：这是一种数学自负，宣告了理论应用的失败（这里指广义相对论和它的场方程)，尽管理论可以用于描述自然现象，却无法用于自然界的某些领域及历史。

时宇间宙　解决元规律难题的最大希望所在

将元规律难题与当代宇宙学揭示的宇宙历史关联起来是解决这个难题的最大希望所在。需要做的是把我前面已探讨过的观点综合起来，如此一来，它们不仅仅能提供一个推测性的解决方法，还能帮助形成一个实证调查的方案。

第一个观点有关变化，即宇宙历史进程中的变化、事物状态及其支配规律间的关系变化，以及广义上宇宙历史中自然运作机制的两个主要变量或瞬间的关系变化。第二个观点有关一连串前后演替、因果相连的宇宙，它们之间的因果纽带饱受重压却从未断裂。因此，即使经历了激烈变动和转变，当今自然依然按照过去自然遗留的机制运作。第三个观点指新的自然规律会与其支配的现象同步产生。第四个观点指现象与规律的同步转化受高阶原理或基本定律的制约。此类原理本身会不断演变。第五个观点指因果关系的存在无定律。因果关系是自然界的原始特征，但在自然界的某些变化时期，因果关系可能会丧失其常见的往复规律性：见于最早期宇宙的成型期或宇宙冷却后的极端状态。

我们称之为自然规律的其实是自然特定状态下或宇宙特定历史阶段中因果关系所表现出来的规律性、经常性形式。因而，我们更应该支持自然规律由因果关系衍生这个观点，而非传统的后者由前者衍生的观点。因果关系无定律，是因为它建立在序列的基础上：前因对后果的影响。这样一种影响的施加不需要因果事件沿着现实世界的差异化结构反复发生，让我们可以用等式来表达规律。以等式的形式表达自然规律，无疑对科学探索大有裨益。不过出于同样原因，这种做法可能会误导我们把因果关系也视作自然规律的实例而已。与此相反，自然规律描述的只不过是因果关系在自然界中表现出的一种而非唯一的形式：规律性、经常性的形式。

我已在本书的前面部分对这五个观点进行了分别介绍。接下来我将说明，如果把这五个观点糅合在一起，即便不能解决元规律难题，也能提供一套可能性解决方案或是形成一个能够解决问题的概念空间。前两个观点（自然界具有两个全然不同的状态，宇宙前后交替而非同时并存）从宇宙历史观的角度为寻找解决方案奠定了基础。第三个观点（现象和规律同步变化）及第五个观点（因果关系优先于规律）是寻找解决方案的关键。第四个观点（有效规律的变化受基本定律或原理的制约，而后者的变化更为罕见或只在极端情况下发生）则是对第三个观点加以限定和改良。

* * *

自然规律与受其支配的现象同步变化的这个观点，在物理学或宇宙学语境下则会引起困惑。长期以来，这个观点都是应用于其他两个领域的：生命科学和社会历史研究。

我们借以了解生命进化的各种规律，如达尔文的自然选择以及更引人注目的基因重组，都随着生命的起源而出现。这些规律并不会对化学和物理定律构成障碍，而是与之相辅相成。例如，对身体形态以及结构和功能配对的物理约束就是在生命形态进化过程中长久未得到足够重视的一个因素。然而，生命无论何时何地产生，都意味着世界上新事物的出现，不论是构成生命的现象还是对生命进行刻画的经常性因果关系，即规律。强还原论者有时试图将这些规律还原至所谓更基本的化学和物理定律，但往往发现得不偿失，有趣信息、事物的本来面貌及它们的运作方式都被忽略了。

在社会历史学研究中，现象与解释现象的经常性关系共同发展，这个观点并非新鲜事物。在不同社会、经济和政治理论框架中，它呈现出不同面貌。例如，认可“资本主义”或“市场经济”等不同社会经济组织存在的人也同样相信，每种社会经济组织都有其特定“规律”：不可违背的再造和转型逻辑。马克思主义者则认为存在高阶规律，它规定着“生产方式”及其支配规律的历史沿承。不过，不相信辩证唯物观高谈阔论及元规律的人，也不认为需要摒弃社会经济组织与其自身规律同步新生的这个相对狭隘的观点。这点是与保守派的观点一脉相承的，他们认为市场经济的规律尽管会有微小变化，但时时处处总是保持不变。

规律和现象一前一后出现的观点，广泛见诸地球、生命和社会科学，尽管令人百思不得其解，但并不荒谬。事实上，物理学可能是唯一一个使这个观点丧失标准解释力的主要科学。（新马克思主义者及经济学家中的现实保守派观念错误不是因为这个观点，而是其他观点，包括资本主义或市场经济代表着不可分割的规律性体系的观点。这些观点取决于他们对历史和人性本质的理解。）

解决元规律难题的一个方法就是把自然规律与其支配的现象同步变化发展的观点引入物理学和宇宙学。在宇宙历史进程中，一旦规律和事物状态间的界限被打破，或是尚未形成一个差异化的结构，规律与现象更易同步快速发展。但是，宇宙成形冷却后，不论何时何地出现新事物，同步现象还会随之重演。

新事物中最让我们惊叹的是生命，其次是想象力在社会文化中创造的杰作。生命不仅是一种突发现象，它也为其他众多突发现象的产生提供了途径：也即，世界变得更加丰富多彩。这是首先经由自然进化再到人类有意识的创造实现的。

一旦规律及其制约的事物状态间的对立消失，这种宇宙状态下，规律和现象的共同转化会更加有力和快速。正如我在第 1 章中指出的，因果关系的存在无定律，或者不以规律的形式出现。当宇宙间的事物状态与规律脱节，因果关系是不连续或间断的。不论在哪种情形下，现象和规律同步变化始终与事物出现的顺序保持一致。正如进化生物学家们常说的，这是与路径相关的。由于事物都是由自然历史演变而来，这其中包括了自然结构及其规律。

此外，规律中有一些更为基本。这并非指这些更为基本的规律不会变化，而是指它们变化次数较少、幅度较小。根据这个猜想，这些规律能够帮助塑造低阶或有效规律的内容及演变，但它们自身也要受时间影响，并非恒定不变。因此，某种意义上它们就是元规律（当它们的研究对象是低阶或有效法律时），但另一种意义上又不是（当它们本身就构成了宇宙的永恒框架时）。它们可以运动变化，而不是无法改变。它们是自然界中最稳定的部分，尽管人类对其理解随着科学的进步不断修订。

我们对这些原理内容的把握是在综合 17 世纪至今物理学研究成果的基础上形成的。下面是按照不严格的概念顺序而非历史顺序罗列的一个不完全清单：

第一个原理是最小作用量原理（即马保梯原理），它可以对牛顿运动定律解释现象进行另一番阐述。

第二个原理是能量守恒原理（迈尔原理），它与最小作用量原理密切相关。不过，正如下面诺特定理所描述的那样，只有在满足时间平移对称性的条件下，能量守恒才能由最小作用量原理推导出。

第三个原理是作用力与反作用力大小相等原理，包括动量不变原理（牛顿原理）。可以用诺特定理的核心思想对其进行概括：任何用拉格朗日算符或哈密顿算符来描述对称性的理论，一旦变量的值确定，就可以用抽象代数推算出守恒量，如能量、线性动量、角动量等。根据这个概括，我们也可以称其为诺特原理。

第四个原理是能量递降原理（卡诺原理）。

第五个原理是相对性原理，即自然规律相对于固定观察者或匀速运动的观察者来说保持不变（伽利略或爱因斯坦原理，通常被称为伽利略相对论）。

这些原理，无论单个来看还是合在一起，都算不上有效规律（尽管在广义相对论的框架中可能会被视为有效规律）：它们都不足以对特定现象进行特定因果解释。它们的直接研究对象是有效的或特定领域的自然规律，而非现象。我们在定型宇宙中观察到的多数——但并非全部——事物状态及科学提出的有效规律都遵循着这些原理。这些原理或基本规律一致描述了自然运作机制中最稳定、最普遍的问题。然而，这些原理的不变性或普遍性并非源于至高的稳定性，它们的力量也不足以塑造有效规律。

鉴于目前掌握的知识，我们可以通过两种方式来理解这些原理。这两种方式都是推理性的，无法直接用于经验实证或质疑。不过，由于蕴涵丰富，在开放型的科学研究方案中还能占有一席之地，最终得到经验实证或推翻。从这个意义上说，它们也能经受实证检验：不过是通过参与研究方案，间接进行。

第一个理解是，这些原理确实是现实的不变框架。它的支撑点与本书的观点相悖，认为人类居住的宇宙只是众多宇宙中的一员，而这些原理适用于所有宇宙。此外，时间并非无所不能、包含一切的观点，也为这个理解提供了支持：有些东西是时间的力量所不及的，即便只有自然界的基本规律。

第二个理解是，这些原理只是相对脱离于有效规律及现象。它们构成了时间全覆盖性、不断变化性的一部分，尽管是变化最少或较少的那部分。它们的变化需要更大的推动力；不过，不管怎样，它们还是会变化的。

根据本书的两个核心观点（宇宙的独立存在性及时间的包容真实性），第二个理解是说得通的。宇宙的最重要属性是：宇宙就是宇宙而非其他。它恰好朝一个方向发展而不是另一个方向，自然界的有效规律也同样如此。这些原理，或者称更基本的规律，描述了有效规律的发展方向：家族相似性（借用维特根斯坦提出的术语）。我们并非与理性哲学家持有相同观点，认为自然及其历史被造谣中伤的特性是理性必然所披上的一层伪装。随着时间的推进，宇宙恰好朝一个方向发展而不是另一个方向，并不断地发生改变——全部宇宙，而不只是其中一部分。

规律与现象的同步转化或共同演化经历了由上至下的塑造；当宇宙状态表现为规律与现象间的区别消失，这一过程就会加快并扩张。由上，通过高阶规律或原理对变化的相对抗拒。至下，通过交替序列具有的约束力，即便在宇宙的非循环性交替处于极端考验限度时。

基于自然界具有不同状态、宇宙前后交替的观点，我们形成了规律与现象共同演化的看法，这是受序列或路径依赖性的启发，但同时又受限于有效规律的家族相似性（以原理或基本规律形式表现的相似性），不过这已表明我们开始对元规律难题做出回应。尽管这些想法没有触及到实证或实验研究方案，尚无法最终解决这一难题，但却为我们开辟了一片找寻领域。

规律与现象共同演化与因果关系无定律这两个观点间的相互联系，需要引起我们的特别注意。只有承认伴随宇宙的历史演变，自然展现出了不同的运作方式，并在这个基础上阐述和理解这两个观点，我们才能清晰掌握它们间的相互影响。首先我们需要摒弃第二宇宙谬误。

如果自然界尚未形成或不再拥有不同的、差异化的实体或元素（如粒子物理学和化学所描述的)，规律和事物状态间的区别不再适用，相邻可能的范围也会扩大，时间顺序上的前因会继续影响后果。因果关系将逾越规律。即便原理或基本规律也会发生变化，尽管较之有效规律，变化的频率低些、速度慢些。因果关系的存在不再需要自然界的运作方式，或是基本规律和原理保持不变。它们的基石不再是有效或基本规律而是时间。本书的观点是：有且只有时间才能保持不变。其他一切都会改变，包括变化的方式。这些命题——时间存有的包容真实性及其他一切的可变性——都不具备明显区别，只是相同观点的不同提法。

在现象和规律共同演化中，由上的影响（变化频率低、速度慢的基本规律或原理）及由下的影响（序列或原始因果关系）不在同一水平。前者是可变、相对的，后者是激进、永久的，它的力量来自于时间。

元规律难题解决方案提出的一个设想就是，在所有科学中，而非仅仅宇宙学，历史解释都先于结构解释。结构来自于历史，并非历史来自于结构，结构约束并推动着日后的历史发展。历史解释和结构解释间不会产生任何简单冲突。

时宇间宙 由推测观点到实证调查

这些都是推测观点，能启发形成一套宇宙理论及研究的框架。有了这些观点，我们就可以跨越哲学表现和自然界实证研究的界限。自然哲学，按照我们的理解和实践，超越了经验科学和实验科学的范畴，并可能干涉科学工作。

本书表达的观点——关于宇宙的奇异存在性及时间的包容真实性——

不能即刻应用于科学工作。但是，如果不能应用于科学工作中，它们的价值也微乎其微。在本书的第二部分，李·斯莫林（Lee Smolin）将探讨这些观点。眼下我们只要知道这些观点能够解开宇宙及其历史科学认识中的关键谜题即可。

宇宙的奇异存在性及时间的包容真实性有利于我们更全面、更有效地思考问题，正因为如此，它们才能成为经验科学和实验科学的前沿推测。如果它们最终能让我们更了解大自然，那么这些推测也就值得尝试了。

简单说来，我们需要有三点考虑。首先是宇宙的历史特征，如果要证明我们的观点具有实证价值，这点必须阐明；其次是可以检验这些观点及其经验影响的实践范畴；最后是研究方案要取得成果所必须克服的主要观念障碍。

宇宙历史中最有希望将推测观点转化为实证调查的部分就是对宇宙初始状态的解释。（初始状态这里指最早期宇宙的事实情况，不同于牛顿范式中我们描述并批判的条条框框。）宇宙的初始状态非常特殊，用后期宇宙的变化标准来衡量不太可能出现，所以迫切需要解释说明。

当前宇宙不过是众多或无数宇宙一员的观点，提出的目的在于消除当代粒子物理学盛行理论所带来的普遍不充分决定性，但它却无法打消人们的陌生感。在这个观点的基础上，我们可以想象宇宙之骰被投掷多次，直到宇宙达到初始状态并具备其他特点。不过即使我们愿意进入这样一个准科学幻想，我们也不指望能够进行概率演算。

在这种情况下，替代性状态不构成任何闭集，无法进行演算。只要我们没有充足理由证明宇宙数量是一个闭集，那么概率的合理区间就存在于宇宙内部而非外部。如果我们出于论证目的，承认多个宇宙的存在，我们就需要进一步理由说明数量虽多却有限；但是这样的理由根本不存在。结果就会影响到概率演算的应用。（在当代宇宙学的技术文献中，这个问题被称作宇宙测度问题。许多人都曾尝试过，为宇宙之骰具有无数面时的概率判断打下一个良好基础，但他们的努力都失败了。）

宇宙初始状态下的多面性制造了众多难题。本书前面部分已经涉及到其中几个问题，在本书第二部分，我将对其他问题进行深度和细节探讨。针对每个问题，我们的观点都为现行观点提供了解释问题的另一种途径；在我们的观点中，结构分析成为了历史解释的补充。

关于初始状态这个核心问题，我们的经验实践可分为两类。第一类是视其为类似于早期宇宙的状态。现在我们可以通过粒子加速器和计算机模拟来产生这样的状态。不论此类方法有何物理局限性，但至少理论上能够让我们对初始状态及其众多影响有所了解。只要满足用有限值而非无限值来表现初始状态的这个必要要求，我们就能够得到启发。

第二类指对稳定宇宙中事件或现象的观察及诠释，如黑洞内部情况，它们会保留最早期宇宙的一些特点：导致差异化结构瓦解的超冷凝。另外，开放式实证调查这个门槛性要求需要现象的价值介于有限与无限之间。

实证研究方案的设计过程中会遇到重重艰难的概念障碍。为了克服这些障碍，本书旨在提议思考宇宙学及物理学基本问题的不同出发点。其中两个障碍需要我们特别关注，因为它们与宇宙初始状态的阐明直接挂钩。

第一个障碍是多元理论下对宇宙繁衍失控的危险呼吁。宇宙繁衍论对初始状态这个谜题的解决，是错误地把失败解释转化为成功解释。本书前文及后文都会探讨如何抵制这种诱惑。

第二个障碍是广义相对论这个主导认识的声望已被宇宙初期存在奇点的观念盖过，这个奇点突破了时间及限值的束缚。例如，霍金－彭罗斯奇点定理（Hawking－Penrose theorem）认为，广义相对论场方程的任意宇宙学解，其时间型测地线不能无限延伸至过去，即便满足特定条件。这些条件包括：广义相对论场方程具有普遍适用性、物质的能量密度普遍为正值、宇宙在类空曲面膨胀、解值及应用范围不受特殊对称性限制。

至少从德威特（DeWitt）和惠勒（Wheeler）的研究开始，就有人主张量子效应会消灭宇宙奇点。量子论表明，奇点定理及其源理论具有不完整性。但是，它本身无法全面阐明宇宙初始状态这个问题：就其性质和构想而言，它只是对不同的宇宙区块进行了描述，缺乏宇宙使命感。

如果还有其他理由让我们承认时间的包容真实性，避免陷入无限的困扰，那么比较明智的做法就是把由广义相对论推导而来的奇点定理视作科学史中不断反复而得到的结果：强大理论延展到其正常应用领域之外。

科学的命运就是如此，理论提出之初似乎具有不受限的普遍适用性，但后来又被证明只适用于特殊情况。只要我们不被转瞬即逝的零散见解所迷惑，就可以继续把谜题和失败转化为新的发现。

时宇间宙 时间包容真实性的基本理念蕴涵

正如我之前所言，时间的真实性，远非一个空洞的陈词滥调，而是一个革命性的命题。激进的承认时间的真实性动摇了我们对大自然的许多传统观念，以及科学家们研究围绕的概念范畴。许多被颠覆的理念的共同特征是对时间真实性的模棱两可，在某些方面肯定，但在其他方面却加以否认。探索其中的一些蕴涵是为了进一步阐述时间真实性的意义。

原因和规律

这种元规律难题的第二种说法暗示，我们关于因果关系的传统理念是混乱的。因果关系判断以时间的真实性为先决条件。逻辑或数学命题之间的关系并不存在。自然规律已被普遍用来证明因果解释的合理性。如果时间就这么一直走下去（或者，用一种空间性稍弱的隐喻来说，时间是具有包容性的），自然规律不应理解成超出时间之外的。当因果关系在差异化结构反复出现，自然规律就会整理这种因果关系，正如自然规律在冷却后的宇宙的普遍现象。因此，自然规律的语言在其典型的假设中，认为自然界以差异化结构出现，是相对稳定而又易变的自然种类的集合，同时也认为这种结构成分中的因果关系展现了普遍性和递归性的特点。

自然界通常满足这些条件，但也不总是这样。也就是说，规律是会改变的，正如对称性和假定的常量会变一样，尽管其中某些常量（基本定律或原理）并不会轻易变化。一旦规律的稳定性和易变性同时放在宇宙的自然史环境中，它们就不存在矛盾了。

由此断定，我们不能希望在永恒不变的基本原则下建立因果关系。我们的因果解释似乎因此受到自然规律的时间性和易变性的影响。

我们的传统观念接受了对自然科学发现占主导地位的解释，编造了这一进退两难困境的两个方面之间的差异。传统观念认同时间的真实性，但并不认同自然规律在时间范围内而非时间范围外，也不认同自然规律可以因此改变。

接受这种对传统观念的批评就是认同修改因果解释的需要。因果解释通常既是对自然现象之间联系的假设，又是对自然规律的推测。观察自然现象或事物状态的因果关系（因为它们通常发生在冷却后的宇宙），也意味着观察具有时限性和易变性的自然规律。规律和现象在时间和变化的世界里保持其神秘性。

然而，根据此处陈述的论点，两种蕴含并非同序或同层。因果关系通常涉及到序列的影响力：前因对后果的影响。这种序列的影响不一定要求采取定期或反复的形式。因果关系可以不依赖规律存在，而是存在于我称之为的（在对第二宇宙逻辑谬论的讨论时提出的）第二自然状态中，以及在展现第二状态特征的更冰冷的、差异化的宇宙中的极端事件中。因果关系就像规律一样，而规律可能连同自然现象一起发生变化。根据规律和对称性来归纳解释，其局限性可能来自自然本身，而非我们的理念。因此，元规律的谜题，至少在第二状态下和因果关系的陈述中，并不是真正自相矛盾的。

在平常的科学解释中，我们可能忽略这些对律解释的限制，这些限制源于规律的易变性和规律外的因果关系。我们忽视它们是因为我们发现自己在这些冷却后的宇宙的规律中非常稳定。然而，理论的范围和目标越广泛，忽略因果关系的历史特征，以及忽略因果关系相对于既定宇宙中表现的规律的优先次序，就会变得越危险。

必然性和偶然性

关于时间真实性的讨论对我们理解必然性和偶然性也是有意义的。这种模态范畴没有固定意义，它们的参照对象是自然或社会的运行方式。在所有关于自然运行方式的理念中，宇宙论的理念处于头等重要的位置，因为这些理念从整体上探讨宇宙。这种方式以必然性的特征和衡量作为条件，我们可以将这一必要性归因于自然界的大多数必然联系。

人们有时说，必然联系存在于任意可能世界。然而，如果某个时间只存在于一个宇宙中——我们主张的观点更符合目前科学对自然的发现，结果又会怎样？如果宇宙的确是唯一的，存在多个可能世界的观点充其量是用来思考宇宙可变性的启发性探索：根据宇宙的现状考虑宇宙可能经历的变化。在这种观点下，探索想象世界的共同属性以及将其解释为必然性的试金石，都显得毫无意义。

结构的不同观点和宇宙的历史对于我们理解自然运行的方式具有不同的蕴涵。宇宙论确定我们关于自然必然性的观念的外部视野。我们在数学运算中徒劳地寻找宇宙必然性的基本原理，这些基本原理比我们在自然界所发现的更加纯粹和透明。

例如，考虑永恒宇宙论的蕴涵，宇宙平均属性永远不会随时间变化。随着宇宙的膨胀（如果它真的膨胀），将会不断创造新的物质，从而保持恒定的世界密度。这种宇宙论要求宇宙的特征是自体繁殖的。在任何确定的时间内，宇宙只具有这些属性，从而保持恒定的密度。

这类观点为永恒不变的自然规律的理念建立了牢靠的基础。然而，它却解释不了为什么宇宙必须如此构造以具有自体繁殖的特性，或者是为什么与存在于宇宙内的物质不同的其他物质不具有这一特性。解释最具有必然联系的必然性的唯一有用的方式是对这一观点的详细内容进行描述。一如既往的是，必然性和偶然性的模态范畴结果只不过是简略的表达方式，通过引用来陈述我们对自然运行方式的不同看法。

问题是二十世纪的科学对世界的发现，表明这一宇宙论是错误的。当前的标准宇宙论模型表示宇宙是在爆炸性的形成时刻开始的，然后经历了不断的转变。这种解释使我们更有理由相信世界的自然秩序和历史的必然性。从这一优势来看，我们可以认为宇宙的结构和演化在某种意义上是必然性的，但从其他方面来看又是偶然性的。必然性和偶然性取决于我们对宇宙论的具体理解。

自然过程的必然性或偶然性离不开宇宙论的解释方向，并受到一项重要先决条件的限制，即宇宙论不能阐明我在前文中称之为原始本体论中制定的预设：宇宙中并非无物存在（现实的基本条件）；事物、状态或事件的多重性由区分彼此的关系网络构成（联系的基本条件）。这种联系的主要形式就是因果关系。

多重性和联系的假设意味着现实不会以单个统一体形式存在，不会没有内部差异化，或只存在自身联系。我们不能想象大自然的运行方法不符合这些预设，我们也不会放弃探索和解释自然过程。然而，不仅是自然的构造要求我们接受这些关于自然的最简抽象假设：科学和前科学阶段的实验都证实了这一点。如果世界的构造确实符合现实性、多重性和联系性的假设，尽管我们的能力有限，但我们知道，自然界的构造具有非自然的特点。尽管在我们的影响下，大自然可能会是另外的结构，但即使我们得以存在，我们仍然可能无法理解。

将对这些预设的遵从描述成人工的，而非偶然的，我意在避免对偶然性概念的隐式参照。任何偶然性或必然性的概念都依附于对自然运行方式、宇宙以及宇宙历史的理解。我们所说的必然关系只是最根深蒂固的、最不易发生变化的关系。宇宙碰巧是现在的状态。

然而，一旦我们承认这些预设是不可避免的，所有关于必然性和偶然性的问题就变成了与我们的观点相关的问题，尤其是我们关于自然运行方式的宇宙论观点。目前标准宇宙论将宇宙的起源追溯到一个奇异点，在这一点上温度、密度和能量达到无限的维度，这一说法的因果顺序达到一个零点，在这一点外我们无法看到。这将使因果关系和统计测定的过程回到接近宇宙的起源。但是，我们既无法表示奇异点的前情，又不能将自然界从无限变成有限值，从而将宇宙发展成为具有自然规律的变化过程。无论关于自然规则符合永恒规则的主张多么强烈，这些规则都会受到各种源自因果关系运行障碍的偶然性的影响。

然而，因果关系对于科学来说比永恒规则的幻想要重要得多。物理学可以不用考虑永恒规则，尽管这样会放弃其中包含的超自然的光泽。但物理学不能不考虑因果关系。

将体现极早期宇宙的宇宙论看作是从未离开有限值的领域，看作是与先前的宇宙或与当前宇宙的早前状态存在因果关系。这一宇宙论的发展要求重新解释我们已掌握的宇宙历史以及不同研究议程的动机。我们要抵制第二种宇宙谬论：我们必须承认宇宙运行的某些方式既不允许自然界基本成分的固定区分，也不允许规则和现象之间的对立，这样我们才能拓宽对自然运行方式的视野。这使自然史的概念激进化和广义化，从而迫使我们承认自然规则成为这段历史的要素，并可能因此容易发生变化。这产生一种数学推理的观点，否认数学运算在现实表征时的有利地位。在所有这些方式中，我们需要彻底解构和重建许多关于自然和科学的信念。然而，不需要否认或忽视对早期时间的实证调查和因果推理。

该宇宙论将宇宙的断裂性变迁放在中心地位，这一宇宙是非自然的，而不是绝对偶然的。选择非自然的优势是因为它的相对中立性。绝对偶然性的理念受到了挫折的影响，即未能实现某些预先规定的必然性概念。证实绝对偶然性似乎是对这个世界的广泛的说法。事实上，这是在陈述对世界两种认识之间的差异：一种是我们可以辩护的认识，另一种是要求我们采纳的有影响力的方法（例如致力于研究牛顿范式和拉普拉斯决定论的方法，或现今的块宇宙观）。必然性的概念是受情境约束的，且与理论相关的。因此，至少衍生是一个偶然性概念。

宇宙的非自然性是指它碰巧以这样的方式存在，历史解释只能作为部分原因，还需要结构解释进行补充。结构是历史的补充，因为结构起源于历史。历史解释具有内在的不完整性，因为它只涉及过去和未来中那一块有限的可变部分。

如果说结构从属于历史，那么真实性又是存在的：它内化于规律和现象的同期非连续转化之中，下则受宇宙历史路径依赖性的限制，上则受对基本定律或自然原理变化强烈抵制的限制。不过，它不再依赖于宇宙和时间由一个奇点产生的这个观点所带来的神秘性，这种观点不过是以无限性来作为逃避理解的借口。

依托自然基本成分（粒子和场）的永恒整体理念，以及源自自然规律永恒结构的宇宙史概念，与否定这些理念的观点是对立的。世界（世界的基本成分和规律保持不变，规律的非自然性和初始条件使对不变定律的严格遵守变得更加神秘）由规律支配的理念和自然史的理念是对立的。这两种对立是类似的。在自然史里，时间永远不会停止，变化的形式和途径也随着其他事物发生变化。

可能性

关于可能性，有一个错误的概念在我们的传统信念中根深蒂固。很多哲学观点已经接受并阐述了这一概念。它长期以来形成解释自然科学发现的部分背景。

占主导地位的概念称为可能性的幽灵概念，我们需要拒绝并替换这一概念。根据这一观点，事件的可能状态是幽灵在这个世界蔓延，它在等待登上现实舞台的暗号。这一想法可能会发展成为一个概念，即事件的可能状态在我们的宇宙无法实现，可能会在其他宇宙实现，而我们与其他宇宙无法产生因果关系。

不论是否存在多个宇宙，但根据可能性的幽灵概念，可能存在一个外部视界。根据这种观点或其他观点，理解一种事情的状态就是知道它可能会变成什么。可能性的幽灵概念的前提是可能的事物永远是固定的，是组成现实的一部分，我们根据可能的事物理解真实的事物。我们变得越有洞察力，就越能更好地根据我们对可能性的最终视界理解事态的可能变化，最终视界就像一个广阔的同心圆围绕在我们真实世界的周围。拉普拉斯决定论和块宇宙观仅仅是这种观点的极端变体和极限状态。拉普拉斯决定论的假设是，对世界的超绝洞察力可以从现在的信息看到未来的状态；块宇宙观使用时空概念结合过去、现在和将来。

哲学和自然科学的多重世界或可能世界的观点依靠这种可能性的观点给予支持。这种观点也趋向于认同数学方程式能有利地表达现实。根据该观点的一种变体，数学是探讨所有可能世界和事物状态的最通用结构。单一宇宙观和时间的包容真实性的理论与这些方法是不相容的。根据这些理论，我们需要改变对可能性的理解。

可能性的幽灵概念必然会否认或贬低新世界的真实性。这里的新世界是狭义的新世界，因为它只是将既定的可能性现实化，犹如可能事物具有真实事物的所有属性，只是还没有在这个世界上发生。

单一宇宙观和时间的包容真实性为可能事物的不同概念建立了基础。如果只存在一个真实世界（当前的宇宙和早期的宇宙，或可能出现的宇宙的状态），谈论可能世界就基本没有意义。可能世界的观点充其量只是一个方法（具有极大的误导性），用来启发这一真实世界在特定时间域可能发生变化的方向。

我们唯一能与某种程度的现实主义和信念一起谈论的是近似的可能性：接下来会发生什么；从这里我们可以到达哪里。时间的真实性以及自然法则的稳定性和易变性的历史调和的观点使我们有理由相信，我们从近似的可能性离开得越远，我们推测的因果关系就越不可靠。例如，我们仍会根据我们对宇宙早期历史以及现在支配现象的稳定规律的理解来预测宇宙的最终命运。然而，我们至今仍没有掌握早前宇宙或宇宙的早期状态或早期状态如何结束的知识。如果当前稳定的自然规律可能再次发生变化，我们的预测必须结合情景，并且合理化。

可能的理解是，可能存在围绕所有现象和事物状态的变化机会的可变半影。关于这种可能性，我们希望拥有理由充分的理念。可变性的观点明确我们对当前和过去现状的理解。随着我们对真实性的理解发生变化，我们会修订关于可能性的信念。我们这样做可能是因为我们发现了新的事物，或者是因为世界上发生了某种新鲜的事件。

为此，根据发现的顺序，可能的事物发生在真实事物之后，而不是之前。这是我们遭遇自然变化的累积产物。（在所有哲学家中，只有亨利·柏格森具有这样关于自然可能性的理解，据说他是在辩护时间的真实性时产生的这种理解。)

是否是新的事物，取决于因果关系的运行方式。然而，在时间中变化的世界可能不受确定性和概率性因素的影响。单一宇宙观和时间的包容真实性没有理由使我们本着感觉良好的超自然体系相信，我们宇宙支持我们的观点，或相信进化和生命、文化以及意识一样会带来奇迹。然而，拒绝可能性的幽灵观以及它赖以依存的假设消除了认可自然界新奇事物的障碍。它使我们能够想象这个世界存在容纳以前从未存在的事物的空间。

6 数学具有选择现实性

时宇间宙 问题

怎样看待数学，怎样看待数学与自然、数学与科学的关系，与本书论点所涉及的两个中心思想密切相关：一是真实的宇宙只有一个的思想（与多元宇宙观相对，这种观点认为我们的宇宙只是多元宇宙中的一个），另一个是时间为真并影响万物的思想（因此，万物包括自然规律，或早或晚都会发生改变）。这些思想给既有的数学解释带来了困难，使其很难适用于对自然所进行的科学研究，这是因为这些思想无法与任何一种我们所熟悉的有关数学本质的解释充分相容。我们需要一种全新的方法。

这种观念的核心是，数学是一种对刨除了所有具体性和时间性的世界的理解，即一种不包含任何单个现象和时间的世界观。数学抛开现象和时间，仅关注真实的一个层面，即自然中一些要素与另一些要素发生关系的某些重复出现的模式。它的主题是结构化的整体和关系集合，这些在数学之外的表象世界中都只能体现在时序约束下的具体现象中。

数学视角的这种特殊性，即抛开现象和时间的特性，使数学在阐释时间概念占统治地位且充满现象的世界时具有很强的解释力。然而，这种解释力却给我们带来了双重危险。

第一层危险是，认为存在一个独立的，超越自然的数学真理领域，把数学对真实世界某一层面（即包含关系集合和结构化整体的那一层面）的表达误认为是一种对该领域优先的、毋庸置疑的见解。但这个领域并不存在，就像在得到确凿证据之前，我们有理由认为可能世界同样也不存在。

第二层危险是，我们可能会满足于数学命题的有效性和美学性，从而相信自然与数学一样永恒，而在不变的定律和对称性的作用下，尤其如此。这些规律性的东西只有用数学才能充分表达。在上述误解下，这些东西依靠数学表达又印证了数学不受时间约束的观点。如果认为数学也受时间约束，那就破坏了数学这个上天带给物理学的恩赐。

时宇间宙 作为发现的数学与作为发明的数学

如果我们把当代数学哲学家的各种专业论战放到一边，就可以看出几乎所有对数学的哲学理解都可以归为两类观点。

第一类观点认为数学是一种发现。数学是一种对数学事实领域中的真理的前进式（或回溯式）发现，不受表象世界各种起伏变化的影响。庸俗柏拉图主义（柏拉图本人在论著中用多种方法讨论了自然的复杂性与数学的简单性之间的关系，驳斥了这种观点）便是极端的一例。[大卫·芒福德（David Mumford）写道："要成为数学家，就必须是一个彻头彻尾的柏拉图主义者。"] 有很多更为严格的论证也持相同观点。

第二类观点认为数学是一种发明，是一系列定量推理和空间推理规则下的自由发展产物。这种规约性的分析实践可能由规则引导，甚至受规则的约束，但规则本身也是一种发明。这种发明实践的动机多样，不可列数，其中一些与在自然科学中应用数学分析关系不大，甚至没有任何关系，另外一些则把这种应用作为目标。

对于发现理论而言，每个真实的数学问题中都存在事实，虽然这种事实不一定与自然世界有关或发生在自然世界中。对于发明理论而言，不存在事实问题。谁发明了数学命题，谁就是它的仲裁人。

* * *

这两种有关自然以及数学的适用性的观点有一个共同的缺陷，它们都没有说明为什么数学会对科学如此有用，没有充分说明在对自然的科学研究中"数学的不合理的有效性"[尤金·维格纳（Eugene Wigner）]。

发现观没有做到这一点，这种观点在自然事实和数学真理之间发现了断层，却没有为它们之间提供任何桥梁。类似柏拉图那样的形而上学，如果可以信赖，也许会构建这样的桥梁。虽然并不明晰，并不完美，但它可以说明自然现象为何与更为完整深刻的数学真理有共同之处。然而，自柏拉图之后，多数认同发现观的人并没有探究这种本体论。缺少了这种本体论，他们就必须面对这种观点所包含的形而上学二元论问题：一方面是自然历史和具体现象，另一方面是永恒的、无具象的真理。

发明观也没有说明数学在自然科学中的适用性，要么把这种适用性作为一种令人愉快的巧合，要么把它看作一种抽象推理工程的结果。如果情况是这样的：我们的众多数学发明，本因其他原因而生，却神秘地恰好为物理学理论各个接续而来的发展浪潮提供了所需的工具，这就是令人愉快的巧合；如果我们总是能够在面对现象时，构建出物理学猜想所需的数学理论，那么这就是一种抽象推理工程的结果。如果数学如此之灵活，无论是通过发明的方式，还是通过建构的方式，我们总能从中得到表达自然研究中因果概念所需的形式工具，那么它本身就值得怀疑。同样，如果我们轻而易举地就能从数学中得到我们想要的东西，就会使数学丧失独立核查自然科学理论建构工作的功能。

令人愉快的巧合与抽象推理工程都无法真正反映数学与物理学在历史上所发生的联系：数学的发展时而领先物理学，物理学的发展时而领先数学。这两种观点都没有充分说明影响数学发展历程的两股巨大的互动力量：数学论证的内在性发展（每次突破都会带来新问题）以及自然科学发展所带来的刺激（即有的数学工具不足以推进全新物理理论的发展，或不足以使令人焦虑的物理直觉精细化）。

时宇间宙 数学的属性

下面我们介绍一种观点，它旨在纠正数学发现观和数学发明观这两种矛盾观点中存在的缺陷，也旨在使我们对数学的理解与单一世界论和时间的包容真实性相统一。

我们先对数学的属性进行说明，从浅显的无争议的内容开始，然后过渡到那些没有得到公认的内容。事实是，我们所熟悉的表层数学特征只有在更深刻、更深奥的特征关照之下才能得到完全的理解。

有了完整的数学属性图景，我们就有了基础，可以把数学解释为一种对单个真实世界的特殊理解。数学论证的力量，包括它在自然科学中的有用性，都与其忽视某些最基本、最普遍的自然属性直接相关。

* * *

我们所熟悉的数学属性包括阐发性、递归性，以及在建构等价命题时所表现出的多产性。这些特征相互关联，相互重叠。

数学阐发性表现在解开某个结构化整体观念或关系集合观念背后暗含的东西：我们会看到，这里的结构化整体或关系集合不是任意的，它超越时序现象下的自然经验。即使世界失去了它的“血肉”（即在时间中发生发展并终结的具体现象的“血肉”），还原为一副骨架，仅包含其大部分一般特征，它也会以其骨架的形式继续保有结构或内容。

这样的内容可由数学观念来表达。每个数学概念都是这样一种残留结构中的构件，都可以作为基础参照概念。数学阐发就是暗含在基础参照概念中的数学命题的前进式发展，这些命题描绘了没有血肉的世界的相关要件。

与法律思想中被称为概念论的观点相对照可以说明这一点。19 世纪，法学家认为合同或财产这样的概念本身就包含法律内容：它们是整个法律规则原理体系的基础参照概念。这种观念早已被斥为原始的经院哲学：这些概念很可能只会衍生出我们所置于其中的东西。不过，作为一种在过去两个世纪中对法律思想和社会思想产生巨大影响的观点而言，它还是有一定道理的。

这种观点，我们可称之为分类观，它认为在像法律这样的制度性细节中存在着各种社会和经济组织类型，或各种不可分的社会和经济组织系统。一个社会虽然可以选择某一种类型予以建构，但每种类型所包含的法律制度内容已经预定。当我们分析合同或财产这样的概念时，就是在揭示这个内容。我们可以把 19 世纪法律分析中的偏见斥为粗糙的概念拜物教，但与之相比，接受摒弃分类观所带来的认知后果和政治后果是很困难的，虽然我们应该这样做。

把阐发作为法律分析方法是误入歧途，根本原因是它把一个社会构件作为自然现象来处理。数学中对应的阐发过程却并非走上歧途，更非可有可无。数学在言说自然世界，但它采用了一种有选择的方式，这种有力的论证与所有自然事物都具有的具体性和时间性无关。

数学的第二个属性是它依赖递归性论证。当论证把自身作为对象，或者，更严格地说，当它被应用于自身所得以开展的程序时，就产生了递归性。递归性论证使我们从列举中得到规律性。我们从表面上的具体个例，提出暗含于其中的一般规则，从而由具体飞跃到一般。［这就是递归论证中被皮尔士（Pierce）称为的溯因推理，以区别于归纳推理，这两者经常混淆。] 这种方法使我们得以在较弱、较少的基础假设上得出有力且丰富的结论。

我们可以用递归性数学论证间接地认识结构化的整体和关系集合。数学论证并非直接研究自然，甚至不会直接研究自然科学理论中的预设或暗示，相反，它通过对数学概念的一般化来研究更多的具体集合和整体。这项一种具有自展性的活动，最后外推至某种层面下的自然世界，其直接主题是数学论证本身，而其隐匿的主题是由数学言说的被掏空的自然世界，刨除了所有时序下的具体现象。

数学的第三个属性是表述等价命题时的多产性。数学论证的大部分都表现为如何用一种分析重新表述另一种分析。从规范对称性对物理学和宇宙学起着至关重要的作用，我们可以看出这一属性对自然科学的实践意义。

正如阐发性会被误解为一种有迷信性质的概念论，递归性论证会被误解为归纳法，等价命题的多重性有可能被误解为一种同义表达的标志。就好像我们已经理解了我们所研究的那部分世界的本质，只是想用更好的数学语言来表达这种理解而已。按照这种对等价机制的理解，我们要做的是更好地组织数学语言，厘清哪些符号组合具有同义性，哪些没有同义性。

数学的这个属性，其基础和本质体现在别的地方。数学抽象使数学遇到了一种危险。这种危险是，无法把由数学研究的有序整体和关系集合，与这些对象的传统表达区分开。（那些持数学仅是一种发明的人认为屈服于这种危险是他们整体方案的一部分）正是因为数学中没有受时间约束的表象世界，我们无法从中得到惊奇、迷惑，也无从纠正我们的错误，所以我们必须在各个节点上努力把我们对刨除具体现象的抽象自然的认识，与它们的传统表达区分开。做到这一点最好的方法是坚持用等价的形式表达各种概念。

* * *

这三个属性仍无法充分说明数学的特殊本质及其独一无二的力量。它们不仅不足以说明数学，也不足以说明它们自身。

数学论证与逻辑论证还有一种特性，使其与因果解释不同。在因果解释中，原因出现在结果前，因果解释在时序之外没有任何意义；因果关系只能存在于时序中。然而，数学论证或逻辑论证链中的各个步骤却存在于时序之外。举一个简单的例子，在逻辑三段论的结论与其大前提和小前提之间并不存在时间上的接续性，即不存在真实世界中的那种“之前”和“之后”。它们也并非同步，它们完全不在时间范畴中。

从根本上说，时间性与具体性紧密相连。世界中的每个具体现象都存在于时序中，而所有存在于时序中的事物都是一个具体现象，虽然具体现象的本质本身，即具体现象之间借以区分彼此的东西，会在时序中发生改变。表象世界既是具体现象的世界，也是时序下的世界。甚至是天使，要参与历史事件，也需要相异的个性，虽然据说它们没有肉体。

有两个事实可能会被错误地认为与数学命题之间的关系存在于时序之外这一观点相悖，但事实并非如此。第一个事实是，数学论证和逻辑论证都发生在时序之下。但它们出现在受时间约束的个体的大脑中，并没有说明它们的内容。命题的内容是一回事，而心理现象是另一回事。

第二个事实是，非时间性的话语可以用来描述时序中的运动和变化，这比第一个事实更值得注意，更有迷惑性。最具有说明性的例子莫过于数学对自然科学的适用性，如微积分在力学中的应用。牛顿和莱布尼茨发明微积分，在某种程度上是用来给发生在由初始状态限定的、受假定的恒定规律支配的构型空间中的运动和变化提供数学表达（因此，得到表达的是世界的一部分，而非整体）。只有当物理学不再去尝试解释变化，并用结构分析替代因果解释时，这种看似矛盾的用非时间性的联系来表达时序变化的作法才不会让物理学那么奇怪。

用时序之外的关系来表达时序现象并非只是“数学的不合理的有效性”问题的一个层面，它是整个谜的核心。这个谜有一种解释，这事实上是两个解释：一个是心理学和进化学的；另一个是方法论和形而上学的。在探讨它们之前，我必须更细致地说明数学与时序之间的战争。

数学既处理自然的问题，也处理自身的问题。然而，数学处理的自然中没有时间，也没有任何现象区分。由数学表达的世界既不是真实世界，也不是只包含永恒数学构件的世界，而是唯一存在的真实世界减去时间。数学研究的是真实世界的幻影。与真实的东西不同，幻影是模糊的，永恒的。

为什么这种对世界的替代性分析却能如此有助于表达真实世界的因果关系？我之后会提出一种进化论猜想，说明为什么大脑作为一种解决问题的工具，有能力把结构整体和关系集合在时序之外相互联系起来。不过，要理解忽视自然时序和具体现象所带来的解释优势，并不需要这个说明。

我们不可能在保留现象的时间性的同时，把现象的具体性刨除：自然世界的所有事物都浸淫在时间中。然而，只有在忽略时序和现象区分的前提下，才可能以最一般的形式处理关系和组合。在这种情况下，我们可以更轻松地对一般联系形成概念和推理，不受我们所看到的具象形式和时间形式的束缚。我们可以用这些概念和推理解释时序中的运动和变化。如果自然科学对联系可能性的想象力仅限于我们的感官或工具所能捕捉到的形式，这些概念和推理就为自然科学提供了其本身不可能达到的东西。

但当我们研究这个幻影时，即研究没有时间和具体现象的世界时，我们研究的究竟是什么呢？这就是数学的第四个属性：其主题在非时间性世界的思想下展开。

一个简单但不完整的回答是，这个幻影世界里只剩空间和数字，或者更严格地说，只剩数字与空间之间的联系。一个更充分完整的回答是，这个幻影世界里包含的是世界各个部分之间最一般的关系：结构化的整体和关系集合。在数学中，我们处理的是它们的无实体形式，因而也是其永恒的形式。因此，只有通过不断的自省，我们才能避免在数学界中久为盛行的假柏拉图主义，即这样一种无根据的观点：如果我们能够对某种对象以抽象的方式进行设想并论证，如果在论证的过程中，我们发现存在公理和推理规则不足以解释的限制条件，那么这种对象必然属于某种特殊形态，是真实的一部分。由此我们就进入了本体论领域。

这样，我们就忽略了更为可能的一种可能性：数学概念的对象并非存在于另外一个领域。它们同样属于这个唯一的真实世界，在一种特殊的思维下，这个世界不受自然中的现象区分和时序差异的影响。

数论最能体现以数学分析和逻辑论证作支撑数学对象本体论的倾向。质数按黎曼假说的方式进行分布，或者根据哈代的研究结论，黎曼 zeta 函数（zeta function）中包含的无穷个零存在于临界线上，这些都似乎被当作自然事实来对待。的确，它们有此属性：它们都表现出这个世界的硬性特征，就像水在 32 华氏度（0 摄氏度）结冰，而非在 31 华氏度（-0.55 摄氏度）或 33 华氏度（0.55 摄氏度）一样。但这并不意味着这些事实所代表的真理所适的对象不是 32 华氏度（0 摄氏度）为冰点的自然世界，而是一种特殊的实体范畴。

事实是，在一个以真实性、多重性和联系性为基本假设的世界中，即在一个包含离散但相联系的现象的世界中，我们借以列数这些现象的数之间有着某种确定的，令人惊讶的关系。我们可以通过规定发明一套符号系统以及联系各个符号的方式，使其他关系得以成立。但造就物理学的既强大又危险的演绎性数学并非这样一套符号系统。这种系统无法支撑我们在科学和知觉中建构的世界，即便这种数学拥有某种朴素的选择机制。它可能包含规则和限制条件，就像我们发明的游戏一样，不过它也只能作为我们所发明的游戏，仅此而已。

要理解这种观念与其他表面上有类似性的观念的不同之处，就有必要把握数与空间，算数与几何，正如莱布尼茨所见，它们是数学的永恒论题和出发点。我们对于数的看法正是我们对于唯一的真实世界的看法，我们对于空间的看法也是如此。此外，这两组看法有彼此依存的关系。

拥有分化结构的世界存在于空间维度中，其空间延展性是其发生变化的条件。存在的东西并非具有唯一性，而是具有多重性，虽然这个多重性的本质会发生变化。多重性不仅指所存在的差异的范围，也指世界中不同部分之间差异的方式以及不同部分自身发生变异的方式。

世界变化的复杂性对于真实性和时间的本质有决定意义。我之前提出，理解时间的一种方式是把它看作是变化的变化。仅当变化不均匀时，时间才是真实的。如果存在的东西具有唯一性而非多重性，不均匀的变化就不可能发生，至少对变化而言如此。是空间，或者说空间延展，使得存在拥有了多重性，继而使变化拥有了变化性。

只要有了空间和复杂性，就有了列数或数量化的理由。这是数的根基，也是数与空间关系的实质。

我们不会在别的世界中列数事物，我们只会在存在的世界中这样做。在这个世界中，它们的数字关系和空间布局是同一件事的两个方面。几何和代数的对应性并非早期现代数学的偶然发明，它揭示了自然的一个重要真相。

我们所发现的数字关系，如质数的分布，不是关系到一个数学对象的世界的事实，而是关系到唯一存在的世界的事实，虽然这种事实可以说是第二级的。它们不涉及构成自然的自然现象之间的交互关系，它们涉及的是这些交互关系所体现出的数字、列数或量化等方式中的第二级的或者说更高一级的关系。

它们不是有关另外一个世界的事实，也不是自由建构的产物。它们就是这个唯一的真实世界的事实，虽然这些事实与我们所熟识的感官世界有等级差异：正是数学的特殊视角造成了这个等级差异。这种等级差异并没有使这些事实失去一般自然事实那种让人惊讶的效果。

这个观点意味着数学与空间的关系，数学与时间的关系，存在基本的不对称性。它与空间的关系非常紧密，与数字有内在的联系；它与时间的关系较远，且具有外部性，即便数学论证要表达的是发生在时序中的运动和变化（如微积分的最初应用）。

21 世纪物理学的发展历程体现了这种不对称性的影响。即使物理学提出了时空相连的观点，并否认时空是物理现象，是绝对不变的背景，它也是让时间空间化，而非让空间时间化。把时间称作“第四维”，正是这种观点的通俗体现。其最重要的体现是，物理学总是对时间的真实性模棱两可（对空间的真实性不存在这样的摇摆）。所产生的一个结果是，强化了以无时序的自然规律框架支撑我们对自然的因果解释。

* * *

数学在时间想象和时序连续性以及现象具体性方面有所欠缺，而这些对自然（因而也对自然科学）来说都是处于中心地位的真实性。但数学对于无限性的表达十分成功。征服无限性是 19 世纪数学的巨大成就之一。之后，出现了把数学作为自然的神谕和科学的预言，把科学，包括宇宙学，看作应用数学的观点，它们要在自然中找到数学上的无限性。但自然中找不到无限性，至少找不到它们那种无限性。

自然中不存在可与数学无限性对应的东西，这就说明把数学与自然世界对应起来的作法有着潜在局限性。有很多东西，数学很难表达，自然中却很丰富：在连续时间流中发生的单个事件。数学所提供的东西，即其最高成就，自然中却没有呈现：无限性。

无限性是一种数学思想，是对无极限和无界限的数学表达，与神学或形而上学的观念不同。很多人认为（包括很多不同的思想家，如阿奎那，休谟和希尔伯特），数学上的无限性在自然中并不存在。在自然科学中摒除数学无限性在本书所阐述的宇宙观中另有其重要性。

在自然科学中融入无限性的作法受到评判，在传统上始于人们的观察，从没有人在自然中观察到过数学意义上的无限性。无限性的思想由数字、空间或时间上的无限大引起，这个类比十分松散，甚至不正确。这种引用常常有助于表现或掩饰某个物理学理论在适用性上的局限。比如，从广义相对论场方程推导出无限初始的奇点。无限性在量子力学中也有同样的表现，它被用来弥补理论的缺陷，理论无法解释在普朗克尺度上真实发生之事与可能发生之事的矛盾。

这种传统的批评没有触及反对将无限性引入科学的根本原因。自然中存在的所有事物，包括宇宙及其所有现象和事件，都产生自时序中的其他事件和现象。所有事物，正如阿那克西曼德所述，在时间统领下转化为所有其他事物。

在我们对自然运行的观察和理解的基础上，无限性会如何存在呢？宇宙之大可能不确定，宇宙某些基本成分之小可能不确定，宇宙历史过去之久可能不确定，未来之远也可能不确定。但在不确定之大或不确定之小与无限大/小之间，在不确定之长久与永恒（即时间上的无限性）之间，还有着无限的差异。

我们在自然中观察到的所有自然事件的过程都无法跨越不确定之无限大或永恒的鸿沟。宇宙不可能变为无限大或无限小，同样，宇宙不可能通过在时序上不断成长，就变为永恒。

世界也不可能在空间上变成无限性，这与它不可能变成永恒一样，它可以一直具有空间无限性或永恒性，或两者兼备。世界中的任何事物都不可能无限或永恒，但世界本身可以无限或永恒。

当我们要思考宇宙，多个宇宙的接续或唯一的真实宇宙的各种状态等概念，与宇宙存在的概念或真实的概念的关系时，就会陷入混乱。在宇宙停下来的时刻或地方，我们会想见存在或者某种存在的潜能必须持续存在。我们竭尽全力去设想无的状态，而无很容易向我们展现为存在的影子或标志。

例如，假设宇宙在其历史中的某些时刻还原为不稳定的非真空场，这时宇宙并非无的状态。这种存在有其历史，可以伸向我们无法把握的过去和未来：比我们对目前这个宇宙或其目前状态所能追溯的最久时间，138亿年还要早；比我们猜测的它将来发生热死亡以及可能的收缩和重生的时间还要久远。

对科学而言，宇宙和自然是同一回事（如果我们容许由存在气泡宇宙或领域宇宙所带来的复杂性）。对于科学而言，宇宙整体，包括观测到的部分和未被观测到的部分，包括它的历史以及已知和未知的东西，就是世界。任何东西都不能超出其外，我们也许可以想见它们之外有一些东西，至少有一些存在的潜能，甚至是某一种存在的潜能。这样的看法会诱使我们认为世界必须在空间上和时间上具有无限性，认为数学必须建构出无限性的原因是，它本身存在于自然中。

然而，科学无法解决存在的谜题，它无法像一些理性主义形而上学家（如斯宾诺莎和莱布尼茨）自称的那样，可以通过超经验的条件推断出宇宙及其历史的属性，从而合理地驱散它们的错综纷繁，解释为什么它们恰好是这个样子，而不是别的样子。它无法凭其自身的工具探究表象世界之外的存在或形成。它无法通过表达表象世界来形成更宏大的叙述或形成更具根本性的框架，无法像数学那样给这样的叙述或框架赋予无限性和永恒性。科学也没有战胜或禁止其他经验和知识来源的基础，在科学之外，凭借这样的经验和知识，我们也许会碰碰运气试着解答存在的谜题。

科学的这种自我克制的作法是其力量的来源，但这并不意味着科学有权力把这种作法强加给所有经验。科学主义不是科学，它在本书所倡导的时间性自然主义中没有任何位置。

我们之前论述的元本体论或反本体论里的这些基本假设，存在性（存在某种东西，而非无）、多重性（存在的东西并非唯一）、联系性（这些存在着的多重事物发生互动），界定了科学最简的工作假设。然而，这些工作假设都不涉及宇宙的无限性和永恒性。

一旦我们克服了这些混乱，就可以更清晰地说明为什么要反对自然中存在无限性和永恒性的看法。世界是无限的或永恒的，或兼具两种属性的看法。其问题在于，由于不确定与无限性或永恒性之间存在着无限的差异，我们无法确证世界是否无限或永恒。自然的整体面貌可能与我们通过科学和知觉所观测到的片段不同。我们可能会被迫接受这种极端的观点，原因是接受或设想下面这种明显的替代观点异常困难：多个宇宙的接续或者一个宇宙各个状态的接续在时间上是有限的，虽然在现代几何学中空间有限性的观点更容易理解。（这些相对的、似乎穷尽的可能性正是康德在其“第一宇宙二律背反”所提到的困境，那时，宇宙的空间有限性与时间有限性同样难以理解。）

不过，还有另外一种不起眼的观点，认为唯一的真实世界及其多个宇宙的接续或唯一宇宙各个状态的接续，跨越了不确定长的时间。在科学工作中，当我们要超越科学的极限，并试图把科学带入它不可企及的地方时，我们就会立即抛弃这种观点。引入无限性的数学观点，并用它来粉饰伪科学，科学不仅不能从中受益，还会失去很多。

上述有关自然过程有限性的论述只涉及一种无限性的观念，即数学中使用的无极限或无界限的无限性观念。如果从其他角度去理解无限性，那么自然中很可能存在无限性。但自然中存在不同种类的无限性恰好说明数学与自然之间的差距，而非支持它们两者之间有对应性的看法。

例如，亚里士多德的无限性，他把无限性看作不可跨越的东西，就像一条“汹涌的河流”或一条“整齐的环形跑道”。根据这种观点，无限性总是有一些东西不在其中，这与那些认为无限性无所不包的观念不同。这种无限性指的是因存在于时序，不断延续，而从不完全在场的东西。在亚里士多德的术语里，无限性的存在总是潜在性的，而非事实性的，也不是永恒的，这与他对时间真实性的认识分不开，也受他作为形而上学者和生物学家的思维的影响。对于时间性事件，无限性指它们的不完整性和开放性，因此是一种不确定的持续的思想，而非永恒。

如果无限性指的是自然的某种特征，那么自然中的确存在无限性，至少存在于本书所论述的观点下的自然中。在这个意义上，宇宙也可能是无限的，就像亚里士多德所言的汹涌的河流，不可被跨越。然而，这种无限性绝非来自于数学，无法用数学完全表达，这也许仅仅是因为它所包含的时间性。数学语言只能部分地表达这种物理概念。

* * *

由上述数学属性的讨论，我们可以看出数学既不是发明，也不是发现，至少传统意义上的数学发明观和数学发现观如此。把数学看作发明和发现的观点也许有其合理的成分，然而，要充分地说明数学，仅靠把这些成分结合起来是不够的。这需要一种不同的视角，这种视角应该能够支持宇宙唯一性和时间的包容真实性的观点，并从这些观点中得到佐证。

我们首先考察数学发明观中正确的方面。自然之外不存在可以作为数学研究主题的实体。数学的研究主题也不可能是我们进行论证和推理的能力和实践，这些内容太过广泛模糊，无法界定出一种研究真实性的具体方法。

我们可以进一步缩小数学这个领域的范围，认为它是针对数字和空间，以及针对更广泛的结构化整体和关系集合的论证和推理。即便如此，在数学和非数学之间还是存在太多空地，很难将两者区分清楚。另一方面，坚持认为对数字和空间的论证是演绎性的，公理性的观点可能太过严格。数学中有很多东西不遵循演绎法，而非公理性的东西更多。

利用排除法，当然也是因为别无他法，我们可能会得出结论，认为数学的本质不仅是关注真实世界中最一般最抽象的部分，而且与其发展历史有关。数学的关注点与其历史结合起来就使数学有了很大的操作和创新空间。这种空间正是数学发明观中正确的方面。

我们现在考察数学发现观中正确的方面。数学的确有其研究主题，但这个主题并非其本身，不管我之后提到的数学内在性发展在数学史中发挥了多么大的作用。数学的研究主题具有最抽象的特征：离散的实体结合成整体，或整体分解为离散性可数的片段的方式。数学通过提出概念以及概念之间通过推理链条发生相互联系的方式，从现象区分和时序中抽离出这种关注点。这种抽离会使数学对于表达事件更有作用，因为事件具有现象区分性和时间性。

数学发现论中的第二个正确方面是，数学的分支并非按一个猜想接一个猜想，一个定理接一个定理，或一个推理接一个推理的序列进行发展。数学的发展呈现出不连续性，每一个新领域或新方法的出现都带来某种特定的结构，不仅包括一套不同的概念工具，还包括一系列组合和适用方式，这有点像音乐史中出现的新音乐风格。这种结构内容并非一下子就表现出来，需要一些时间去把握和描述。在用它解决自身问题和命题，或解决自然科学中的问题的过程中，如果数学家没有引入新的数学领域，那么他的工作就是阐明、发展这种结构的内容。

也许，数学家必须把自己置于既定的数学分支之下进行工作是看起来再正确不过的事。但数学新分支的创立者认为他们的创造有内在的属性、潜力和限制条件，甚至有自己的推理步骤，这虽令人惊讶，但也足够正确。比照时序约束下的因果解释与非时间性的数学联系，再考虑到上述事实，我们轻易就会认为数学探究领域在有形的可视的自然世界之外。认识到每个数学分支内在的严格的属性反而成了会诱使人陷入庸俗的柏拉图主义。

在这方面，数学与自然科学没有什么不同：所有宏大的理论都有其特有的研究图景以及结构上的可能性和局限性，这些都只能随着时间，在研究的过程中体现出来。把这种数学属性理解为以公理为基础的思维方式是错误的。数学不可能完全成为一个公理系统，而在数学探究的历程中，公理性论证只起到了微小的边缘性作用。相反，把数学置于公理性论证之下会消弭不同数学分支的差异，导致数学被还原为标准化的逻辑以及演绎推理。

数学发现论中的第三个正确方面是对第二个方面的限定和阐发。数学各个部分之间的差异是真实存在的，数学的内容极其丰富，这些正是因为数学的构造一直大于形式公理系统。它是从特定的角度思考真实、表达真实的一种方式——这种视角忽略现象的具体性以及现象所处的时间流。数学不等同于演绎法（更非公理性论证）；如果我们用接受这种异常狭隘的视角所带来的局限性和希望，那么数学就是对所有推理形式的使用，包括演绎法，溯因推理法和归纳法。在这个意义上，如果用某种特殊的方式看待世界，那么数学就是对这种世界的发现。这种方式有助于因果解释，正是因为它不具有，也不可能具有因果性。它不具有因果性，因为它根本没考虑时间性和现象具体性。

对数学发明观和数学发现观的上述说明看起来有综合两种观点或折中两种观点的意味。然而，只有在一种完全不同于这两种思维方式的观念的基础上，才会产生这种理解。这种观念彻底改变了发明观和发现观的含义，使得所得结论既可以理解为对两个观点的完全摒弃，也可以理解为它们的结合体。

如果数学仅仅体现出我之前列出的前三个属性，即无处不在的阐发性，递归性论证以及在建构等价命题时所表现出的多产性，我们完全可以从数学发现观和数学发明观中得到某些借鉴，用它们来弥补两种观点彼此的缺陷。但这种作法会使我们忽略数学最重要、最独特的属性，正是这种属性使数学既非传统意义上的发明，也非传统意义上的发现。这种属性（即数学的第四种属性）是，数学研究的是真实世界的，即唯一存在的世界的幻影，其中的“血肉”，流动的东西都被清除了。

* * *

用这四种属性来说明数学，可以解释数学能力给我们带来的两个思想陷阱，并帮我们抵制它们的诱惑。这两个陷阱是我们具备数学能力所要付出的代价。

第一个陷阱是，我们可能会认为自己的数学抽象能力可以使我们获得真知灼见。这种见解的特殊性有两层，第一层特殊性在于，数学研究非时间性的真理领域，与我们所生存的自然世界不同；另一层特殊性在于，数学具有某种确定性，我们在自然科学的实践中根本没有这样的预期。这样，数学似乎不仅代表了我们对这个世界的更高一级的认识，而且似乎是我们对更高一级世界的认识。

第二个陷阱是，由于数学向我们展现的幻影世界没有时间性，我们可能会否定时间的真实性，或给这个真实性打折扣。数学论证和逻辑论证是我们大脑里的第五纵队，专门与时间的包容真实性作对。在自然所展现出的样貌（它浸淫在时间中，不断地变化）与数学关于真实世界的看法之间，我们可能倾向于相信数学，而非自然本身。

这两个陷阱给我们带来不同程度的幻觉，其中第二个陷阱的危害性尤甚。两个陷阱之间的关系是非对称性的。我们可能会仅陷入第一个，而逃过第二个。不过，如果陷入了第二个，由于概念上和心理上的原因，我们就很难完全逃过第一个。由此，我们可能会贬低时间的真实性，甚至是完全排斥时间的真实性，反而坚信最可靠的真理来自于数学，认为真理没有时间性。

前面的论述使我们有理由反对这两个陷阱。避开这两个陷阱有助于为我们建立收缩式的、自然主义式的数学观奠定基础。

时宇间宙 自然进化猜想

刨除时间性和现象区分是数学论证的核心，但我们不应该把数学避开真实性问题看作神迹，因为这可以得到明确的自然主义式解释。其中一种说明来自于自然进化论。

我并不希望证明这种说明是正确的。我只想说明，在原则上，我们可以解释数学这种特异的决定性的特征，而不必与我们对自己的理解相矛盾。

人类大脑是一个解决问题的工具，但它不仅仅只是机器。我们与动物最本质的不同在于，在需要主动性的情况下，我们可以用大脑思考事件的进程。我们可以比较不同的行为方式，怎样去干预一个情境，或者通过干预进行改变，至少是逃避危险。

在改变行为或逃避行为中，我们解决问题的能力部分地取决于我们对世界的各个构件进行怎样的组合，进行怎样的重构认识。当这种认识不再限于具体情境的表面结构时，我们解决问题的能力就有可能得到加强。当这种认识超出我们从过去经历可能归纳出的所有结论时，解决问题的能力会进一步加强。

这种认识的一个极端是我们对联系性的局限认识，这就是我们被冠以本能的行为所暗示的东西，是一种潜意识性的思考。另一个极端是我们对联系性的认识拓展，这就是我们的数学论证和逻辑论证，把世界各部分之间的关系与它们的物质样态和时序样态彻底割裂开。

这种刨除时间性和现象多样性的明显特性大大提高了我们解决问题的能力。数学和逻辑抽象的力量有助于我们在具体情境下解决问题，使我们有能发展并使用对结构化整体和关系集合的最一般的概念，而不受任何具体情境的限制。

具体情境下以行为为导向解决问题的能力与我们抽象关系思考能力之间的联系也体现在科学领域中。对科学而言，科学家使用的工具所发挥的作用与实际情况中行为的刺激和限制相对应。科学家用工具研究自然，将自然置于实验中，可以超越感官的局限。工具可以拓展感官的范围，但也有一定的限度。它们所能做的也只是在一个受限的视野下探知世界的一个片段。

数学发明和推理强化并拓展了我们对世界各部分关联性的理解，并且把这种理解用数字和空间的方式表达出来。这使科学的视野从工具限制下解放出来。

这种解放的前提是具有双重性的大脑的存在。为了精于解决问题，大脑不能仅仅是一种按照程式运行的模块化装置。大脑必须保有两个层面。一个层面是，大脑具有模块化属性：大脑须有不同的部分组成，每个部分各自负责相应的功能。另外，模块必须程式性，按照程式反复运行，就像一台机器。然而，另一个层面是，大脑必须具有非程式性。它可以设想出的或发现的东西要比程式或程式系统所能生成或所能包含的更多，这种能力来自于大脑的可塑性，但无法由可塑性解释。这种能力有递归性，能够把所有事情联系起来。它还有自我否定，能够超越既定方法和预设的限制。大脑的这一层面就是我们所说的想象力。

如果我们思考的内容可以超过所有既定程式的限制，可以返回来提出新的程式来说明打破原有程式的理据，这时我们解决问题的能力也就强大了。为达到这种效果，我们在遇到紧急情况，需要及时采取措施时，应该有理解、解释和看待眼前事物的新方式，能够把它们处理为有序的整体或关系集合。在自然科学中，我们用科学工具拓展自己感官的界限，也拓展了解决问题与数学抽象或逻辑抽象之间的辩证关系。然而，这种辩证关系的本质并没有改变。

时宇间宙 重识数学史：站在世界之上但不脱离世界

过去一个半世纪的数学史为上述看待数学思维属性的观点以及看待数学与自然关系的观点指出了方向。同时，这种观点又暗示着一种对这种数学史的特殊理解，它与那些有关数学在自然科学中地位的旧有观点不尽相同。

现代数学的发展有两个大趋势。第一个趋势是，数学逐渐从感官经验和常识性思维中脱离出来。这种脱离在数学的两个重要领域，空间和数字中均有所体现。在空间方面，体现为非欧几何的发展；在数字方面，这种现象更是不胜枚举。不过，没有什么比数学技术对无限性的把握更能颠覆常识偏见，没有什么比集合论具有更广的范围和更深远的意义。集合论中的矛盾导致了数学基础的思想危机，这在20世纪20年代达到顶峰。

理解数学发展逐渐超越表象世界限制的趋势，可以加深我们对之前提到的自然进化猜想的理解。形成数学研究主题的关系概念最初来自于我们通过感官所得到的真实世界的经验。这些概念所呈现的是刨除了具体性、个体性和时间性的世界的空间事实和数字事实。抽象出这些内容之后，它们就成为了数学内在性发展的源头。

原则上，我们关于空间和数字的概念，或更广泛而言，我们对结构化整体和关系集合的概念，有两种不同的发展路径。第一种路径是直接类推性地放大知觉经验。我们通过类推和溯因推理在知觉经验的周围建立起有关真实世界的联系、量化的可能性以及空间方位的边缘概念。而在自然科学实践中所使用的工具又拓展了我们感官可及的范围，把抽象和溯因推理的起点又向前推进了一步。

第二条路径是间接类推性地放大知觉经验，这条概念发展的路径占据了现代数学发展的绝大部分。类推和溯因推理的直接对象变成了数学本身，而不是外部的知觉世界。概念放大活动的原始材料首先存在于数学概念和数学程序中，其次才存在于我们直接通过人体感官或借助工具所感知到的真实世界。（布劳威尔的“直觉主义”，其正确之处在于提出数学认识最终都是对给定条件的认识，这些条件恰好以某一种形态出现，而非其他形态；其谬误之处在于没有认识到这些给定条件都或直接或间接地属于自然世界，而非简单地源自我们的心灵经验。）

随着数学的进步，数学与自然的间接性联系逐渐战胜了它们之间的直接性联系。数学思维甩开了知觉经验，即便这种经验得到了技术设备的加强。（这种对知觉经验的超越使康德错误地认为，在数学研究中，理性概念是“建构出来的”。）

数学与知觉世界分道扬镳是数学史所展现的最为显著的特点，这似乎与我们在本书中所提出的数学观不一致。我们似乎不能认为数学与唯一真实的，浸淫在时间中的世界有关，虽然在刨除时间性和现象具体性的视角下是可能的。我们不能这样看，是因为数学发展历程中的绝大部分工作都具有内在性：一系列的数学概念和问题催生出另外一系列问题。数学的一个分支开启另外一个分支，这或者源于这个分支对自己提出的，但又无法解答的问题，或者来自这个分支给它的研习者所带来的类推能力。根据这种观点，如果数学不是在探究一个独立的数学对象的王国，那么它大体上也是为自己而生。

数学家的常规活动似乎印证了上述对数学史的理解。虽然数学家常从自然科学研究中寻找灵感，但最根本、最一贯的活动很可能是自我发展数学概念，这种活动独立于自然世界。这样，科学为数学创新所提供的动力只是对来自数学本身的发展力量的加强。

然而，认为数学研究的是真实世界的一种虚幻形式的观点，数学的发展历程并不与之相悖，数学只关注真实世界最一般、最抽象的特征，为此刨除了时间性和现象具体性。相反，数学的发展历程支持并加深这种认识，告诉我们数学的力量是如何从其与自然悖论性的联系和分解中生发出来的。理解了数学发展的历程，我们就能消除围绕在数学的科学应用周围的神秘性。数学史并没有告诉我们科学所研究的真理已经在数学中有所预示，不管这是我们已知的数学知识，还是可能发展出来的数学知识。相反，数学史告诉我们科学发现和数学认识之间并没有必然联系。我们不应该认为所有的数学发现都能在科学中发挥作用，或者，只有数学语言才能最好地表达科学发现。

数学的内部性发展和数学与自然科学的联系一直是推动数学发展的两种决定性力量。我们下面先予以分别讨论，然后再结合起来考察它们的作用。

内在性发展指的是数学思维可以在其自身基础上生发出研究问题和催生创新的能力，无须进一步考虑怎样表达自然世界的问题。这个说法中的关键点在于“进一步”。从历史上和心理上来看，数学始自对世界最一般、最抽象特征的说明。真实世界中不同事物的空间方位问题演化成几何，真实世界中可数事物的多重性演化成算术。早期或称原始数学所呈现的无形态、无时间性的世界正是朴素方法下的唯一真实的世界，是表达结构化整体和关系集合的核心方法的汇集。这种看待世界的特殊方法并不仅在于其选择性。重要的是，它还包括数学与逻辑共有的一个特征，即数学命题之间的关系也没有时间性。

之后，这个方法集合中的各个元素会发生变异和拓展。每次连续的变异或拓展不必与自然科学的分支有一一对应的关系。数学开始于对自然世界有选择的表达，之后它便起飞了，不断扩大自己的工具箱，似乎不再把自然作为研究对象。它最初的抽象和选择工作使得数学越发有助于研究世界，向我们提供有关结构化整体和关系集合的概念，而不受具体知觉或行动的限制。之后在其内在性动力的作用下，数学的发展更加印证了，数学通过与有关自然运行或自然本质的具体理论相脱离，反而提升了辅助我们理解自然的能力。

有时，数学的内在性发展不过是运用递归性思维的结果：数学某一分支的假设或公理构成了另一分支的研究对象。有时，某一数学领域中会出现一些谜题，必须诉诸新的观念和方法。这时，与既有概念和方法的决裂就会比较激进，而不是向着更深层、更一般的认识持续渐进。还有一些情况中，内在性发展的动力既不是需要把预设转化为问题，也不是需要解决某个谜题。通过类推，一系列的数学概念和方法会催生出另一个系列的概念和方法。数学似乎毫不关心真实世界，在其自身中找到足够的启示。

数学内在性发展的条件是，数学必须刨除经验中某些最基本、最普遍的特征，即时间性和具体性。不过，这个条件也说明，数学思维中必须保留与真实世界的联系。没有这种联系，数学就成了一种幻想，一种幻觉。

然而，数学并不是幻觉。它通过参与自然科学，通过其最初对知觉经验的抽象和选择，与世界，唯一的世界，发生联系。现在，科学越发成为数学与自然世界相沟通的知觉桥梁。

科学有时会对数学提出挑战，希望数学能够找到表达科学发现的新方法，从而使自然世界中某些隐匿的对称性和联系显性化。数学之后会对科学作出回应。有时，可以发挥此作用的数学概念已经存在，只是还没有得到应用，或者应用在了其他问题上。

自然科学与数学之间的这种双向关系既是数学发展，也是科学发展的中心特征，它们如此显著以至于给人一种神秘的印象，即科学中所说的“数学的不合理的有效性”。这种神秘性又提升了庸俗柏拉图主义的吸引力，加深了这样一种信念：如果数学不仅仅是对某个游戏的阐发，这个游戏中所包含的内容超过了发明者的设想，那么数学的对象肯定是某种存在的独立王国。

然而，每个与数学方程似乎有着令人惊讶的、奇怪的联系的物理现象或物理过程都有其独立的物理解释。物理现象或过程之所以会借助数学表达是两个因素作用的结果，它们都是数学描述潜在的预设。

第一个因素是，成熟的、冷却下来的宇宙拥有我之前所论述的那些属性：既定的自然分类结构（直至分到粒子物理所研究的那些对象，以及由它们衍生出的元素周期表）；区分重复发生的事件与支配这些事件的自然规律（由此，因果关系是规律作用的结果，从更大的角度看，这些规律才是真实世界的基本特征）；发生转变的可能性缩小，或者说，后续变化的范围有限（因此，在物理学中人们有时会提到“自由的程度”）。这个独特的宇宙为出现重复性现象和规则性联系创造了有利条件。

第二个因素是，在数学对真实世界的表达中，时间性和现象具体性的重要性是有限的，数学按其本质必须把时间性和现象具体性从真实世界中抽离出去。这种抽离所造成的代价在某些科学分支中可以更明显地体现出来。（后面，我会讨论这种差异化的影响对理解数学与自然世界的关系、数学与科学的关系的意义。）

数学有助于科学研究，从根本上说取决于这两个因素的共同作用。然而，总是特定的一种数学联系，而非其他数学联系，撩动了自然的琴弦，这一点总有其物理原因。这些原因可以用非数学化的语言进行说明。数学可能有助于表达这个物理图景，但它本身不能建立或想见这样的事实。克服科学认识的局限性，不可能仅靠数学表达来就能做到。

在物理学的发展过程中，牛顿的万有引力定律最能说明数学所拥有的有助于揭开自然奥秘的超常力量。这个定律是，两个物体之间的引力与它们惯性质量的乘积成正比，与他们之间距离的二次方成反比。为什么一定是距离的二次方，而不是某种不那么简单，不那么让人满意的量度呢？为什么会出现这种简洁而又令人不安的对称性？为什么除引力定律外，负二次方规则还出现在很多其他物理现象中？

对牛顿的万有引力定律，我们可以进行一个视觉化的说明，而且我们有独立的物理上的理由认为这种说明是准确的，它符合力线守恒或通量守恒。设想太阳的重力场可用从太阳中心发散出的线来表示，呈放射状。假设有一颗行星围绕太阳作圆周运动，它离太阳中心的距离为 d。

让我们假定这颗行星在 d 这个距离上所感受到的引力与力线的密度成正比。这个密度按照 $1/d^2$ 衰减，因为围绕太阳的任意半径球形截面中所包含的场力线数量恒定。这个密度等于力线数量除以球形面积，所以，力线密度随这个面积（即 d^2）减小。因此，引力的强度按 $1/d^2$ 衰减。也就是说，只有当引力随着距离的负二次方的规律衰减时，这个力线描述才能成立。

按同样的思路，还有一个例子（与引力没有直接联系）可以通过一般的空间原理说明这个定律的广泛适用性。计算物体垂直于一个表面时力场的点积，对所得的表面积函数求积分。这个结果与表面之下的体积成正比。这个关系保持不变，不管体积如何分布。

同样的数学原理也适用于电力，这里电荷取代了体积。它还适用于其他很多地方，这与自然力在既定宇宙中规则性的重复性的空间布局有关。

我们对数学应用的非数学原因所知越少（在上面的各个例子中，我们对非数学性原因的理解也很不完整），数学适用性就越发显得神秘而令人不安。由此，我们会倾向于认为数学是自然奥秘的守护人。而某些自然规律可以写成数学方程的形式也会使我们着魔一般地相信，整个自然的运行都笼罩在数学的真理之下。

研究数学史，正确理解数学的发展历程，可以使我们免于陷入这些幻觉。数学最初通过刨除时间性和现象具体性与我们的直接世界经验分离开，之后，由于不可阻挡的内在性发展的影响，数学在这条路上越走越远。只有数学在科学中的应用才能说明这种影响的合理性，因为对于数学而言，科学的作用已经相对于之前我们对自然世界的感官经验。不管怎样，由于整个数学发展史都伴随着的悖论，数学越是剥离经验世界，就越是有能力提出有关真实世界各部分如何相联系的新思维方法。

由于内在性发展的主宰，数学与自然的关系（现在通过科学发生联系）已经非常遥远，数学的所有分支都可能改变甚至颠倒在表达自然时的用法。例如代数，它的顶峰是集合论，传统上被理解为一种对结构的数学研究；从微积分开始的解析数学，在传统上被看作为一种描述变化的方法工具。然而，在现代数学和科学的实践中，这两个分支的作用几乎倒了过来。解析法嫁给了几何学，如谐波分析。量子理论描述变化时采取了希尔伯特空间中的线性变换。

从这种对数学史的理解中，我们可以看出任何既定的数学结构对唯一真实世界并没有必然的应用方式。数学由其内在性发展提升解释力，所付出的代价是没有什么东西可以保证数学概念一定会在自然研究中得到应用。一些概念可能会得到应用，另一些可能无法得到应用。离开了世界（由于刨除了时间性和具体性），数学的概念更会超过这个世界。这些概念对于展现真实世界来说，既可能太多，也可能太少。我们应该抛弃自然与数学之间存在既定和谐的期望。

* * *

现在我们考虑相反的问题。自然的每一部分是不是都能用数学来表达？同样，答案是否定的。时间性和现象具体性越是明显，变化就越会发生变化。在作为我们研究对象的世界图景中，自然种类及其个体呈现越是繁复，越是个体化，数学的功用越是有限。

设想一个由诸多领域组成的谱系，从数学可能发挥最大作用的领域，到数学可能发挥最小作用的领域。这个谱系上的每个位置都是自然的某一部分对应着一种解释实践。这种联系有时会断开。在研究自然的某一部分时，一种解释取代另一种解释很可能会造成所在谱系位置的改变。

数学具有最广泛应用的例子最简单的莫过于由伽利略和牛顿开创的物理学传统，特别是符合本书所说的牛顿范式的那部分传统。科学的研究对象是重复再现的自然现象，这些现象受时间可逆性规律的支配。在解释中，现象的具体性被缩减到最低点：包括少数几种作用在实体之间的力，而实体各自相异的特性除保留质量、能量和电荷外，其他一律忽略不计。这样的科学找到了处理局部性变化的方法，而把观察者和支配这个变化的规律都排除在有待解释的领域之外。这样，在永恒规律支配下的按轨道运行的运动就成了时序中仅剩余的东西，那些为定义现象所在空间而提出初始条件就失去了历史层面。在同样的科学实践中，这些条件总是可以在设定研究对象时提取出来，它们处在待命的状态，等待得到应用。

这种科学传统本应得到审视，因为在现代科学史中的很多时候，科学方法中的黄金标准都在说明数学至高无上的权威性，这不仅体现为数学可以作为一种语言表达自然规律，还体现为数学可以作为一种思维方式，本身就能预见自然规律是什么。即便物理学中从早期热力学到流体力学到分子运动学，再由分子运动论修正的热力学和流体力学思想，这个小发展脉络也在说明数学权威的局限性，仅仅通过依赖于路径的、不可逆的（或者说不完全可逆的）过程（如熵的过程）就能够说明。不过，假定在微观层面上，熵定义为可及状态数量的对数，我们也可以为这种对数学的限制给出数学表达。

甚至是在数学最为擅长的应用领域，即在对自然基本成分之间的局部作用的描述中，数学也表现出明显的弱点。数学竭尽全力却无法把握这个连续统：自然具有连续流动的属性，很难被分割为离散性元素或“中间状态”。这个连续统指的是自然的一种特征，它是一种没有被分割，也无法被分割的流动态，而不是一种数学概念，后者在传统上被描述为实数线。因此，布劳威尔（1912年阿姆斯特丹大学就任演讲中）曾提及“……有关线性连续统的直觉，它无法通过加入新成分而被穷尽，也因此不能被看作是成分的简单堆积。”要把握这种前数学性的直觉需要一些数学无法提供的东西，数学计数的源头成了不可逾越的障碍。

自然中时间的流逝最能完整地展现这种连续统的各种属性。物体在空间中运动也能说明这些属性，但效果可能不明显，因为理解、描述运动的方式多种多样。数学无法充分地表达出连续流也正说明它对时间性的厌恶。这个弱点也揭示出，把数学作为打开物理学核心论题的窗口，这种作法的局限性。

在19世纪末，数学在忠实地描述连续流或运动等问题上遇到的困难引出了狄德金对连续统的重新定义，他把连续统等同于一种数字完整性。狄德金及其后继者把连续统设想为一种实数序列的完整性，保证了离散数学的成功。“狄德金分割”正是旨在说明离散数学如何以其数字操作式的数学思维解释“中间状态”。这样，他的方法不仅提出了一种有关数字的思维方式，更是把连续统的概念与时序中连续流的观念，甚至是与空间中不间断运动的概念割裂开。这样，时空里的连续性就变成了数字上的接续。

这就是魏尔斯特拉斯根据柯西的看法总结出的发展方向，并把它推向极致。他在处理极限和函数时，把微积分还原为算术问题，使微积分分析终于摆脱了几何化的理解。由于这种理解是非几何化的，它也就不受对连续统的通俗（即真正）看法的影响，这种看法把连续统理解为不间断的连续流或不中断的运动，不可能从几何中完全排除。

空间里的不间断运动是真实世界中与时序中的连续流最相近的东西。它们都拥有不间断性，我们对连续统的通俗理解正蕴含了这一点，同时这也是彻头彻尾的离散数学无法把握的东西。因此，离散数学坚持把连续统理解为数字完整性，具体表现为，把连续统等同于实数线。用实数线来替代连续统的作法并不足以证明实数所具有的是不可数无限性，而非可数无限性。离散性的步骤因其数量无法得到描述，不能转化为不间断的连续流。

有人也许会反对，认为尽管这种思维方式产生了巨大的影响，似乎在很大程度上决定了现代数学传统，但它并不能代表数学的全部，无法囊括数学表达时空中连续流的全部能力。关于这个论题，数学发展史中的确出现了其他看法。种种观点中，最有意义的当属莱布尼茨的无穷小的概念，这个观点后来又得到亚布拉罕·鲁宾逊等人的发展。

然而，传统观点的捍卫者（如狄德金和魏尔斯特拉斯）并没有错，他们认为无穷小仅仅是要超越数学想象力边界的一次绝望尝试。之所以这么说，是因为无穷小的概念是在离散性事物用离散数字表达的世界，与微小差异（即无穷小要表达的东西）无法说明不间断连续性的世界之间作出的折中方案。

用分散的数字列数分散的事物，描述空间布局，这是数学所擅长的事。要说明不间断连续性的概念或事实，数学只能作近似化的努力，而且有违其内在偏向和局限。数学发展史表明，数学可以延展这种内在极限，但这并不意味着极限不存在。

在讨论由人性和社会文化研究所带来的问题前，先来看数学问题的另一极。这一极可由自然发展的属性加以界定，包括路径依赖性、类型突变性以及规则和结构的协同演化，即变化的变化。在这个领域中，数学在描述和分析宏观现象（如人口动态分析）时还可以作为有力的工具，正如在基因重组的微观领域研究中，数学不可或缺一样。然而，历史脱生于多而松散的因果链条，唯一而不可逆，它发挥的作用越是具有决定性，自然种类（如动物种类）之间的差异就越大，代表这些种类的个体之间的差异也就越大。变化的变化越是迅速或激烈，数学就要为否定时间性和现象具体性付出越大的解释代价。

当我们从自然史转向人类史，限制数学在因果解释中的作用就有了新的且更强大的理由。这里，在自然史中给数学简单性带来困难的所有特性都继续适用。此外，我们还要加上一个社会构造性设置和假设的源头及其独特的作用。这种制度结构和意识形态结构，塑造了人与人之间的关系，是人类发展史中最具决定性的因素，它们与自然现象颇为不同。这些都是建构出来的东西，或者说发明出来的东西，用到的只是历史和想象力所提供的有限的实际材料和概念材料，尽管这种建构或发明通常受到历史情境的制约。我们可以从内心中了解这些东西，因为是我们在有意无意中创造了它们，但我们无法通过内在了解自然现象。同样，我们也不能改变这些东西。

社会的制度结构和意识形态结构并不是单一性的存在。它们有着强弱之分，最强的结构禁止自身发生改变，最弱的结构轻易允许挑战和改变。由于禁止改变，那些强力结构展现出一种虚假的自然性、必要性和权威性。撕下这层虚伪的外衣总是对我们有好处，一些经典社会理论家把这层外衣称为物化。制度框架和意识形态框架可以发生改变，这与我们实践能力的发展紧密相关，意味着我们可以获得更大的自由，以新的方式组织大众和资源；在推翻根深蒂固的社会分工和社会层级时，这也会与我们的道德利益捆绑在一起，因为这些制度和意识形态的基本设置和假设总是不太会受到挑战。

结构发生强弱区分的原因在于其源头。它们不是宇宙构造的一部分，而是来自于社会组织矛盾冲突的抑制或中断。它们是凝结的政治，这里我们不仅把政治简单地理解为争夺主导权，使用政府力量的活动，还包括在社会生活的各个领域中，人与人之间确定交往方式时的斗争。

在数学所支配的资源中，没有什么东西可以使它能够把握这些事实中所包含的重要定性特征。某些由社会结构和社会文化所构成的聚合性现象，体现出定量特征或空间特征，数学工具在分析它们时有着巨大的作用。不过，如果要理解和描述这些结构，数学可能就没有用了。

有人可能会反对：难道经济学，这种最有影响力的社会科学，不正说明数学在社会研究和历史研究中作用有限的看法是错误的吗？经济学在社会科学中获得如此显著的地位难道不应归功于数学的使用吗？经济学的传统脱生于19世纪末“边际革命”，由瓦尔拉等人开创，他们把经济看作一系列相互连接的市场。它的明确目标是找出相对价格的理论，最终避免由古典价值理论带来的混乱。它的隐含目标是使经济学免于因果论和规范上的纷争。为达到目标，他们努力把经济学转化为一种分析模式（终极情况是，转化为一种逻辑），仅在外部因果理论和规范承诺的基础上，得到解释和观点。

在20世纪中期，后边际经济学达到顶峰，出现了一般均衡理论和“新古典综合说”，这种经济学有着严谨性和一般性，但却出现了四个相互联系的缺陷。第一个也是最重要的一个缺陷是，它割裂了形式分析与因果解释。在这种经济学中没有任何进行因果解释的基础，因果理论必须从其他地方借用，例如，在现代行为经济学或神经经济学的实践中，从某种心理学理论中借用因果解释。因此，这种经济学的经验性转向具有误导性，因为它完全寄生于其他某些学科，从中获得真正的猜想或理论基础。可以推测，它所用到的数学工具是微不足道的，因为研究对象已被大大减缩。由此会出现很多无用的模型，违反牛顿的不要捏造假说的警告。这种伪科学很难从自身的错误中学习新知，把自己永远定格在婴儿期。

这种经济学理论的第二个弱点在于，它缺乏制度想象力。只要它离开了分析中的纯洁性和重复解释，就会倾向于把最大化行为等同于市场行为，或更为显著的情况是，把市场经济的抽象概念等同于某种恰好在当今西方文明中占主导地位的市场制度。这样的经济学要么纯粹而毫无意义，要么有效而存在妥协。

后边际经济学的第三个缺陷在于，与斯密或马克思的经济学理论不同，它没有对生产进行实质性说明。这里，生产的概念事实上是经过伪装的交换的概念。它从交换的角度看待生产，把它作为由资金流或复合的合同关系推进的活动。由于坚持把薪酬劳动作为自由劳动的主要形式（有害于自由劳动的高级形式：自谋职业和合作），这使得经济学理论更容易从相对价格的角度，继而从交换的角度看待生产。

这种经济学理论的第四个失败之处是，它相当于一种竞争选择理论，却没有说明竞争选择机制的各类对象的起源。然而，竞争选择机制的产出性有赖于材料的选择范围。这种经济学有点像新达尔文主义合成论，只具有其中自然选择的部分，没有基因变异的部分。

数学之所以在这种经济学传统中发挥了重要作用，这与上述四个缺陷分不开，因此，这种经济学不能作为模仿的样本。造成其对经济结构的想象力匮乏，继而对其他经济制度安排的想象力匮乏的那些因素恰好加强了它对数学的依赖。如果出现一种经济学，能够避免这四个缺陷，那么它的副产品之一将会是重新审视经济学能从数学中得到什么。

这些说明的都是谱系中数学相关性减弱，局限性增强的部分，然而这些说明还没有结束。除自然史和人类史之外，在自然世界以及科学中还有一个论题超出了数学的能力。这个论题指的是作为整体的宇宙及其历史：即宇宙学的论题。这个论题本身不受牛顿范式解释实践的支配。鉴于之前探讨过的原因，成功的局部性解释并不能简单应用为全局性解释。

提出这个观点并不意味着否定数学在宇宙学研究中的不可或缺的作用，研究宇宙整体的科学不可能脱离于研究那些依赖数学的自然特征或组成部分的科学，而单独发展。提出这个观点是要强调和解释，在所要阐释的对象是宇宙整体及其历史时，数学遇到了难题，数学程序中存在着内在的局限性。存在这种局限性的原因是，要充分说明宇宙整体，就必须强调数学思维永远无法充分描述的那两个属性。

宇宙学是自然科学，而非应用数学，这里取代现象具体性的是宇宙存在的唯一性。宇宙不可数。其最重要的事实是，宇宙是其所是，而非其所非。时间对宇宙学至关重要（具有真实性、包容性、普遍性、不可逆性以及连续性），因为宇宙的每个特征，包括自然规律，都与宇宙的历史有关，构成宇宙历史的一部分。宇宙学既具有历史层面，又是一门科学，而数学工具无法说明一门历史性的科学是什么样子，更无法去实践。

由这些讨论我们可以看出，数学能够合理应用在科学中是因为它们有相关性。在描述自然世界的运行时，数学在某些方面很成功，在另外一些方面不尽如人意。它的强项正是它弱项的另一面，它们都来自于一种对宇宙最一般、最抽象特征的看法，宇宙唯一且真实。

数学的边界和局限都因其内在性发展而扩大，这种发展成了推动数学史的主导力量。由于内在性发展，对于真实世界中各个部分发生联系的方式，数学有了越来越多的描述方法。但同样是由于内在性发展，我们无法确定数学所提供的有关联系的概念是否能在对自然世界的分析中得到应用。数学不断扩大的概念使得自己无法克服其根本局限性，这些局限的根源在于数学的本质属性，与数学的解释力分不开。

时宇间宙 重识数学史：希尔伯特计划的对与错

错误地理解数学史会导致两种相对立的浮躁认识和错觉。我们可能会把数学当作跳出肉体的神奇方式，从而摆脱狭隘的视野，可以像上帝一样看待世界。或者，我们会把数学理解为一种超自然的发明能力，在科学研究中神奇而神秘地发挥作用。

为进一步驱散这些错觉，我们还可以考察数学史中出现的另外一种发展趋势，其中最著名的例子是哥德尔证明和图灵的思想实验与图灵机。这种取向最深远的意义在于否定了所有把数学转化为封闭体系的尝试，这种体系所蕴含的全部认识可以归结为一套得到认可的推理程序辅以规定出的公理。如果这样一种尝试获得成功，那么数学就的确只是像一架运行着的机器，而无法表现大脑非机械化的行为能力，这与事实相反。

哥德尔的工作不仅仅说明算术无法完全公理化，他既证明了在一个庞大的统一体系（如罗素和怀海德提出的命题逻辑）中，可能包含着在这个体系内无法被证实或被证伪的命题，也说明了这样一个体系的统一性无法在这个体系内被证明。

这些结论与20世纪数学史有怎样的关系，对这个问题的认知有一种常见的误解，澄清这个误解最能说明这些结论对我们之前关于自然与数学应用性的论述的影响。这种观点认为，哥德尔和图灵之前的数学都走在追求由希尔伯特设定的道路上，奢望把数学还原为一个在公理下的封闭体系。然后，哥德尔等人的出现把数学从这个伊甸园中赶了出去，数学之后再也没有回到原来的道路上。

对现代数学发展史的这种解读包含了部分真理，而这种半真半假的认识使我们无法把握这个历史对于物理科学的意义。事实上，希尔伯特和很多与他同时代的人及其继任者们计划了三个目标。第一个目标受挫非但没有危及其他两个目标，反而使它们可能得到更圆满的实现，这是希尔伯特和他的数学正统派无法想象的。

第一个目标是建立并证明一个囊括所有数学内容的系统，这个系统中只有可穷尽的公理和严格定义的推理方法。这种追求走进了死胡同，虽然由于希尔伯特，皮亚诺和欧几里得几何的潜在示范，它产生了巨大的影响。第二个目标是强调数学的统一性，反对专门化。来自大学体中规约的压力，有可能使数学像其他所有学科一样分化为更细的专业。第三个目标是把关注点从数学对象（不管是空间对象，还是数字对象）转移到数学方法上。

希尔伯特和很多同时代的人认为，后两个目标不可能与第一个相分离。他们错了。第一个目标本身不仅建立在一种错觉上（哥德尔等人的工作驱散了这种错觉），而且成了实现另外两个目标的障碍。它让我们无法看清只有现在才能认识到的东西：在摆脱了对囊括一切的公理体系的虚幻追求之后，坚持数学统一性以及数学方法先于数学对象的观念，我们才能把数学看作人类双重性大脑的全面表达，并按此认识实践数学。正是希尔伯特计划中这些可挽回的部分打破了把数学思维看作机器的观点，在这个观点下的工作方式和结果都必然来自于我们预设的指令。

摆脱了把数学还原为封闭公理体系的不切实际的幻想之后，我们才能重新解释数学，把它作为大脑的一种表现，同时在两个层面进行工作。第一个是模块化和程式化层面。这里，大脑表现为各个离散的组成部分，每一个部分有其专门的功能，大脑的运作方式就像一台机器。机器是一种不断重复我们已学会的活动的装置，其中装载的程式规定了重复活动时的流程。如果把数学完全公理化的尝试获得成功，那么数学除外观之外所有地方都无异于一台机器。

大脑工作的第二个层面任何机器都无法完成。在这个方面，大脑着实令人惊叹，具有超越性，它利用的是大脑根据需要和情境改变结构与功能之间关系的能力（即可塑性）。它能试验出大脑还未学会的活动，或者说大脑还未得出程式化表达的活动（这是令人惊叹之处）。它能发现既定公理和正规方法不能得出的，但又无法禁止的东西，然后通过回溯，建立起可以理解这些东西的假设和程序。

数学并非像机器一样工作。虽然竭力排除时间性和现象具体性，但数学充分表现出大脑的双重习惯，因而不可能像一台机器。数学有助于我们理解世界（唯一真实的时间，其中时间的存在是真实的），而世界本身也不是一台机器。我们永远不可能从数学的假设及方法中预知数学的结论，就像现在的自然规律不必然具有永恒性，我们因而也无法凭借这些规律预测这个唯一真实世界的未来。我们不能依赖这些规律预测未来，这并不是因为这些规律本身是不确定的（虽然有时的确如此），而是因为它们可能发生演化和改变。

时间 宇宙 收缩式的自然主义数学观

我们得到的看法承认数学具有无可比拟的力量和独一无二的视角。虽然如此，这个看法还是否定了毕达哥拉斯的论断，这个有关于数学的论断至少已经存在了2600年，它认为数学知识是一条通往不朽物质永恒真理的捷径。它把数学思维看作探究世界（唯一存在的世界，包含时间性和模糊区分性的世界）的方式，认为它距真实世界只一步之遥。

数学中包含一个明显的悖论，这也是数学最有意义的地方，它刨除时间性和现象多样性，这反而说明数学在辅助科学研究世界时所发挥的强大力量，然而时间性和现象多样性不可能从世界中排除。对这些自然内在属性的否定却成了几何语言或数字语言的发展条件，推动着我们对世界各部分之间如何发生联系的最一般的认识。

这个明显的悖论让人感到不安，而它的含义又十分深远，不断诱使我们误解它的意义。它引出一个幻梦：数学认识是一种超越感官局限的方法，虽然我们的科学工具放宽了这种局限。

然而，数学的例外性（即数学为提升我们的理解能力和行为能力，忽略了世界中普遍存在的某些层面）并不能保证它得到特权。相反，对数学最好的理解是，它，我们自然结构的一部分，或仅能作此理解。我们可以从演化的角度明白地说明数学的性质，并用数学提供给我们的认识论优势证明这一点，虽然获得这种优势付出了一些代价。

这种观点把数学作为我们以行为为导向的人性的一部分，也仅在这层意义上削弱了数学的权威性。但它并没有否认数学所具有的独特优势地位，也没否认它在自然科学中所发挥的不可替代的作用。相反，这个观点有助于解释数学的属性。

按照这种理解，“数学的不合理的有效性”就有了一种自然而然的解释，可以从两个汇聚的方向消除表面上的不合理性。一方面是说明在研究时间性的世界时，刨除时间性的数学抽象拥有认知优势和进化优势。另一方面是说明数学抽象与科学所研究的现象世界之间只有间接关系（它们通过类比和溯因推理拓展了由我们的感官和工具所把握的世界），无法保证数学能在自然科学中得到应用。数学可以得到应用，也可能不会得到应用，在肉体直觉或实验发现与数学描述之间并不存在先定的和谐。

这种观点的很多内容在20世纪数学思想以及更广泛的西方哲学史中都出现过（例如，赫尔曼·威尔1928年登载于《哲学手册》中的论文“数学与自然科学之哲学”，以及莱布尼茨对数和空间的论述）。然而，这些内容的意义只有在单一世界论和时间包容真实性的思想下才能得到完整的理解。

如果时间是虚幻的，或刚刚出现，那么数学研究的对象就是虚幻的时间或初生的时间背后的东西。如果我们的宇宙仅仅是众多无法接触到的宇宙中的一个，那么数学就成了科学的一部分，研究这些遥远的假定世界组成的永恒总体。但是，如果全部的东西仅存在于我们睁眼看到的这个世界，此外别无他物，上面这些托词就无法对我们，或者说对数学派上用场。数学被很多人误认为是摆脱自身的途径，结果又重新回归到时间、自然和人性。

PART Ⅱ

Lee Smolin

第二部分

李・斯莫林

7 宇宙学危机

时宇间宙 介绍宇宙学危机

对于那些想知道自然世界答案的人来说，旨在发现这些答案的基础科学正处于一种让人困惑的状态中。当然，我们有理由去庆祝物理科学史上的各个丰功伟绩。这些强有力的理论，建筑在伟大的原则之上，让我们对自然，包括空间、时间和能力等层面，有了前所未有的理解。20 世纪出现的伟大理论，广义相对论、量子力学、量子场论和粒子物理的标准模型，目前都经受住了实验的检验。这些理论让我们可以对各种各样的现象进行细致而精确的预测，如轨道中子星发射出的引力波，基本粒子的散射，大分子的构型以及大爆炸产生的辐射图，对于这些现象的预测都被证明是正确的，而在一个世纪前我们甚至无法想见这些现象。

但正当物理科学庆祝这些伟大的胜利时，它们也遭遇着巨大的危机。这个危机在于我们无法完成由爱因斯坦开启的科学革命，虽然几十年中越来越多的科学家在为此努力。爱因斯坦发现了辐射和物质的量子性，与此同时提出了相对论，这两场革命在各自的领域内都取得了成功，但它们之间并没有被联系起来。

除此之外，我们也无法超越粒子物理的标准模型，这个模型只得到了部分统一。目前有一些有力的假说能够进一步统一这个模型，但是在专门设计的实验中，这些理论所暗示的现象都没有被找到。虽然没有被实验证实，这些美妙的理论中有一些十分宏达，期望把物理和力联合起来，统一自然中除引力和超对称性外的所有力。

具有讽刺性的是，这场危机却成了 1970 年代实验数据解释模型成功的标志。在基础粒子物理中，这个模型被称为“标准模型”，所有实验都证实了这个模型，包括最近的大型强子对撞机所获得的观测数据。在宇宙学中也有一个标准模型，由它作出的预测也同样得到最近大多数数据的支持。

这场危机的根源在于我们无法超越这些模型，无法更进一步统一物理学，或者说，我们不能解释这些模型本身的属性。从理性角度或美学角度看，这些模型所描绘的宇宙有些荒谬，每个宇宙都包含一长串参数，每个都必须得到精细的调整，才能与实验结果一致。有很多观点尝试解释为什么这些参数具有某个值，而非其他值，但都没得到确定性的进展。

量子物理的标准模型中有几个简单概念：通过对称性和对称性的自行瓦解进行统一，即规范原理。这些概念也没有使我们的认识更进一步。我们在19世纪70年代获得的有关自然的新知识无法满足理论需要，也没有引出更深刻的看法。这些知识包括中微子具有质量，存在暗物质和暗能量，知道这些当然是好事，但它们只是使问题更为复杂了。

在宇宙学中，所有观测都支持一种非常简单的始自大爆炸的宇宙图景，这个图景受爱因斯坦广义相对论的支配。但这个宇宙十分特殊，具有极为特殊的初始条件，这会使我们觉得我们所生活的宇宙是不可能存在的。只有理智能把我们拉回来，否则我们对这个独一无二的宇宙的最深刻认识将会是，这个宇宙根本不应开始。这个宇宙不可能的一个原因是，它在时间上具有极强的非对称性，在各种尺度上发生的现象序列都会明显表现出强烈的时间方向性。这一点似乎无法解释，因为我们已知的所有物理学规律都在时间上可逆；这也是玻尔兹曼在19世纪末开创统计热力学以来，一直伴随着我们的科学危机的一个方面。因此，只须知道我们这个宇宙的基本特征（如占主导地位的不可逆过程）似乎无法在现有知识的基础上得到解释，我们就能够理解目前这个危机的深度了。

在本书中，罗贝多·曼加维拉和我提出了一种激进的基础物理学和宇宙学危机解决方案。我们认为，回归现实的道路应由对自然的两个基本假设开启：宇宙的唯一性和时间的真实性。这两个假设合起来带来的直接结果就是我们这个计划的中心假说：自然规律会发生演化，演化的机制可以通过实验进行发现和探知，因为与这些机制有关的是过去。

这个计划有很多论据，在本章我将详细讨论。第一论据直接来自于观测数据本身，因为如果把这个荒谬的宇宙（既包括粒子物理中的，又包括宇宙学中的）连同那些无法解释的精细的参数视作一种历史进化过程的结果，在时序上展开，持续发挥作用，而非各种先验规律作用的产物，那么它们的确有一些意义。

这个计划的第二条论据来自规范原理。不论是构成弱相互作用，强相互作用和电磁相互作用的定域规范不变性，还是广义相对论中的微分同胚不变性，都反映了同一种观点。物理学家把这种观点统称为定域规范不变性原理。物理哲学家认为这个原理是关系主义哲学的一种应用。这种哲学是由莱布尼茨开创的一种自然观，马赫、爱因斯坦、威尔等人为这个观点的发展做出了贡献，它认为从根本上说，基本粒子的属性取决于粒子在构成宇宙的动态关系网中所发挥的作用。

理论物理学和宇宙学目前所遇到的危机也可以看作是关系主义的一种危机，这有两个原因。第一个是，关系主义的计划虽然重要且成功（它引出了广义相对论和杨－米尔斯理论），但它自身有局限性。并不是所有属性都能被看作一种关系，必然存在由关系联系起来的其他内在属性。

另外一个原因是，在非时间性和永恒规律的一般框架中，关系主义的表达反映了一种张力（如果不是一种矛盾的话），因为关系主义的本质在于关系处在动态之中。如果规律是非时间性的，那么它们就不可能属于这个动态关系网。但关系主义的一个基本原则是，每个进行作用的东西，也同时是作用的对象，这一点对于所有引起变化或运动的东西都适用，包括规律本身。

由此，拯救关系主义危机的路径是使规律本身可以发生变化，处于动态之中，即拥抱强式时间真实性的观点，认为所有事物或早或晚都会发生变化，所有事物都存在于动态和历史的动荡之中，甚至包括自然规律也是如此。

在关系主义危机背后还有一个更大的危机：作为科技进步基础的自然主义哲学的危机。所有存在的东西都是自然性、物理性的，这个让人兴奋的观点在当今比以往任何时候都更有可信性，一部分原因可以归结为物理学和数码科技的进步，但更应归结为还原主义策略在生物学和医药领域的成功。但这个观点也处在危机之中，因为这里借用了那个古老的隐喻：世界就是一台机器。在现代社会中，机械哲学化身为计算哲学，所有东西包括我们自己，都是，或者说都等价于数字计算机，执行着固定的算法。这就导致了强式人工智能计划的失败，虽然这对于某些人来说无可避免，包括这些计划的支持者们，还有心灵哲学领域的身份理论学家，他们认为意识中的经历、结构、意志和意图都是幻觉。

然而，越来越明显的是，我们不是小物件，宇宙也不是。我们期望有一种自然主义，它不把人类经验和愿望视作幻觉。至少，我们需要的自然主义不会把我们对复杂系统（如人类大脑）的理解局限在那个源自20世纪初的已经失败的隐喻上，这个隐喻把人脑比作计算机。大脑可不可以是一种有别于程序化数字计算机的物理体系呢？我们真的能够确定在复杂系统、生物学和神经科学中不会再有新的原则吗？

自然主义发生危机的根本原因是，它植根于宇宙是一台机器的思维图景中，而导致这种图景的是我们认为自然受永恒的、不变的、数学的规律支配的观点。摆脱这个危机就要拥抱一种建立在时间真实性和规律演化性上的新型自然主义。我把这种自然主义称为时间性自然主义，这个术语我已经在别处做了介绍。

这场危机还有一个迹象，它加剧了上面三个表现，即人们认为越来越迷恋（如果不是完全拥护的话）多元宇宙的观点，认为我们的宇宙仅仅是众多宇宙或无限多个宇宙中的一个，这个宇宙的那些我们无法解释的属性，就像物理学和宇宙学标准模型中的参数，都是随机分布的。这个观点放弃了寻找充足理由的希望，即满足我们对事物根源的好奇心的希望，不过是在说明，我们错误地把一种哲学当成了科学的核心部分，而这种哲学失败了。[①] 解救的方法并不是放弃寻求答案的希望，而是抛弃形而上学的枷锁，让科学自由地发展。

为了致力于这个任务，我们树立的第一个原则是，宇宙是独一无二的，独特且唯一。

宇宙的唯一性意味着，只存在着一个因果关系的领域，此外，我们还认为这个因果封闭性的宇宙包含了所有存在的东西。这个唯一的、独特的宇宙必须包含所有原因，此外别无一物。这个论断连同时间真实性还有另外一层含义，即从宇宙外部引发宇宙内部事件的永恒不变的规律是不存在的。相反，全部自然规律必须只属于这个自然世界，是自然现象的一部分。发挥作用的规律与被规律作用的状态是物理学中一直作出绝对区分的概念，这个区分也会被打破。规律会发生演化。我们最重要的看法是，如果规律可变，会发生演化，而非永恒不变，在科学解释中就会带来自然选择了哪些规律来支配这个唯一的宇宙的问题。我们会说明，这将扩大理论的经验范围，而非缩小，因为我们对规律选择机制的假说可以通过这些机

①比如，多元宇宙无法得出可证伪性预测，其中很多相反的论断也被证明是错误的。

制带来的结果来验证，不仅限于原则上，而且可以在真正的实验中验证。我们会在后文讨论几个这样的理论。

细化这些观点，我们就会否定毕达哥拉斯的断言：物理学的目的是发现一个永恒的与宇宙历史完全同构的数学存在。这还会引出第三个认识，这是个有关数学而非自然的认识，即数学是对自然的科学描述的附属品，而不是对一种独立的或平行的真实世界的描述，也不是一种存在模式。同样，也没有一种数学存在能够完全呈现宇宙或其历史，也就是说，宇宙的所有属性不可能都映射为这种数学存在的一种属性。

占据我们观点中心的看法是，把那些成功应用于宇宙中微小子体系的方法和形式框架直接用于整个宇宙的作法是错误的。我们通过讨论子体系物理学的本质结构说明了这一点。我们把这种结构称为牛顿范式，其中包括了物理学的主要理论，如牛顿力学、场理论、量子力学、广义相对论。我们还说明，在用于宇宙整体时，这个结构就瓦解了。这导致了悖论、谬误和困境，这种情况遍布于理论宇宙学文献中。如果我们希望成为科学的宇宙学家，那么我们就必须发明新的解释范式。

在上述评论的基础上，我们提出新的研究方向，走出宇宙学研究面临的危机。首先，我们要承认，我们现在还没有任何现成的有关整个宇宙的充分理论。我们论述的一大部分就要是说明，有关整个宇宙的理论不可能与我们已知的那些物理学理论相似，不可能直接把它们放大到整个宇宙。宇宙这个整体与物理学通常研究的那些系统完全不同，需要新的范式才能理解，这个范式应该是全新的，不仅限于理论内容的层次上。

除了原有范式在应用于宇宙学问题时发生瓦解外，我们需要新范式的另一个原因是，当我们试图解释宇宙整体时，我们会遇到全新的问题。这包括“为什么是这样一个宇宙”的问题，特别是“为什么是这些规律”和“为什么会有这些初始条件”的问题。物理学的标准方法论无法解答这样的问题，因为这种方法论把规律和初始条件作为输入信息，这一点我在后面会讲到。

回答这个问题需要新的方法论和新的框架。因此，宇宙学所面临的危机并不是理论发展的危机，而是一种初生的危机，伴随着我们发明新的科学方法论的努力。我们的目标是得到真正的宇宙学理论，也就是一种可以应用到宇宙整体，能够解释这个整体的属性的理论，这些属性包括规律的选择和初始条件。

人们常说，宇宙学处在黄金时代，因为观测数据的质量和数量都在日新月异地发展。但任何一个人，参加了理论宇宙学会议，听到了有关多元宇宙的各种猜想之后，都会认为宇宙学处在历史的最大危机之中，尽管它的历史并不长。这是因为观测数据严重地挑战着我们解释数据的能力。这两种看法背后各有原因。是它们之间存在悖论，还是欢呼者与悲观者讨论的事情本不相同？

事实上，如果我们的注意力仅限于数据本身，那就不存在危机。我们可以按照标准的宇宙大爆炸理论把过去的一切重新建构为一种连续变化的过程。我们可以用标准的广义相对论和量子场理论模拟所有观测到的东西。也就是说，这场危机并不存在于数据当中，也不在于按照既定的物理学原则模拟数据那样困难。这场危机在于如何超越模拟，如何解释数据。当我们从按照已知物理规律描述这个世界，理解它的演化，转向新的问题“为什么是这样一个宇宙”时，这场危机就产生了。当我们的雄心壮志从描述自己观测到的宇宙，转向提出有关整个宇宙的理论，我们就遭遇了危机。

为了把这一点说得更清楚，首先要学会区分两个概念：大爆炸以来时间尺度上的天文学，我们称作大尺度天文学；宇宙，即所有存在的东西。我们也可以把前者称作可观测宇宙，与宇宙相区分（我们有时会把它称作整体宇宙），后者可能大得多。观测天文学的巨大进步与我们对可观测宇宙的描述有关，而这场危机与我们对整体宇宙的理解有关。为了论述更为清楚，“宇宙学”和“宇宙学的”这两个词在这里指有关整体宇宙的理论。不幸的是，我们通常称作宇宙学模型的东西中有些并不具有上述含义。这种混乱性无可避免，但为了清楚地区分，当论及这些模型时，我会用大尺度天文学来指代它们。

时宇间宙 时间性自然主义

有一种方式可以推进本书所倡导的计划，那就是强调我们对时间的理解在根本上塑造着我们的自然观念。我们可以认为当下的时间及其流逝是真实的，也可以认为它们是虚幻的，掩盖着永恒的真实性，这会给我们的自然观念带来很大的变化。如果我们持后一种观点，自然规律就成了自然背后某种永恒实质的一部分。相反，如果按前一种观点，这就是不可能的，因为时间之外别无他物。即便是自然主义的宗旨，即自然世界是所有存在的东西，也可能代表两种十分不同的含义，这取决于我们认为存在仅在每个具体时刻上是真实的，还是认为存在仅适用于永恒的实体，如作为整体的宇宙发展历程。

为明确这个区分，我想把本书提出的这个观点称为时间性自然主义，这与非时间性自然主义相对。时间性自然主义认为，所有真实的东西（即自然世界）仅在某一时刻上是真实的，这一刻是时间流上的一点。未来并不真实，更不包含事实性的东西。过去由曾经真实的事件或时刻组成，当下保留着有关过去时刻的可观测性证据，如化石、结构、记录等。因此，有关过去的命题可能存在真实性，即使它们在当下并不真实。

另一方面，非时间性自然主义认为，我们对各个时刻及其流逝的经验都是幻觉。真正存在的东西是宇宙的整个发展历程，这是一个非时间性的整体。现在与这里同样具有主观性，它们都是从单个观察者的视角作出的描述。同样，过去、现在和未来，也不代表任何客观性事实。

非时间性自然主义与哲学家所说的“永恒主义”有相似之处，但不完全相同，而时间性自然主义与“当下主义”的哲学观点也有共同之处，但我的概念与那些哲学概念也不完全相同，因为时间性自然主义强调时间与自然规律的关系。

非时间性自然主义认为，自然的根本规律是永恒不变的。时间性自然主义认为，自然规律可以，也的确在时序中发生进化，虽然自然规律的进化可能遵循某种原则，但未来并不是完全决定性的。这与未来不包含事实性的东西的观点一致。

时宇间宙 自然主义是一种伦理立场

为了充分理解这种自然观念的含义，我们可以先思考一下我们对自然世界的本质有多么知之甚少。当我们说作为自然主义者，我们只相信自然世界的存在时，我们首先是说出了一个否定性命题。我们不相信鬼怪、神明，不相信天堂或地狱。我们不相信存在一个独立的心灵世界或柏拉图式的数学世界。但从肯定的角度看，我们相信存在的到底是什么呢？我们会说是物质，的确，我们对物质有很多了解，例如，物质世界由原子和辐射构成，它们又由其他东西构成。但是，我们所知的是基本粒子满足的规律，这些规律决定了它们的运动和相互作用。实质上，我们并不知道电子到底是什么。我的意思是，我们除了电子的运动以及电子间的相互作用受狄拉克方程和标准模型的支配外，对电子本身的内在属性一无所知。

然而，如果说我们对电子的内在属性一无所知，那么我们对一块石头也是一无所知。因此，我们作为自然主义者对于自然的概念可能会完全不同。有些人会说，我此刻手里握着的石头在真实世界中并不存在，它只是一种幻觉，存在的仅仅是这块石头的整个发展历程。另一些会持相反的观点：唯一存在的是这一时刻下的这块石头。

我们怎样在这两种不同的自然观念中作出选择呢，特别是作为自然主义者，我们决心用科学证据来支持自己的观点？我的观点是，最可靠的验证是实用主义验证：哪种观点最能促进我们对自然世界的认识，哪种观点作为我们继续探索自然世界的假说就最为可靠。

假定不同的自然观点都可能存在，那么对自然主义下一个定义就会很有益处：

> 自然主义是这样一种观点，认为所有存在的东西是我们的感官或拓展感官的工具能够感知到的，但独立于它们的自然世界；自然主义者认为科学是认知自然最可靠的途径。

上述定义中把科学作为认识自然最可靠的途径，这是不可避免的，因为如果善意地讨论研究结果时没有一种标准，就不可能解决对自然不同理解的争议。

请注意上面的定义并没有把科学作为通向知识的唯一路径，也没有要求或需要存在一种科学方法。也就是说，我要在说明这个定义时，解释科学作为通向自然知识的路径是什么意思。重要的是，我要强调科学方法并不存在，科学的本质更应定义为一种伦理群体的总合，每个群体都围绕一个特定的主题组织起来，费耶阿本德对这个观点做了有力的论述。伦理群体作为一种群体，其成员可以通过秉持、跟随某种伦理准则来界定。我曾提出科学群体可由两种伦理准则来定义，下面为具体表述：

> 科学群体以及衍生出科学群体的更大的民主社会会发生进步，这是因为他们的工作由两条基本准则支配：
>
> 1. 当利用公共证据进行理性论证足以裁决问题时，必须认为这个问题凭此得到了裁决。
>
> 2. 当利用公共证据进行理性论证不足以裁决问题时，这个群体必须支持各种各样的观点和假说，与开发可信公共证据的善意努力相一致。
>
> 我把上面的准则称为开放性未来准则。

因此，自然主义是一种伦理承诺，下面是具体表述[①]：

> 科学是一种活动，我们通过这种活动不仅表现出对自然的尊敬，也期望对在民主社会中的彼此表现出同样的尊敬。

如果自然主义是一种伦理承诺，那么时间性自然主义就是对这种承诺的加强，因为时间性自然主义避免了自然主义者的冲动所带来的破坏，当科学家用想象中的世界取代自然世界，认为前者包含了世界的一切直接性和崇高性时，这种破坏就会发生。他们相信这样的世界是超验性的，而事实上，它只是我们的想象力建构出来的东西。

自然主义的立场可能会遇到这种破坏，因为我们总是通过感官印象间接地了解自然。除非我们是唯心主义者，否定我们不会相信存在的东西都是我们的知觉。我们相信的是，感官给了我们自然世界存在的证据，我们可以通过感觉去了解它，但它的存在独立于感觉。

然而，我们的感官以及我们为拓展感官所做的实验和观察使我们直接了解到的仅仅是感受性，也就是我们对经验的感觉信息。它们不能使我们直接认识自然世界的所余部分，不能给我们直接的知识。因此说，它们仅仅是为我们提出有关自然世界的假说提供证据。由此，作为自然主义者，我们只能间接地了解研究对象，我们必须时刻保持清醒的认识，我们有关研究对象的知识是不完整的，永远不可能完全确定。但由于我们认为所存在的东西只有这个自然世界，那么我们就必须承认，这些关于存在的不完

①我错误地把这段引言当成了理查德·道金斯的话。

整的、试验性的认识是我们所能得到的最好的知识。

因此，自然主义者可能对自然有着十分不同的观点，而不妨碍他们都是自然主义者。例如，很多自然主义者认为自然中发生的一切都由普遍不变的规律支配。但并非所有自然主义者都相信这一点，因为我们还必须承认存在这种可能性：实验提供的证据所说明的现象由不确定的规律支配。又如，如果我们认为隐变量理论准确地决定了量子体系测量的结果，而对此量子力学只能作出概率性预测，那么我们就会相信的确存在一些不受规律支配的现象。事实上，如果按照康威和克绅的观点，量子现象则是自由的。如果我们相信由古典的广义相对论描述出的标准大爆炸学说，那么我们也就暗中认为并不存在选择宇宙初始条件的规律。

另外，有一些自然主义者（但不是全部）认为自然世界中存在的一切都可以用物理语言完整地进行描述。关于还原与突现有着各种各样的观点，但可以合理地认为物质由基本微粒构成，它们遵循一般规律，但由很多原子组成的复杂系统可能会有突现性属性，这种属性无法用基本微粒的属性进行说明，也无法从中推导出来。

很多自然主义者笃信自己关于自然世界的信念与表述，已经超出了科学假说的性质。这些信念通常表现为以下形式：

> 我们的感官印象是虚幻的，存在于感官印象背后的是一个自然世界，它其实是X。

这样的观点既可能是一种普通的科学假说，也可能是一种虚幻的形而上学，这取决于X是什么。如果X是这样的表述，“由原子组成”，那么这就是一个无伤大雅的科学假说，几乎没有什么形而上学的内容，而这个假说事实上被各种各样的实验证实了。（但情况并非总是如此）但，如果X是一种宏达的形而上学论断，其本身无法用事实证据说明，那么这个表述就可能是一种陷阱。

常见的，也是被广泛接受的一个例子是，“X（即宇宙）其实是一种非时间性的数学存在。”不管这种数学存在是对广义相对论进行恰当拓展后得到一个解，还是量子宇宙学中“Wheeler-deWitt（W-D）”方程无限维度空间解的一个矢量，这个说法都是对下面这个表述的过分延伸：

> 一些针对特定现象的实验证据可以用数学对象O很好地模拟出来。

这个表述可能得到证据的支持，也可能得不到。它同时代表了下面这个形而上学论断，“宇宙其实是一种数学存在”，这个论断不论如何拓展都不是一个能够被验证的，能够被证实或证伪的假说。

让人感到不安的是，“经验是一种幻觉，宇宙其实是X”这样的表述经常出现在宗教中。当自然主义者作出类似表述的时候，他们陷入了“先验的愚蠢”（我们也许可以这样说）。他们用生造的观念取代了具体的自然世界，认为这个观念比自然本身“更加真实”。这种思维方式会把自然主义引向它的反面。

现在很多伪装成自然主义和物理主义的观点都是先验愚蠢的表现。

8　宇宙学理论的相关定律

之前有人认为，宇宙学理论的框架必须与迄今为止成功的物理学理论框架相区别。物理学界历来有批判牛顿物理学的传统，从而推动了关于时空相对性的研究。从事相对性研究的科学家有莱布尼茨、马赫以及爱因斯坦；当代还有巴伯尔和罗维利等人。只有当你试图构建一个关于整个宇宙而非宇宙一部分的理论，才会招致批判。广义相对论是对这些批判的回应。

时宇间宙 相对性的根源

从批判的传统中我们可以总结出一个宇宙学理论的真正标准。起点是莱布尼茨创建的伟大定律：

> 充足理由律。概括为：对于每个“为什么宇宙有X！性质”的问题，都必须存在一个理性的解释。这意味着，对于任何解释宇宙活动的有效法则，都需要对此作出合理的解释。皮尔斯也坚持运用这一定律，他表示“没有什么像法则那样需要加以解释”。

我认为，我们应将充足理由定律视为动力和目标，也许永远无法完全实现，但却是指引我们寻求宇宙未知答案的灯塔。我们可以称为：

> 微分充足理由律。对于两个相互竞争的理论或研究项目而言，谁能够更合理地解释“为什么宇宙有X！性质”的相关问题，谁就更可能成为我们持续认识宇宙性质的基础。

在文章中，微分充足理由律是作为评估进展或判断是否能够成功完成研究项目的一个工具。它尤其适合判断创新研究项目的前景。

微分充足理由律特别适用于以下情况，即充足理由律通过将某个问题从一个理论必须回答的问题清单中删除，从而解决这个问题。牛顿的时空绝对性理论和莱布尼茨、马赫及爱因斯坦提出的相对性理论之间的争辩就包含类似例子。要删除的问题是“为什么宇宙的起源不发生在五分钟以后?”在相对性理论中，这个问题没有任何意义。但在绝对性理论中，这个问题不但有意义，而且无法作出合理的解释。因此，通过删除无法给出充足理由的问题，相对性理论提供了更充足的理由。这一论断意味着，根据微分充足理由律，时空必须是相对而不是绝对的。在爱因斯坦的理论中，这演变为广义相对论，这显然是理论的进步。

在本书中，我所提到的充足理由律（PSR）即是指微分充足理由律(PDSR)。

更广义地说，根据充足理由律/微分充足理由律，真正的宇宙学理论不存在任何理想元素或背景结构。这些结构或数学模型不是动态的，不进行互动，只是描述动态自由度。此类理想化元素的例子是牛顿关于时空的绝对性理论以及希尔伯特的空间量子力学理论。

爱因斯坦将其称为要求不产生反作用的原理。在一些情况下，物体 A 作用于物体 B，但物体 B 不反作用于物体 A。我们可以将其称为爱因斯坦的互补原理。

在当代物理学理论中，我们将研究量子引力的方法分为背景依赖和背景独立两种，并由于后一种方式更接近于相对性原理而更偏向于后者。使用背景依赖方法的例子是对研究量子引力采用的微扰方法，基于在固定背景几何构造内活动的场域或弦。截至目前，若干背景独立方法取得了更多成果；这些包括圈量子引力论、因果动力三角论，以及因果论和量子引力。

充足理由律的另一成果是莱布尼茨的不可区分的同一性定律，即如果世界上的两个要素和世界上其他事物有着相同的一套关系，或相同的性质，那么这两个物体实际上是一个物体。世界上没有两种不同的物体具备同样的性质。这排除了对称性，即系统从一个状态变换到另一个状态，如果这两个状态等价，则说明系统对这一变换是对称的。

经典力学和量子力学研究的很多系统都存在整体对称性，包括欧式空间的标准对称性和闵可夫斯基时空。在所有情况下，可以认为一个孤立的系统相对于一个外部参照框架进行活动。因此这些对称性理论可以用于描述宇宙某个孤立的子系统。但不可区分的同一性定律认为，宇宙整体没有对称性。这意味着它可以是非零守恒的，因为根据诺特尔定理，能量、动量以及角动量是对应的时空对称性的转换。

广义相对论给出了合理解释。根据广义相对论，只有当一个系统拥有一个有限或无限的界限，才能够守恒或对称。这是广义相对论处理宇宙某个孤立子系统的方式。当广义相对论被运用于一个空间紧凑的宇宙，就没有整体对称性或守恒。

因此应将物理守恒定律——能量、动量和角动量的守恒定律——视为新兴的和正确的。因此一个宇宙学理论必须区别于标准物理动力学理论的一点在于，它必须不具备整体对称性或守恒定律。

但这并不排除规范对称性，后者与整体对称性完全不同，因为规范对称性用不同的数学理论来描述单一的物理系统。

认为宇宙学理论不具有对称性，这违背了一个有关方法论的口号，即一个理论，越基础就必须具备更多对称性。这一口号控制了场域理论长达一个多世纪，从麦克斯韦到粒子物理学的标准模型。但这个口号已经不再适用，因为它在创建标准模型以外的物理学统一模型中过于强调对称性，而实验证明这是错误的。其中两个主要理论是大统一理论和超对称理论。这两个理论意味着新的现象以及描述这些现象的自然能量数值。为发现这些新现象而进行的实验现已突破了自然数值的界限。[①]

将对称性作为大统一理论的来源存在一个问题，即我们必须解释对称性为什么被打破。这使我们宇宙中似乎存在的有效法则充满了偶然性——因为它们同时也是某个打破对称性结论的产物。那么解释我们的理论所面临的问题就演变成一个关于初始条件的问题，因为不同的结论可能推导出不同的打破对称性模式。这种思路的代表是弦理论，该理论有无数个版本，部分取决于对称性被打破的模式：被压缩的维度。运用对称性来研究统一性的一个问题在于，我们必须解释对称性被打破的原因。这样我们似乎可以归纳出宇宙的有效法则。

与之相反，我将提出以下观点：根据不可区分的同一性定律，在一个

①现象也许仍然存在，也许会被发现，但对其进行解释就需要人为地微调参数。

真正的基本理论中，每个基本事件都是独一无二的。我们的宇宙不应被视为一个由大量简单而又相同的基本事件构成的集合，而是包含大量的基本过程，且这些基本过程不具有相似性。在这个层面上也许能够找到基本原则，但并不存在通常意义上所说的通用法则。通用法则适用于一类大规模的现象，此类现象适用于通用法则，而区分基本事件的细节在粗线条分析的过程中被遗漏了。

因此，对称性总是刻意忽略的产物，是忽略不同状态之间的微小区别。比如，在现实中，没有那个物理系统是一成不变的，因为在复杂的宇宙中，每个事件都有一个独一无二的曲率张量，反映出遥远质量以及万有引力的影响，且这些影响无法被任何实际存在的物质所遮蔽。另一个例子是标准模式的整体对称性，只有当费密子质量的效果被忽略，标准模式的整体对称性才是恰当的。简而言之，质子略轻于中子。当然，这些对称性以及其他对称性都是近似值——引力场非常弱，假定质子和中子质量相同，那么将很有助于理解原子核。然而不被打破的整体对称性是不存在的。

此外，有关宇宙的理论还必须自圆其说。这意味着，解释和因果关系链条不能指向宇宙以外的实体，也就是说不能存在任何理想化要素或背景要素。

最后，我们要求我们的理论必须是一个成功的科学理论。要实现科学性，一项理论就必须在该领域发挥再生力。这意味着它必须推动和解释粒子物理学和宇宙学标准模式。但为了扩大我们的视野，一项理论不能仅发挥更新作用，还必须发挥预测作用，且这些预测必须在近期是可证实的。最常见和最佳的情况是，预测可以通过可操作的实验或观察来检验。稍逊一筹但仍可以在短期内接受的，是可证实的理论。这意味着该理论所做的预测只能由可操作的实验来证实，而没有其他可行的解释来证明这一理论的正确性。

可证实性不如可检验性，因为总会有人发明出其他的理论，也能够对数据进行合理解释。

有人可能会提出反对意见，认为在我们生活的时代，根据上述原理完成宇宙学的研究是天方夜谭。尤其是鉴于当前科学宇宙学研究还处于摇篮期，我们都认为离完全认识宇宙还有很长的路要走。因此这里有必要强调，本文所提到的原理无需对一切事物都给出合理解释。只要能够自圆其说就没有问题。我们总是期待未来随着研究的不断深入，这些理论能够被不断完善。

最重要的是，用于解释事物的理论不能阻碍未来的发展。如果理论建立在未观察到的现象和不可检验的猜测基础上，或者理论的逻辑建立在动力学影响之外的背景或理想要素之上，那么理论就会阻碍未来的发展。因此我们所提出的原理并非要求科学在有限的时间内能够解释每一个问题，而是要使未来科学之门保持开放，并维持高标准的理论水平。

时宇间宙 牛顿范式

现在我们将目光从宇宙科学的目标转到现有理论上来。

物理学标准方法论是由牛顿创立的，且囊括了自牛顿以来所有成功的物理学理论，包括量子力学、量子场理论和广义相对论。可以这样对此进行描述。研究对象系统总是宇宙的一个子系统，被理想化为一个孤立的系统。适用于这个子系统的理论包括运动学理论和动力学理论。首先是运动学理论，描述一个状态空间：C，这是该系统在任何时刻可能存在的各种可能状态中的一种。

然后再运用动力学理论，具体制定一项法则，根据该法则，从状态空间 C 进行独特的演变。演变过程随着时间而发展，并在很多情况下以系统外的时钟来衡量。状态空间和法则是没有时间性的，而演变过程却随时间而改变。

我们将此称为动力学理论的牛顿范式。

为运用这一范式，输入状态空间、法则和初始状态，就能够得出随后任何时间的状态。这一方法论极为有效且具有概括性，因为它涵盖了牛顿力学、广义相对论、量子力学和场域理论，涉及经典理论和量子理论。它同时也是计算机科学的基本框架，也被运用于生物学和社会学系统。

在经典理论中，状态空间是相位空间，由坐标和动量来确定。在量子理论中，它是希尔伯特空间。

时宇间宙 牛顿范式无法应用于宇宙学

尽管牛顿范式取得了成功，但却不能作为宇宙学理论的基础。原因有二。第一，我们希望一项宇宙学理论能够回答“为什么是这些法则”的问题，并能够解释宇宙的初始条件。但由于法则和初始条件是该方法论的前提条件，因此它们不能作为结果。很多试图通过运用牛顿范式来解释法则和初始条件的努力都未见成效，因为牛顿范式无法回答我们提出的问题。

牛顿范式无法被延伸至整个宇宙的另一个原因是，该方法论的成功取决于我们将初始条件的作用与解释物理现象的法则分离开来的能力，而这一能力又取决于我们重复做一个实验并不断变换初始条件的能量。只有不断进行实验，更换初始条件，我们才能确定在不同初始条件下保持不变的法则。

这就是说牛顿范式适合应用于宇宙的小型子系统。在这些情况下，实验者可以在状态空间 C 的任何初始状态下自由设定系统。

但对宇宙学而言，我们没有这样的自由度，即是因为宇宙系统是唯一的，同时也是由于我们无法站在宇宙的起源状态来选择初始条件。因此当我们试图将牛顿范式运用于宇宙这个整体时，就超出了牛顿范式的限制领域，即该方法论的逻辑和结构都是与实验室方法论紧密相连的。

通常我们运用牛顿范式时，都是努力寻求证实有关一个适用于子系统的动力学法则的猜想。为此，我们不断设置子系统，不断更改初始条件；我们寻求证实某个法则是否适用于所有这些情况。我们所说的通用法则是一种特征不变的规律，不会因初始条件的不同而发生变化。

当我们试图将这一方法论运用于宇宙学时，就会出现很多问题。首先，我们不清楚在宇宙学的背景下，通用法则意味着什么。其次，我们既要检验不同的初始条件对假想的影响，又要检验不同法则对假想的影响。这可能导致倒退，即相同的数据组可以由很多种不同的法则和初始条件来加以解释，却无法通过反复实验来解决问题，因为对于宇宙学而言，情况只有一种。这也降低了该模式的预测能力。①

①其中一个例子在我的论文中进行了讨论。

另一方面，将牛顿范式的应用限定在宇宙某个子系统，这样做也是在作必要的近似处理，因为该子系统与其边界以外的自由度之间的互动被忽略了。因此用牛顿范式来解释子系统的任何模式都必然会削弱精确的描述。我们可以用有效理论这个概念来加以解释。有效理论是牛顿范式的一个版本，明确指出了该机制的局限性。牛顿力学、普通的量子力学以及量子场域理论，包括标准模式，所有这些理论只有在有效理论的背景下理解才是有意义的。我们有理由怀疑，广义相对论也是一项有效理论。

只有使理论覆盖子系统进行互动的所有自由度，即整个宇宙，我们才能得到一项精确的理论。那么问题就变成了，对宇宙更精确的描述应采用牛顿范式还是运用其他理论：目前未知的范式。如果有人认为牛顿范式适用于宇宙学理论，那么我们就会面临上述的解释困境——我们无法回答关于状态空间、法则和初始条件的问题，以及无法通过实验将初始条件的作用与法则相分离。因此，将牛顿范式延伸至整个宇宙将会极大削弱而非增强理论的实验性证据。可以称之为宇宙学困境。

可以这样来描述这一困境。在通过多次实验后，如果一项法则适用于很多种不同情况，那么实验就证明了这是一项通用法则。但根据定义，如果一项法则适用于很多情况，那么每个情况都是宇宙的一个小型子系统。因此每一次的适用法则都必然是近似值，因为我们忽略了子系统不同自由度之间互动的影响，以及该子系统与宇宙其他子系统之间互动的影响。为了更准确地适用该法则，我们可以寻求扩大该子系统，涵盖该子系统与更大规模的自由度之间的互动，最大的程度是包含宇宙所有的自由度。但眼下却只有一种情况，定义一项通用法则的实验室背景对于宇宙学而言是不适用的。

这一困境是令人烦扰的，因为关于宇宙整体现象的问题和关于宇宙众多子系统的问题是不同的。这些问题涉及背景结构，如空间几何、空间时间或状态空间，或是固定参照系统的可观察量的充足性。这还包括有关法则和初始条件选择的问题。

为解决这一困境，我们需要一个超越牛顿范式局限并专门适合回答宇宙相关问题的新方法论。如果我们忽视宇宙学困境，并寻求将牛顿范式适用于整个宇宙，我们将陷入逻辑错误。我们可以称，这种错误做法是在将牛顿范式应用于其有效范围之外，这是宇宙学谬误。我们可以轻易地在当代宇宙学理论的很多悖论中找到宇宙学谬误所产生的后果。

时宇间宙 牛顿范式无法适用于宇宙学理论的原理

现在应当已经清楚，牛顿范式的任何理论都无法适用于上述原理。首先是充足理由律。该原理要求对宇宙的每个性质进行合理解释，这当然包括法则和初始条件的选择。那么在牛顿范式内，能就此类选择找到合理的解释吗?

关于如何提供充足理由有很多提议。其中最具影响力的是在20世纪提出的，即只有一个数学上具有一致性的理论来统一基本粒子和互动。可以这样说：这一提议很快就失败了，因为我们可以提出疑问，有什么充足理由来证明宇宙存在我们所观察到的四种力。首先是重力，我们知道，数学上具有一致性且不涉及重力的理论是存在的：这涉及常规经典和量子场域理论。或者我们可以问“为什么是量子?”我们知道有很多关于各种可能世界的理论，有的涉及量子力学，有的没有。但有一个独一无二的、数学上具有一致性，且涉及重力的量子学理论，一些理论还融合了规范场和费米子。最初这是弦理论想要实现的目标，但目前无法解决问题。

量子重力学的其他方法论也无法提供一个数学上具有一致性，且将重力和量子力学统一起来的理论。圈量子引力在与规范场、费米子和标量连接在一起时，似乎也同样在数学上具有一致性。

有人可能认为，由于人择原理，具有一致性的理论被减少至唯一一种情况。但这样想是没有根据的。事实上，粒子物理学标准模型中的很多参数可以存在很大差异，而不会影响各种可能性的存在。这些包括质量和两代费米子的耦合。

底线是，数学上具有一致性不足以为选择已知的自然法则提供充足的理由，即使在人择原理的辅助下，也依然如此。

与此同时，有人还提出了相反的提议：学术界有很多数学上具有一致性的对各种宇宙的描述，且这些宇宙都存在。我们恰好生活在其中一个宇宙之中，这是由人择原理决定的，但并非独一无二。这一提议不具备科学性，因为主要设想——无限的其他宇宙的集合——这种概念无法得到检验或证实。此外，它也不符合充足理由原理，因为如果每个特征或选择都在某个宇宙中体现出来，就无需对事物进行解释了。

当我们就初始条件询问是否有充足的理由时，我们会得出相同的结论。我们可以将注意力集中在某个单一理论的初始条件上：广义相对论，并结合所观察到的物质场。如果我们从一开始就忽略量子影响，那么这将是一个定义明确的理论，且有着无限量的解决办法。每一个都是一个可能的宇宙，但至多只有一个描述的是我们身处的宇宙。即使我们根据人择原理，将无限量的解决办法缩小在类似于我们的宇宙范围内。因此这需要进行选择，而这一理论并未就选择某个解决办法而不是另一个提供合理的理由。

如果我们忽略这一点，并将这一理论运用于整个宇宙，最后我们的问题就会变得非常愚蠢：为什么关于整个宇宙的理论会存在无限量的解决办法，而实际上一个就已足够，因为该理论只有一种情况可以加以运用？这个问题再次表明，牛顿范式中的任何理论都不适合运用于整个宇宙。

时宇间宙 牛顿范式不适用于基本事件

值得注意的是，牛顿范式不仅不适用于整个宇宙，有人指出，牛顿范式也不适用于最基本的事件。这一观点首先讨论了还原论的局限。

还原论及其局限性

如果你想了解一个复合系统，即一个包含多个部分的系统，建议你运用还原论，那么你就能很好地根据各个部分的性质来解释复合系统的性质。这同样适用于复杂过程，即可以通过构成这一复杂过程的各个子过程的互动或性质，来解释该复杂过程的性质。

在很多情况下，复合系统的性质与其各个部分或过程的性质是不同的。比如，复合系统的性质往往具有其各个部分不具备的性质。在这些情况下，我们说，复合系统的性质是新兴的。比如，一公升汽油可以有质量、动量、温度和密度。构成汽油的分子也有质量和动量，但谈论分子的温度或密度是没有意义的（忽略其内部的自由度）。因此我们可以说，温度和密度是汽油的新性质。

上述并不体现还原论的局限性，而是强化了还原论的作用。各个组成部分的性质往往可以解释新兴性质。温度和密度就是如此；比如一种气体的温度被发现是其组成分子的平均动能。

但还原论也存在局限性。还原论可以不断一再重复下去，因为各个组成部分还可以被分解为更小的组成部分。但当我们抵达被认为是最基本的组成部分，即无法再被分解时，这一理论就不管用了。这些最基本组成部分仍具备性质，但还原论无法帮助我们解释这些性质。

让我们假设标准模型中的夸克和电子是最基本元素，即它们不再具有组成部分，因此对它们的局部量子场描述涉及所有距离尺度。那么它们的质量和电荷都需要加以解释，但我们无法通过进一步还原来进行解释。

那么，我们该怎么解释呢?

在还原论无法解释时，相对论为我们提供了一个有效帮助。基本粒子的性质可以被视为来源于和其他粒子及场域相互作用的网络。只能通过参照其身处的关系网来定义或解释的某个粒子或事物的性质，可以被称为关系性质；相反，无需参照其他事物或粒子来定义的性质被称为非关系性质。如果基本粒子和事物的所有性质都是关系性质，那么可以采用一种纯关系性的方法论。

早期试图通过关系性质来解释基本粒子性质的努力是上世纪60 年代周永祖及其合作者共同创立的拔靴法。他们将观察到的强子置于一个复杂的互动网络之内，在这个互动网络中复合系统及组成要素的性质是混合的，即一个质子由一个中子和一个介子构成，但一个中子又是由一个质子和一个介子构成的，而介子又是由质子和反中子构成。这些关系就这些复合系统的振幅列出了非线性方程式。他们猜测，数学上的一致性加上几个基本性质足以限制这些振幅将一系列独特的性质传递给基本粒子。

那时，拔靴法并未产生支持这一猜想的成果，但最近该理论在与另一看似失败的项目“应用扭量理论”耦合后，似乎又有了起色，并在存在最大化超对称的量子规范场论中发挥了作用。但早在上世纪70 年代，最初的拔靴论就被粒子物理学的标准模型所取代，后者是一个常规量子场域理论，即质子、中子和介子都是由夸克和胶子构成的复合系统。因此这又是还原论的再一次胜利。

然而，粒子物理学标准模型只部分地运用了还原论，因为它只有部分的关系性。夸克和轻子质量都来源于和希格斯场的耦合，取决于真空阶段。在对称阶段中，所有质量都会消失，在自发性破坏阶段，它们是与希格斯场真空期望值成比例的。

在更为统一的模型中，希格斯可能性可以更加复杂，包含很多局部最小值；每一个局部最小值都有一个打破对称模式，而这反过来又定义了量子场域理论的另一个不同的阶段。在每个不同阶段中，基本费米子的性质都是不同的。似乎对称性和统一性越强，希格斯可能性就会越复杂，基本粒子就有更多性质可以选择。

夸克和轻子质量都是不同的，因为每一个都是与希格斯场的耦合常数成比例的，且都是该模型无法解释的参数。到目前为止，它们的关系性质还未得到解释。

以后我们还将讨论是否能够运用纯关系性理论来解释，还是说基本事物或粒子的一些性质原来都是非关系性的。我们需要首先考虑“不可区分的同一性定律”对描述基本事物的影响。

基本事件的独特性

对一个自然学家而言，宇宙作为万物的整体，必须是独一无二的。对于一个关系主义者而言，这独一无二的宇宙必须包含所有缘由。但莱布尼茨“不可区分的同一性定律”的一个已知结论是，每个基本事件都必须是独一无二的，即其在关系网络中的所处位置与宇宙历史上任何其他事件都是相互区别的。

在认为宇宙的历史是由不同事件所组成的，且这些事件的关系性质从本质上来说都是因果关系的本体论背景下，阐述这一观点是最直截了当的，但也同样可以在其他本体论背景下提出这一观点。正如我们之前讨论的，这些事件可能也包含非关系性质，但它们没有非关系性质的标签。如果我们想要描述某个事件，我们不能只是给它一个名称，如“事件 A”，而是要根据其与其他事件的关系来给它一个独特的描述，将其与所有其他事件区分开来。在这种描述中，我们不能只是说“事件 A”是由“事件 B”和“事件 C”产生的结果，因为“事件 B”和“事件 C”也必须得到具体的关系性的描述。因此描述必须基于因果关系，描述出“事件 A”的起因与任何其他事件起因的不同。

因此关键是，不能简单地对基本事件进行命名，因为对关系性质的充分和具体描述必须包含足够的信息，以便将每个单独的事件从宇宙历史上大量其他事件中区分出来。

鉴于此，让我们考虑最基本的因果关系，即“事件 B”和“事件 C”

是“事件A”的直接诱因。这一描述详细地用关系理论描述了这三个事件，并包含大量信息。因此基本事件并不是简单的，同样，基本因果关系也不是简单的。

因此，在最基本的层面，自然法则也并非是笼统和简单的。一个完整的自然法则需要解释为什么“事件A”会出现，这意味着为什么“事件B”和“事件C”会引发“事件A”。为确切回答这个问题，需要找出哪些事件组合（或一系列事物）共同导致了新的事物。由于还有大量更多的事件组合并不共同引发未来的某个事物，因此问题就变成了，是什么让“事件B”和“事件C”不同于那些不共同引发新事物的其他大量事件组合。任何相关解释都必须基于，是什么让这些诱因组合与其他组合不同，即必须根据它们的关系性质，来解释这些诱因组合与其他组合的不同点。

因此对基本因果关系“事件B”和“事件C”共同导致“事件A”的任何完备解释都必须将“事件B”和“事件C”与所有其他事件区分开来。因此，有关基本事件的法则并非像我们通常所想的那样笼统和简单。相关法则在我的论文中曾进行了讨论。

尤其需要指出的是，一个明确解释并预测独特基本事件之间因果关系的法则不会采用牛顿范式。由于每个物体和每个因果关系在宇宙历史上都是独一无二的，因此它们构成了一个巨大的集合。没有哪个通用法则能够适用于一个小系统各种可能状态的某个结构空间。

人们可能会问，有关事件本体论的物理学方法论如何应对这一问题。它们通过概括或平均化所有可能连接“当前状态”和“之前状态”的情况来应对这一问题。有两个例子，一是用费曼图来处理量子场理论，另一个则是用随机或量子方式来处理动力学因果关系。这种做法没有对个体事件发生的原因进行解释——也削弱了事件本体论，因为它将基本事件平均化或概括化了。即使我们认可该理论是表达量子世界自由度的必要手段，这一方法论也偏离了牛顿范式，因为它没有讨论固定结构空间的持续变化。

事实上，还没有哪个物理学理论能够解释个体事件发生的原因。大多有关事件本体论的理论都是量子理论，如使用费曼图处理量子场论。根据该理论，每个因果关联，每组可能相关的事件和因果关系都是整体关联的一部分。据我所知，不存在确定的因果集模型；相反，已被研究的那些因果集模型都是用随机或量子方式来看待动力学。因此它们不试图回答某些特定因果集会发生的原因。

另一方面，适用于牛顿范式的动力学可以用于粗略地描述大类事件。因此，如果我们满足于粗略而不是精准的法则，那我们就能描述大类事件。比如，“事件A”是一组拥有两个诱因的事件的其中一个，与描述个体事件不同，在描述这些类别时，所需的信息要少得多，因此我们能够用简单的法则来概括一大类事件。这些适用于大类事件的法则可能会非常笼统。因此我们会看到，通常笼统和简单法则可以通过粗粒化分析来得到，使其适用于大类事件。

时宇间宙 相对主义及其局限性：相对性与非关系性质

相对主义不仅具有哲学地位，它还是一个方法论：可以通过在描述宇宙子系统的过程中找出非动力学背景结构，并取而代之以一个真正动力学的，与该子系统外部自由度进行的物理互动。

其中一个范例是“马赫原理”。这一理论否定了牛顿物理学中绝对空间在定义惯性和加速运动的区别方面所发挥的作用，并指出宇宙中的星球和天体的运动是通过广义相对论中的动力学重力场来影响局部惯性框架的选择。爱因斯坦在发现广义相对论的过程中，一个关键步骤是他的“空穴论证”，指出积极的微分同胚在去除微分流形的背景结构中发挥的作用。结果是，时空不是以流形的度量和其他场域来确定，而是以此类场域微分同胚的相同类别来确定。上面已经讨论过，在广义相对论中，物理事件是根据可感知的物理效果来定义的。

广义相对论运用微分同胚体现了消除背景架构的一种通用方法，即先结合背景架构进行运动学描述，然后通过定义这一背景架构下某类行动所具有的不变量，将这一描述简化为一个关系系统。这被称为规范背景架构。三个主要例子是麦克斯韦和杨－米尔斯理论中的定域规范变换，广义相对论中的时空微分同胚和弦理论中的再参数化。

这种方式看似别扭，但却使我们能以简单的方式进行描述：用局部运动方程来描述场域。一旦局部场域被消除，问题将更加复杂，因为它们并非不变量。事实上，在这所有三种情况中，所有具有物理意义的可观察到的现象都是非局部的。

广义相对论的两种关系理论：爱因斯坦理论和形态动力学

自斯塔赫尔和巴伯尔等人的理论问世以来，广义相对论作为关系理论，以及时空微分同胚在消除背景架构中所发挥的关键作用就被大家广为所知并认同。但最近对广义相对论有一种新的解释，与时间性质高度关联，这就是形态动力学。这一理论为通过规范背景架构定义广义相对论提供了一种不同的方式。

根据爱因斯坦的理论：空间和时间的地位是平等的。时空坐标提供了一个背景架构，通过时空微分同胚不变量来规范背景架构。的确，在这一理论中被忽略的是时间和空间之间存在的一切差异，因为时空微分同胚能将任何基于一系列空间的时空片段转化成其他片段。这意味着同时性没有任何意义。

巴伯尔多年来强调这一理论存在固有缺陷。缺陷在于广义相对论中涉及一个重要的背景架构：物体大小的绝对规模。我们必须认定存在固定规模的距离和时间，且这些能够与宇宙中其他的距离和时间相比较。在广义相对论中，两个沿着不同时空轨道旅行的钟表不会保持同步。但它们的规模不变，因此绝对可以说两个在时空上彼此远离的物体是否有着同样的规模。

你可以在广义相对论的时空微分同胚不变量之上规范这一背景架构，但结果不会是广义相对论[①]。令人惊喜的是，你可以通过用这一理论的时间相对性来交换空间规模的相对性，从而得到广义相对论。这样规范转化的数量，以及物理自由度的计算都没有改变，得出的理论被称为形态动力学。

形态动力学不能自由地将时空片段转化为时间和空间。因此该理论更倾向于选择具有物理学意义的时间坐标。这意味着相隔远距离的事件之间的同时性具有物理意义。但在局部变化情况下，这些固定片段的物理现象是不变的。

事实上，形态动力学并非是一项新理论——主要是广义相对论的变体。该理论所偏好的片段可以在广义相对论的语言中找到，它们被称之为

①我知道将时空微分同胚不变量与局地尺度不变量相结合的两种方式：一种方式形成一个充满不确定性的理论，而另一种方式由迪拉克发明，需要额外的物理场来实施。

常平均曲率。技术性的论述是，只要时空具有此类片段，那么形态动力学就相当于广义相对论。

你可能会提出反对意见，称这些片段代表着向牛顿绝对时间理论的回归。事实上并非如此，因为常平均曲率条件即是动力学条件，片段是否满足这些条件要取决于物质、能量以及曲率在宇宙中的分配。此外，由于形态动力学的前提条件也与广义相对论一致，因此这些片段无法通过任何局部措施来发现。但无论如何，这些片段也发挥了作用，我们可以使用它们来简化爱因斯坦方程式。

形态动力学对本文讨论具有两个重要意义。第一，广义相对论基于经验的成功不能用于证明宇宙从根本上来说是没有时间性的，甚至于距离遥远的事件之间不具有同时性。关注同时性的形态动力学证明了这些论断是错误的。

第二，形态动力学为我们提供了一个关于时间的宏观概念，用于客观地区分过去、现在和未来——因此让时间自然主义可以站住脚——这符合当前的科学知识。

单纯关系论

单纯关系论者认为，一旦消除了背景架构，物理学就称为单纯运用关系描述自然的理论。一个重要的例子是因果设置程序，它旨在以一系列独立事件为基础建立一套完备的量子重力学理论，其中要素只有因果关系。这些关系非常原始，即“事件 A”是“事件 B”的起因。这一因果关系理论否认任何进一步的因果关系，比如“事件 A”中的“事件 P”导致了“事件 B”中的“事件 Q”。

因果关系理论的目的是构建一个洛伦兹式的时空几何，一系列独立事件及其之间的因果关系几乎满足爱因斯坦等式。但迄今为止这尚未实现，除了在一些少见的情况下，即因果链由任意散布的闵可夫斯基时空和一系列独立事件构成。

非单纯关系论：非关系性质的作用

完成消除背景架构这项工作并不意味着事件除了与其他事件之间的因果等关系之外不再具备其他性质。在事件本体论中，也许你在消除了所有背景架构后，仍发现事件在与其他事件存在关系以外还具备其他性质。我们称此类性质为“非关系性质”。

非关系性质可以是动态的，即它们在运动法则中发挥着作用。比如，在事件本体论中，能量和动量是事件的非关系性质。它们可以在动力学中发挥作用，可以通过因果关系进行转化。

这一观点反映在能量因果关系框架中，在这一框架下，能量和动量是先于时空的基本非关系性质。的确，根据这一理论，动力学是严格由能量、动量、因果关系组成。时空位置最初是以拉格朗日乘数出现，以突出事件中能量和动量的守恒。

动力学配对和关系理论 vs 非关系性质

我想指出，人们很自然地认为能量和动量是时空关系世界的非关系性质。[①] 因为物理学的一个特别结构是，时空变量与动力学变量/动量和能量是配对的。这种配对反映在泊松括号中，在诺特定理中有最深刻的体现。即，如果一个物理学系统在物理学空间坐标中存在对称性，那么就存在相对应的动量 P_a。此外，在典范形式体系中，P_a是 X^a转化的促成者。

$$\{X^a, P_b\} = \delta^a_b \tag{1}$$

可以将其理解为，如果位置是绝对的，因此具有对称性（即转化后性质完全没有改变，那么对应的动量 P_a可以根据 X^a的转化来定义。但有必要指出，如果空间是关系性的，那么在空间坐标中就没有完美无缺的对称性。原因是不可区分性排除了对称性，因为对称性从定义上来说是一个系统从一种物理状态转化到另一种拥有完全相同的物理性质的另一种物理状态。但莱布尼茨原理认为没有哪个系统拥有两个独立的相同状态[②]。因此

①在继续讨论之前，有必要对以下两个术语进行解释：

非关系性 vs 内部性：如果事件的一个性质是非关系性的，那么它无需根据与其他事件的关系来定义。这并不意味着它在动力学等式中不发挥作用。动量可以是非关系性的，但不是内部性的。感质是非关系性的，也是内部性的。

结构性 vs 关系性：哲学家所说的结构性性质似乎与物理学家所说的关系性性质是一样的。我更倾向于使用关系性一词，因为结构似乎指的是一些静态因此是非时间性的东西。结构性性质似乎超越时间或历史，但时间自然主义声称，自然可能没有此类超越性性质。结构主义似乎是非时间性自然主义的一种形式，声称真正真实的是超越时间和地点特性的结构。

②这一论证不排除规范对称性，后者将对同一物理状态的不同数学描述关联起来。

如果空间是关系性的，我们就无法将动量定义为转化的动因。因此如果空间是关系性的，那么动量就是非关系性质。

$$\delta X^a = \alpha^b \{X^a, P_b\} = \alpha^a \quad (2)$$

换而言之，我们也可以认为动量是单位的基本量和非关系性质，并将位置定义为动量空间转化的动因。这正是相对位置理论框架的观点。

在因果关系描述基础上加入非关系性质动量和能量变量有一个明显的好处，可以解决因果关系纯粹论长期存在的问题，使低维度时空从纯因果关系理论中脱颖而出。

因此我想提出的观点是，通常我们认为动量和能量是非关系基本量，其定义在时空概念出现之前就已经存在。爱因斯坦等式对此提供支持：

$$R_{ab} - \frac{1}{2}(g_{ab}R) = 8GT_{ab} \quad (3)$$

等式左边由广义相对论中的几何基本量构成。等式右边包含能量－动量，描述能量和动量在时空中的分布。自爱因斯坦开始研究统一场域理论以来，直至20世纪末弦理论科学家以来的数代科学家一直推测，该等式的进展将通过将等号右边缩减为几何结构来实现，期待物理学能够通过纯几何结构来表达。但也许这种想法是错误的——这也正是它未取得成效的原因。相反，我们可以提出，等式左边能够进一步简化，即能量和动量是基本量，也许还包括因果关系。

从时间自然主义角度看牛顿范式

最后，我们可以从时间自然主义角度描述牛顿范式的恰当作用。

从宇宙学角度来说，宇宙是独一无二的，法则是不断演化的，因此牛顿范式会不攻自破。从本质上来说，事件也是独一无二的，因此牛顿范式也会不攻自破。物体是因其关系属性而区分的，因此从本质上说也是独一无二的：从根本上而言，并没有简单通用的法则。

可重复应用的法则只能通过粗粒化方法总结得到，即忽略每个事件独一无二的特性，并将其简单归类。因此牛顿范式只适用于中间级。

我们从这一点可以看出，中间级物理学必须是统计学性质的，因为相似性来自于对信息的忽略。不知道这是否是量子不确定性的起源，即如果我们要解释个体事件发生的原因，那么完成量子理论所需的潜在变量就必须是关系性的，我们必须加入这些隐藏的变量，才能将每个事件与其他事件区分开来。有必要提到，因为将个体事件与其他事件相区分就需要与其他事件进行比较，因此此类隐藏的关系性事件必须是非局部的。

最后，还可能出现的情况是，独一无二的特性有时不会掩盖中间值，从而导致法则的丢失。这一想法被发展为后文将要提到的优先原则。

9　背景：现代宇宙学的谜题

现代物理学和现代宇宙学的危机始于粒子物理标准模型及其对应的宇宙学所取得的成功。这个危机的产生是因为我们无法超越这些成功的模型，进而更深入地理解自然。我之后会详细说明，这些失败有一个共同的原因，即牛顿范式在面对宇宙学问题时产生了困惑。这些模型无法解释的问题进而成为建立在我们前面简述的宇宙学新原则之上的科学所要面对的主要挑战。

粒子物理学数据的启示

我们已知的基本微粒和基本作用都在粒子物理标准模型中得到了清晰的说明，这个模型自 1973 年被提出以来，得到了很多实验的检验。目前，费米实验室和欧洲核子研究委员会的实验中还没有发现任何标准模型无法解释的现象。

标准模型用规范场来描述强相互作用，弱相互作用和电子相互作用，规范场的动力学由规范原则决定。具体而言，这是杨-米尔斯理论与旋量场和希格斯标量场的结合。摄动可重正化和幺正性这两条原则把这类理论限定在 3 +1 时空维度，它们可以由数学一致性推导出来。也可以认为这种理论由更为一般的理论在比基本尺度更低的能量级上生成。

关键的问题是标准理论中存在着很大的任意性。要从一般的规范理论中得到具体模型必须做出三种选择。

确定具体理论首先要设定规范群。对标准模型而言，规范群是 $G^{SM} = SU(3) \times SU(2) \times U(1)$。接下来是选取该规范群的标识，物质场进入其中。标准模型中一个具体的 G 表示和 $SU(2)$ 双希格斯玻色子中有三代费米子。由于规范异常现象，数学一致性的原则对这里的选择有某种限制作用，但这仅仅是无限多个可能的一致性选择中的一例。

标准模型还满足了另外一个具有一定选择性的原则。这个理论经典形式是保形不变和手性不变，一个重要的例外是希格斯玻色子尺度。因此，所有耦合常数都是无量纲数，只有一个例外，所有质量都来自自发对称性破缺。

之后，我们要按照摄动可重正化原则来说明理论中允许的所有耦合常数的具体值。粒子物理标准模型中有29个无量纲参数，包括中微子的质量和混合角。这里似乎没有什么一致性原则限制这些大范围内的选项。

我们并不知道为什么观测到的选择就是我们作出的这些选择。为了作出这三个选择，我们需要充分的理由，但我们没有这样的理由。到目前为止，规范群和表示的选择还没有任何理由被踢出来。[①] 当我们要选择标准理论的参数时，我们就处在一种非常特殊的境地中：实际的值似乎非常与众不同，或者说非常不自然。这包含两层含义。

许多无量纲参数的数值非常小，强烈地暗示着一种非随机性分布，这些参数包括精细结构常数、宇宙常数、量子色动力学（QCD）、弱尺度与普朗克单位的比例关系，以及决定费米子质量的希格斯玻色子和费米子的耦合。这被称为层级问题。这些不自然的选择造成了力的种类范围和强度范围都很大。而这种情况又使宇宙中出现各种尺度上的复杂结构成为可能。参数耦合中有很多似乎得到了特别的设定，恰好可以给出一个拥有复杂结构的宇宙，这比随机参数下得到的宇宙复杂得多。我们的宇宙中有长寿的恒星、超新星、氦氢气团，还有由100个稳定核组成的元素序列，包含不同的化学属性，其中包括有机化学所必需的碳和氧。如果参数没有被特别设定，上面这些都不会出现。这被称为特别设定问题。

层级问题和特别设定问题为我们针对我们所在宇宙的物理规律提出充分的科学的理据带来了不同寻常的挑战。

---

①关于解释标准模型规范群选择的努力，在我的论文中曾有过介绍。

时宇间宙 来自大尺度天文数据的启示

现在我们从粒子物理学转到宇宙学，这里我们也会看到相似的层级问题和特别设定问题。

天文学数据给我们展现了一个在各个尺度上都表现出结构和复杂性的宇宙。我们可以依赖宇宙学模型来解释这个宇宙，而这些模型又建构在已知物理规律的基础上。模型不是理论，但它很有用处，可以检验有多少数据可以用已知物理规律来解释，检验有哪些数据需要初始条件和接近初始奇点的新物理学规律来解释。限定于已知物理规律可以使我们了解宇宙温度处于高能实验温度时的情况。这个状态发生在核合成之前，但在通常我们认为的膨胀发生时点之后。我们之后会讨论宇宙膨胀，把它作为一种假说，用来解释宇宙模型初始条件的特征。

在最大的可观测尺度上（大于300Mpc），宇宙的历史似乎非常接近弗里德曼—罗伯逊—沃克（FRW）模型，它是对爱因斯坦方程的一种各向同性齐次解，与物质相耦合。这个模型包含几个参数，包括一个正宇宙常数以及物质，而物质至少有三个组成部分：电磁辐射、重子、暗物质。与所有同质性模型一样，这里也有一个首选的宇宙时间坐标。引人注意的是，在实验精度内，恒定时间曲面的空间曲率似乎消失了。如果存在空间曲率半径 R，那么它要大于现有的哈勃尺度。

即便在这种粗略的层次上，我们也可以找到某种数据特征，暗示初始条件有特殊性。除了空间曲率的消失外，这些特征中还包括宇宙常数的值作为物理规律基本参数来说是极小的，用普朗克单位计算为 10^{-120}。此外还有时间尺度上的两个巧合，它们都与时代之间的转换有关，每个时代主导膨胀速率的物质不同。第一个巧合是从辐射主导到物质主导的转换，这个时间 t_m 大致与电磁场与物质由于宇宙冷却，原子得以形成而退耦的时间 t_d 相同。

第二个巧合是，宇宙现在所处的时代 t 似乎与从物质主导到宇宙常数主导的时间大致重合。

初始条件中还有一个不同寻常的特征：宇宙模型的起始从物质的角度看，必须被设定为极热状态，从引力辐射的角度看，必须被设定为极冷状态。这些数据说明，在爱因斯坦方程无数个可以表示出宇宙从初始奇点开始膨胀的解中，最简单的解也存在充分性和各向同性，本身没有任何特征。这就意味着最初并不存在引力波，所以，所有被检测到的引力波都可以假定为物质辐射的结果。

彭罗斯提出了一个原则以说明为什么没有初始引力辐射，他把这个原则叫作威尔曲率假说。这个原则是，度量引力辐射的威尔曲率在最初的时候就消失了，不但在模型中如此，在现实中也是作用于真实时空几何的一个原则。这是一个时间不对称条件，它只作用于初始奇点，而不作用于最后的奇点。否则，它会阻碍黑洞的形成。

人们可能会说，有一个类似的条件，同样拓展到了电磁辐射，目前的知识与它是一致的。这个条件是，并不存在初始无源电磁辐射。事实上，正如温斯坦指出的那样，人们从没有观测到无法推导物质源的电磁辐射。如果这个条件发生作用，那么它同样是时间不可逆的，可以独立于热力学方向解释电磁时间流向。

如果我们考察小一点的尺度（但还是宏观尺度），就会看到宏观尺度结构的发展历程，这个历程似乎由暗物质来推动。这一点由更为细致的模型把握，这些模型有些是数字模拟。即便如此，这些模型仍旧是模型，其有效性范围是有限的。不过，似乎可以从这些模型中得出关于从宏观尺度结构到星系尺度的可靠结论。

在这些模型中，暗物质分布构成星系，星系的分布呈星团状，重子落到在这个过程中不断扩大的结构所形成的位势井中。目前，星系由暗物质主导，暗物质对于解释星系的旋转曲线以及它们如何聚合成星团是必不可少的。似乎，这种结构形成的萌芽在宇宙微波背景辐射上留下了印记，而整个宏观结构的体系十分简单，因为它从暗物质密度波动的初始分布演化而来，这种波动有以下特点：

- 这种波动的值极小，初始为：$\delta_\rho/\rho \approx 10^{-5}$。
- 这种波动几乎不受尺度的影响。
- 这种波动具有高斯性，即它们没有其他结构。

宇宙学理论所面临的一个重要挑战就是如何解释这种波动的起源和特征。

我应该提醒大家注意，我们目前还没有直接探测到暗物质，所以谨慎的作法是考虑暗物质不存在的可能性，然后去修改爱因斯坦方程，使其能够解释暗物质所带来的效果。人们已经研究了这种可能性，在独立星系的尺度上，可以非常好地解释观测到的大量星系的旋转曲线。但目前为止，这种视角下没有一种理论能够令人信服地说明宏观尺度如何形成。

接下来，我们看独立星系这个尺度。这里，由于恒星形成时的非线性和化学，气体尘埃的动力学，星光产生的反馈，超新星等，更多的物理规律有了相关性。引人注意的是出现非线性现象和非平衡现象（如支配恒星形成的反馈）的尺度范围。结果是，把非线性和非平衡现象向下一直推到分子尺度，向上一直推到生命的起源及其延续。有待解释的一个问题是，为什么整个宇宙，从最大尺度到最小尺度，会生成一种适于生命存在的环境。这种环境包括稳定长寿的恒星，它们可以使行星的表面在几十亿年里处于非平衡状态，生命由此得以发展；源源不断的充足的碳、氧和其他生命所需的化学元素。我提到这点，是因为宇宙具有生物友好性问题也属于宇宙学问题，因为这个事实取决于规律和初始条件选择中的很多偶然性。

时宇间宙 给定数据的前提下，哪些问题具有紧迫性

虽然宇宙学标准模型中还有很多细节有待探究，然而我们要考虑的关键问题都涉及初始条件的选择。前文中我们已经提到了其中几个，下面还有几个这样的问题。

有三个大的宇宙学难题，驱使我们为超越我刚刚概述的图景作出努力。

- 视界问题。对宇宙微波背景辐射的观测提供了一张大爆炸之后约100万年时宇宙状态的快照，这个时期被称为退耦期，宇宙第一次冷却到足以使氧原子固定下来。在此之前，电子呈自由流动状态，而整个宇宙是一个等离子体。观测表明，在十万分之几的波动范围内，那时的宇宙处在热平衡中，天空中所有方向的温度恒定唯一。然而，如果我们由那时的一般辐射开始运行广义相对论的解，那么就没有足够的时间使整个天空处于宇宙奇点和退耦时间的因果关系

中。可能处在因果关系中的大部分区域为天空中大约2度的范围。那么整个宇宙是以怎样的方式达到热平衡，处在同一个温度上的呢？

对热平衡周围波动模式的观测使这个问题变得更为棘手，其中某些相关性可以拓展到天空中60度的范围。如果因果过程仅发生在空中2度范围内，那么这些模式是如何形成的呢？

· 平面问题。有很好的证据可以证明在足够大的尺度上，宇宙平均来说是同质的。这意味着，空间几何可以用一个数值来说明，即其曲率半径。如果表面具有等时性，为同质球体，那么曲率半径就可以作为这些球体大小的度量。观测表明，这个数值比我们能观测到的距离还要大，相当于一个异常庞大的球体，对这个球体而言那些明显的几何结构都是平面性的。问题是为什么会这样？这是初始条件特殊性的一个侧面。这个问题十分尖锐，因为它测错了方向：如果你回到过去，探索初始条件可能会有多特殊的问题，答案会是，你回去得越久远，这些初始条件就越是不可能。使之参数化的一种方法是利用Ω参数，它代表总能量密度、封闭宇宙与开放宇宙边界处能量密度的比值。
· 缺陷问题。如果标准理论被更为统一的能够支配很早阶段的理论取代，那么在早期宇宙中就可能存在一个或多个相变。这些相变会制造出大量的像磁单极子一样的缺陷粒子，但这样的粒子也未曾被观测到。

这份清单上还可以加上我们已经讨论过的问题。

· 两个巧合问题。
· 初始密度范围波动问题。
· 自由引力辐射和电磁辐射缺失问题。

我们可以看到，宇宙的初始条件需要得到解释，无论它们还原为什么东西。但是，也有可能我们观测到的初始条件是某种清楚意义上的类别属性，因此所有事情都不需要解释，而缺失这样的特征才需要解释。但我们的宇宙似乎绝非具有类别性，相反，我们宇宙的初始条件似乎相当特殊。

除此之外，我们还可以加上为宇宙有效规律的选择提供充足理据的问题。为具体了解这一点，现在我们讨论下面这个问题。

时间宇宙 宇宙学标准模型中哪些特征不受数据的限制

我们讨论的模型无法成为理论，这包含三层含义。第一层，也是最明显的一层含义是，这些模型所依据的都是已知物理规律的片段，把已知规律相当自由地删减为比较粗糙的描述。在最简单的情况下，由爱因斯坦方程所描述的动态几何所包含的无限自由度被归结为单个函数，即膨胀速率是单个参数——宇宙尺度大小的函数。

第二层含义是，量子力学几乎没有被包含进去，因为对多数被模拟的现象而言，把物质看作经典流体已经足够了。

第三层含义是，我们对物理规律的认识并不完整，我们所期待的引力与量子力学以及与其他基本力的统一并没有被考虑到。这对于被模拟的现象来说并不必要，但有一点很重要，应该记住最好的宇宙学模型建立在有效理论之上，而有效理论是对一个未知的根本理论的近似，在某些尺度范围内有效。这个尺度范围既有上限，也有下限，在能量尺度、时间尺度、距离尺度上均如此。

当我们试图把宇宙学模型推到我们描述的领域之外时，理解这一点就十分重要，因为只在这些领域中模型受观测的限定。宇宙学中有三个大问题，到目前为止既不受数据的限定，也不受理论的限定，然而，要把我们所讨论的宇宙学模型拓展到真正的宇宙学理论，它们都是至关重要的。

最早期，接近最初奇点时发生了什么？我们的宇宙在遥远的未来会怎样？在深邃的远处，在我们的宇宙视界之外有什么？

下面针对以上问题，逐一论述：

元初时发生了什么

宇宙学模型中使用到的物理规律当温度超过 1 TeV = 10^3 GeV 时，就不再受独立实验的验证。如果我们把模型推到这个时代之前，温度还会持续升高。这就超越了最具理论意义的两个尺度：统一尺度，10^{15} GeV 左右，此时粒子物理标准模型中可能存在统一的规范群；普朗克尺度，$E_p = 10^{19}$

GeV，此时量子引力不可避免。因此，在此前的普朗克时间内，所有模型都预测存在一个奇点，在那里时间停止。

所有统一的物理规律必须研究的关键问题是，奇点是否真实存在，或者奇点是否可以消除，而宇宙在大爆炸之前还有历史。如果奇点真实存在，那么我们必须给出充足论据，解释那里的初始条件选择的任意性。如果奇点不存在，那么初始条件和规律选择的充分理据可能存在于大爆炸之前的世界中。

奇点定理概要

当我们试图把宇宙学模型拓展为一种理论时，我们从既有选择中得到的关键性结论是经典广义相对论推出的奇点定理。关于奇点定理的概要，在我的论文中也有过说明。这种定理的可能性是由罗杰·彭罗斯发现的，他第一个证明了广义相对论的通解具有奇点性，我们会在下面讨论它的含义。彭罗斯的定理一开始用于黑洞奇点，这是在他和霍金用类似方法证明了宇宙奇点定理不久之后。

时空度量结合满足其他运动方程的物质场可以给出广义相对论场方程的一个解。这种度量可以说明一种因果结构，即对于每两个事件来说，一个事件是否为另一个事件在因果关系上的未来，或者二者之间不具有因果关系。两个具有因果关系的事件要么可以通过类似时间一样的曲线连接起来，要么可以通过零曲线连接起来。从这种度量中，我们还可以计算时空的曲率，从中推论出潮汐力。

爱因斯坦方程的解具有奇点性，这个表述有几个不同的含义。最直觉性的理解是，曲率张量的组成部分，如果可以恰当地表示为物理上可测量的量，是否具有无限性。物质的能量密度也有可能具有无限性，特别是当这些量一起发生时，但这不是必要条件。当曲率具有足够的奇点性时，它的奇点性所在的集通常表现为一种时空边界，因为场方程为保持作用不可能拓展到这些点之外。

奇点本身也有因果属性。例如，一个奇点可能具有空间性。这意味着，事件集，即离开奇点十分微小的一段距离会是一个具有空间性的曲面，这个曲面上的各个点没有因果相关性。

奇点的第二个含义来自曲率奇点引出边界性的预期。也就是说，时间性或零短程线不能超过奇点边界。要发现这样的边界，只需找到这样的时间性短程线，它向过去或未来的沿拓不会超过有限的一段时间。

霍金-彭罗斯定理是可应用于爱因斯坦方程的宇宙学解。这些解中空间表面致密，且没有边界。这个定理认为，任何满足条件的宇宙学解都必须包含无法向过去进行任意沿拓的时间性短程线。

这些条件包括（不考虑技术细节）：

1. 各向物质能量密度均为正值。
2. 存在空间性曲面，宇宙于此各向膨胀。
3. 解具有足够的类属性，即不包含特别的对称性。
4. 广义相对论场方程在所有地方均适用。

我们需要注意到，这些条件在目前已有的知识和观测下都具有物理上的可能性。这个结果十分强势，因为我们采用的是十分弱势的，仅仅是具有可能性的，一般性的假设。

时间性短程线不可向过去任意沿拓，这个观点可以理解为，有观察者拿着一个钟表，而这个钟表的全部历史停在了某个有限的数值上。我们可以发现，这个定理严格说来并不意味着曲率或能量密度具有奇点性。可能存在其他机制，造成一种边界，使观察者无法看到具有任意长度的历史。在所有已知通行案例中，观察者历史的不完整性都源于曲率和能量密度在有限时间内产生无限性。

由于某些科普宣传的误导性，有关宇宙学奇点定理产生了广泛的误解，扫除这些误解十分重要。

- 奇点并非发生在宇宙开始膨胀的时间点上。宇宙学奇点完全是空间性曲面，曲率和能量密度同时在空间内呈无限性，而对一般观察者而言是有限时间。一个宇宙甚至可以在奇点后任意短的时间内就在空间体量上呈现无限性。
- 奇点并不是冻结的时间上的一个时刻。事实上，奇点集不是度量建模中时空几何的一部分。奇点集是由时空几何临界点集构成的边界。时空几何中不存在时间不流动的集。
- 奇点不会限制爱因斯坦方程的解。这里全部的意义在于，通解具有奇点性，也就是说爱因斯坦方程有无限多个解表现为后期膨胀中的庞大的宇宙，它们都具有初始的宇宙奇点，但在奇点之后的几何细节方面有所不同。例如，奇点刚结束时可能存在很多引力波和黑洞。所以，奇点并不意味着没有必要说明确定我们宇宙爱因斯坦方程解的无限多个初始条件。

- 没有哪个时间、哪种力或影响可以作为起点，开启宇宙的进化历程。宇宙学奇点只不过是一种边界，由它沿拓到时空历史的过去。在奇点之前没有任何东西启动宇宙进化。

奇点定理刚刚发布出来时给人们带来了巨大的震撼，因为当时专家们普遍认为当时已知的方程解中的奇点只是这些解中大量对称性的衍生物。

奇点定理的意义

从奇点定理的一般性和解释力中可以得出两个极为不同的结论。第一个是，我们找到了有关时间的让人惊叹的事实，即时间必须有一个起始点。第二个是，奇点定理代表着广义相对论有效性的局限。要么是描述时空的语言不再适用，要么是爱因斯坦场方程不再适用，或两者都不再适用。因此，爱因斯坦理论的这种适用局限性就不能理解为时间具有起始点，而是意味着条件十分极端，肯定有其他规律或原则发挥作用。

我们认为第一个结论不太可能，有几个相互关联的原因解释这一点。

科学的历史告诉我们，每当我们要在极端的形而上学性结论和理论超出其适用范围的谦虚认识之间作出选择时，后者总是对的。我们想不出有什么原因会使目前的情况成为例外。只有当第二种可能性无法实现时，我们才会不得不接受第一种可能。

我们所知的一个事实是，那些导出奇点定理的规律至少有一个方面是不完善的：没有考虑到量子效应。德威特和惠勒很早之前就提出假设，量子效应会消除奇点性，在经典广义相对论导出奇点性之前得到可以延伸到过去的时间。我们把这个观点称为德威特-惠勒假说。

在非量子理论中，奇点性（即无限性发散或失控性发散）至少有三个先例由于量子效应的引入得到了解决。普朗克于1900年提出的量子假说解释了金斯在19世纪90年代在辐射热力学中发现的紫外线灾难。在经典原子模型中，电子会在一定的时间内坠落到原子核中，放射出不定量的辐射。当卢瑟福发现原子核要比电子小很多时，这就变成了一场危机。但很快，玻尔用量子假说来解释原子中的电子轨道，解决了这个问题。第三，在经典电磁学中，电粒子周围的电场，包含不定量的能量。是量子效应首先把这种情况归结为对数发散，然后通过复正程序完全消除。

鉴于这些先例，量子效应消除时空奇点的假设具有非常大的可能性。

有大量文献研究了德威特－惠勒假说，这些文献研究了量子力学和广义相对论相结合的意义，使用的数学工具越来越复杂。由于量子引力的问题还没有被完全解决，就不能认为它们所得的结论具有确定性。不过，有大量的模型可以研究这个假说，而在模型得到足够严格或细致研究，给出有用答案的所有情况中，答案都是肯定性的——奇点都被可以延伸到过去的历史所取代。这些模型表明，在奇点之前，宇宙处于收缩状态，在通过一个量子效应十分确定的区域后，宇宙解发生膨胀，这与爱因斯坦方程宇宙解的早期阶段相似。这些解被称为反弹解。

这种解释除了把量子力学应用到宇宙学模型以外不用任何其他特殊的假设。①

然而，选取第二种可能的最大理由在于很多关键性的宇宙学奥秘无法在第一种可能下得到解决，而在第二种可能下却有着明显的解决可能性，我们下面对此进行论述。

时间 宇宙 宇宙未来会发生什么

根据我们讨论过的宇宙学标准模型，宇宙目前处在一个由物质主导转为由暗能量主导的过渡阶段。在最简单的模型中，暗能量被处理为一个宇宙常量，这意味着它的密度不随时空发生改变。而对于所有其他形式的能量而言，它们的密度随着宇宙的膨胀而被稀释，因此，几十亿年后，宇宙的能量密度将由这个宇宙常量主导。

如果物理规律果真如此，那么我们宇宙的未来将既暗淡又荒谬。

这个未来是暗淡的，因为宇宙一直呈指数级膨胀，因此密度稀释总体也是指数级的。用不了多长时间，星系之间几乎再不可见，恒星继而死

①但有一些有关量子引力的研究方法，如弦理论，需要额外的假设。在这种情况下同样也存在可能的论据可以消除奇点，用反弹取而代之。

亡，此后除了一些冷却的碎片外再也没什么事发生。很久之后，黑洞将蒸发成量子引力所准许的任何形态。最后是几乎空无一物的永恒状态，近似全空的德西特时空。

这个未来是荒谬的，因为存在一种类似霍金辐射的现象：宇宙在温度T时，会像一个充满光子和其他量子的热浴缸，其中T是哈勃尺度的一个函数。这个尺度是恒定的，由宇宙常数决定。这样，如果这些预测是正确的，那么过去的宇宙就不会空无一物。由此所得到的宇宙样态会使我们想起玻尔兹曼有关宇宙的猜测：一种泡在热浴缸中的永恒。

这个未来非常像玻尔兹曼100多年前描述的样子。他的论述中援引的事实是，虽然热浴缸处于热平衡中，整体是一种熵最大化或无序最大化的状态，但在这样的热平衡中可能存在扰动，由此一块小空间可能在短期内拥有低熵状态，直到熵值再一次最大化。他认为，这可以使任意不可能的结构化形态由于扰动而在一小块空间内短暂存在。

这个观点是，由于热浴缸占据无限的时空体积，其子系统形态的结构就不可能特殊到没有在时空中存在的可能性。事实上，任何不可能的形态都可以在炽热宇宙的永恒未来中出现无限次。

在这种情况下，造就人脑，包括完整的记忆图谱以及思想（有人会这样认为这是一种简略的说法）有两种方法。一种是在宇宙早期，在其发展到德西特空间稀释阶段很早之前，通过化学进化、生物进化得到。我们认为这是人类崛起的方法。在这个阶段中会存在一定数量的大脑。另一种方法是通过热扰动造就包含记忆和思想的大脑。

现在让我们考察所有将会存在的大脑的总体。这是个无限性的总体，几乎所有的成员都属于第二类，即热浴缸发生短暂的不可能性统计学扰动的结果。这是因为，虽然扰动的次数是无限的，但将会存在的人类的数量是有限的。因此，有关我们作为观察者、人类或智慧生物等具有特殊性的所有论述都会发生问题，进而作出预测，认为我们正在经历的短暂存在是宇宙在T温度下布满辐射时发生的一次随机扰动。

但很显然这与我们的观测不同。让人惊讶的是，我们不是随机扰动的，我们是在一个进化着的、活跃的宇宙中得到生物进化的动物，这个宇宙与热平衡状态相差甚远。

上面的论述一定有某些地方不对或出现谬误。当然，我们没有理由去相信宇宙常量真的恒定不变。在一些宇宙学模型中，标量场包含有缓慢变化的真空期望值，这导致暗能量的值在宇宙时间尺度上发生缓慢的变化。有一个雄心勃勃的观测计划正在实施，尝试捕捉暗能量由此在时间上发生的进化。

如果暗能量具有动态性，那么我们宇宙的未来就可能十分不同于恒定宇宙常量下的宇宙。不幸的是，就我们现有的认识而言，不可能对宇宙遥远的未来作出可靠的预测。

关于宇宙的未来，还有一个问题必须讨论，即在宇宙历史中形成的黑洞中出现的未来奇点的命运。这是个既真实又紧迫的问题，因为几乎毫无疑问，我们的宇宙的确形成了很多黑洞，或许多达 10^{18} 个。经典广义相对论的预测是，这些黑洞都各自包含未来奇点。事实上，由彭罗斯首先证明的奇点定理已经在一般的意义上确立了这一点。这也是由少数几个假设得出的结果，只不过这里宇宙学奇点定理的第二个假设被存在某一区域包含未来吸附曲面的假设所取代。这是个二维曲面，从曲面两边离开的光线，进入未来，发生收敛。对于黑洞的视界内部来说，这种情况十分普遍。

要描述这些奇点的命运，只有正确地结合广义相对论和量子理论才能做到。正如宇宙学奇点一样，有模型、计算和论据支持黑洞奇点会被量子效应消除的假说。如果的确如此，那么几乎具有奇点性的那些区域的未来将成为宇宙未来的一部分。

一种可能性是，黑洞奇点发生反弹，创造出新的膨胀的宇宙。如果是这样的话，那么我们宇宙的未来就会包括包含于其中的黑洞所形成的所有宇宙的历史。我们可以同样自然地作出假设，认为我们的宇宙是前一个宇宙中的黑洞奇点反弹的产物。

当然，这并不是唯一的可能性。也有可能，黑洞奇点的反弹创造出一个量子时空区域，当黑洞的视界蒸发时，这个区域最终与宇宙重新连接起来。甚至可能，某些黑洞会产出新的宇宙，而另一些则发生蒸发。这些各不相同的可能中哪个是正确的，取决于量子几何的动力学细节，也即取决于量子引力理论。

时宇间宙　在宇宙视界之外，距离我们遥远之处是什么

我们对宇宙的观测受恒定光速的局限，只能到达半径约为 460 亿光年

的区域。这就是我们的宇宙学视界，或称哈勃视界。就我们所知，近似同质的假说在这个范围内都成立。但我们无法从观测中知道更远的地方会发生什么。

宇宙学模型有两个总体特征无法由观测数据决定：

- 宇宙在更大的尺度上是否仍然同质，或者，在大于我们目前视界的尺度上是否会出现新特征？
- 宇宙的空间拓扑具有封闭性，还是开放性？如果是封闭性的，这个拓扑是什么？

对于第一个问题，我们的处境比较微妙。我们根本没有办法通过观测来确定有关任何哈勃视界以外的宇宙结构的假说。然而，所有宇宙学模型都要求宇宙要大于我们的视界。只要存在初始奇点，过去的时间有限，那么我们就不可能观测到宇宙空间延展的大部分区域。

这意味着，我们很可能对视界外的宇宙作出既无法证实，也无法证伪的假说。如果我们不这样做，我们的宇宙学模型就不完整，因为这些模型告诉我们宇宙中有一部分存在但未知。但如果我们作出这样的假说，我们就很可能再提出一些无法由观测检验的观点。

同质性宇宙学模型对视界外的宇宙作了暗含的假设，因为这些模型认为所有宇宙层面都是同质的。这应该理解为一种权宜之计，而不能看作是一种原则，因为使用这些模型时是从我们的宇宙视界内部解读数据。如果把这些模型减缩到我们反向光锥的时空中，它们的经验内容也没有发生改变。

许多宇宙学家提出了一种宇宙学原则，认为我们在宇宙中并不占据特殊地位。这意味着，如果我们的宇宙从我们的位置来看在表面上近似同质同性，那么从其他任何位置来看也应如此。对视界内部而言，这是一个可用数据进行验证的经验性假说。对视界外而言，它就成了一个科学应该避免的非科学性的形而上学原则。

更科学的回应是承认宇宙中有些区域我们无法观测到，至少在存在初始奇点的前提下如此。这使我们有理由期待奇点是经典广义相对论带来的假象，会在更准确的理论中被消除，从而使我们有可能观测到整个宇宙。

关于空间拓扑，广义相对论给我们提供了两种可能性。一种可能是，宇宙是封闭的，没有边界。由此它就有了球体，圆环面或某种更稀奇古怪的拓扑结构。然而，宇宙可能非常巨大，我们无法看得足够远（这里再一次假设存在初始奇点），无法观测到它的封闭性；或者，宇宙可能非常小，我们可以找到证据证明我们看到了它的整体轮廓。

广义相对论提供的另外一种可能是，拓扑结构具有开放性。但，这带来了几个问题，因为距任意观察者无限远的临界点集构成了一个无限的，开放性的宇宙。细致分析爱因斯坦方程，我们可以发现无限远处的边界不可被忽略掉。要定义场方程，说明它们的解，就必须对无限远处的边界施加边界条件。否则，理论中的解无法由变分原理推导出来，这个原理既是经典力学的基础，也是量子力学的基础。结果是，在定义变分原理时必须有特殊的边界规定，否则就得不到解。

对于真正的宇宙学理论而言，这种设定不可接受。边界条件和边界规定都涉及到来自所研究的系统以外的信息和条件。这些概念在研究孤立系统时是合适的，如恒星、星系和黑洞，这种情况下可以把观测模拟为在无限远处进行。但在原则上，宇宙学理论描述的系统不可能是更大的系统的减缩。有几个原则可以排除把广义相对论连同边界条件和边界规定一起适用于整个宇宙的可能性，包括无想象成分或外部成分的原则和解释闭合性原则。

这绝不意味着我们过去的光锥无法简化为一种同质性模型，具有开放拓扑结构，因为如果方程解内嵌于封闭空间拓扑结构中，并在光锥之外进行识别，什么都不会改变。这些模型中使用开放拓扑结构仅仅是为了方便。它们的成功也不意味着宇宙在空间上具有开放性或无限性。

时宇间宙 选择：多重性或自然演替

我们对宇宙的了解还不足以回答我们这里所提出的问题。结合以上所述，我们可以从两个方向寻找更多事实，帮助我们回答这些问题：

1. 向过去寻找，如果初始奇点被消除，这就是接续的问题。按此观点，我们的宇宙会经历由时间间隔开的多个时代，现在的宇宙为其中一个时代。

2. 在我们的光锥以外寻找，这就是多重性的问题。按此观点，我们观测到的宇宙与多个区域或宇宙同时存在，这些区域或宇宙存在于我们的因果作用之外。

下面会详细论述，只有第一个选择会得到能够由实验检验的假说。第二个选择会得到多元宇宙，无法给出可证伪的预测，从而降低科学持续进步的希望。

我们的第一个原则，宇宙的唯一性，防止这样的灾难发生，使我们只能选择第一个方向。

10　新宇宙学假说

在第1章中，我们综述了宇宙学的实验现状和观测现状，提出了下面五条原则，我们认为任何合理的宇宙学理论建构都必须遵守这五条原则：

1. 差异化充分理由原则。
2. 不可识别物的身份原则。
3. 解释闭合性。
4. 无单向作用。
5. 可证伪性和强式可验证性。

有了这个背景，我们可以提出下面三个假说，我们认为这三个假说能够指导我们去发现满足上述原则的宇宙学理论。下面是这三条假说，我们在后面一一讨论。

1. 宇宙唯一性。
2. 时间真实性。
3. 数学是对触发关系系统的研究，由自然观测开启。

有人会认为这些也是原则，但我要强调前两条是对自然的假说，必须随着科学的进步被证实或证伪。它们具有力量，因为它们预示的实验类型和实验结果不同于那些否定它们或持与它们相矛盾的方法。

下面我们详细讨论这三个假说。

时宇间宙　宇宙唯一性

只存在一个因果关系的，因果闭合的宇宙。我们的宇宙并不是同时存在的多元宇宙中的一个，也没有任何复制品。

这个假说有着明显的特征和微妙的含义。要详细说明这个假说，我们需要明确宇宙的概念。

我们假设，宇宙的历史是单个因果关系的事件集。这意味着，事件的集合构成因果集合，后者意指一种半序集。因果关系的意思是，对于任意两个事件，至少存在一个事件处于它们共同的因果性历史中。我们还认为，宇宙事件的所有原因都包含在宇宙中，宇宙由此满足因果闭合性原则。

当我们说宇宙没有复制品时，我们指的既不是物质层面，也不是其他层面。具体而言，我们认为不可能存在一个与我们宇宙的历史同构的数学性物体，其中同构的意思是，宇宙的所有属性或其历史都对应着这个数学对象的属性。

为了说明这一点，我们只须举出一个真实世界的属性无法对应任何数学对象属性的例子即可，这个属性是，真实世界总是处于某种现在时刻。

我们同样否定泰格马克的数学宇宙假说，这个假说认为宇宙是一个数学对象，存在于所有可能的数学对象的总体中，而这些数学对象都是存在的。这与我们的假说相矛盾，我们认为宇宙具有唯一性，不属于任何总体。

我们强调不存在与宇宙同构的数学对象并不意味着我们否认数学在物理学中的明显作用。但这的确要求我们说明数学物理学的真正作用，我们将在第 11 章接受这个挑战。

时间真实性

时间真实性指的是所有真实的东西仅在某一个现在时刻下是真实的，这个时刻是一连串时刻中的一个。这意味着所有真实的东西都是某一个时刻的属性或其层面下真实的东西。

因此，世界的所有属性都必然是某一时刻的属性。假设存在一个真实的一般规律，它也是一个时刻或多个时刻的属性。也就是说，物理规律在最好的情况下也只是某一给定时刻上宇宙状态的一部分或一个侧面。

未来在现在看来并不真实，也不可能存在确定性的事实。

过去也并不真实，但与未来不同，过去曾经真实过。因此，对过去的时刻而言事实是存在的。如果我们把曾经真实的东西作为事实存在的充分理由，能够说明过去真实事件的属性，那么这种认识在时间性自然主义下是可能的。然而，要证明关于过去的命题的真实性或虚假性，我们的证据，如记录、化石、记忆或遗迹，都必须是现在时刻的一部分。当我们提出并研究关于一般规律的假说时，我们谋求用过去的实验和观测结果去验证它们，进行证实或证伪。有关一般规律，我们最有把握的知识是那些经受了过去实验和观测结果验证的知识，而这一点是现在时刻的属性。

运动规律是现在时刻的属性，因为它是对过去实验记录的总结或解释，这些记录本身反映了现在时刻下整个世界的某些层面。

这个看法并不排除宇宙可能具有在所有时刻下都成立的属性，比如规律。但并不存在永恒的自然真理这个特殊的范畴。更为重要的是，我们知道我们需要宇宙规律的新范式，以避免宇宙学困境和宇宙学谬误。

在这个视角下，需要作出解释的问题是，为什么宇宙中物体和其他特征会延续。更进一步，规律能够解释宇宙的特征可以延续几十亿年，这个事实本身说明存在着能够促进（如果不是决定的话）原因延续的物理过程。为解释这一点，我们所要找到的新范式必须建立在这个假说之上，存在着联系现在事件和属性与过去事件和属性的因果过程。

不过，因果关系不一定意味着决定论，这一点我们在下面会讨论到。为了避免宇宙学困境和宇宙学谬误，同时解决“为什么会是这些规律”和“为什么会是这样的初始条件”的问题，我们需要一个能够准许动态性规律的范式，这样的规律拥有宇宙学尺度，且不符合牛顿范式。然而，很难摆脱宇宙在某个时刻的状态表现为具体属性的观念。这种状态必然在不同时刻有不同表现，因为宇宙的确如此，也因为如果两个不同时刻下的宇宙呈现出不同状态就违反了不可识别物的身份原则。如果变化可以被理解，那么就必须存在某种运动规律。但这种规律的形式不能用牛顿范式去表达。为达到这一点，牛顿范式所特有的非时间性结构中至少有一种，即状态矢量空间和动力学规律，必须独立于时间。因此，我们就不得不采取自然规律随时间发生进化的观点。

这个结论并非全新，早在1892年皮尔斯就提出了这个看法，他认为：

假定普遍的自然规律能够被人类思维所理解，但又无法为它们的特殊形式给出任何理由，只能认为它们无法解释，没有根据，这个观点很难站住脚。我们真正需要解释的事实是一致性……规律是最需要理由的东西。现在，解释自然规律和几乎所有一致性唯一可能的方法是假设它们是进化的结果。

因此，自然规律如何发生变化，何时发生变化成了一个科学问题，而这个问题是建构科学性的宇宙学模型问题的一部分。很可能，规律随时间而发生的变化十分缓慢，但支持这一点的证据非常薄弱，且富有争议。更合理的假设是采取惠勒的看法，认为规律仅在某些事件发生时才发生变化，比如大爆炸最好的理解是宇宙由前一个阶段到新阶段的过渡，而非时间的开始，在这个过渡中规律发生变化。

规律发生变化的观点中存在着在规律层面重建牛顿范式的危险，我们必须摆脱这个危险。很自然，我们会把一组可能的规律看作是非时间性规律图景上的点，而这个图景受某种元规律的支配，使规律在时间中发生进化。问题在于这种看法又重新带来了把牛顿范式应用于宇宙学时的问题，因为此时我们会问这个元规律的理据是什么。同样，当前的规律也取决于规律图景中的初始条件，因此也带来了初始条件问题。因此，如果我们对规律进化的理解重新归为牛顿范式，我们也就无法用规律进化的观点解决那些促使我们放弃牛顿范式的问题。这明显违反了充分理由原则。

另一方面，如果规律进化本身是没有规律性的，我们也无法更加深入地理解“为什么会是这些规律”和“为什么会是这样的初始条件”的问题。这就是元规律困境。

幸运的是，有一些研究规律进化的方法可以避免这个困境，我们将在第6章予以讨论。

时间宇宙 真实性的时间与共时相对性是否冲突

唯一真实的东西仅在某一时刻具有真实性的观点与共时相对性相冲突，根据共时相对性，同时发生但距离遥远的事件的定义取决于观察者的运动。除非我们愿意复归到某种唯事件论或唯观察者论，认为真实的东西只是相对事件或观察者而言，否则我们就需要一种有关现在的真实的广义的概念。

有一个著名的论据说明在狭义相对论或广义相对论中这是不可能的。这条论据是，假设存在“与某某同样真实”或“与某某真实性相等”的传递性对称性概念。如果A和B真实性相等，那么，要么A和B都是真实的，要么A和B都是非真实的。我们之所以认为这个概念具有传递性是因为下面这种情况：A和B真实性相等，B和C真实性相等，但A是真实的，C是非真实的。这就意味着B既是真实的，又是非真实的，即真实性取决于情境，这与客观真实性的观点不一致。

要保证“真实性相等”的概念具有客观性，我们还必须假定这个概念独立于观察者，一个观察者看到两个真实性相等就意味着所有观察者都同意这个看法。

接下来，我们认为如果两个事件A和B在同一个时刻发生，那么它们的真实性相等。根据上面对时间真实性的定义，这两个事件在那个时刻上都是真实的，但在那个时刻之前和之后都是非真实的。从操作的角度看，这可以理解为如果有一个观察者（假定为鲍勃）看到两个事件A和B同时发生，那么这两个时间的真实性相等。

然而，这与共时相对性相矛盾。为认识这一点，我们考察闵可夫斯基时空中的两个事件A和C，其中C是A的因果性未来。存在事件D，与A和C同样具有空间性，一个观察者（假定为爱丽丝）看到A和D同时发生，而另一个观察者（假定为夏娃）看到D和C同时发生。这意味着A和D的真实性相等，C和D的真实性也相等。由于“真实性相等”的关系是传递性的，那么A和C的真实性也相等。也就是说，过去和未来与现在具有同等真实性。这与我们A和B仅在现在时刻下真实的观点相矛盾。相反，我们得到的结论是，时空中的所有事件都具有同等真实性，这在暗示块状宇宙图景，这个图景下过去、现在和未来没有本体性差异。

很多实验都证明狭义相对论和广义相对论有很高的准确性。由狭义相对论作出的预测的精确性被证明高达γ因子的10^{11}，最近的“OPERA”实验更是把这个数字提高到10^{12}。洛伦兹不变性衰变实验证明狭义相对论的修正序列与普朗克级别的能量成比例。这些都大大限制了惯性观察者的相对论在局部时空实验中可能出错的概率。

这是抛弃共时相对性的重大的一步，但如果我们要摆脱宇宙学困境和谬误，向着能够对规律选择问题和初始条件选择问题给出充分理由的宇宙学理论推进，我们就有理由考虑迈出这一步。

首先全局时间应该是关系性的，因为它由动力学和宇宙状态的总体来决定，也就是说，它不可能由观察者周围的局部信息来决定。这样的关系性局部时间可以与共时相对性保持一致，存在于局部时空区域中。

动态决定的关系性全局时间在巴博尔—贝托蒂模型中已有先例。这里引出的问题是，广义相对论是否可以重新表示为一种包含动态决定的全局时间的理论。答案是肯定的，广义相对论能够表示为一种围绕全局时间坐标的固定三曲面的理论，使我们看到了这种可能性。这种解释称为形状动力学，与广义相对论相同，它在三维空间曲面上具有微分同胚不变性，用一种新的局部规范不变性，取代了多指时间不变性。然而，这种变换还是受到限制，维持了宇宙的体量。这样，空间体量就成了一种可观测量，可以用作时间变量。

于是有了一种定理，说明形状动力学，上至规范变换，在进化着的三维空间里截取的某个时空片段中与广义相对论等价。这个片段称为常平均曲率截面，已被证明存在于爱因斯坦方程通解集中，包括视界之外的紧密空间解。这种部分等价性对于描述自然来说已经足够。原则上，我们可以认为宇宙可用形状动力学来描述，这是一种包含动态性首选全局时间的理论。

存在与广义相对论等价的包含首选全局时间的理论，这本身已足够消弭因共时相对性而反对时间真实性的声音。此外，还有其他重要优势，因为全局时间与相对论原理带来的成就相一致，这就为研究某些物理学关键性根本问题开辟了新的道路。

在量子引力领域中，与量子引力典型解释中时间缺失相关的所有问题现在就可以通过使形状动力学中的全局物理时间量子化加以解决。量子力学可以用传统的方法进行阐释，用薛定谔方程描述首选时间下的量子状态进化。要注意到，这并不属于用在宇宙中不可测量的绝对外部时间阐释宇宙动力学的宇宙学谬误，因为首选时间本身是关系性的，它是动态决定的。这与局部的或小块区域的共时相对性也不矛盾，因为局部测量并不足以标定代表首选时间的观测者。

研究量子理论的基础也有了新方向，因为我们知道量子力学之外的任何理论要精确描述单个过程都必须打破共时相对性。由于这些理论与量子力学的统计学预测相一致，它们对实验结果的概率预测也与狭义相对论相一致。但当这些理论要突破量子力学去描述单个过程时，它们就需要细化首选参考系。

最重要的是，物理全局时间带来了物理规律发生进化的可能性，因为它表明有一种关于时间的概念可以超越所有具体理论。

11 数学

如果前面几章中提出的观点有成功的可能性，那么它就必须解决数学的本质和数学在物理学中的作用的谜题。问题是，我们提出的两个原则——世界具有唯一性，时间具有真实性且无限延续——给我们既有的数学认识及其在自然科学研究中的作用带来了麻烦。物理学家和数学家中最常见的观点是，数学研究的是非时间性的但真实存在的由数学对象组成的王国。这与我们提出的两个原则都相矛盾，因为在我们唯一的宇宙之外不存在其他真实的王国，也因为不存在非时间性的且真实的东西。

时宇间宙 新观念：数学作为触发的真实性

数学要么是发现的，要么是发明的，这是一种虚假的选择。发现观暗示着某种东西已预先存在，也说明我们对自己发现的东西无从选择。发明观则意味着这个东西先前并不存在，且我们对自己所发明的东西有选择的能力。

所以，这两个观点并非相互对立，它们是两个维度（即选择与否和先在与否）构成的四种可能性中的两个。

为什么某种先前不存在的东西可以开始存在，而一旦存在，我们就对它的属性无从选择?

我们把这种可能性称为触发。也许，数学是触发的。这四种可能性可见下表：

表 11.1　数学的四种可能

是否具有严格属性？＼是否先前已存在？	是	否
是	发现	触发
否	虚构	发明

有很多东西，在我们赋予其存在性之前并不存在，而一旦存在，我们就对它们无法作出选择，或者我们的选择受到很大制约。所以，除数学外，触发的概念还适用于很多事物。

例如，我们可以发明无限多个游戏。我们发明出游戏规则，一旦有了规则，这些规则就决定了这个游戏所有可能的玩法。我们玩游戏，探索游戏的可能空间，有时我们也会演绎出有关游戏结果的一般定理。

我们好像在探索一个先在的领域，那里我们通常没有选择权，因为在我们自己发明的游戏结构中也常常充满惊奇和非常美妙的发现。不过，我们并没有理由认为这个游戏在我们发明规则之前就已经存在。这种看法有什么意义呢？

还有很多触发的例子。有些诗歌形式和音乐形式有着严格的规则，这些规则定义出巨大数量的或者可数但数量无限的可能实现形式。这些规则都是发明出来的。如果认为俳句或布鲁斯音乐在某个人把它们首创出来之前就存在，这无疑是荒谬的。一经定义，我们就可以去探索这些规则所允许的可能实现形式的图景，作出许许多多的发现。一位大师可能会有发现的感觉，美感及惊奇感，但这并不能说明存在着独立于人类创造的先在的或永恒的艺术形式。

这个世界恰巧有这样的事实：我们可以在这里发明新游戏或形式，这些游戏或形式一旦发明出来，它们的限定或规则就定义出数量巨大的或无限的实现可能。

像象棋这样的游戏一旦发明出来，就有一整套可以证明的事实，其中有些的确成为可以用明晰的数学思维证明的定理。正如我们不相信永恒性的柏拉图真实性一样，我们也不会说象棋一直就存在：就我们对世界的看法而言，象棋只是在其规则制定出来时才得以存在。这意味着，我们必须说在那个时刻，有关象棋的所有事实不仅成为可证明的事实，而且也具有了真实性。这个受时间约束的世界也是如此：有些东西一下子突然有了存在性，同时带来大量的，有时甚至是无限的真实属性。这就是触发一词的含义：有关象棋的事实在这个游戏被发明出来时得以触发而存在。

触发事实的概念在很大程度上取决于时间真实性，因为这个概念中蕴含了过去，现在和未来的区分。

有关象棋的事实一经触发就有了客观性，因为如果任意一个人可以证明这些事实，那么其他所有人就都能证明这些事实。这些事实独立于时间或具体情境：不论是谁研究这些事实，或何时研究这些事实，它们总保持不变。此外，这些事实也是有关我们唯一世界的事实，这与某种昆虫有几只脚或哪些品种可以飞是一样的。后面这些事实通过自然选择由进化触发；有关象棋的事实则通过发明这个游戏来触发，是人类文化进化上的一步。

柏拉图视角带来的一个结果是否认全新存在的可能性。所有游戏、结构或定理都不是全新的，因为人类发现或发明的所有东西都已经永恒地存在于柏拉图王国中。除认为那些逻辑上可能存在的潜在游戏或物种有永恒真实性外，我们还有一种选择，那就是接受全新存在的真实性。事物总是可以开始存在，事实总是可以变得真实，这是时间真实性的一层含义。自然有创造各种无先例的事件、过程或形式的能力。人类也分享了这种能力，可以触发新游戏，新的数学系统。

所以，能够触发新结构的不仅限于人类，伴随新结构的是从此具有确定真实的新事实。自然也有这种力量，并把它用在各个尺度上，从由新规律来描述的新现象的出现，到参与新游戏，占据新生态位的新物种的出现。

新模式或新游戏因触发而存在的思想可以准确而严格地说明突现的概念。在牛顿范式里的非时间性世界中，突现即便在最佳状况下也只是近似的、不重要的描述，因为我们总是可以转到永恒的根本性描述层面，据此，所有发生的事物都是粒子在永恒规律的永恒属性的作用下的重新排列组合。但如果我们承认新游戏、新结构突现的真实性，具有触发性的属性，那么突现也就有了根本的不可还原的意义。

事实上，生物进化的历程就是一连串新游戏和新结构的触发。包含DNA的细胞和标准生物化学一经出现，就有了可能物种和可能生态的广阔图景。随着生物圈的进化，它发现了众多生态位，物种得以繁衍生息。创新层出不穷，如真核细胞、多细胞、有氧呼吸、植物等，每个都界定出新的限定条件，这些条件又带来新的可能的变化、生态位和创新。这的确是一种奇迹，但如果我们认为有一个永恒的柏拉图世界，里面包含着所有可能的正在被实现的DNA序列、物种、生态位和生态，我们就无法获得任何新认识，没有解释任何问题。这种观点无法解释真实的生态圈如何进化，却带来很多问题，这些问题的答案（如果它们有答案的话）也不会提高我们对生命历史的认识，也无法提升我们现有的预测未来生命特点的能力。

对生物学的讨论同样适用于数学本身。存在着潜在的无限数量的形式公理系统（FAS）。其中一个一经触发，我们就可以探究它，发现它所带来的众多可能性。但这并不是说，这个系统或所有可能的形式公理系统在触发前已经存在。

事实上，很难想见认为FAS先在的观点会带来什么认识。一经触发，FAS就拥有了众多我们无法作出选择的属性，这本身就是一个可以确立的属性。这意味着，有许多有关FAS的事实等待我们去发现。事实上，很多FAS一经触发就蕴含了数量可数但无限的真实属性，这些都能够证明。但我们并不需要FAS在触发前既已存在的观点，就能推论出FAS一经触发，就会有无限多个事实等待发现和证明。先在或永恒存在的观点也无法解释这些真实的属性因何存在，因为这个观点夹杂的东西本身也需要解释。如果FAS既已存在，或永恒存在，那么是什么使它存在的呢？一个东西如何既能存在于现在，又能永恒存在？因为，如果它只存在于“时间之外”，受时间约束的，仅能与时间中存在的东西发生关系的我们会不会，或者说能不能感知到它？一个东西如何既能存在，又可以非物质性？一个非物质性的东西如何被物质性的我们得知、探索或者影响物质性的我们？

所以，设定现在或永恒存在没有解释触发概念之外的任何东西，反而带来更多更难回答的问题，包括我们刚刚提到的，这些问题困扰了几个世纪的智者。

由于触发的思想已足够解释为什么FAS一经触发就拥有了有待发现的严格属性，因此先在或永恒存在的概念是不必要的，也是无益的。这个概念还要求我们相信一系列存在，相信无限多个FAS的存在，而这些并没有证据。由奥卡姆剃刀原则可知，这些是不可能的。

罗伯托·曼加贝拉·昂格尔曾说过，巴里·马泽在一篇颇有教益的文章（“数学柏拉图主义及其反面”）中强调，柏拉图主义的任何回答都必须对证明的本质有所言说。首先，证明是一种专业化的理性论证。当人类进化到能够依靠理性论证在各种情境中作出明晰的结论时，这个世界的诸多可能性才能存在。事实也恰好如此，很多种问题都能够依据公开证据进行理性论证，得出明晰结论。

理性演绎的可靠性无法用先在的永恒的逻辑式世界来解释，因为这会带来更多无法回答的问题，我们在上面已经提到。所以，这只能作为一种有关世界的硬性事实，经受了经验的验证。

理性演绎的过程本身已经形式化，因此，用证据进行理性论证也是一种形式游戏，它的规则作出的限定足以使某种类型的问题得到明晰的结论。

这些问题当中就包括数学系统或形式公理系统（FAS）。证明首先是理性论证的实例，它们应用于FAS，从中演绎出FAS的属性。一经触发，一个FAS就会有许多（通常是无限的）属性可以这样得到确立。

证明能够形式化，有很多方法可以做到。每种形式化本身都是一种得到触发的形式游戏，触发后它也可以得到研究和探索。我们之后就可以提出不同形式证明方法之间如何相互关联的问题，并予以解答。

问题的本质是：我们要么选择惊奇，要么选择神秘。我们可以惊讶于全新的游戏、理念、形式系统等触发后所带来的广阔的复杂性和美。有待探索的全新系统可能会出现我们所在世界的真相，也恰是我们惊讶的源泉。

或者，我们可以作出令人困惑的论断，试图把可能被触发的无限可能性解释为它们全都存在于一种永恒的真实世界中，这个世界独立于我们物理感知的存在物之外。但这样的神秘信念并没带来新东西。事实上，正如我们前面指出的，这样的信念使我们陷入一堆问题当中，这些问题与数学问题不同，它们无法通过对公开证据的理性论证得到解答。另外，把某人的个人爱好说成是对某种永恒性的非物理性的现实的探究未免太过专断，有点霸占专业知识，独揽权威的意味，而事实上，数学论证仅是人类一直以来赖以理解世界的理性思维的精细化表现，上述观点与此相悖。

看待我们的世界，用惊奇的眼光似乎比神秘主义更好，特别是当所涉及的是最高级的理性创造力时更是如此。因此，更好的看法是相信触发建立全新事实领域的可能性，这些领域没有先在性，有待我们去探索，而非相信存在一种特殊的知识获取能力，能够把握与物理存在无关的永恒领域。

时宇间宙 数学对物理学的合理的有效性

所以，魏格纳问题的答案是数学在物理学中有合理的有效性，也即，任何数学发挥作用的地方，都必须有解释。但数学本身的目的不在于自然发现，物理学也不是寻找与世界或其历史同构的数学对象的学科。永远不可能有一种数学对象，对它的研究能够取代对自然的实验研究。未来也不可能出现一种数学发现，会使科学的实验基础和观测基础不再必要。事实是，用数学模拟自然总是具有片面性，因为没有一种数学对象能够与自然完美吻合。用数学解释自然还会有很大的任意性，因为那些片面展现部分自然世界的数学对象也只是无限多个潜在的可能被触发的数学对象组成的集合中的一个很小的有限集。所以，数学在物理学中的有效性只限于合理的部分。

此外，任何关于数学在物理学中的作用的看法，都必须面对物理系统数学模型的选择具有不确定性的问题。多数用在物理学中的数学规律都并非仅仅模拟它们所描述的现象。多数情况下，描述规律的方程因额外项的加入会变得复杂，这些项仍与所表达的对称性和原则相一致，但它们所带来的效果太过微小，在现有技术条件下无法测量。这些“修正项”可以被忽略，因为它们对预测的影响并不明显，仅仅是使分析更为复杂。然而，虽然说这种作法在方法论上是正确的，但我们所使用的每一个著名的方程仅仅代表了规律各种可能形式中最简单的一个，这些形式都能表达相同的概念，对称性和原则，有着相同的经验内容。

这种不完全确定性给那些认为自然的本质是数学性的观点，或存在一种数学对象，能够完全映射自然的观点，带来了现实问题，因为一系列方程中只有一个可以成为真实世界。通常我们会说正确的那一个是最简单的，依靠的是那个神秘的信念，“自然具有简单性。”问题是，事实说明正确的规律形式并不是最简单的。如果等待的时间足够长，我们总是会发现最简单的形式事实上是错误的，因为旧理论会被新理论取代。旧方程会近似适用，但其修正形式在新理论出现前，总是很难猜测或预见。

正是如此，牛顿定律得到了狭义相对论的修正，而后者又得到了广义相对论的修正。麦克斯韦尔方程得到了光散射的修正，这种量子效应也许可以模拟出来，但麦克斯韦尔并没有预见到，这种例子还有很多。

然而，物理学数学描述的极度不完全确定性对我们这里提出的观点来说却不成问题。如果数学是用来模拟数据，发现大量基本唯一性事件的近似规律性和根本意义上的暂时规律性的强大工具，这就正与我们的预期相符。在这种情况下，我们使用最简单的方程来描述规律，不是因为我们相信自然是简单的，而是因为这样做更加便利——这样会得到更好用的工具，这正如一个锤子带有贴合手掌的手柄会使其操作更顺手一样。此外，在这种情况下，所有理论都将是有效性理论，也就是说它们的适用范围总是清楚明白，当达到适用范围的边界时，我们总是可以很快找到可以利用的修正项。

时宇间宙 数学对数学的不合理的有效性

除开数学在物理学中的不合理有效性，要得到令人满意的数学观，我们还要解释数学对数学本身的不合理的有效性。为什么对一个核心概念（比如数这个概念）的细化通常会得到对另一个概念的认识（比如几何）？为什么代数会成为拓扑学研究中如此强大的工具？为什么不同的可除代数可以对各种可能的连续几何对称群进行归类？如果数学进行任意性概念和公理系统的自由式探究，为什么这样的探究总是发生相互交叉，为什么这样的交叉会带来如此多认识？

一种简单的回答是，数学的内容远非任意。虽然潜在被触发的数学对象有无限多个，那些真正带来益处的只是有限的少数几个（即便从纯数学的角度看也是如此），它们所得到核心概念数量十分有限。这些核心概念并非任意，它们是对自然研究中所发现的结构概念的细化。

这样的核心概念包括数、几何、代数和逻辑。其中每一个都反映了世界的一个侧面以及我们与这个侧面的互动。数把握的事实是，这个世界中有可数的可相互区别开的物体；几何反映的事实是，我们发现物体占据空间，有自己的形状；代数反映的是，物体和数会在时间过程中发生转化；逻辑则是我们对前三个概念的思考的凝结，从过去观测结果的属性中演绎出对未来观测结果的预测。

数学的大部分内容都是对这四个核心概念的细化。在细化的过程中，我们总会看到一个概念的发展会影响到另一个。这样的相互交叉告诉我们，这些概念源于自然，本身是统一的。例如，对空间概念和数概念的细化通常会发生交叉，因为空间和数都是自然的特征，它们从一开始就高度关联。因此，当某种数字之间的关系表征出数学中另一条概念上的关系，或与其同构时，这种关系的发现通常都是对唯一世界某一真实关系属性的发现。

我们没有必要把对数学系统的研究局限在这四个核心概念的细化工作上，但这方面的工作带来了十分丰富的成果和展现出很大的相关性，这正是因为细化工作的对象，即这些核心概念都来自自然。

由此，我们可以把数学定义为对由自然观测触发的关系系统的研究。

这个定义与罗伯托·曼加贝拉·昂格尔的数学观念相一致，对它有所补充，后者认为数学是一种刨除了具体性和时间性的自然研究。数学刨除了具体性，因为众多自然现象都可以用数、几何（或空间）、转换（或时间）和逻辑的概念组织起来。数学刨除了时间性，但仅在部分上如此，因为研究主题是有关触发结构和游戏的事实，它们的事实性在相应结构或游戏在某个时刻上出现时产生，结构或游戏的出现可以由于自然因果过程引发，或者是人类的发明。

时宇间宙 数学发展的各个阶段

我们刚刚概述的数学概念把数学放置在时间的背景下，同时强调它的客观性，一定程度上的不可避免性或非任意性。结果是，我们对数学研究本质的认识可以通过强调数学研究是在时间中进行的过程这一事实来获得，而非忽视这个事实。这个过程有着明显的阶段，在各个阶段中核心概念得到触发和细化。

数学的发展史表明，每个核心概念的典型发展都经历了一系列阶段。我们每个人获得数学知识的过程都至少复制了最初的几个阶段。每个阶段都有其独特的思维方式。这种发展说明了数学在何种程度上是由自然研究发展而来，刨除了其中的具体性和时间性。这种发展也可以说明，当我们拥有数学事实具有时间性且与客观事实相分离的数学观念时，会对数学和数学研究的本质有多么清晰的认识。

第一个阶段是对世界结构的研究，我们通过考察各种样例以及它们之间的关系，来研究物理对象或过程以及它们之间关系的属性。对于空间而言，我们首先建立某种基本的图形属性：三角形、正方形、圆形、直线等。几何，正如古希腊人的研究以及儿童首次接触到的那样，在本质上是对存在于世界中的物体的属性的研究，它把具体性抽象出去。我们知道，有益的作法是不去研究每个具体的圆形或三角形，而是研究一般的圆形和三角形。对于数而言，我们都是从数数开始，我们的祖先也是同样。与我们的祖先一样，我们通过操作物理对象及其影像建立起基本算术的有效性。

我们可以把这个阶段称为数学研究的自然主义阶段，或者称为自然实例研究阶段。

第一个阶段发生在遥远的过去，同时也存在于我们每人的成长历程中，大致包含对数和几何等核心概念的探究。重要的是，我们要强调这些核心概念本身都并非具有非时间性，它们都是在自然进化的某个阶段被触发的概念。因为，根据目前物理学和宇宙学的标准模型，这个世界的历史上有过一个不存在基本微粒的阶段，那时只存在真空状态的量子场。在不稳定的真空状态坍缩中，第一个微粒出现，数被触发。

也有越来越多的证据说明，空间是突发的，而非具有基本性，它出现在宇宙进化过程中更早的一个阶段。如果是这样，那么有关几何的事实就是由空间的突发得以被触发而存在。

第二个阶段是对自然主义阶段所得知识的总结。人们发现对自然考察得到的所有知识都可以通过少数几个公理演绎出来。这个阶段称为自然知识的形式化阶段。注意，从第一个阶段到第二个阶段发展是出现新思维方式的结果，这个新思维方式就是公理方法，包括由公理证明的定理的方法。

在某些解释中，数学的属性被界定为公理方法的使用。这是错误的，因为事实上数学中有很多内容的发展并没有用到公理方法。这不仅在历史上如此，很多现代数学家也不采用公理方法，很多数学论文也没有公理化。此外，算术仅仅是在19世纪才发生公理化，我们不能说此之前有关数概念的大量细化工作不是数学。最后，我们必须认识到，哥德尔定理意味着数学对象无限性系统的事实集合，一经触发，便无法通过单个公理有限集的演绎完全把握。

公理重要的地方在于，它是数学发展受到新思维方法催化的（很多个当中的）第一个例证。这说明，数学的视野不可能被局限在固定事实的研究上，因为新的思维模式使我们构想并证明那些之前无法想见的事实成为可能。

在引入公理方法之前，存在着圆形和三角形等数学事实，但并不存在有关逻辑依存或公理系统独立性的数学事实。这些都是客观事实，但它们需要公理方法的发明，才能被触发，继而存在，因为，在某种思维方法被发明出来之前，它们没有任何意义。因此，具体公理系统的属性受时间约束但客观上真实，它们在数学的发展过程中被触发。

公理之间的关系或公理与定理的关系可以被看作是第二性的事实，它们不是有关自然对象本身的事实，而是对象属性之间逻辑关系的事实。不管怎样，它们都是我们所居住的唯一世界的事实。

在这些阶段中，内部动力推动着数学的进步。我们也许可以这样描述，数学研究是渐进式的。在渐进式的研究领域中，对一个问题的解答是开启新研究思路的大门，而不是研究的终结。对非渐进式的研究而言，对一个问题的解答就像爬山，你只能在登上山顶之后才能保卫山顶不受攻击。在渐进式领域中，从来就不存在山顶，只有绵延不绝的悬崖峭壁。征服了其中一个，如何继续前行的问题随之而来。

用柏拉图或毕达哥拉斯的观点来看，数学渐进式的本质让人迷惑不解，因为根据他们的观点，在时间中展开数学研究是一种不便的，甚至是令人尴尬的局面，必须最小化。这种本质只有在允许数学真理既具有客观性又受时间约束的数学观下，才能得到完全的把握。

自然科学总体而言是渐进式的，但过分专业化会使某些狭隘的研究项目失去渐进性。艺术是渐进性的，虽然这并不为外行所知。艺术家对其主题的观念是，艺术发展由研究过程驱动，既有的风格所带来的问题由新的风格来解决。

当然，解答数学问题，带来新研究方向的可能性不同，某些问题比另一些更可能带来新研究方向。因此，数学研究并不是对来自某个定义系统或公理系统的可能定理的任意性研究——这可能是我们用电脑编程输出定理的作法，但并不是我们自己的作法。在每个阶段，数学家都会凭自己的判断来确定哪些问题对数学的进步更有价值。例如，他们会关注那些他们认为会催生新观点或新方法的问题，关注那些可以应用于广泛事例的问题。数学家们通过编排问题的重要性等级制定战略，数学的进步倾向来自对这些关键问题的解答。数学家们认为其他问题或多或少都是琐碎的，它们的答案太过明显，不大可能催生新的思维方式或新的研究领域。

如果研究的进步过程是任意的，我们不会感知到研究进展快速或缓慢给我们带来的困惑，因为总会有一些琐碎的开放式问题可以去解决。数学家们有这种对某一个领域进展或快或慢的感觉，是因为他们知道哪些问题必须得到解决，才能促使重要的新认识的爆发。

数学发展的下面一个阶段，即第三个阶段中，数学知识发展的多个机制都开始发挥作用，它们都内在于数学本身，不再依赖对自然实例的研究。第一个得到形式化的公理系统总是描述自然情况的，即最明显的自然实例。一旦有了形式化系统，也就开启了快速扩大研究范围的路径，常见的方法有以下几种：（a）公理系统所允许的新实例的发明和研究，这些自然实例之前没有被注意到（至少是，还没有被注意到）。例如，我们可以定义并研究圆锥曲线，而不仅仅限于圆形和球体；（b）构建猜想，激励我们努力去证实或证伪；（c）公理系统中形式关系的研究，例如著名的欧几里得第五公设的独立性；（d）各种问题的提出和解决。我们把第三阶段称为形式化自然实例研究阶段。

除了这些由自然实例开始的发展，这一阶段还出现了各种新发展模式，它们从自然实例的变化衍生出来。人们可以通过放弃公理系统、修正公理系统或者补充公理系统的方式做到这一点。例如，我们可以把公理推广到更大的维度，不仅限于二维或三维，从而得到无限多个欧氏几何序列。也即是说，在去除了空间内各对象之间的关系的具体性，得到三维空间内的形式化欧氏几何之后，我们可以进一步去除三维空间这种具体形态，研究任意维度空间内的欧氏几何。

我们从这一点可以看出，世界真正的维度并不能从欧氏几何的概念中推导出来。这点非常有意义，引出了一个真实的，目前还未得到解答的问题：为什么世界有三个空间维度？然而，虽然这是个开放性问题，但不意味着在其他维度还存在其他世界。只存在一个世界，它具有三个空间维度，其原因我们还不得而知。

在第三阶段，全新种类的数学对象不断得到触发，比如任意维度中的欧氏几何。这些对象触发之后接着就是对它们各自属性的探究。这再次说明了数学研究的渐进性本质，不断触发新的数学对象，使其在时间约束下存在，供我们探究。

还要注意到，在每个阶段都潜在着无限多个可能被触发、被探究的新结构和新数学对象。由于致力于此的数学家人数有限，每个数学家的生命时间有限，任何一个阶段中可能被触发无限的数学对象总是大大超过被明确触发的、被探究的有限对象。因此，每个阶段在数学对象背后总是存在无限多种可能被触发的数学，这大大超过每个阶段真实出现的有限的数学知识。

这带来了一个难题，不过可以从时间约束的视角得到轻松解答。目前得到触发和探究的数学对象包括任意有限维度 S^n 中的球体，得到了很多有关任意有限维度 n 的定理。但可能有许多，甚至可能是无限多个，具体的有限维度 n，其中的球体属性只在这个 n 维度中成立，我们却没有明确地探究过这样的维度。当任意维度球体的概念第一次被考察时，所有相关的内容都得到触发而得以存在。这个难题是，当一般情况所包含的众多具体情况还没有被考察时，为什么我们就可以理解一般情况的属性。这个问题让人感到困惑的前提是，你认为数学是对永恒王国内先在的对象的发现。但无限多个 S^n，它们的属性在任何有限的时间内都不可能被完全探究，这与我们不可能在同样的时间内玩无限多个象棋游戏一样。这表明数学具有不可穷尽的本质，它的研究对象随着新概念和新结构的触发，不断扩大。在这种情况下，就出现了我对思维对象的一般情况的了解要大于对具体对象的可能了解。

把三维空间欧氏几何推广到任意维度下几何学研究的例子还说明，数学的内在性发展何以有时会带来有关自然的新问题。如果没有对空间维度概念的一般化，我们就不会提出物理空间为什么会是三维这个问题。这个例子时间久远，比较简单，不过说明这种现象的例子还有很多。最近的一个例子是，为什么基本粒子之间的相互作用会受某种规范群支配。

我们可以通过改变某个公设，找到更多重要的自然实例变化的例子。一个著名的例子是，修改欧氏几何第五公设得到非欧几何。这就是第四个阶段，自然实例变化的触发和研究阶段。

我们现在可以看到，这个过程不断重复，因为每种变化都会生成一大批有待研究的可能实例、猜想和问题。

然而，我们应该注意到，非欧几何最初产生并不是因为我们改变了欧氏几何的公理，而是从欧氏几何本身的实例研究开始的。非欧几何首次出现在嵌入欧氏空间的曲面中。然后引出一个新问题：这些曲面的几何属性是否可以不通过嵌入得到描述？这样，在既定主题下解决问题的努力和新问题的产生共同构成了推动新主题的产生和新数学对象触发的部分动力。

对于算术而言，第二个阶段和第四个阶段颠倒了。在数的领域，自然实例是自然数。解答用自然数的概念阐明的问题迫使毕达哥拉斯派的数学家扩大了数的概念。这发生在欧几里得之前，事实上直到19世纪才有整数的公理化。因此在公理化出现之前，接连出现的新思维方法催生了有理数、实数和复数的概念。这些进一步引出四元数、八元数和其他数系统，促进了代数的发展。

但不管数学沿着这些阶段的进步会走多远，有三件事始终不变。第一，核心任务仍然是研究我们世界的一般特征，与最初对自然实例的研究相同。不管几何能从三维欧氏空间走多远，我们总是在研究空间的可能样式和概念，这种研究的益处和力量在于空间是自然的核心属性。第二，我们仍然是在通过剥离物体研究对象属性和关系的具体层面的方式研究世界，这种具体性包括时间。非欧几何的研究就是去除了具体的第五公设的几何研究。第三，没有任何理由认为通过变换自然实例得到的数学系统和数学对象以某种永恒的形式，超出独一无二的宇宙而存在。它们都是数学思维的产物，受着我们深入理解一般概念的愿望的驱使，我们对这些概念发生兴趣是因为它们都源自对自然世界的观测。它们是唯一的，受时间约束的世界的一部分，由新公理或新关系系统的产生触发而得以存在。

数学发展的第五个阶段涉及某一研究领域中新思维方式、新概念和新方法的产生和发展。随着新型事实得以界定和探讨，这些内容会大大促进一个领域的发展。我们已经提到的公理方法就是先例，说明数学的进步在很大程度上受新方法的推进。

这样的例子还有很多。19世纪，两个新事物的出现极大地推进了几何的研究。第一个是对对称空间的研究，进而衍生出群理论和群表示理论。这些也刺激了代数的发展。这说明，旧领域中出现的新方法可以催生新的数学主题。这样我们可以用有关旧论题的新事实加深对既有领域的认识。例如，只有在出现了对称群的概念后，我们才可以提出下面这个问题，并予以回答，“欧氏三维空间的对称群是什么？”

这就触发了我们所说的四个从自然而来的核心概念中的第三个，即转换的概念，这是由代数系统实现的。虽然这个概念的出现晚于数和几何的概念几千年，但对于转换的研究足以归为一种同等重要的核心概念。它的重要性体现在，转换的概念可以用种种方法启发其他核心数学概念，加深我们对时间的表征（至少在牛顿范式内如此）。

那么我们如何确定包含这四个核心概念的列表已经完整？我们是否能够确定数学研究的发展不再触发新的核心概念，支配之后的数学发展，就像数、几何、转换和逻辑的概念迄今发挥的功能一样？我们无法确定。

19 世纪数学思维的第二个创新是拓扑学的出现。这催生了新型的事实，如欧氏平面是开放的，球体是封闭的以及平面与球体之间没有同构性。这表明，新思维方式的出现可以为核心主题带来有关自然实例的新事实。这种情况可以随时出现，就说明数学处理的并不是固定的事实集合，不是封闭在既有主题下的事实。

新方法还能提升既有实例的重要性。圆面环在庞加莱发明拓扑学之前就已经为人所知，但它作为一种空间拓扑结构的重要性直到拓扑学产生之后才变得明显起来。

另外一个说明新思维方式催生新数学对象的例子是康托尔对超限数的研究工作。人们通常会说这种数的存在是因为对角线法的应用。但我想强调的是，没有这种方法（或其逻辑等价方法），就没有思考超限数的图景。因此，我认为在对角线法出现之前谈论超限数的“存在”是没有意义的。相反，超限数应该被描述为由康托尔对角线法触发才得以存在。

自然实例的变化引发出各种各样的实例后，就出现了第六个阶段，通过统一各种实例定义出新型对象。例如，各种欧氏和非欧几何都统一在黎曼几何之下。这通常与方法的创新同时发生，上面的例子正是如此，出现了对几何进行局部性研究的新工具，如连接和曲率。这使我们对既有实例有了新的认识，我们可以计算欧氏空间的曲率，发现它消失了！这也引出对更多实例的研究。

这个过程同样也会重复进行，因为意义重大的一般化工作，一旦触发，就会在后续研究中产生与最初的自然实例相似的作用。事实上，根据广义相对论，黎曼几何对空间几何作出了最好的描述，所以它取代了欧氏几何，成为现代思维中的自然实例。其公理的各种变化现在又引出非沟通性几何、复合流形理论以及其他的新结构。这些都是最近加入的数学对象，由最近的研究触发，有了时间约束性的存在。

最后，数学的发展还会经由两种发现，一种是外在的，一种是内在的。第一种是，在探究核心任务的过程中发展出的结构、例子或实例可以启发或应用于其他发展方向上的知识。几何学的发展可以启发数论中的问题，反之亦然。例如，当我们有了复数概念之后，就可以用它们描述欧氏平面上的转动。为了将这点一般化，汉密尔顿发明了四元数，他发现这些数可以用来描述欧氏三维空间中的转动。更为重要的是八元数和例外连续变换群之间的精细联系。我们可以把它们称为对数学内部自动生成的结构之间的关系的发现。

最后，由数学内在性发展得到的实例或思维方式可以出人意料地应用于自然研究。我们把这点称为对数学内在性发展所得知识对自然的适用性的发现。相关的例子包括复数在量子力学中的应用，四元数在狄拉克对相对量子电子的描述中的应用。也许在未来，八元数可能是统一基本粒子和基本作用力的关键。

我们探讨了数学从自然对象关系的研究以来的八个发展阶段，总结如下：

1. 自然实例的研究。
2. 自然知识的形式化。
3. 形式化自然实例的探究。
4. 自然实例变化的触发和研究。
5. 新思维方式的产生和应用。
6. 在更一般的框架下统一各种实例。
7. 对数学内部自动生成的结构之间的关系的发现。
8. 对数学内在性发展所得知识对自然的适用性的发现。

在每个阶段内部推动着进步的都是数学研究本身的渐进式力量，即对每个问题的解答，对每个难题的解决，对每个定理的证明通常都会引出新问题、新难题或新猜想。此外，这八个阶段中的第一个和最后一个与自然有关，其余都是数学的内在性发展。

数学的每个核心领域，空间和数，都经历了这些研究阶段和研究模式。这八个阶段或模式在逻辑上并没有必要性，它们不一定总是出现，也不一定总以这种顺序出现。但无论如何，这些阶段说明了核心领域的发展特征。

这个表单也不一定完备，因为数学发展过程中总是可能出现新阶段，总是可能出现推进数学知识的新方法。所以，这只是一种关于数学发展过程的开放视角，总是面向未来。

关于结构触发得以存在的概念有一点必须澄清。我们既可以说自然有能力通过突发的新现象触发新型结构，使其得以存在，也可以说数学有能力通过发明新数学对象触发新型事实，使其得以存在。这两种说法中对触发概念的使用都是有效的。在每个时刻上，都存在着受时间约束的自然结构集，在数学的每个发展阶段上，都存在着受时间约束的数学对象集，它们通过数学家的发明有了概念性的存在。作为自然行为和想象力行为的结果，它们都是唯一的，受时间约束的宇宙的一部分。但它们之间不存在必然的关系。因此，可能的情况是，对某个数学概念的探究，如欧氏几何，可以预测某些物理空间属性。

但数学结构不可能完全成为自然属性的预言，以至于纯数学研究完全抹去经验研究和经验验证的必要性，因为我们的自然知识总是暂时的。例如，我们在上个世纪发现欧氏几何不能完全反映物理空间，所以，欧氏对于物理空间属性的研究来说永远只是一个工具，对实验方法有所帮助，但从属于实验方法。因此，即便是某个自然属性的触发先于反映这种属性的数学对象属性的触发，对数学对象的探究也不可能发现物理对象的属性，或对其作出总结。物理对象和数学对象之间的对应性总是暂时的，近似的。

由于这个原因，更好的说法是自然中的新系统具有突发结构或属性，而概念和数学对象是触发的。不过，我想说的是，我们拥有触发新概念和新游戏的能力，这是自然通过突发的新系统和新结构触发新属性，使其得以存在这一更一般性事实的结果。

有一种旧有观点可以与这种数学发展观作比较，这种观点认为我们有时会发现一个可以推导出所有数学知识的形式公理系统，它可以作为之后数学的基础。这是罗素和怀海德的目标，他们试图把所有的数学知识都建立在单个逻辑公理之上；这也是希尔伯特计划的一部分，他想把数学知识一次性全部形式化。这些计划失败了，原因在于这些计划本身，其中包括原始集合理论中的悖论和哥德尔的不完全性结果。当然，这些失败也有很大的意义，引出了数学的新发展。自此之后，建立数学基础的尝试还是连续出现，都期望把整个数学主题建立在单个固定的公理之上。我们的观点是，数学不可能有一个终极的基础，因为它的主题并不是固定的或先在的事实集合。我们的目标是，在剥离时间性和具体性之后，不断推进对自然或宇宙的更一般的有用的理解。新思维方式或研究方式以及新发明的出现都会无限地扩大事实集合，促进我们对空间和数的理解，因此在任何一个时刻上，唯一可能的只是统一所有已知数学知识。

最后，对数学发展阶段的以上描述是在强调罗伯托·曼加贝拉·昂格尔的观点，数学的发明观和发现观都无法表达出我们对新生数学实例、系统和事实的认识。由于我们不认为数学是对先在的、静态的永恒王国的探究，所以，“发现”这个词不够恰当。但数学发展也不是任意的，没有艺术家或诗人任意结合随机想法和材料的自由。所以，“发明”也不是恰当的词。我们讨论过，数学的发展在不同阶段都受到外因和内因的制约。外在制约因素是，数学的核心概念来自于对自然事物属性或关系的提炼或推理。数学的内在性发展阶段受到概念逻辑展开的制约，一个问题的解答几乎总是会带来更深层的问题和挑战。

因此，似乎与认为数学是发现先在永恒事实的柏拉图主义观点相反，真正全新的结构、思维方式和实例在数学发展中发挥了不可或缺的作用。但这种全新性也同样受到数学研究渐进属性的制约。

新实例、新方法和结构之前并不为人所知，如果不存在独立的柏拉图世界的话，那么也许它们此前就不存在。但它们也不是自由的创造物，也并非主观产物，更非社会产物。不管这个概念怎么理解，数学这个事业是对空间和数的概念的探究，这些概念对我们所生活的世界是必需的，它们就是这个事业渐进式逻辑展开之后的必然结果。

我们可以把这种数学观总结如下：数学是一种客观事实系统，但同样受时间约束，未来有产生不可预测性发展的可能。

时宇间宙 数学为什么会对物理学有效

虽然我们放弃了永恒的柏拉图式王国，那里存在着与宇宙历史同构的数学对象的看法，我们仍要解释数学为什么会对物理学有效的问题。解释这个问题，我们只要说明数学在物理学中的应用与我们所论述的数学观一致即可。一种说明如下：数学的功用在于它能提供总括过往观测记录内容的模型。当我们在牛顿范式中验证一个理论时，我们观测并记录下运动过程，包括各种观测量的值，这些观测量是一个系统空间结构的坐标。这些记录是静态的，因为一旦记录下来它们就不会在时间中发生改变。或者更确切地说，它们可能发生改变，可能腐烂或被抹去，但此时它们也就不能再作为过往实验的记录了。可以把这些记录比作空间结构中的轨道线，它是一种数学对象，同样也是静态的。

我们可以提出，数学对于物理学的有效性主要体现在过往观测记录（或者，更严格地说，是这些记录所包含的模式）与为描述这些系统的进化模型而建立的数学对象属性之间的对应性。这个观点不需要假设物理现实具有非时间性，也不需要假设数学对象存在于独立的永恒王国。只需要过往观测记录具有静态性，以及数学对象属性在触发而存在之后具有静态性即可。观测记录和数学对象都是人类建构的产物，它们的存在都是人类意志作用的结果，它们都没有超验性的存在。两者的静态性不在于它们存在于时间之外，而在于它们开始存在后，就不再改变。

数学在物埋学中的另一个功用是辅助我们进行想象。我们发明出一个模型去模拟某个物理系统，会把它想象成一个能模拟这个系统所有层面的模型。头脑中的数学对象能够帮助、促进我们想象出自然的运行规律。除了实际的功用外，这种想象还有美学成分：它能提升我们对模型所描述的自然规律之美的欣赏和认识。

我们需要警惕的是，不要把数学模型所提示的想象中的物理系统与有关该系统的某种永恒本质的超验认识混为一谈。

12 避免元规律困境的方法

当我们看到本书所提出的原则和假说可以在具体理论和模型中得到应用时，这些原则和假说就构成了一个研究计划。我们提出，这样的理论其基础思想必须是自然规律在真实的，宏观的宇宙时间内发生进化的观点。这些原则和假说避免了宇宙学中的困境和谬误，因而无法在牛顿范式中得到表达，但它们必须说明理由，解释支配宇宙各个子系统的规律和初始条件。我们可以把这个规定新的解释范式的问题称作元规律问题，因为问题的本质是发现规律怎样发生进化，以及为什么发生进化。我们必须在避免元规律困境的前提下做到这一点。

描述规律进化的一种自然的方法是想象一个可能规律的空间。这样，规律的进化就可以形象化地解释为这个可能规律空间中单个宇宙的进化，或多个宇宙的进化，并由此得到探究。例如，在第一种情况下，我们得到一连串代表着规律的时点，这些规律分别在宇宙的各个时期发挥作用。规律的空间后来也被定义为景观，宇宙自然选择的研究中首先引入了这个术语，它引发了人口生物学模型中的适应度景观思想。在一些（但不是全部）对景观的研究中，人们假设由景观中的点代表的可能规律是摄动弦理论，每个规律都是围绕弦理论真空状态的扩展，而这个理论又是对一种元理论的解，如M理论。在这些例子中，我们论及的是弦理论景观。

虽然景观这个比喻有其作用，但使用这个比喻有着使我们陷入元规律困境的危险。如果我们假设景观本身具有非时间性，假设其中的进化由非时间性的元规律支配，那么陷入元规律困境就成了我们理论建构的宿命。这时我们就复制了牛顿范式及其问题。只是这里“为什么是这些规律”的问题转化成了“为什么是这个元规律”问题。有几种方法可以避免这些假设。

景观不必被提前设定为具有非时间属性，它本身可以随着宇宙的进化进行发展和进化。在生物学中，支配生物现象的可能规律总是伴随这些现象出现。由此，我们可以依据斯图尔特·考夫曼的观点，探讨相邻可能进化，因为很可能只有相邻可能进化能够在过去予以说明。景观中的进化可能是概率性的，甚至是完全随机的。但正如我们在宇宙自然选择中看到的(与优先原则的十分不同)，这里同样会出现规律选择的充分理由原则和可证伪性预测。规律可以与状态合并，它们都可以依靠普遍的动力发生进化。

这些避免元规律困境的选择指出了几个解决元规律问题的方法。下文将逐一进行讨论，也许它们没有一个是真正正确的，但这已经足够说明这是一个有着丰富内涵的研究计划，有很多东西值得探究。

解决元规律问题的一个方法是设定，可观测宇宙中所包含的信息不足以回答以下两个问题：为什么是这些规律，而不是其他规律？为什么是那些初始条件？但如果我们坚持解释闭合性原则，那么宇宙中所包含的信息就必然足够让我们对任何有关其属性的问题作出解答，包括上述两个问题。问题的答案肯定存在于我们还没有直接观测到宇宙区域中，因为宇宙很可能比我们观测到的部分更大更久远。

在我们对“为什么是这些规律”的分析中，我们提出有待解释的规律肯定发生了动态进化。这意味着，过去肯定存在某些动态过程，规律于其中发生进化。由于我们没有任何证据证明根本规律或其参数在可观测的过去发生了进化，因此这些动态过程就必然发生在我们还没有通过观测确定下来的区域内。这与我们的直觉图景相一致，有效规律的进化可能发生在涉及能量或能量密度的事件中，而这样的能量或能量密度超出了可观测宇宙中的数值。

现在，我们有如下选择：

- 我们的过去是奇点？
- 规律的进化是一次性完成，还是经历很多阶段，渐进式完成？也就是说，我们是生活在第一代宇宙中，还是我们的宇宙有一长串祖先？
- 宇宙的血统是线性的，每个宇宙只有单个后代，还是发生分叉，每个宇宙都可以得到很多后代？也就是说，元规律问题的解是存在于接续扩大的宇宙中，延展到过去，还是存在于多重扩大的宇宙中，多个宇宙同时存在？

让我们来分析这些不同的选项，它们可以得出三种宏观宇宙图景。

时宇间宙 宇宙宏观结构的三种可能

如果我们假定初始奇点就是时间最开始的时刻，那么规律发生进化的时间将极为短暂。在这种情况下，不太可能有时间进行多阶段的累进式进化。因而，我们的宇宙很可能从某种原始状态一步或几步成形。

维伦金和林德的永恒暴涨说就是早期的这样一种针对规律变化做出的宇宙学设定，他们提出自原始永恒暴涨媒介开始的相变过程中出现了无限多个气泡形的宇宙。以最简单的方式理解这个框架，我们可观测的宇宙就是从永恒暴涨原始状态开始一次性得到的无限多个宇宙中的一个。（也有可能其气泡中还有气泡，但人们并没有把这样的血统链作为这种学说的核心解释力，这与宇宙自然选择理论不同。[①] 甚至还有以隧道方式重回初始假真空状态的可能性，从而导致宇宙的循环。）

这样得到的多元宇宙图景中，无限数量的宇宙间不存在因果关系。一个气泡形的宇宙可能与其他气泡发生碰撞，但宇宙群中的任意两个气泡间是很难发生因果关系的。

一个气泡中的观察者会看到有限数量的气泡与这个气泡过去发生的碰撞。最终，由于时间的无限性，一个气泡会与其他无限数量气泡发生碰撞，但这个数量相对于无限的气泡总和来说仍然是极其微小的一部分。我们把这个图景称为多重式宇宙学图景。

虽然永恒暴涨说出现在弦景观之前，但在很多规律图景动态进化研究中，这个学说成为了背景设定。

另一方面，假定奇点被反弹所取代，我们就为宇宙赋予了遥远的过去，其中可能存在多个经典宇宙时代。这可以使有效规律发生多代累进式进化，都发生在我们的因果历史当中。这可以称之为接续式宇宙学图景。

这里也有两个选择，取决于发生反弹的是什么。大爆炸之前可能是之

---

①感谢马修·约翰逊对这一点以及其他有关永恒暴涨理论的精细说明。

前宇宙的完全坍缩。这样，我们就得到了一种循环宇宙的图景。

循环宇宙的大收缩可能会带来单个后代，或者多个后代。如果收缩区域足够同质，发生反弹时有选择效应，就可能发生后面这种情况。因此，我们要区分线性循环宇宙（一个宇宙只有一个后代）和分叉循环宇宙（一个宇宙有多个后代）。

另外一种可能性是，大爆炸是黑洞奇点反弹的结果。如果黑洞奇点发生反弹，那么一个宇宙就可能拥有多个后代，每个都是坍缩成黑洞的结果。事实上，我们的宇宙中估计至少有 10^{18} 个黑洞，因此最少有相应个数的宇宙后代。所以，黑洞奇点发生反弹的图景也是分叉宇宙学图景。

黑洞奇点反弹图景是宇宙自然选择框架的背景设定，我们接下来会详细讨论这个框架。

唯一可以作为爱因斯坦方程通解的奇点是宇宙奇点和黑洞奇点。所以，它们是反弹替代奇点的宇宙学图景的唯一选择。

于是，我们所拥有的宏观宇宙模型选择如下：

1. 多重图景：如永恒暴涨说，其中包含一个宇宙群，它们都从原始状态一次性形成，并在很大程度上，没有因果关系。
2. 线性循环图景：宇宙接续存在，每个宇宙只有一个父辈，一个祖先。
3. 分叉图景：每个宇宙只有一个祖先，但有多个后代。

我们现在考察这三种图景中宇宙规律选择的解释有哪些可能性。

三种图景下景观问题的解决前景

在我们分析三种图景下景观问题的可能答案之前，我们应该留心以下几个关键问题：

· 在任何景观情况下，不管是生物学，还是物理学，都有两种景观：根本参数的景观和有效低能理论参数的景观。这两个图景之间的关系可能会十分复杂。生物学中有基因型空间，即真正的 DNA 序列，和表现型空间，即自然选择发生作用的生物真实属性空间。物理学中有弦理论景观和标准理论参数景观。与物理学相似，生物学中一个图景的解释力也部分地取决于这两种景观之间的关系得到怎样程度的理解。

· 反弹是一种能量非常高的过程，但有证据表明在低能参数的层面上有很多精调。那么反弹如何在选择低能参数的精调时发挥作用呢？

· 我们只能观测存在于我们过去光锥中的东西。如果一个宇宙学图景中设立了存在于我们宇宙因果关系之外的宇宙总体，那么我们就会面临这样一个境地：对这个总体中其他成员的说明无法通过观测来验证。由此产生了编造说明以获得我们所需答案的危险。用观测来限制无因果关系的宇宙总体的唯一方法是，如果存在某个动态原则，从中可以推理出总体中的每个宇宙或几乎每个宇宙共有属性 P，那么当我们没有发现 P 时，这个理论就可以被证伪。

注意这些问题，现在开始考察三个宇宙学图景中解释景观问题的可能性。

线性循环模型

线性循环模型相对其他两种图景来说有一个巨大优势，因为这个模型设置的所有时代或宇宙都存在于我们宇宙的因果性历史中。因此，有很多机会可对其预测进行验证。到目前为止，人们研究了两种循环模型，都从中得出了可证伪的预测。施泰因哈特与图罗克及合作者提出的火劫模型预测在 CMB 中没有可观测的张量模式。彭罗斯的共形循环宇宙预测，鉴于前一时代黑洞碰撞所形成的引力波，得出在 CMB 中存在同心圆的结论。彭罗斯和古萨德扬宣称这些已经被观测到，但这一论点在当下尚存在争议。

线性循环模型对规律选择问题的解释有怎样的前景呢？我们可以提出一个简单的假说，认为在每次反弹中，有效规律都会发生变化，这也许由弦理论或任何其他根本理论真空中的相变引起。这在景观中给我们提供了一系列时点，代表每个时代中的有效规律。然而，要解释规律的选择，景观中必须有吸引子。否则，规律在各个时代就只是随机性发展，而目前规律选择的任何事实都无从解释。

图景中的进化要汇聚为一个吸引子，每代的变化必须十分微小。还有，要通过基本理论的一系列变换解释低能理论参数选择，基本景观的微小变化肯定会在低能有效理论景观中带来微小变化。

分叉模型

分叉模型与线性循环模型有一个重要的共同属性，它们都有一条长长的血统链。在这种情况下，好的属性可以通过缓慢稳定的进化，累进积累成吸引子。但这种模型与线性循环模型也有不同之处，它带来了无因果关联的庞大宇宙群。这种情况下，我们对这个宇宙的预测只能是这样的，存在属性 P，它们由宇宙总体的所有成员共享。

这一点可由我们已知的两种分叉模型来说明。

分叉循环宇宙

在分叉循环宇宙中，我们可以假设坍缩的宇宙中只有那些在空间上足够均质的区域可以发生反弹，形成新的膨胀的宇宙。由于一个区域要发生反弹必须足够均质，所以每个新生的宇宙会十分均质。因此，均质性就成了宇宙总体中所有成员共享的属性 P，因而也可预测为我们这个宇宙的属性。我们可以期待，对反弹更为细致的模拟可以带来类似的有关我们宇宙的可证伪性的新预测。

我们可以注意到，所有循环宇宙的一大优势在于它们无须暴涨的概念，就能解释宇宙初始条件的特殊性。

分叉循环宇宙是否能解释低能物理的选择？在这方面，答案与线性分叉宇宙相同：根本规律和有效规律之间的变化必须十分微小，低能理论的景观中必须存在吸引子，使进化向其汇聚。

时宇 间宙 宇宙的自然选择

引入宇宙自然选择的概念是为了回答景观问题，解释标准模型中精调的原因，而无须人择原理。这一想法是，利用生物学中生成不可能复杂结构的机制，设立一种宇宙图景，使其能够自然地接受宇宙针对复杂结构的微调，这些结构包括长寿恒星、螺旋状星系和有机分子。

这说明在宇宙学中也会有一个与生物适应度相对应的概念，即把宇宙后代的数量作为其低能参数的一个函数。这种对应性说明，有效场理论也会在参数景观中发生进化，这与种群生物学家研究的适应度景观相似。

这些都是类比有效理论选择与生物学自然选择所得的启发。这种理论基础有两个假说：

- (H1)当黑洞奇点发生反弹，形成新的时空区域时，宇宙得到复制。
- (H2)在反弹过程中,经过普朗克尺度上猛烈的中间阶段时会引起有效场理论中参数的细微随机变化，而有效场理论支配着相变之前和相变之后的物理学。

因此，与生物适应度相对应的是宇宙中生成的黑洞数量，它们是物理学和宇宙学标准模型参数的一个函数。我们把这个景观函数称为宇宙适应度。拥有适应度函数局部最大值的参数的组合即为景观上的吸引子。经过许多代后，宇宙群就会在这些局部最大值区域周围聚集起来。

因此，宇宙自然选择相对于线性循环宇宙的优势是，它能在景观上创造出吸引子。

出现这种情况是因为宇宙总体中最常见的有效规律是那些得到最多复制的规律，意味着它们具有最多数量的黑洞。所以，由宇宙总体几乎所有成员共享的属性P，经历多代后，将会是：有效景观参数的微小变化所得到的宇宙几乎总会生成较小数量的黑洞。

还有另外一种表述方法。如果我们用宇宙生成的黑洞平均数和那些参数来定义景观上某一时点的适应度，经过多代后，宇宙总体中几乎每个成员都将会接近局部适应度的最大值。

这解释了标准模型参数调整的特殊性，因为这些调整的某些层面促进了黑洞的生成。这些层面包括以下几个：

1. 长寿稳定恒星的存在所需要的大比例，包括：

$$\frac{m_{\text{质子}}}{m_{\text{普朗克}}}, \frac{m_{\text{电子}}}{m_{\text{质子}}}\text{和}\frac{m_{\text{中微子}}}{m_{\text{质子}}}$$

2. 质子与中子质量差值以及电子质量和介子质量的巧合，使得核聚变成为可能，也构成了质子与中子质量差异的标志。

3. 弱相互作用的强度似乎经过精调，以适于核合成，适于超新星向星际介质注入能量，促进大质量恒星的生成，这种恒星的碎片中包括黑洞。

4. 某些精调得到大量稳定态的碳和氧。这些成分对于冷却庞大的分子云是必要的，大质量恒星由此形成，而这样的恒星又是黑洞的前身，这些成分还能构成绝缘体，使分子云保持冷却状态。

我们应该强调，宇宙自然选择只是解释标准模型参数微调的各种图景中的一个。它能够做到这一点，是因为这个宇宙图景可以在很大的尺度上（即宇宙群的尺度上）使低能物理形成结构。它可以通过极大地影响这个群体的参数分布做到这一点。

这个特征也可以在分叉循环模型中表现出来，但前提是有理由说明为什么类似我们目前低能物理的东西能够使一个宇宙中存在更多的足够发生反弹的均质区域。这不太可能，因为大收缩时的条件不会对低能物理的参数选择具有敏感性。宇宙自然选择所取得的成绩是，它能使宇宙群对低能物理参数有细微的敏感性，很明显这种成绩是独一无二的。这种解释是自然的且必然的，因为它用参数的精调来生成大量黑洞。

由于这种宇宙和低能物理的耦合，宇宙自然选择作出了一些预测，可以得到目前观测的检验。我们下面讨论其中三个预测。

为使生成黑洞的数量最大化，稳定中子星的质量上限（UML）应该尽可能小。正如布朗及其合作者所言，如果中子星的核心中含有 K 中介子冷凝物，UML 就会较低，即

$$\mathrm{UML}_{\mathrm{kaon}(\mathrm{K}\text{中介子})} < \mathrm{UML}_{\mathrm{conventional}(\text{传统})} \qquad (4)$$

这要求 K 中介子质量和奇异夸克质量足够低。由于其他导致黑洞生成物理学对奇异夸克质量都不敏感（在相关的域内），所以，宇宙自然选择就意味着奇异夸克得到了调整，中子星的核心因而含有 K 中介子冷凝物。

自这个预测 1992 年发布以来，K 中介子冷凝物的核物理基础和观测水平都得到了发展。

贝特和布朗提出，K 中介子冷凝中子星 $\mathrm{UML}_{\mathrm{kaon}(\mathrm{K}\text{中介子})} \approx 1.6M_{\mathrm{solar}(\text{太阳})}$，

即我最初使用的数字。然而，最近拉蒂默和普拉卡什强调，$UML_{kaon(K中介子)}$的预测事实上是一个范围。预测取决于状态方程和域方程的假设，最高可达两个太阳质量。因此，根据目前的知识，正确的预测是：

$$UML_{kaon(K中介子)} < 2M_{solar(太阳)} \tag{5}$$

上面的方程概括了现阶段的实验水平。我们精确地观测到一个中子星，它的质量是 1.97 太阳质量（$1.97M_{\odot}$）。这正好在预测的范围之内：中子星因具有 K 中介子冷凝核心，其质量上限较低。然而，也观测到一些 2.4 太阳质量左右的中子星，误差范围较大。如果这些结果得到证实，那么就与宇宙自然选择的预测不一致。

因此，1.97 太阳质量的中子星的存在不能证伪宇宙自然选择，这虽然让人失望，但这个理论在不久的将来被证伪的可能性极大。

人们经常提及的一个问题是，改变宇宙参数，从而极大地提升原始黑洞的生成，这种可能性为什么不会排除宇宙自然选择。做到这一点，可以调高密度波动（δ_ρ/ρ）的尺度，它的值在 10^{-5}附近。

在单独场中可以给出一个答案：单参数暴涨。在这个理论中，δ_ρ/ρ 由暴涨场自耦合的强度 λ 决定。这控制着暴涨潜力的斜度，由此，层叠数随着 λ 的降低而提高：

$$N \approx \lambda^{-1/2} \tag{6}$$

这意味着，宇宙体积和生成的普通黑洞数量的尺度是：

$$V \approx e^{3N} \approx e^{3\lambda^{-\frac{1}{2}}} \tag{7}$$

因此，原始黑洞数量的提升和宇宙的指数级缩小之间存在张力，后者降低了星际进化过程中生成的黑洞的数量。指数有主导作用，结果是宇宙自然选择预测出与星系形成一致的最小可能 δ_ρ/ρ。总体来说，相比较于在一个微小的宇宙中有很多原始黑洞，指数级增大的宇宙中会得到更多黑洞，它们从恒星开始，形成时间较晚。

然而，这个论证只在最简单的暴涨模型中成立。在含有更多场合参数的复杂模型中，δ_ρ/ρ 与 N 解耦，我们可能得到一个大宇宙，其中的黑洞生成由原始黑洞主导。因此，宇宙自然选择就会预测，暴涨如果是正确的必须是单独场，单独暴涨，其潜力由单个参数支配。到目前为止，这与所有观测结果相一致，但可能会被未来的观测结果证伪，例如，如果高层次的非高斯性得到证实，就有证伪的效果。

一旦 δ_ρ/ρ 以这种方式得到确定，宇宙自然选择就能对宇宙常量的值作出预测。这是因为，如果 δ_ρ/ρ 的值很小，与我们对宇宙的观测一致，宇宙常量就会有一个临界值 Λ_0，当 $\Lambda>\Lambda_0$时，宇宙膨胀的速度很快，星系不可能形成。但没有了星系，就不会有很多大质量恒星，而这样的恒星是我们宇宙中大部分黑洞的必由之路。因此，宇宙自然选择预测出 δ_ρ/ρ 的值很小，且 $\Lambda<\Lambda_0$。

下面一个要处理的问题是，黑洞数量是否在很大程度上依赖于 Λ_0以下区域的 Λ 值。有两种相对状态需要考察。随着 Λ 从其现有值开始降低，暗物质开始加速膨胀的时间就会推后。这给结构的形成带来了更多时间，也可能在向暗物质重子光晕的坍缩过程中催生新的星系，这些重子目前处在星系间的介质中。总体说来，可能会有更多的恒星生成，因而会产生更多的黑洞。

与之相对的状态是，膨胀加速推迟后，可能会有更多的螺旋状星系碰撞出现。螺旋状星系碰撞的结果是，星系圆盘中的气体会被加热，从而阻断恒星的形成，把该星系转化为椭圆状星系。事实上，人们的确认为没有圆盘和活跃恒星形成活动的椭圆状星系是螺旋状星系合并和碰撞的结果。因此，Λ 降低到现有值以下的一个效果可能会带来更多的螺旋状星系合并，生成椭圆状星系，从而降低恒星总体数量和黑洞的形成。

如果没有详细的模拟，我们无法确定这两种状态哪种会占主导。我们也许会猜测，模拟的结果是 Λ 的值正好在交叉点上，黑洞生成的总量处于最大化状态。

最后我们要注意到，宇宙自然选择目前还没有解释初始条件的选择问题。这是具有挑战的问题，因为新宇宙产生自黑洞奇点，而一般说来这样的奇点的均质性很小。因此，宇宙自然选择可能需要暴涨概念去说明初始条件的特殊性。

时宇间宙 多元宇宙的图景

我们最后讨论多元宇宙的图景，这里主要的例子是永恒暴涨理论。在这个图景中，无限宇宙群由永恒暴涨原始阶段形成的气泡一次性生成。至少在其最简形式中，这个说明缺乏循环图景或分叉图景的解释力。

虽然一些气泡可能会与我们的宇宙发生碰撞（这使我们有机会证实该图景的预测，但不是证伪），但宇宙群中几乎所有的成员都与我们的宇宙没有因果关系。人们通常认为，随机创造出来的宇宙只是根本理论景观上一些样例，因此，几乎不存在什么属性为所有宇宙所共有。提出的唯一一个所有宇宙都满足的共同属性 P 是，曲率应该稍微为负。然而，用近期的观测很难证实或证伪这一点，因为需要很高的精度才能把这种曲率与消失曲率区别开。

另外，由于这里没有长长的血统链，所以，即便景观中存在吸引子，也无法通过宇宙从原始暴涨状态得以创立的那一个步骤得到这些吸引子。这一点可以得到更严格的说明。可能会出现大量的坍缩，由此还会在气泡中形成气泡，从而构成某种血统链。但要使这种机制把宇宙总体引向由吸引子主导的状态，这个无限总体中几乎所有成员都必须是这种长血统链的结果。吸引子主导要发挥作用，就必须说明这是景观上的动力学结果。

另外，气泡的形成需要很高的能量，传统的情况是大一统理论尺度，这时低能物理参数的细节不再重要。因此，就不存在一种机制能把低能物理的精调和生成宇宙总体的动力学相耦合。在缺少此类机制的情况下，我们只能得出这样的结论：像我们这样的具有精调的低能参数的宇宙非常稀少。

由多数弦景观成员共享的属性 P 还有其他可能。这些可能性是对目前弦景观中的理论属性进行考察所得出的结果。[①] 例如，有人认为有些可能会出现在标准模型拓展形态中且与量子场理论原则相一致的粒子，不可能产生于弦真空。这种例子包括那些很大而无法进入 E8 × E8 的规范群，或者维度太高的大一统规范群，如 *SO*（10）。如果我们抛开目前知识的界

---

①感谢保罗·兰盖克与我谈及这一点。

限，认为在目前已探索的弦景观中没有包含这些特征的理论就意味着整个景观中都没有这样的理论，那么我们就可以把这种理论的不存在作为弦理论的一个可证伪性预测。

但要注意到，虽然这会是一个真正的弦理论预测，但它绝不是对多元宇宙图景（如永恒暴涨）的预测。这是因为，假设不止存在一个宇宙对于这个可能预测的论证没有发挥任何作用。这个预测只会由这个假说推断出来：我们的宇宙以弦理论描述，不论这个宇宙是否唯一。

把这种情况与宇宙自然选择理论进行对比，我们看到，理论景观中所有成员共享的属性 P 的出现，仅在构件宇宙总体的机制对于 P 在几乎所有成员中成立有必要性时，才能预测多元宇宙图景。宇宙自然选择理论就是如此，但在我们上面讨论的例子中并非如此。

有一种不同的情况。我们现在考察弦理论可能带来的一个不同预测(如果我们确定目前对弦景观的考察能够代表整个景观的情况，就会作出这样的预测)。人们观测到，几乎包含所有最小超对称标准模型（MSSM）的弦真空也会在其低能频谱上包含奇异粒子，如轻子夸克或更多代的轻子夸克。虽然没有哪种奇异状态会出现在所有模型中，但所有种类的奇异存在性状态都不存在是很不同寻常的。因此，为了实际的需要，弦理论加上人择景观的一个可证伪性预测是，在 TeV 尺度上必须出现某种奇异存在性。

然而，这并不是弦理论单独作出的预测，因为已有弦真空包含 MSSM，但没有奇异存在性的例子。即使这样的例子很少见，它们也说明，没有发现奇异存在性并不能证伪弦理论。但这可以证伪弦理论与下面这个假说的结合体：我们观测到的弦真空是从人择原理所允许的真空集中随机选取出来的。这是因为，这要求支配我们宇宙的规律能够代表由人择原理所允许的标准模型拓展形式。然而，至少在目前所考察的景观具有代表性的前提下，典型的人择原理所允许的真空，如果包含标准模型，那么也会包含奇异存在性。

由于缺少总体共享的大量属性 P，永恒暴涨理论的支持者不得不转而求助人择原理。这种作法到目前为止还没有带来任何真正的预测，而这一点不可能的理由也相当明显。宇宙的属性可以分为两类。第一类属性发挥的作用使宇宙适于生命存在。这包括精细常量的值和质子与中子的质量差值。第二类是不会极大影响宇宙生物适宜性的属性。这包括第二代和第三代费米子的质量（只要它们的质量超出第一代费米子足够多）。

第一类属性必须成立，证实它们不能为任何宇宙图景提供证据，因为我们已经知道宇宙有生物适宜性。它的解释必须用非循环性论证，即不能假定我们的存在。第二类属性被假定为随机地分布于宇宙总体中，因此，由于它们与生物适宜性解耦，它们会随机地分布在适宜生物存在的宇宙总体当中。因此，对它们也无法作出任何预测。

类似的论证使人择原理不太可能成为作出预测的理论基础，从而说明一个宇宙图景是否能被证伪，或在很大程度上被证实。

那么我们如何理解以人择原理为基础已经作出了很多成功预测的说法？事实上，这样的说法必然是谬误，而且已经有了对它们的谬误性的说明。我在之前发表的论文中进行过详细的讨论，在这里我仅作简单说明，这样的说法主要包含两种谬误。

“X 对于生命至关重要”这个表述被加于一个有关 X 的已正确的论证之上。例如，霍伊尔成功地论证了，如果碳在恒星中生成，那么其核心就一定具备一定的能量水平。他的论证基础是宇宙中有丰富的碳，在这个论证中，碳对于生命至关重要这个事实没有任何作用。

后来温伯格论证了，如果存在某个宇宙总体，其宇宙常量值随机，那么 Λ 值就会在低于临界值 Λ_0 一个或两个数量级的范围内，高于这个临界值，星系就不会形成。这与生命没有关系，因为我们观测到的星系有很多。诚然，观测到的值均在温伯格所使用的 Λ_0 的十分之一范围内。

然而，温伯格的论证也有谬误，因为他估计的 Λ_0 值建立在一个有关宇宙总体的没有被证实的假设之上，而这并没有理据。这个假设是，Λ 是宇宙总体中唯一发生变化的量。如果其他参数也能发生变化，那么 Λ_0 的估值就会极大提高，这个预测就不会成功。例如，如果 Λ 和 δ_ρ/ρ 都能发生变化，那么它们的值就不太可能都像观测到的那么小。

关键并不在于，只有 Λ 发生变化的总体要比 Λ 和 δ_ρ/ρ 都变化的总体更可能出现。而在于，我们在论证假定的但未观测到的宇宙总体的属性时要十分小心，因为我们有可能只是编造出一些东西去匹配数据。如果没有对宇宙总体属性的独立验证，我们能操作有关总体的假设，使其带来可能的结果，这并不能说明这个总体的存在。例如，加里加和维伦金的评论，改变不同的参数才能得到不错的论。不过，这也不能为上面的说法加分，因为，如果一个错误论证有很多版本，总会有一个最能匹配数据。错误的论证可以灵活地调整，从而与数据相匹配，但并不说明它的潜在假设是正确的。

我们可以把这点与上面宇宙自然选择的论证做一个比较，后者有独立的论据说明 δ_ρ/ρ 的值很小。

温伯格的预测早于暗物质被发现10年，在科学领域，这并不稀奇。有时，一个强烈的直觉可以得出正确的预测，而逻辑却与之相反。但这并不能用来支持的确存在宇宙总体的假设，因为从这个假设到作出预测的论证具有谬误性，原因我们在上面已作了讨论。我们还应该把正确预测宇宙常量值的成绩归于索尔金，但对于多数理论家而言，这并不能使他们更加信任因果集合论，虽然这是索尔金预测的基础。

这些问题在永恒暴涨理论的测量问题中体现得更为深刻。产生这种现象是因为产生了无限多个气泡宇宙。当我们面对无限多个总体时，以相对频率作为基础进行预测就会有很大的概率性。当结果 A 和结果 B 的数量都具有无限性时，任何 A 比 B 更具有可能的说法都会存在瑕疵。在这种情况下，相对频率的比例，$N(A)/N(B)$，无法确定。

一些研究人员实验了有关这种无限集的不同方法，得出不同的比例定义和相对频率。其中的挑战是避免各种悖论，一些悖论可以使概率论难以适用于无限集，另一些悖论只在宇宙学中出现。然而，即使我们找到了可以避免所有悖论的方法，也不能说明永恒暴涨图景的可能性更高——这也许又是在为获得我们想要的东西，编造对观测不到的总体的说明。一个虚假观点可能会得到很好的描述，但如果没有独立的验证，就无法提高这个观点的可信性。

时宇间宙 先在性原理

在量子理论下还可能出现另一种进化规律。

我们习惯于认为，物理规律是决定论性质的，这一点就预先排除了宇宙中存在真正创新的可能性。所有发生的事件不过是基本微粒的重新排列组合，它们的属性没有变化，支配它们的规律也没有变化。这种看法也经常被用来说明，人类具有自由或自由意志的看法只是虚幻。

但果真如此吗？只有在有限数量的情况下我们才需要决定论，即一个实验被重复多次的情况下。此时，我们得到的是，我们可以凭借过去实验的结果，可靠地预测将来同样实验的结果。

通常，我们把这一点解释为存在着永恒的根本规律，主宰着一切变化。但这是对证据的过分解释。我们需要的仅仅是这样一个原则：测量过去重复发生的过程的方法会得到相同的结果，就像我们之前看到的那样。这种先在性原理可以解释所有规律决定论发挥作用的情况，而无须要求新过程必须得到预测结果。在新状态进化的过程中，至少有少量的自由成分，它们不违反支配状态的规律，这样的状态过去生成了很多。

但自然中真的存在全新的状态吗?

公平地说，经典力学预先排除了真正全新状态的存在，因为所有发生的事件都是微粒在固定规律下的运动。但量子力学不一样，这表现为两个方面。第一，量子力学根据过去事件对未来作出的预测不是唯一性的。它用过去事件给出的只是未来测量结果的概率性分布。

第二，量子力学中有一种纠缠现象，涉及的是子系统所共享的新属性，这些属性不仅是单个系统的属性。康威和克纳的自由意志定理告诉我们，在这些情况下，系统对于测量的反映可以称得上是自由的，因为对纠缠系统中某个成分的单个测量结果无法由我们对过去的知识进行预测。

纠缠状态可以是全新的，因为它的形成过程是，由微粒组合成在宇宙之前历史中从未出现过的状态。这一点比较常见，例如在生物学中，自然选择可以带来新的蛋白质，新的核酸序列，由于组合的无穷可能性，这些东西几乎在之前没有存在过。

于是，可能有着这样的可能性：由于没有任何先例，这些全新状态的属性可能无法预测。只有当它们被创造的次数足够多，得出的先例足够多时，它们的行为才能有章可循。

所以，我们可以提出一种有关规律的观念，它可以解释实验的可重复性，同时不会限制全新状态，不会阻碍它们在决定性规律的限制下仍有自由性。从本质上看，规律随着状态发生进化。一个新状态的前几次重复不受任何规律的支配。只有在足够的先例确立之后，规律才会建立起来，且只能作出统计性预测。单个事件的结果基本上不可控制。

量子力学允许这种可能性，因为量子力学不会决定单个的通用测量。仅当系统处于测量本征状态时，其结果才有确定性。但这种情况需要精调，因此是非通用性的。否则，结果的随机性就会使得所有单个通用观测的结果都不符合量子力学的预测。

测量有几个方面在量子力学中无法得到预测，这使得确定性进化中出现真正的创新性和自由性成为可能。假设一个涉及极慢光子源的双缝实验。测量会给出一系列光子打到屏幕上的位置，X_1，X_2，…，X_N。每个光子都可能落在屏幕上的任何位置。很多光子打出后，量子理论就可以预测出积累出的整体统计总体，p（X）。但量子力学无法限制这些光子打到屏幕上的顺序。量子力学与 X_i 的包括各个随机序列的排列记录也具有一致性，宏观结构可能取决于光子位置顺序，例如，我们可以凭借第13个光子出现在屏幕左侧或右侧来确定是否选择科学事业或开始整治生涯。

量子理论的基本思想是，（1）没有先例的系统，其结果不由任何先在的规律决定；（2）如果有足够的先例，一个实验的结果可以通过随机选择出之前的例子来确定；（3）没有先例或有很少先例的系统，其测量结果会非常自由，这样的结果需要准确地定义出来。更为谨慎的说法是，这些思想成了量子理论方法的原则，我们会在下面一一讨论。

所以，这与之前提出的真实总体解释有所不同。之前的原则是，不管量子物理中何时出现概率，这些概率总是真正存在的总体中的相对频率。在最初的理解中，与量子状态有关的总体与量子状态同时存在。在目前的理解中，总体存在于它们所影响的过程的过去。

自由转化为确定性力学，需要多大的先在性呢？这个问题对于每个系统都必须有一个答案。

如果对一个新状态的第一次测量具有不完全确定性，而测量一个有很强先在性的状态具有严格的确定性，那么对任何系统来说，确定它将来的测量结果就有很多可行且必须的先期准备。包括系统的自由度，记作K；系统的维度或容量，即结果的数量，记作N，可由该系统的测量值来区分。这些数字以及它们之间的关系发挥着重要的作用，因为它们确定了系统何时会出现足够的先例，以使其可能具有确定性。

我们在前面提出，在N满足少数几个一般公理的前提下，量子动力学有着严格的意义，它要求K尽可能大。这意味着，对每个可区分的结果而言，都会有最大量的所需信息去预测任意实验结果的统计分布。由此，我们可以说，量子系统对单个测量的反映可以最大程度地摆脱先在事件决定论的限制。

我们可以用马萨尼斯和穆勒提出的量子理论公理阐释来说明这种观

点。他们提出了四个公理以解释当多个系统结合为复合系统，或者大系统投射出子系统时，结果的概率表现。他们证明了这些公理隐含了量子力学或经典概率论。在这四个公理之外，我们再加上第五个公理，用以强调有关量子有关的事例。这五个公理定义了量子系统的动力学。

阐述这个系统的困难工作已由马萨尼斯和穆勒完成。我们提出的这五个公理决定了量子理论的观点只不过是他们研究的一个小小结论。下面是这五个公理的简要表述：

1. 复合系统的状态由各个组成部分的统计学测量说明。
2. 有效地携带相同信息量的所有系统都具有等价的状态矢量空间。
3. 一个系统的所有纯粹状态都能通过可逆转换转化成另外任意一种状态。
4. 对于携带一比特信息的系统，所有给出非否定性概率的测量都为理论所准许。
5. 量子系统具有最大限度的自由性，因为对它们统计学状态的说明足以预测所有未来测量的结果，与单个测量结果的数量相对而言，这种说明需要最大量的信息。

除此之外，我们还要加上一个有关量子力学的公理。为了说明这样做的理由，让我们问这样一个问题：我们如何测量一个系统的统计学状态。答案是，我们在过去用相同的方法设计出一批系统，并对每个系统进行测量。要使未来对相似系统的测量结果具有确定性，我们需要在前期进行大量不同的测量。这些测量结果的概率性就构成了统计学状态。先在性原理可以不严格地表述为：

先在性原理：如果对一个量子系统的测量存在很多先例，其中相同设计的系统得到了在过去进行的相同的测量，那么当下测量的结果就可以从测量先例中随机选取来决定。

时宇间宙 元规律的通用性：规律的选择还原为初始条件的选择

我们现在讨论处理元规律问题的一种较为另类的方法。[1] 假设有一大批理论，既包括标准模型，又包括一大批可能的替代理论，假设这些理论在事实上是等价的，即任意两个理论的自由度都可以通过某种方式相互转换。

当然不是其中每个理论都具有广义相对论加在规范理论和手性费米子上的效果。只要其中一部分有这种效果，就已经足够。

如果事实如此，那么讨论这些理论中哪一个更具有根本性就失去了意义，同时讨论哪一个理论为真实的也失去了意义。初始条件的选择与理论选择之间的模糊性就得到了解决，因为在这种情况下，唯一有意义的选择是初始条件的选择。此外，从一个理论到另一个理论的进化可以理解为单个理论不同于准经典解之间的量子跃迁。

在对这种可能性嗤之以鼻之前，我们先考虑一下支持量子理论和微分同胚不变性要求理论具有有限性的各种论据，这个结论意味着每个包含引力的量子理论都有有限个自由度。在这种情况下，每个引力理论和 d 空间维度下的规范场 SU（n），至少粗略看来，具有的总自由度为：

$$N = \left(\frac{L}{I_{\text{普朗克}}}\right)^{d}(n^{2}+1) \tag{8}$$

其中 L 表示宇宙常量给出的红外截止，$I_{\text{普朗克}}$是普朗克尺度下的紫外截止。（在下面的论述中我们为简化起见忽略费米子。）似乎可能的是，具有不同 N 值的理论不会等价。但加在引力上的两个规范理论，如果它们具有不同的维度和规范群，但有相对的 N 值，他们是否会等价呢？说明这种等价性，需要首先说明它们自由度之间的映射，这种自由度混同时空和内部对称性。也就是说，这种理论间的转换不会遵守局部性。从理论简单的连续统描述来看，这样的转换可能并不明显，但如果用截止形式连同有限个

[1] 有关本节讨论的方法，见我之前发表的论文。

自由度来表达，这样的转换就会变得很明显。如果情况果真如此，那么全息原则可能是更大范围的理论等价的特例。

我想说的是，的确存在这样普遍的规范场和引力截止理论。要说明这一点，我们可以举出一个简单的矩阵模型，它的解和截断会带来多种多样的截止规范和引力理论，涉及不同的维度，包含不同的规范群。

在介绍这个理论之前，我先提出三个考虑，说明对寻找根本性理论下这种结论的可能性。

第一，不同种类规范理论之间存在大规模等价已有实例。其中一些得到精细研究的实例来自于超对称规范理论和弦理论。这些理论中包含对不同规范群和不同维度数之间的双层性猜想，不同维度数正是反德西特/共形场理论（AdS/CFT）中的猜想。其他理论不要求超对称性，但涉及规范理论非沟通性阐释和矩阵阐释之间的双层性。很自然的一个问题是，所有双层性猜想，不管是否具有超对称性，是否可能仅是更广泛的双层性之冰山一角。如果答案是肯定的，那么紧接着的问题是，这些双层性背后的原则是什么。

第二，有两个被广泛接受的观点，一是时空具有突发性，二是时空突发背后的理论是有限的，我们探讨一下这两个观点有怎样的推论。在此基础上，局部性也会是一种突发性属性。如果围绕根本理论的不同解，建构不同的有效场理论，不同的时空因而突发，那么这就意味着两个自由度是由空间转化相互连接，还是因其内部对称性而有转换关系，这并没有绝对性，而是取决于带来有效描述的解。这就使得有关不同时空维度和内部对称性的理论都有可能从相同的根本动力学中突发。

第三，很多人暗示物理过程是一种计算。然而，计算机科学的一个核心结论是计算的通用性，即所有计算机等价于一台通用计算机，即图灵机。任何计算机都能在另一台计算机上通过恰当的程序得到模拟。是否可能也存在一类通用的动力学理论，它们的任何一个解都能由另一个理论的解通过准确的初始条件选择来描述呢?

即使“为宇宙编程”这个隐喻可能并不完全正确，但它的确指引着我们前进的方向。因为，即使出现我们上面描述的情况，存在着大批等价理论，它们之间也会有难易程度的差异，一种理论所带来的描述可能要比另一种简单。我们所需要的是某种像图灵模型一样的东西，即所有等价理论的极为简单的代表，它在证明计算的通用性时发挥了非常有益的作用。因为，我们不必直接证明两台计算机的等价性，我们只需说明每台计算机都等价于图灵机就可以了。

因此，我们要寻找的是规范理论和引力理论中等价于图灵机的理论，即一种简单的理论，它可以衍生出有关规范和引力相互作用的不同理论。

我们要注意到，一种动力学理论 U 衍生出另一种理论 T 至少有三种方式。我们可以在 U 中的作用中加入一个拟设，从而衍生出 T。在这种情况下，我们说 U 截断为 T。或者，U 的解包含 T 的解，这时，我们说 U 还原为 T。它们并不同一，因为原始理论中包含的运动方程在截断形式中会消失，因此需要在还原形式中被满足。因此，还原比截断更严格。另外一种可能的方式是，T 是 U 先前截断形式或还原形式的低偏差扩展的低能有效近似。

因此，我们需要的理论 U 具有以下特点：

> 它具有非常大但有限的自由度。它可以截断或还原为大量不同理论的截止形式，包括 3 +1 维度中的广义相对论，它与关于不同规范群 G 的杨-米尔斯理论相耦合。由于我们上面所论述的原因，截断或还原会引入局部性的感念，它们彼此并不协调，因为它们会得到不同维度下的理论。这说明，理论应独立于其背景，由此，度量、连接和规范场定义下的多重时空不可能因动力学的提出而存在，它们只在研究特殊解时而突发。运动理论的作用和运动方程应该极度简单，这样它们的物理内容才会最小，对运动学和动力学的说明仅在自由度截断或选取某类元理论解时才会出现。

我曾提出了这种普遍元理论的一种可能，并提出证据说明它的截断形式拥有所需属性。其自由度非常简单，对一个非常大的 N 来说，它的自由度是 N × N 埃米尔特矩阵，我们把这个值称为 M。

这个动力学不可能是线性的，因为我们期望它的解能够衍生出非线性的场方程。最简单的非线性动力学是二次方程，它产生自三次方作用。最简单的可能矩阵非线性作用是：

$$S = TrM^3 \qquad (9)$$

这个理论在U（N）下有着规范对称性，规范组为N×N矩阵。令U为U（N）的元素，那么该作用在M趋向UMU^{-1}时保持不变。

我也找到了证据说明这个简单理论的还原形式也拥有所需属性。这个简单模型的截断形式能够生成很多物理学家们正在研究的连接理论。这包括拓扑场理论，如关于三维空间中U（N）的陈-西蒙斯理论和关于四维空间的一系列被称为BF理论的拓扑场理论。其他截断形式生成了拥有局部自由度的理论，包括思维空间中的广义相对论和d大于等于4的杨-米尔斯理论。

我们还提出，当考虑到单环有效作用时，会有截断形式，也许还有还原形式，能够生成广义相对论，它与关于任意四维空间中U（N）的杨-米尔斯理论相耦合。

这种形式还可以截断，得出某些三次矩阵模型的玻色子部分，这在之前已得到研究，它被认为是弦理论的一种背景独立形式。因此，似乎可能的是，至少玻色子弦理论也包含在由这种理论的截断形式衍生出的理论中。

有人可能会问，这些理论如何从一个简短的三次方方程中衍生出来。答案是，当用某些一阶形式描述，用辅助场来表述这个作用，从而只出现一个微分时，这些理论就具有三次方作用。对于广义相对论，这需要用连接变量来表述理论，如阿希提卡和普莱班斯基给出的变量。这个事实非常重要，但对于它对理论统一的意义，人们并没有给予足够的重视。不可能有比这个理论更为简单的形式，因为运动方程都是二次方程，任何更简单的理论都会是线性的。

在非摄动的水平上，这些作用的简单一阶形式开辟向量子化行进的通畅道路，这里，汉密尔顿阐释均为多项式，而路径积分方法由规范理论决定。由此，所有上述理论都能统一在一个简单的单个矩阵模型之下，这说明这些关于广义相对论的连接阐释要比原始的度量阐释更为基本，是其通向量子化的必由路径。

一旦人们意识到这些不同的理论都具有三次方作用，用某个三次方矩阵模型的截断形式统一这些理论的思想就会自然而然地出现。

然而，有人会问，如此不同的理论如何从单个矩阵模型中衍生出来。答案是，不同的截断形式会涉及不同的矩阵空间张力积分解。这衍生方式与突发自由度和相关守恒定律从张力积分解的对称性中衍生相似，这带来了量子力学中的无噪声子系统。这被认为是背景独立理论中物理自由度的源头。

最后，我们想说的是，有四条相互独立的论证思路，说明矩阵模型可能是量子力学的基础，它们的普通统计力学似乎可以非常自然地描述非局部性隐变量理论，这接近了量子力学。

时宇间宙 规律与状态的统一

我们在这一节讨论克服元规律困境的另一种方法，即打破状态与规律之间的界限。这个新观点同样在一个简单的矩阵模型中实现。这里，我们采用的是无法准确区分为状态和规律的单个进化，而不是永恒规律决定永恒状态空间上的进化。从形式上看，这意味着把状态的构型空间和景观参数化规律内嵌于单个元构型空间中。因此，规律与状态之间的区分只能是近似的，取决于初始条件。

须承认，元构型空间存在进化规则，但我们可以选择一种几乎由某些自然假设完全确定下来的进化规则。我猜想，所剩的自由度可以由我们上面讨论的通用性原则得到解释。因为这里有效规律的复杂性已内嵌于状态之中，所以元规律就会十分简单，它要做的只是生成一系列矩阵，这些矩阵之间的差异非常小。这样，说明这个规则的形式几乎完全由某些自然假设决定，并说明通用性原则很可能解释所剩的自由度，元规律困境从而得到解决。

在这个元理论模型中，原状态在一个大矩阵 X 中得到把握，我们认为这个矩阵有反对称性，其值为整数。它可以用来描述一个标记的、方向性的路径。元规律就成了一个简单的算法，可以生成一系列矩阵 X_n。这里的规则是，X_{n-1} 和 X_{n-2} 的线性组合加上它们的交换子［X_{n-1}，X_{n-2}］得到 X_n：

$$X_n = aX_{n-1} + bX_{n-2} + [X_{n-1}, X_{n-2}] \quad (10)$$

假设前两个矩阵 X_0 和 X_1 已知，那么整个矩阵序列就能够确定。与其说这是一种物理规律，更像是计算机科学中的一个简单命令。给定几个简单的条件，我们还可以认为这条命令具有唯一性。

几乎唯一的进化规则施加于一个矩阵构型空间，它的解释取决于空间尺度的划分。对于某些初始构型，会有一个长时间尺度 $T_{牛顿}$，在小于 $T_{牛顿}$ 的时间上，动力学可以近似描述为支配固定状态空间的固定规律。这个规律和这个状态都内嵌于 X_n。但对于更长的时间而言，所有东西都会发生进化，包括规律和状态，不可能清晰地区分出哪些进化是规律的改变，哪些进化是状态的改变。此外，哪些信息进化缓慢，因而成为近似独立于时间的规律的一部分；哪些信息进化快速，因而成为依赖于时间的状态的一部分，这些由初始条件决定。

因此，在元理论中，“为什么是这些规律”的问题融入“为什么是这些初始条件”的问题之中。这还没有解释标准模型及其参数的具体特征，但它给出了寻找答案的新方法论和策略。

从标准模型开始，我们可以沿着元理论的方向，把所有参数提升到自由度的水平。这有点像弦景观中发生的事情。这里，我们提出了一个简单的模型，其中的原状态是一个大的稀疏矩阵，可能代表了图形上的连接。

在当前时代，观测结果说明我们处在一个大于宇宙当前年龄的 $T_{牛顿}$ 尺度上。这也许是因为，在当前时代，宇宙就照普朗克单位来说非常接近（传统状态空间中的）基态。换一种说法，原状态由形成规律的信息主导，而与状态有关的信息构成了小摄动。这与宇宙初始条件非常特殊的观点相一致，都有信息贫乏性的特点。

对这个进化规则的选择由以下看法决定。

进化规则应该仿照二阶微分方程，因为这是物理学系统的动力学基础。因此，要生成进化就需要两个初始条件。我们需要说明 X_0 和 X_1 以生成整个序列。之后，我们要研究的是 $X_n = F(X_{n-1}, X_{n-2})$ 这样的规则。矩阵之间的变化十分微小，至少在给定合适初始条件的情况下如此。这一点是必要的，这样才会有较长的时间尺度，矩阵中的某些信息在这个尺度上缓慢变化。由此，我们可以提取出缓慢变化规律的概念，它作用于快速变化规律。所以，我们会考察：

$$X = F(X, Y) \tag{11}$$

我们要求进化规则必须是非线性的，因为物理学中的编码相互作用需要非线性的规律。然而，我们总是可以利用矩阵模型的基本技巧，扩大矩阵，引入辅助变量，从而降低非线性度。正如我们在上一节（“元规律的通用性：规律的选择还原为初始条件的选择”）所描述的，这一点与以下事实相吻合：广义相对论场方程和杨-米尔斯理论借助辅助变量可以表达为二次方程，比如普莱班斯基作用中的作法就是如此。最简单的非线性进化规则已能够满足这一点，所以我们需要一种二次方进化规则。

我们要提出的最后一个条件是逆向不变性，但这个条件只在线性层次上发挥作用，并且不具有一般性，此时规律和初始条件相分离。满足这些条件的一个简单进化规则是：

$$X_n = 2X_{n-1} - X_{n-2} + [X_{n-1}, X_{n-2}] \quad (12)$$

这个规则近乎唯一，由矩阵序列 X_n 所携带的信息可在多时间步长内划分为描述缓慢变化规律的矩阵，这样的规律进而推动下一项的进化，这可以描述成进化中的状态。因此，这个模型把握了规律和状态可以在一个原状态下得到统一的思想，这个原状态的进化符合普遍的元规律，规律和状态的近似概念可从元规律中突发的次数巨大但有限。

13 时间性自然主义对心灵哲学的意义

在第7章中，我把草率的自然主义者倾向于认为他们想象中的自然比我们用感官感知到的自然更为真实的作法，界定为一种形而上学愚蠢。

这种形而上学愚蠢的一个特征是，从由感官印象得到的关于自然的知识是不可靠的，相反，自然的真正面貌是 *X*，感官印象与世界是 *X* 的理念不相容，所以感受性必然不存在。但我们唯一可以确定的事实是，感受性的存在。因此，正如盖伦·斯特劳森和其他心灵哲学家所强调的，如果我们是真正的自然主义者，相信所有存在的东西必然是自然世界的一部分，那么感受性也必然是自然世界的一部分。正确的表述应该是：

> *X* 可以为自然世界的某些观测提供很好的描述，但世界不可能是 *X*，恰是因为感受性无可辩驳的是世界的一部分，而 *X* 不是感受性。

这里，我要提出的是，在时间性自然主义下比在非时间性自然主义下，更容易理解感受性作为自然世界一部分的概念。

首先我们来看两个基本认识。第一，感受性的所有实例都在一个唯一的时刻上发生。有意识意味着对某一个时刻有意识。呈现出时间性，浸淫在时间中正是有意识经验的根本特征。

第二，当下经历的感受性，其背后的事实并非偶发。不存在以下形式的事实，“如果路上有一只小鸡，那么我现在正经历着亮红色。”

这意味着，感受性不可能是一个永恒自然世界的真正属性，因为在这样一个世界中，所有对当下时刻的描述都具有偶发性和关系性。感受性也不可能是多重同步时刻下的真正属性，因为只有偶发性的和关系性的事实才能把这些时刻区分开。

感受性只能是这样一个世界的真正属性：在这个世界中，“现在”有着本质意义，关于现在的表述没有偶发性，没有关系性。这种情况只能是时间性的自然世界。

有人会反对，他们会提出永恒主义者可以看到宇宙的历史拥有“时间性的部分”，且拥有内在属性。这种说法忽视了问题的关键，即在块状宇宙的框架下，所有对其永恒性部分的说明都必然具有偶发性和关系性，而我们感受性的知识既不具有偶发性，也不取决于其与任何其他事实的关系。

以上论述是一种简单的说明。下面是比较细致的说明：

我们在现在时刻直接经验着世界。正如我们经验的事实是自然世界无可辩驳的一个特征一样。这给予每个经验关联着的每个时刻赋予了一种优先的地位：这是当下正在被经验的时刻。这意味着，我们可以直接获取正在存在的现在时刻下的特征，无须偶发性和关系性来界定。我们可以定义有关现在时刻的命题，并给出真值，而这种命题并不取决于我们对世界的进一步认识。

自然世界的这些事实——每个感受性都是优先的现在时刻的一个侧面，无须偶发性和关系性的界定和评价——如何融入我们对自然世界的认识中呢？这些事实与时间性自然主义观点可以很好地融合，因为在这种观点下，所有关于自然世界的事实都处在正在存在的现在时刻下，或处在其过去，无须偶发性和关系性来界定现在时刻下的事实。

这些事实无法与非时间性自然主义融合，根据这种观点，除非事实可以通过关系性获得永恒的定义，否则正在存在的优先的现在时刻下，没有任何事实。巴布尔的时间多元性也是同样。

这里我们可以得出一个强式结论：在对广义相对论的块状宇宙解释中，不存在物理可观测物，可以对应我们无须借助其他偶发性和关系性事实，评价关于现在时刻命题真值的能力。块状宇宙不能描述现在时刻，因为现在时刻是一种内在属性，而块状宇宙只能论及关系属性。因此，块状宇宙对自然世界的描述是不完整的。

也就是说，由于感受性是自然世界无可辩驳的真实层面，由于感受性的一个本质特征是它们只存在于现在时刻，因此，感受性可以从内在的角度把正在存在的现在时刻区分出来，无须考虑关系性。对自然世界的任何描述，如果不允许现在时刻具有内在的可辨识性，那么这种描述就是不完整的，因为它遗漏了一些有关自然世界的无可辩驳的事实。因此，块状宇宙和非时间性自然主义是不完整的，因而是错误的。

时宇间宙 有关感受性的两个推测性观点

下面我就感受性的物理对应物提出两个推测性观点。

泛心论断言，一些物理事件的内在属性是感受性的，其中一些对应着人类意识的神经基础。但这种观点不必断言所有物理事件都有感受性。是否可能存在一种物理特征能够把拥有感受性的物理事件区分出来呢？

根据前面所讨论的先在性原理，自然中存在两种事件或状态：具有先在性的，因此受规律支配；不具有先在性的，而后触发真正全新的事件。我的推测性观点是，与感受性相对应的是那些没有先在性的事件。

我们很容易观测到人类的习惯性行为是无意识的。也许，自然世界也是如此。也许，大脑正是众多全新事件不断发生的场所。

泛心论带来的第二个问题是，如果大脑的状态对应着意识的神经基础，但意识又是物质的一般内在属性，那么与感受性相对应的物理属性是什么？或者换句话说，当感受性的性状发生变化时，意识对应物的物理特征会怎样发生变化？

泛心论者认为，物理世界的成分拥有结构属性，内在属性和内部属性。通过论证物质可能拥有无法用物理规律的语言描述的内部属性，泛心论者为感受性预留了位置，把它界定为物质内在的，非动态性的属性。我要以不同的方式看待这个问题。我认为，事件具有关系属性和内在属性，但关系属性只包括因果关系和从中衍生出来的时空间隔。我认为内在属性还包括动态量：能量，动量以及感受性。更进一步，我认为能量与感受性有关，我们经验的感受性的性状对应着能量的变换。颜色是能量的一种度量，音调也是。

14　科学的研究议程

对我们所提出的观点以及任何新科学观点的主要验证，来自于这些观点是否能带来新的科学研究议程，这个议程能否在催生自然知识组织新范式的同时带来新科学知识。在本书的最后一章，我要说明这一切已经发生。受到影响的主要领域包括宇宙学，量子引力学和基础量子理论。

时宇间宙　观测宇宙学的研究议程

受我们的计划影响的第一个领域是宇宙学。这个领域中已经出现一种分裂，一些人致力于多元宇宙模型的研究，另一些人则以接续宇宙为基础开发模型。我们充分论证了多元宇宙模型无法生成可证伪性预测，这一点只需对比下面这个能够生成真正预测的宇宙图景即可：假定大爆炸不是时间的开始，在此之前宇宙已经存在，也许受不同规律的支配。我们前面讨论的三个例子足以证明，这种接续性假说能够生成，也的确生成了可证伪性假说，能够由可行的实验来验证。

- 施泰因哈特与图罗克及合作者的循环宇宙对CMB中的波动结构作出了两个预测，这与一般暴涨模型的预测十分不同。（形容词“一般”具有必要性，因为我们对暴涨模型进行精调，可以生成多样的预测。）这两个预测不存在张量模式和大规模的非高斯性。它们都得到了普朗克卫星数据的验证，这些数据在本书写作过程中正在得到分析。
- 彭罗斯提出的另一种循环宇宙，称为共形循环宇宙（CCC），预测在CMB中存在可视的高温同心圆。这些同心圆是我们前一个时代，大质量黑洞在星系中心发生碰撞时发射出的引力波脉冲的遗迹。彭罗斯和一位合作者宣称在 CMB 数据中观测到了这类同心圆的信号。有几位宇宙学家驳斥了这个观点，他们认为这些信号可能由随机数据偶然生成。我们不必在这个争论中选择立场，我们只需注意到，这个例子证明了我们的观点：接续性宇宙图景生成了可验证的，甚至是可证伪的假说，能够由可行的实验来验证。

· 宇宙自然选择也作出了可证伪性假说，我们前面用了两个例子来说明：中子星质量上限和暴涨（如果正确）由单场生成，受单个参数支配。这两个预测都极易证伪。另外，应该注意到，宇宙自然选择是为一个对粒子物理标准模型中的参数精调和参数现有值作出解释的宇宙图景。

这些例子说明有一个研究议程已经开始运作：提出宇宙在一连串时代中进化的图景，或线性或分叉，推理出可验证结论，进行验证。

时宇间宙 可以观测到自然规律的改变吗

给定规律与宇宙同时发生进化的假说，我们必须找出几种途径以说明它们在过去有所不同。这些途径可以通过规律何时发生变化，何种变化具有可观测的结果来描述。这里有四种可能性。

1. 规律可能在反弹时发生变化，反弹是不同时代之间的转换。在这种情况下，会有间接证据说明规律发生进化的过程，这种规律我们在宇宙自然选择的讨论中做了总结。
2. 早期宇宙中的规律可能不同。如果暴涨是正确的，那么早期宇宙的能量将由一个场，即暴涨子主导，或者可能由多个耦合场主导，对于这些目前并没有证据证明。如果暴涨子的质量过大，无法在加速器中生成，那么目前缺少暴涨子的证据在量子场理论下就是自然的事情。（但是我们可以追问，暴涨子是否能在超高能宇宙射线与大气的碰撞中生成，这时的能量大约为十亿分之一普朗克质量；这种碰撞是否能被宇宙射线探测器观测到。）如果标准理论是永恒规律的一部分，那么暴涨子就必须与我们所熟悉的粒子相统一。如果我们准许标准模型的参数在时间中发生进化，那么暴涨子就可能等同于标准模型中的希格斯玻色子，但其质量和耦合性不同。

3. 自然规律可能会在可观测宇宙的历史中发生变化。人们已经在寻找标准模型常量在宇宙时间尺度上发生变化的证据，但目前还没有完全取得成功。其中两个例子是牛顿引力常数和精细结构常数。对于后者言，韦伯等人宣称他们在对类星体光谱的观测中，通过对远距离星系光谱线的测量，发现了精细结构常数的变化。这在目前来说还处于争议之中。

4. 自然规律的变换可能会在当下的实验中观测到，如我们前面讨论的对先在性原理的验证。这些情况发生在基础量子理论领域，我们下面予以探讨。

时宇间宙 基础量子理论的研究议程

由于量子信息科学这门新学科的出现，量子理论验证再次兴起，这使得基础量子理论领域处在复兴之中。然而，这个领域与其他致力于寻找新物理规律的领域相隔甚远，如基本粒子物理，宇宙学和量子引力学。该领域由于内部的冲突分为两个任务。第一个任务是在量子力学的固定框架下，通过解决测量问题和相关问题，理清现有量子力学理论中的概念和逻辑。对于具体应该怎样做有各种各样的观点，这被称为量子力学的解释。第二个任务是提出更好的（即，更为真实的）量子理论，排除量子力学的固有问题，如测量问题。这里的目标是对单个量子过程和实验作出完整的描述，以取代量子力学的统计学描述。这些观点被称为隐变量理论。

这两个任务相互冲通，因为其中任何一个取得成功都会使另外一个失去意义，由此形成的创造力的张力有时会对这两个任务有促进作用，有时又会抑制它们。事实上，这种张力既存在于单个研究者身上（其中一些人同时探索着两个方向），也存在于整个领域中。

我们在本书中所讨论的概念带来了基础量子理论的新研究方向，它由下面几个假说构成框架：

1. 量子力学是关于宇宙子系统的理论。由于它处于牛顿范式中，它不可能拓展为关于整个宇宙的理论。因此，在传统量子力学中不可能出现量子宇宙学理论。
2. 所以，量子力学必然只是一种真正的宇宙学理论的近似，这个理论在牛顿范式之外得到阐释，它可以通过截断为子系统的描述而衍生出近似的量子力学。
3. 隐变量并不涉及单个量子系统的精细描述。相反，它们必须描述该子系统与宇宙其余部分的关系，这种关系在宇宙学理论截断为量子力学时消失了。这与贝尔和克绅-斯贝特提出的定理相一致，他们认为任何隐变量都具有非局部性和环境性。
4. 这个支配性的宇宙学理论必须是关系性理论，因为隐变量必须涉及子系统与宇宙其余部分的关系。
5. 这个宇宙学理论必须拥有可识别的宏观时间。这与瓦伦蒂尼的研究结果相一致，他认为任何隐变量理论都必须拥有优先的宏观时间，它能在区分隐变量理论和量子力学的实验测试中观测到时间。在隐变量理论和量子力学预测重合的实验中，宏观时间可能会，而且一般会观测不到。
6. 内在于宇宙的任何东西的解释都无须外在于宇宙的任何概念。应用于量子力学，这意味着任何想象中的总体都不能用来解释自然中的真正实验。

我们看到，本书观点下的基础量子理论研究议程是第二性的研究，因为研究的首要目标必然是寻找量子力学能够近似的宇宙理论，但这个研究可以把这种寻找的努力引导在某一特定的方向上。值得注意的是，我们这个计划下出现的优先宏观时间假说与表达非局部性隐变量理论所说的宏观时间是一致的。这一点在玻姆力学的相对形式和自发坍缩模型中可以明显看到，它们在复制量子场理论预测的庞加莱不变性的同时，打破了与标准量子理论预测偏离的预测不变性。

虽然我们拓展这个研究议程很明显可以从几个方向进行，但在我自己的研究中，我选择了上面的第 6 个问题作为起始点：只要量子状态涉及一个系统总体，这总体就必须是物理上真实的系统的总体。它不能是虚拟的或想象中的总体，因为这会涉及非真实性对真实性的作用。那么某个实验室中某一个原子的波函数所代表的总体中，其他的真实系统在哪里呢？

在真实总体解释中，我给出了一个可能的答案：在（优先总体时间的）那个时刻下的宇宙中存在的是原子总体，它们有着相同的成分和配置，可以用相同的量子状态来描述。我提出了一种动力学，在这种动力学下，一个系统的不同复本组成这样一个总体，复本之间发生相互作用，复制它们“可能形式”的值。我还说明，这种动力学的某一种形式可以通过薛定谔方程复制量子进化论的预测。

一个直接的结果是，没有这种复本总体的系统不会按照量子动力学发生进化；特别是，叠加原理在这些系统中不成立。这一下子解决了测量问题，解释了为什么宏观物体，比如我们自己和猫，无法用量子力学来解释，而组成我们身体的原子，它们有很多复本，受量子力学的支配。这种看待量子力学问题的新观点直接来自于我们所提出研究计划的推进，可以想见，这个计划会带来更多东西。

量子力学的真实总体阐释意味着，量子力学不适于任何不包含复本的系统。我们可以在旨在实现量子计算和通讯的实验中看到这一点，这些实验都用纯量子状态来建构系统，由于它们自身的复杂性，这种全新的，人造的量子系统可以用来说明量子力学无法满足实验检验的情况。

由量子状态说明的总体，其中所包含的系统在哪里，这个问题还有一个不同的答案来自于基础量子理论的另一个新方法，而这种方法也是我们这个研究计划的早期成果，即我们之前讨论的先在性原理。这里的答案是由相同配置的过去系统组成的总体。（这里，过去可以是因果性的过去，或者优先总体时间的过去。）

同样重要的是，先在性原理可以说明永恒规律的概念对于解释我们在自然中所观测到的规律性是不必要的。我们的思想是，对同一个量子测量所面对的相似配置系统给出的结果，系统可以从中随机选择。如果系统没有这样的先例，它会随机作出回应。

这个理论还处在初级阶段，目前仍不完善。先在性原理可以解释先在性系统看似合法的行为，而没有先在性的系统给出的结果无法用我们对过去的认识来预测，无论这个认识多么完整。这个理论所缺少的是一个描述中间情况的假说，因为先例形成的过程中，自然面对着一个测量的前几次实例。

不论怎样，我们也许可以用量子技术检验这个基本思想，这样的技术可以建构出几个原子组成的新纠缠系统。量子力学对这样的系统作出的预测是确定性的，不管它们是否全新，也不管它们有多复杂，因为我们相信，我们知道描述量子进化的汉密尔顿动力学。按照还原主义的原则，我们假设除那些由基本粒子的基本相互作用衍生出的力之外，再无其他力存在，由此可知，不会再有新的可以适用于全新系统或复杂系统的力出现。

先在性原理预测，在新状态遇到新测量的情况下，我们通过累加基本成分之间的相互作用而推导出的汉密尔顿动力学无法预测出测量结果的正确概率分布，相反，测量结果可能会是随机的，即无法凭借我们对系统之成分或系统之过去的认识作出预测。

这种预测似乎很可能可以用目前的量子技术来检验，但目前还没有具体的观点，这有待将来研究。

优先宏观时间的存在

在我们的结论中，对已经过检验的确定下来的物理理论构成最大挑战的观点是，必然存在着优先的宏观的时间概念。有人可能会表示怀疑，对时间真实性和变化真实性的论证是否必然隐含着优先宏观时间的存在。然而，如果要真正区分真实的现在和待真实的未来，使这种区分适用于整个宇宙，独立于观察者，也即具有客观真实性，那么要避免这个结论是十分困难的。

这个论断似乎对狭义相对论的共时相对性以及广义相对论的时间规范不变性都构成了挑战。这两个理论都排斥物理学上存在优先宏观时间，但它们排斥的方式不同，前者是宏观对称性，而后者是规范对称性。

此外，我们已经提到，最近对洛伦兹不变性的检验把惯性系相对性的违反量限制在能量序列与普朗克级别的能量比值以下。这些检验都涉及对伽马射线或高能宇宙射线质子的研究，它们穿行的距离属于天文级别和宇宙级别，对穿行时间或临界值的微弱影响都会带来可观测的效果。其中一个检验涉及共时性打破宇称和洛伦兹变换的效应，它超过普朗克尺度几个数量级。

我们需要优先宏观时间，以实现真正具有解释力的宇宙理论，同时又存在有力的证据说明在较小尺度上相对性原理具有正确性，因此，科学的一个重要研究议程是弥合这两个认识。

我们由此可以谨慎地作出假说，所有有关宇宙子系统的理论都应该有相对不变性，这样如果优先宏观时间存在，其效果不可能在低于整个宇宙的尺度上被发现。我们前面讨论过，形状动力学提供了一个包含宏观时间的时空和引力理论原型，它具有关系性，且只能通过横跨整个宇宙的测量来发现。经典理论的预测事实上等价于广义相对论。

但形状动力学并不是唯一一个在广义相对论下设立宏观时间的理论。艾利斯（Ellis）和苏（Soo）等，也提出了自己的观点。

我们提到优先宏观时间的效果无法在局部观测到，此外，实验科学家应该继续努力挑战洛伦兹不变性，提高其可能违反量的极限。

时间 宇宙 解释时间流向的研究议程

在我们讨论这个问题之前，还有一个重要的细节问题要提及，它时常被忽视。人们很早就认识到，引力对宇宙热平衡的保持发挥着重要作用。引力约束的系统具有负比热，意味着当能量被移除时，它们的内在速度会上升。我们来看一个包含很多物体的引力约束系统，如球状星团。这样的系统不会因其衰老而进化为齐次平衡状态。相反，它们会分解为子系统，会越来越异质化。这样的子系统包含两个或两个以上的物体，随着时间的推移会越来越紧密束缚，单个恒星，双星以及更大的约束系统离开星团时释放出的能量会蒸发整个星团。这样，一个随机的引力约束系统最后形成了有序而异质的系统。

引力约束系统遵守的规律，不管用牛顿的语言，还是用爱因斯坦的语言来表达，在时间反演下都具有不变性。形状动力学也是如此。不过，形状动力为我们理解为什么引力约束系统最可能的进化方式是形成结构化而异质的系统带来了重要的启发。粗略而言，当引力主导时间反演时，不变性会被即时打破，这样多数解都会出现有力的时间流向，而非进化为时钟前进或后退有同一性的齐次平衡状态。

一篇论文讨论了牛顿力学框架下 N 个点粒子发生引力相互作用的问题。该论文的作者施加了“马赫性”边界条件，即总能量、动量和角动量都受到限制，最后消失。这些条件与施加于广义相对论中，要求宇宙解须有空间紧凑性的条件相对应。他们认为，一个典型解起始于间隔甚远的个体和约束配对，它们坍缩为致密的混沌状态。不过，它们并没有停留在那个最紧缩的状态，而是又发生分离，形成由两个点或少数几个点组成的约束系统，每个点又分散开来。

这种表现在单个时刻的时间反演下大致具有对称性，即最大紧缩的对称性。如果把那个时刻下的状态作为初始时刻，那么这个系统就会在向未来的进化过程中变得分散和异质。如果你把时间倒转，这种表现就如同进入过去差不多。

这有助于说明时间流的源头问题，能够解释为什么我们的宇宙没有进化成为非结构化的齐次平衡状态。如果我们把大爆炸作为最紧缩的时间点，那么我们就得到一种自然的解释，说明为什么宇宙在结构化和异质化的过程中会发生膨胀。但这仅是部分地解决了问题。我们仍未得到关于为什么宇宙的起始的解释。的确，为什么宇宙的过去如此之简单，而其未来如此之复杂散乱呢?

如果时间由永恒规律中突发，如果这些突发的规律在时间反演或自然拓展，CPT①，具有对称性——正如作为标准模型基础的广义相对论和相对量子场理论——那么未来与过去之间就没有根本的差别。这种情况下，在迄今为止的所有时代中主导宇宙的不可逆过程——这带来多个时间流——只能用设定极为不可能的初始条件来解释。把它作为一种解释无法令人满意。需要解释的事实是，为什么宇宙在大爆炸 138 亿年之后还没有达到平衡状态，而这种状态凭其定义最为可能。仅仅说宇宙的起始处于一种与现在相比更为不可能的状态，不足以解释这一点。

我在第 9 章第 2 节“来自大尺度天文数据的启示”中曾说过，初始状态的特点是极为均质，无任何引力辐射和电磁辐射导入，也没有任何初始黑洞或白洞。这意味着，一个高度非时间对称性的宇宙要用时间对称性规律施加非时间对称性条件来解释，这样的宇宙中，信息只能从过去扩散到将来，而我们只能回忆过去，只能通过我们自己的行为影响将来。这些时间对称性规律的解可能选择了零测度，即那些只把辐射扩散滞后，不向前推进的解。我们在实践中已经习惯于这种情况，所以我们不得不退后一步，去思考把所有前进的领域归零，麦克斯韦理论的解空间会有怎样的截

①CPT 指的是电荷共轭、宇称、时间反演下的状态同时转换。

断形式。

另一方面，如果我们采取时间具有真实性的观点，即我们这里所倡导的观点，那么我们就已经接受了未来与过去有本质性差异的观点：未来由过去和现在一个时刻接一个时刻地建构出来。因此，这个观点也与下面的这个观点吻合：存在更深层次的根本规律，它在时间反演下具有非时间对称性。这个深层规律也许可以还原为（比如说）麦克斯韦理论，但这个深层的非时间对称性的规律只能得到推迟解。

由此，时间性自然主义的一个经验层面就是探究下面这个假说：一个深层非时间对称性规律中可以突发出一个有效的时间对称性规律。这方面的工作已经迈出了第一步。但这并不是一个新想法，因为彭罗斯已经提出，描述量子引力的根本规律可能具有非时间对称性，这可以在有效的层次上由非时间对称性初始条件实现。

施加非时间对称性初始条件后，时间对称性规律中突发出有效的非时间对称性规律，自玻尔兹曼之后，我们已经熟知用这个思路来解释时间流的各种努力。但有大量的系统，其中的过程正好相反：不可逆的根本性规律中突发出有效的可逆性动力学。假定一个决定性的离散动力学系统，其中包含有限个数的可能状态。决定性是指每个状态都有一个唯一的接续状态。但一个给定的状态可以有多个，甚至没有先在状态，因此，这样的动力学一般是不可逆的。

现在，让我们以任意一个状态为起点，开始进化，生成一系列状态。由于可能状态的总数是有限的，或早或晚，这个状态序列会重复之前的状态。一旦重复发生，这个系统由于决定性进化规则的限制就会无休止地重复这个循环。因此，在有限的时间之后，该系统就会减缩为有限个数的循环。在这些循环的范围内，每个状态都只有一个唯一的先在状态。因此，在这个系统汇聚为循环形式时遇到这个系统的人很容易错误地认为这里的动力学具有可逆性。

假设物理学家犯了这样的错误，然后遇到同种类型的相同系统组成的总体。他们会很惊讶地发现这个总体的所有成员都在相同的方向身上循环。错误地认为这里的动力学具有可逆性，他们就不得不用极为不可能的初始条件来解释这个现象，而正确的解释却是，他们观察到的是根本上不可逆的动力学的后期表现。所以，我的假设是，我们在基础物理中正是犯了这个错误。

时宇间宙 量子引力学的研究议程

过去的三十年中，量子引力理论在多个方向上出现爆炸式发展。这种发展可以分为两类：背景依赖式研究，即围绕经典时空的小波动量子化研究；背景独立式研究，即不利用任何经典背景的研究。这个分类大致上反映了绝对时空和关系时空的古老争论。由于本书所提出的看法主要源自并有力支持关系性时空，因此，它们所带来的也是背景独立理论的研究议程。

目前的量子引力学背景独立式研究纳入了几个不同的量子时空，研究这些时空下的动力学有着各种各样的方法。量子理论的经典方法和路径积分法都得到了发展，方法多种多样，既包括数字研究，又包括严格的数学定理方法。这些理论包括由经典方法和路径积分法研究的圈量子引力理论（也称为自旋泡沫模型）、群场理论、因果动力三角论、因果集合论和量子引力图论。这些方向在最近几年都取得了巨大进展，它们关注经典时空以半经典极限或低能极限形式的突发，出现了令人振奋的结果，得到了通用黑洞的黑洞熵精确值。

在背景依赖式研究中，散射幅度的计算也出现了新发展，有出现新动力学原理的可能性。这些发展来自于两个旧有研究计划的联姻，即相生理论和磁扭线理论。

这些研究有两个大背景。第一个是孤立系统模型，即量子几何的有界区域，被经典的边界包围。这里包含了很多关于自旋泡沫模型中突发出经典广义相对论的结果，以及关于 AdS/CFT 猜想与弦理论对应的结果。在这些背景下，经典的时间概念以及与之对应的汉密尔顿动力学都可以用边界条件进行表达。所以，这些计算都发生在牛顿范式内部，本书所论述的观点不会带来对这些计算的大幅修正。

第二个背景的情况则完全不同，它涉及引力的量子化和宇宙边界条件，其中的空间流形十分紧凑，没有边界。从我们这里提出的观点看，大多数此类模型使用的研究框架，即完全在惠勒－德威特方程限制下的汉密尔顿动力学的量子化，必须被抛弃。这个方程通过汉密尔顿动力学的消失有力地说明，把牛顿范式拓展到整个宇宙的一个后果是把时间从自然根本规律中排除出去。如果本书的论证是正确的，那么这种宇宙学方法就必须被一种新的方法所取代，它的宇宙学理论基础如下：

·在根本时间和优先宏观时间中具有真正的进化性。
·不是量子力学，而是一种突发出子系统量子理论的理论。
·可以克服元规律困境。

也有很好的理由作出第四个假设，即

·空间不具有根本性，它从更为具根本性的描述中突发。

有几个量子引力学背景使研究结果说明了这一点，包括，因果动力三角论和量子引力图论。在这些方法中，空间突发子更具根本性的组合性和代数性描述，而时间被认为具有根本性。

应该注意到，量子引力学的研究议程与基础量子理论的研究议程有接合之处。它们都要求量子力学从非量子力学的宇宙学理论中突发。它们都需要宏观时间。请注意，如果空间突发自根本性描述，那么局部性也必然有突发性。这可以很好地解释根本性理论总是具有非局部性这个谜题，这一点是贝尔不等式实验验证的必要条件，因为局部相互作用和非局部相互作用之间的区分总是突发且偶发的。

时宇间宙 主要挑战：解决元规律和宇宙学困境

观测宇宙学、基础量子理论和量子引力学的研究议程合起来形成一个议程，即提出新的宇宙学理论，解决我们前面讨论的两个困境：宇宙学困境和元理论困境。

通过解决元规律困境，这个新理论将能对规律选择和初始条件选择作出解释。通过解决宇宙学困境，上述解释将以可证伪性预测的形式得出可验证的结论，供可行实验验证。

我们要找的理论应具有以下特点：

· 它不应以牛顿范式为基础。它既不包含固定的永恒的构型空间，也不会用固定的永恒的规律描述进化。
· 它应拥抱时间真实性，即如下形式的假说：所有真实的东西只在一个时刻上真实，这个时刻是一系列时刻上的一个。现在与将来的客观区分要求这个时间是宏观的。
· 元激发以及它们之间的相互作用由在真实时间中发生进化的规律描述。
· 规律与状态之间的区分具有相对性和近似性，因为规律和状态都必须是现在时刻的属性。
· 根本理论不会是量子理论，但量子力学会在小型子系统中突发。
· 根本理论不会存在于空间中，但空间会在宇宙的某些时代中突发。
· 这个新理论的基本框架是充分理由原则及其推论，包括不可识别物的身份原则，解释闭合原则，无单向作用原准则以及不存在理想元素或绝对元素。
· 数学是阐发这个理论的工具，但它不可能有一个完整映射宇宙历史的数学对象。

本世纪理论宇宙学的主要研究议程就是找到这种真正的宇宙学理论的备选方案，开发并验证其实验预测和观察预测。虽然我们目前还没有一个比较完备的候选理论，但我们相信，寻找这样的理论会是一个富有成果的研究方向。我们乐观的部分原因是，我们已经能够在牛顿范式之外提出理论模型和假说，能够用不同的方法探讨元理论困境。这些包括宇宙自然选择理论、先在性原理，规律与状态的统一学说和元规律通用性假设。

这些思想是在下面三个假设下探究宇宙学的良好开端：宇宙的唯一性、时间的真实性、数学在物理中合理但有限的作用。在我们努力发展这种新科学的过程中，我们会发现，我们是否成功要看宇宙学的未来在多大程度上造就了关于未来的宇宙学。

15　结束语

我们的结束与开始一样，都面对着宇宙学的危机。关于不可预测多元宇宙或额外维度的无法验证的图景层出不穷，这并不是危机发生的原因，而正说明我们需要对范式作出改变，以避免在无法回答的问题上摔跤，或者避免无法验证的假说的蔓延。各个知名大学和研究机构中充满了想成为阿尔伯特·爱因斯坦的人，但他们不知道怎样去实现。① 如果这么多具有无可辩驳天赋和奉献精神的人无法取得进展，那么原因必然是大家都陷入了共性式错误，共同作出了错误性假设。

本书旨在找到这些把宇宙学从科学学科引向无法验证的猜测的错误假设和概念谬误。这适于这个宇宙学谬误：错误地把科学方法论，即牛顿范式，应用在它能与实验和观测发生联系的领域之外。我们论证的第一步就说明，牛顿范式只能用于宇宙小型子系统的描述。

接下来，我们继续肢解目前通行的观点，揭示它们在论人择原理的经验内容时所使用的几个谬误。这些虚假的论据被错误地用来说明霍伊尔和温伯格作出了事实性预测。

然而，有些理论家还是进行了反击，提出了一个似乎无法回答的论断："如果世界真是如此呢？如果我们的宇宙真是众多宇宙或无限个宇宙中的一个？我们坚持宇宙的形态必然能使我们通过经验科学的方法得到我们最想知道的问题的答案，难道不是太过傲慢吗？"

答案是，科学并不关心可能的情况是什么。关于宇宙，可能真实但又无法被观测到的东西是无限的。我们的宇宙视界之外可能盘旋着很多巨大

---

①罗伯托·曼加贝拉·昂格尔在国际管理创新中心（CIGI）2008 年经济危机会议上说，"这个世界中充满了想成为富兰克林·罗斯福的人，但他们不知道怎样去实现。"

的天使和独角兽，暗物质可能是大爆炸之后留下来的小精灵。[①]

科学只关心用公开证据进行理性论证得出肯定性结论。这就是为什么，如果宇宙学作为一门科学拥有未来，它就必须依从这个原则：存在单个因果相连的宇宙，其中包含了它的所有原因。所有原因还意味着规律本身的解释能够带来可验证性的推论。正如我们本书所言，这要求规律在真实的时间中发生进化。只有在这种情况下，科学才能汇聚为有关宇宙本质的新范式。也只有在此基础上，宇宙学才能继续以科学的面目存在。

---

①"我喜欢天使，独角兽和精灵的故事
我现在喜欢这些故事，就像别人一样，但是，
当我在寻找知识，不管简单还是抽象，
科学看重的是事实，
科学看重的是事实。

科学理论不只是直觉或猜测，
它更是一个问题，经过反复检验，
当一个理论能与事实一致，
科学就找到了证据，
科学就找到了真理。"

作词：约翰·弗兰斯伯格，约翰·林内尔（他们可能是巨人），
《科学来了》的插曲《科学是真实的》，由 TMBG 音乐提供。

致 谢

除对我的合作者深表感谢（此处已彼此明言）外，我还要感谢在本书观点形成岁月中给予我帮助的朋友、交谈伙伴、合作者，以及对我的观点提出挑战的人。他们是大卫·阿尔伯特（David Albert）、阿贝·阿希提卡（Abhay Ashtekar）、朱利安·巴布尔（Julian Barbour）、哈维·布朗（Harvey Brown）、马丽娜·柯提思（Marina Cortes）、刘易斯·克兰（Louis Crane）、劳伦特·弗莱德尔（Laurent Freidel）、克里斯·艾沙姆（Chris Ismael）、詹恩·伊斯梅尔（Jenann Ismael）、泰德·雅各布逊（Ted Jacobson）、斯图尔特·考夫曼（Stuart Kauffman）、加仑·兰尼尔（Jaron Lanier）、弗蒂尼·马克帕罗（Fotini Markopoulou）、卡罗·罗维利（Carlo Rovelli）、西蒙·桑德斯（Simon Saunders）、保罗·斯坦因哈特（Paul Steinhardt）、马克斯·特格马克（Max Tegmark）、尼尔·图洛克（Neil Turok）和斯蒂夫·韦恩斯坦（Steve Weinstein）。

本研究得到了圆周理论物理学研究所的部分资助。该研究所获得了加拿大政府工业加拿大项目和安大略省研究创新部的资助。本研究也同时得到了北萨默塞特企业技术学院（NSETC），基础问题研究所（FQXi，The Foundational Questions Institute）和约翰·邓普顿基金会的部分资助。

我们观点之间的分歧

罗伯托·M. 昂格尔　李·斯莫林

以下简要讨论我们观点之间的分歧。

我们观点之间的分歧，内涵极其深刻，外延又异常广泛，几乎无法并存于同一思想维度中，所以在这里逐一对其进行陈列就显得舍本求末。然而，这不但并不意味着它们在人类社会自然哲学和宇宙学发展中的意义影响甚微，反而却异常广泛深远。根据内容和重点上的差异，可以有多种方式对其进行分析研究。

1. 时间自然主义和科学特权

在对时间自然主义的描述中，斯莫林将科学形容为我们理解自然的最可靠向导。而对昂格尔而言，声称科学是了解自然的唯一或最可靠来源，不应对我们这里所支持的时间自然主义产生影响。不存在哪种研究形式的等级让人借此宣称某个形式优于其他形式。如果存在这种等级，那么也无法在科学甚至是自然哲学内部建立，因为对于自然哲学而言，是自然而非科学才是其最近的研究对象。必须对科学形成一个超出科学的观点。

科学主义之于科学正如军事主义之于军事。以科学之名声称某个观点优于其他看法和经验的来源，对科学而言是有百害而无一利的。

这些反对意见不适用于斯莫林在《物理学的困境》和《时间重生》中对科学界的定义，即科学界是一个开放、有道德的群体，他们遵循以下道德，即寻求真理并尽可能减少错误。科学界所践行和教导的研究方法经长期实践证明是有助于尽可能减少错误的。根据定义，除了寻求知识，科学界还渴望探索未知和创新的方法论及假设。

2. 充足理由原则和宇宙的现实性

昂格尔反对充足理由原则，至少反对以接近于莱布尼茨所定义的方式理解这一原则。

因果关系是自然的一个基本性质。法则、对称性和自然的常量都是宇宙因果关系的表现形式。昂格尔称，这些不是因果关系的唯一形式：在极端自然状态下，因果关系可能无法以重复性的法则等形式展现出来。

充足理由原则过度强调因果关系是根本性的。它表达了对科学认识完整性和封闭性的追求，即从科学无缝过渡到形而上学。它拒绝接受宇宙的事实性：它恰好是这样而非那样。一旦我们穷尽我们所有的研究手段——尽管我们可以不断增强我们的研究能力，但这并非是没有限制的——我们必须接受自然的事实性。宇宙最重要的性质是，它是这样而非那样。我们不能指望展示它必须是什么样。如果我们坚持这样做，我们会让形而上学的理性主义破坏我们对自然的理解。

莱布尼茨在其《对宇宙终极源头》的思考中明确描述了这一点。他指出，对宇宙的永恒性而言，甚至都无法找到一个相关概念来满足充足理由原则的需求。他说，假设一本关于几何要素的书始终存在，每一个版本都是从之前的版本复印过来。那么这本书究竟为什么会存在，为什么一开始它就包含这些内容？必须有个原因。原因必须来源于一种认识，即为什么世界必须存在以及它为什么是这样。

昂格尔认为，无论是在科学领域还是在科学以外的理解范围，都无法找到此类原因。我们无法像充足理由原则要求的那样，展示出世界必须是什么样。我们通过这本书想展示的不是以理性必要性为主导的莱布尼茨理论，而是关于自然结构和规律向无尽的过去和未来演变、不断变化的想法。历史不断拓展因果研究的领域。但它未能通过充足理由原则的考验，因为它未能展示宇宙存在的原因以及宇宙的历史。

本文认为，探寻有关宇宙法则和初始条件的原因并将宇宙学转化为一门历史性科学，是存在很多合理理由的。这些理由扩大了因果研究的领域。它们推延了我们与宇宙事实性的对抗。但它们却未能避免这一对抗。自然哲学项目不应在科学和理性主义形而上学之间搭建桥梁。因此，它应反对充足理由原则，后者就是此类桥梁。

斯莫林将充分理由律理解为一个启发式向导，在形成宇宙和物理理论的假想过程中，提出问题并就实施战略提出建议。这些战略其中之一就是需要思考能够减少理论对背景结构参考程度的假想。这些是固定非动态要素，对于定义衡量一个系统的自由动态度的可观察量而言是必不可少的。此类背景结构的范例是牛顿的绝对时间和空间。正如马赫所想，这些固定要素参考所描述系统以外的自由度，如遥远的星星和星系。充分理由律目的是用有关系统外自由动态度的假想来取代这些被称为固定的非动态背景结构。

充分理由律认为，难于分辨物的同一性原则和爱因斯坦物质绝对运动原理，对解释广义相对论以及新假设的提出起到了关键性的启发作用。

尽管可能永远没有完全的充足理由，但作为一个启发性原则而言，充分理由律是一个成功的向导。斯莫林建议将其完善为一个不同的充足理由原则，即永远寻求通过消除背景结构来增加有关宇宙问题的充足理由。

3. 宇宙谬误

昂格尔和斯莫林都反对斯莫林所称的宇宙谬误和昂格尔所称的第一宇宙谬误。伽利略和牛顿开启的物理学传统采用了一种解释方法，将规定的初始条件和在由此类条件定义的空间结构下某种有规律现象的变化或改变所涉及的法则区分开来。我们都探讨为什么这一解释性活动没有合法的宇宙应用：尽管该方法适用于探讨宇宙的一部分，却会在适用于整个宇宙时产生误导。

但昂格尔继续声称还存在另一个宇宙谬误。第一个宇宙谬误不恰当地将一个仅适用于部分宇宙的解释方法运用于整个宇宙。第二个宇宙谬误则认为，自然在宇宙中通常展现出的形式，包括其稳定性、区分良好的结构要素和规律性，以及通用法则、对称、常量、某些具体现象和事件，是自然的唯一形式。昂格尔认为，宇宙学有关宇宙历史的发现表明，自然可能经历过极端状态，如最早期的状态或随后可能出现的状态（比如在黑洞内部），那时这些性质都不存在。

昂格尔认为，这两个宇宙谬误——第一个是过度笼统，第二个是不合时宜——两者是紧密相连的。只有在第一个宇宙谬误背景下才会出现第二个宇宙谬误。努力避免这两种谬误需要制定一个研究议程并打破植根于物理学以及宇宙学的思维方式。

斯莫林认为，第二个宇宙谬误所包含的观点也暗含在第一个宇宙谬误之中。鉴于我们不清楚大爆炸之前的条件，他认为，没必要强调我们不清楚到目前为止基于单独原则所观测到的情况而进行的假设。

4. 数学无限和自然

对无限及其在自然界的存在已辩论了数千年。在西方哲学和科学史上，它起源于苏格拉底之前的时代。

昂格尔认为，在我们讨论的过程中不可能完全避免这一辩论。他认为，只有持反对数学无限的自然存在这种观点（这里强调数学无限性，因为思想史包含其他无限概念），我们有关宇宙唯一存在、时间包容性，以及数学选择性的理解才能充分建立起来。

在一个真实存在时间的宇宙中，一切都有历史，因为一切都是有限的，不是无限排列的一部分。此外，宇宙学用无限来掩盖将一门物理学理论不恰当地应用于其他领域所导致的失败。最明显的例子是，近代宇宙学关于广义相对论中“引力场方程”无限初始奇点的推论。最后，将数学无限引入自然科学的做法抹去了我们所强调的自然和数学之间存在的差异。自然涉及时间，但数学在研究时间方面存在问题。数学研究无限，而这是自然所憎恶的。

并不是说因为真实且复杂的数字适用于科学，就意味着由于此类数字的连续统是无限的，因此自然界必须存在无限。我们的数学概念可能包含某些性质——斯莫林用他对数学的理解将这种环境描述为内置内容诱发结构。但我们拒绝数学，因为我们都探索开辟一条理解自然的捷径，并认为数学在科学领域的有效性是合理的，因为它是相关的。接受这些结论意味着失去任何理由认为，自然的性质必须反映数字的性质。

斯莫林不赞同这个观点，并指出圈量子引力成功地展现出量子效果能够消除宇宙的独特性，从而开启了对大爆炸以前的描述和建模。但正如彭罗斯一直以来所说，要想将无限概念从物理学中移除，就必须不再使用任何连续统，包括真实和复杂的数字。尽管有人提议消除时空连续统并支持一系列具体的事件（因果系列模式），但消除量子理论对复杂数字连续统的依赖似乎是一项更艰巨的挑战。

5. 世界的永恒性

昂格尔认为，有关世界永恒性的论文不应出现在本书的声明中。永恒性是时间上的数学无限，和其他无限概念一样都不能为自然科学所接受。我们永远都无法知道世界是否是永恒的。世界不是因为变得更古老或是拥有一个比我们此前所认为的更悠久的历史，而成为永恒。有关世界永恒性的概念是一个形而上学的命题，而这个命题的出现也许是因为我们错误地认为自己无法解决与之相反的问题，即世界拥有一个起源，或时间来源于其他东西。

但仍存在另一个可能性，这符合科学的范畴，尽管可能会让理性主义形而上学者感到失望：世界的历史无限延伸至过去和未来。无限性不是永恒性。但这却让宇宙学拥有了它所需的一切：一个广袤和开放的领域，在自然史背景下去探索自然结构。

斯莫林也认为，宇宙学的下一步是通过研究大爆炸后最初的三分钟来预测大爆炸之前的三分钟。无需一举解决有关终极起源的难题。我们所需要做的只是将我们对事物起因的了解向大爆炸之前的时间进一步推进。

6. 时间、现在、过去和未来

对昂格尔而言，学院派哲学在时间问题上的标准选择——如现在主义和永恒主义，以及肯定或否定现在、过去和未来之间存在的真实区别——都不足以解释时间的包容性。根据现在主义的观点，只有存在于现在时刻的事物才是真实的。根据永恒主义的观点，所有现在、过去和未来的事件都是同样真实的，因为它们都在宇宙中拥有结构和规律。现在主义和永恒主义都未能解释时间的包容性。

对本书的观点而言，没有什么是超出时间之外的。每个在宇宙历史中已经发生或将要发生的事件从原则上来说都可以放置在一个单独的时间线上，尽管这个观点受到广义相对论和狭义相对论有关看法的质疑。

广义相对论最具影响力的阐述承认宇宙时间。问题是，它过于承认了，事实上，它承认了无限的数量。从理论角度而言，选择坐标过于任意，因此，宇宙时间不可能同时是宇宙史所倾向的时间。

要想存在一个倾向的宇宙时间，宇宙必须以某种方式演变，且需要具备某些特点，我们后面会思考这个问题。现在对于生命有限的人类而言，“必须”也意味着“现在”。在现在时，整个宇宙的每个部分，从原则上来说，都是以现实性来衡量的，尽管我们可能无法完成这一衡量工作，因为在宇宙不同的地点获取信息并建立同时性都存在困难。因此，“现在”对于科学而言具有特殊的重要性。过去、现在和未来之间的区别是真实存在的，而不仅是对某个事物或某个人相对于其他事物的局部观察。

过去不是真实的：过去不复存在，尽管有所记录。未来尚不知道，但这并不意味着它完全无从知晓和无法确定。宇宙的未来是科学研究的一个恰当主题，不是我们必须扔给形而上学猜测的一个题目。我们都渴望进一步了解未来可能或必须怎样。

可能存在机遇、创新和惊喜的空间，尤其是在从宇宙史的一个阶段向下一个阶段过渡，或从宇宙的一种状态向另一种状态过渡期间。此外，在遥远的未来，我们也许能够影响宇宙史和我们的星球史，如果我们不会在我们的力量强大到足以保护我们自身免受威胁之前就灭绝的话。

我们在本书中强调历史性解释应先于结构性解释，且自然界的一切都迟早会发生改变，这些想法反对任何简单的决定论，包括混沌宇宙概念。但它没有强调一个开放未来的想法，我们可以将其类比为人类生活的开放性。

如果不将永恒主义理解为认定过去会影响未来，那就必须意味着所有事件都存在一定的确定性，包括不变的法则、对称性和常量，且世界的结构性要素始终保持不变。广义相对论的混沌宇宙阐释类似于此类观点。如果本书的观点和论断合理的话，那么这种观点就不可能是正确的。

这些论断和观点也反对现在主义过度强调现在时的具体性。科学以及宇宙学研究自然界中一切事物“正在成为以及正在停止成为”的问题，每个事物，包括自然的基本结构和规律，以及存在的一切事物，都正在停止成为或正在变成其他事物，速度或快或慢。变化本身也是变化的。

“将要成为”比任何其他事物都更加真实，但它不能局限于“现在”，因为“现在”是转瞬即逝的。科学的课题不能从“现在”的角度来看待。

我们每个人所拥有的永远是现在时。从这个角度来说，我们被困在了“现在”。但在努力理解世界的过程中，科学寻求放宽我们经历现实的方式所受的限制，尽管未能完全克服这些限制。

“现在”没有独特的科学价值。无论科学的终极主题是时间维度的存在（昂格尔观点），还是永恒的存在（现代物理学的主流传统设），总之不是“现在”。然而，对于现实时间的否定扩大了科学和意识之间的鸿沟，让人们觉得经验不再可靠，需要将知觉经验转换成科学思维，并以此为基础开展科学探索。

对昂格尔来说，本书上下两部分的论点可以理解为对前科学经验的一种批评，对宇宙学和物理学长期做法和某些中心思想的一种思辨，而不是在科学面前对前科学经验进行狡辩。过分强调“现在”的特殊意义，不仅缺乏科学基础，还会误导我们的论据。这种观点与科学的现代哲学主流观点一致，与本书的看法和目标相悖。此外，该观点对目前流行的几乎所有科学理论持无限认同态度，尽可能地用经验现象学来调和不同的科学理论，拒绝接受任何无法用现有科学理论解释的前科学现象，对抗任何不认同这些保守假设的思想。

斯莫林会第一个同意我们不再重复关于旧的现时主义与永恒主义的争论，因为摆在我们面前的关键问题是整个宇宙维度，包括时间在内的自然规律。我们不认为关于宇宙历史固定永恒的状态空间假设是有用的。相反，原理应该随着规律和状态的改变而变化。

既然当前的理论无法精确预测人们对未来的认知程度，那么我们希望保留可能性。

因此，我们需要客观地区分过去、现在和未来，断言未来的事情没有事实依据，好比未来的事情对于现在来说充满了不确定性。这一观点与我们关于未来的合理但不绝对可靠的一系列预测并不冲突。斯莫林认为过去也不真实，只是曾经发生过而已，过去发生事情也有现在的因素。这一观点认为现在的事情才是真实的。

我们之所以要客观地区分过去、现在和未来，是因为基于未来并非完全确定前提下区分规律和状态改变的需求。这意味着否定了普特南（Putnam）的永恒主义，又意味着同时的相对性必定被倾向性的全球时间所取代。这迫切要求我们在能力范围内重新构建广义相对论支持全球时间理论。

7. 广义相对论的经验主义内核与形而上学假象

我们同意广义相对论的普遍看法是我们关于时间包容性现实观点的主要挑战。但我们的侧重点有所不同，我们更强调物质，积极应对挑战。

对于昂格尔来说，做出回应的决定性因素是将广义相对论的经验验证内核与时空形而上学观念相分离，用四维半黎曼流形将可替代的时空坐标无限微分。与斯莫林相对立，昂格尔认为广义相对论充分的实证基础不需要也不应该用验证去进行诠释。黎曼时空用时间表示宇宙物质和运动的倾向问题，从而进行时间空间化论述，把实证试验科学和超经验本体论相结合，提出随着科学的进步，二者必将融为一体。在他看来，这是自然哲学的主要资源和任务，并使用这种方法论来区分自然哲学和科学哲学，因为后者才是理解和实践“现在”的基础。

为完成本课题对广义相对论的论述，我们可以把对广义相对论的理解用其他词汇代替，从而不受时间空间化的影响。如今，这些词汇之一属于动态形状范畴，没有任何作为研究议程的论据能够解开动态形状及其外延范畴的真相。

广义相对论核心公式的形而上学要素虽然没有得到结论性论证，但却在其核心研究领域范围内成功地验证了牛顿本体论在经典力学框架下关于力学和物质的可行性。当前普遍认为宇宙学和基础物理学在其应用上已经达到成功的极限，人们只能通过将宇宙学转换成历史科学才能实现对包括宇宙及其历史在内的物质形态进一步拓展。

斯莫林坚信时空可能是临时的概念，是对现实的一种粗线条的、不完整的描述，就像我们对温度和压力等临时观测值提出评价要求一样，我们仍然可以对其属性提出评价要求。在广义相对论有效边界范围内，实验有力支撑了时空符合洛伦兹理论。因此，广义相对论的实证成功极大程度地支持了时空符合洛伦兹理论的论断。

在广义相对论范畴内存在对倾向性全球时间的几种定义，其中由动态形状选出的常平均曲率片断只有一个。假设每个片段都具有物理倾向性，且构成了一个关于更深层次理论形式和内容的假设，这种假设将取代广义相对论。动态形状是关于全球时间特别有趣的假设，因为它是基于广义相对论理论框架下的多维度时间标准向不同的时间维度原则转换的假设，即范畴的局部变化。

8. 规律的变换之谜

时间的包容性现实论点表明定律、对称性、假设的自然常数是可变的，它们在时间范围内而不是跳出时间以外，是宇宙历史的主角而不是毫不相关的旁观者。我们把定律及其他自然规律可变性假想称之为规律的变换之谜。这既不能表明自然规律和框架的演进发展是由更高层级的规律变换引起的，又不能说明是完全独立发展的。只要把高层级的规律与时间相隔离，前一种观点自然会导致无穷的历史倒退，因此并不科学，而后一种观点让科学失去了解释规律的能力。

昂格尔认为，解决规律变换之谜的最佳切入点在于将本书中所探讨的几种思路组合起来进行分析，这些思路有：因果关系的原始特征；自然因果关系的广泛存在形式；自然极端状态下最常见反复发生的类似规律性的事件；偶发无规律事件；宇宙中的一切事物迟早发生变化的敏感性，包括自然最基础的结构要素的变化、自然本身变化；结构相关联的变化更加激烈；定律、对称性、假设自然常数的变化；更基本自然规律原则的差异化状态在最极端自然环境下会变化得越来越慢、越来越少；在宇宙历史中，序列或路径依赖发挥强大作用。他认为，类似的问题并没有妨碍社会和历史研究在生活和地球科学方面的进展。这些科学规律随着人们洞察力的提高，逐渐摆脱高层级和固定不变定律，与人们对规律和结构研究的深入而协同演进。

此类想法不能解决元规律的问题，而我们可能会认为后者是宇宙学的圣杯。但它们创造了最有希望找到解决方法的想象空间。这些观点可能产生经验主义的论断，而这些论断既可以受到挑战也可以得到肯定，正是因为此类观点是历史性的，而宇宙的历史会在自然界留下记录和遗迹。

对昂格尔而言，针对时间的影响寻求一个特殊而永恒的改变机制是错误的，否则就会与我们的观点相矛盾。在宇宙史中，宇宙自然选择的想法会使一种改变模式发挥永恒和中心的作用：那就是达尔文所描述的模式。它错误地描述了自然选择的独特特性，使其沦为生物变种和大数定律。自然选择是功能主义解释的一个独特性质。根据一个强调转化的改变机制，功能主义解释将效果转化为原因。在达尔文理论中，这一机制意味着一个物种变异地繁衍。宇宙自然选择通过将宇宙比作此类有变异的繁衍，以此寻求解释宇宙的各种性质：一个存在更多黑洞的宇宙会产生更多后续宇宙。

如果我们关于时间包容性的论断是正确的，就不会存在此类永恒不变的变化机制。此外，要想证明宇宙的唯一性——可以是宇宙不同的分支或是宇宙的一系列延续状态，但绝不会是多个宇宙——那么，宇宙自然选择的变化范围就会受到极大的限制。相反，如果我们仅仅将宇宙自然选择视为很多变化机制中的一个，那么我们就只能通过将其放置在所有其他变化机制中来了解它，包括与其存在很多性质差异的机制，如斯莫林所称的约定优先原则。

类似的反对也适用于这一约定优先原则。根据这一原则，自然从之前的一系列事物状态中随机挑选一种状态。自然的某些部分在某些时候发生的某些改变可能符合这一模型。但如果随机从之前的状态中挑选是宇宙主要的变化程序，那么我们将不得不再次接受自然现实性没有时间性这一特点。由于结构和规律共同发展，宇宙史的创新空间也将显著减少。随着盲目从一系列固定的命运中选择未来，创新似乎已经消失。

此外，只有在量子力学等研究宇宙的封闭系统和有限部分的理论背景下，讨论有先例的事物状态和无先例的事物状态之间所存在的差异才有意义。如果扩大至整个宇宙，那么意义将不复存在。对宇宙而言，总会有先例的存在。如果将约定优先原则适用于一个新事物不断地发生且每个事物都迟早会发生变化的宇宙，那么有关该原则的信息将是混淆和无用的。它告诉我们，在无先例的新鲜事物发生前，每个事物都是根据先例发生改变的。它无法解释事件在何时、怎样，以及为什么遵照两种变化模式的前者或后者。

我们的论断揭示出错误的根源。元规则问题是一个宇宙学问题。优先原则无法推动问题的解决，因为它们的对象是自然界内封闭的子系统。采用这一原则就成为斯莫林所说的宇宙谬误和昂格尔所说的第一宇宙谬误：将仅适用于宇宙一部分的思维方式适用于整个宇宙，且在理解宇宙的这一部分时，无需考虑这部分与宇宙其他部分或整个宇宙的关系。

我们的确需要寻求解决元规则问题的方法，这既面临经验主义挑战，又受益于经验主义验证。在探索的过程中，我们不应诉诸那些反映出我们所抵制的错误的猜想。

斯莫林强调，我们的论断要想获得成功，就必须能够产生科学的假设，而这些假设需要通过科学领域的惯用方式来建立和检验。因此，如果我们提出，关于宇宙的法则是不断变化的，那么就需要就可观测现象的相关法则可能发生变化的机制提出猜想。这些猜想还必须通过可行的观测来加以验证。

两个此类猜想分别是宇宙自然选择和约定优先原则，宇宙自然选择产生了在过去二十年来真正经得起检验的预测。

无需反对“宇宙自然选择会使达尔文所描述的变化模式在宇宙史中发挥永恒的中心作用”。自然选择机制不会在自然任何地方，不会在生物学或宇宙学中直接显现。显现出来的只有不断产生的小的变化——这是大量存在的，因为物理学和化学接受这些变化，环境也愿意接受。适应效果和有差异的成功是大数定律的一个方面。

因此自然选择不是一种“变化模式”，而是对一大类系统可能的变化模式的描述。在生物学中，根据不同的层级和不同的环境，存在很多自然选择机制。因此有理由相信新的机制可能会随时出现并发挥作用。的确，自然选择不仅符合总的想法，即“法则随着其描述系统的变化而变化”，也是使得此类变化成为可能的总逻辑。

约定优先原则同样也提供关于法则是如何演变的总建议。它提出可经检验的假设并可以适用于大量不同的机制。

9. 数学和自然的关系

本书三个中心思想之一是数学及其与自然和科学之间的关系。这直接关系到其他有关宇宙唯一性和时间包容性的核心观点。

我们否认自然是数学的：宇宙不对应某个数学物体，更不是数学物体。数学在科学中的有效性是合理的，因为两者是相关的。数学对某些科学学科而言是有益的，而对于某些科学学科而言却是有害的。数学无法展现自然的一些特性，尤其当这些特性与时间有关时。我们认为，将数学视为发现某个关于数学物体的独特领域，或将数学视为纯粹的创造或约定，都无法解释数学在科学领域的有效性和此有效性的相关性。

我们以不同的形式撰写有关数学的选择性的论文。我们的推演不完全是共存和互补的。对昂格尔而言，数学是探索世界的幻象，没有时间和具体现象。它起始于体现自然的各方面——数字和空间、结构和关系，并很快超越于世界之上。它从其自身找到主要的灵感，并从自然所提出的问题中找到次要灵感。

数学的选择性既是其力量的来源，也是其局限性所在。对于自然的本质——时间——而言，数学的解释是极为有限的。数学有很多概念——如无限的概念——在自然界不存在。数学是科学的动力，但数学却为科学带来了一个有毒的圣杯：自然法则的无时间性，这以数学的语言书写出来。

昂格尔提出质疑，斯莫林对数学的看法不能解释数学的这些与自然和科学间相互关系的特点。昂格尔认为，斯莫林对数学的看法不能代表一种与常见数学对比方法不同的观点——常见的数学对比方法将数学视为发现、发明或公约。相反，斯莫林用数学来解释温和派公约主义，而后者在历史上一直是公约主义者对数学的主要描述形式。只有最激进的公约主义者（比如已逝的路德维希·维特根斯坦）认为，公约的作用不仅局限于集体行为。任何形式的数学公约，无论是温和的还是激进的，都无法解释数学为什么在应对自然界某些方面显得如鱼得水，而在应对某些方面却又显得极为不足。

斯莫林和昂格尔都反对柏拉图哲学对数学的描述，后者认为数学物体存在于一个独立于宇宙之外的没有时间性的领域。我们也都反对一个纯粹的公约主义概念，后者认为，数学事实是根据公约或协议而具有真实性。那么我们所面临的挑战是形成一个有关数学的描述，能够解释数学为什么能在物理学领域取得成功。这是一项艰难的挑战，斯莫林和昂格尔都为此提出了新的想法。

斯莫林对数学真实性的看法基于以下想法，即时间现实性以当前时刻的物体现实性来表达，且否定时间之外的真实性。关键的想法是结构可以被创造——被自然和人类创造，且从那一刻起就具备了稳定和客观的性质。这既不是公约主义也不是柏拉图主义。

10. 自然是一系列奇异事件整合的过程

昂格尔认为，自然并非一直由一系列奇异或平常事件组合而成。在宇宙历史的长河中，事件的奇异存在性与非奇异存在性的范围和所有现象一样，不断发生着变化。

在冷却的宇宙时代（这与早期宇宙形态记录相吻合），我们发现绝大多数事件是重复发生的，在重复的过程中呈现出稳定的自然的规律、对称性和常量。

重复的事件在意义上具有简单的奇异存在性，即每个事件与其他事件之间都有独特的空间和时间联系。然而，这些时间和空间位置上的差异并不能阻止重复事件呈现出稳定的、自然的，以及其他各方面现象，也只有不合格的关系论才会否认这一点。

从另一方面来看，自然的极端状态，如目前宇宙诞生时所发生的事件在一段历史时期内，其事件本身及其因果关系无法表现出上述规律、对称性和常量等方面的重复性质，并且也只有在这种极其特殊的状态下，事件才具有严格的奇异存在性。

关于自然世界仅由一系列奇异存在性事件构成的观点也存在弊端，就是没能给变异事件留下空间。随着事件的发展，不仅自然的结构发生着变化，而且同所有其他事物一样，结构的性质也会有所变化。

这又是一个案例，我们需要试验性地提出假设、应用模型把一般原则验证成为科学规律。在选定模型以前，需要先制定本体论。离散事件的本体论为因果关系存在于规律和时空之前提供了一个简单的研究和说明框架。所以，我们在最近与玛丽娜·科尔特斯的研究中做了具体应用，具体如下。

在这项研究中，我们关注了一些显著的，但被关系论忽略的结果，特别是那些仅通过关联属性，以及难以识别性质的原则与事件相关的规律。把上述观点整合在一起就意味着基本事件是唯一的，区别于所有其他事件的关联属性，也表明了适用于单个基本事件的规律不可能兼具通用属性和简单属性，只有适用于大量同类事件时，简单性规律才有可能显现出来。这种情况限制了基本微观事件牛顿范式的范畴，并补充了上述由于对宇宙论缺陷和困境争论造成的限制。

11. 宇宙史的开放性

一些人可能认为本书暗指宇宙史是开放的，因此对于我们人类以及我们个体和集体的计划而言也是开放的。自然哲学史不乏很多试图设计此类友好型哲学体系的想法，而这些想法也影响着我们对自然的看法。

在承认分歧点时，昂格尔早些时候曾表示，我们不知道宇宙史的开放程度，也不清楚自然对我们和我们的目标有多么支持。宇宙的历史性特点，时间的包容真实性，以及自然法则的易变性，都不能保证自然站在我们这里。

自然可能会欢迎我们的一个途径是，如果心理现象在人类自然秩序前就出现，或我们的自我意识成为物理事件的一部分，正如泛心论所提出的。对昂格尔而言，我们并没有相关想法或论断来支持此类看法。

我们确定的是，自然在一个方面站在我们这边：它赋予我们生命。我们也确定，自然在另一个方面站在了我们的对面：它也将摧毁我们每个人。未来自然可能会毁灭全人类。大体而言，自然既不支持我们也不反对我们。它只是无动于衷，对于我们而言深不可测。

为宇宙崇拜寻找恰当理由，这不应成为自然哲学的一部分。宇宙崇拜是在泛神论、神学感恩或哲学奇迹的掩盖下进行的力量崇拜。自由人类不应这样，对于人性来说也是危险。

自然哲学不应使自己成为好消息的来源。要想听到好消息，就必须来自别的地方。

斯莫林不赞同这个观点，因为在自然科学领域内挑战人工智能的主要范式，对人类而言是好消息。很高兴得知，我们以及我们所生存的宇宙都无法通过计算机隐喻来充分理解。时间自然主义也是自然主义的形式之一，它承认感知是物理事件的内在属性，这意味着我们作为人类经历感知这一基本事实不会使我们与自然疏远，而这正是自然主义者的观点。

多元宇宙是不存在的，宇宙只是不断地演替和变化罢了。

哲学家昂格尔和物理学家斯莫林对话宇宙学，向多元宇宙论（平行宇宙、相异宇宙）发起挑战，质疑弦理论、永恒膨胀说、人择原理，批判奇点起源说、循环演替说的片面性，提出了宇宙具有奇异存在性（唯一性）的重大理论，并通过三个核心思想进行了详尽阐述。

驳斥多元宇宙论，宣称宇宙有且只有唯一；

驳斥时间具有有限真实性，宣称时间具有包容真实性；

驳斥数学具有预示现实的能力，宣称数学具有现实选择性。

本书由昂格尔（左）和斯莫林（右）联袂创作八年著述而成。

罗伯托·M. 昂格尔，巴西人，哲学家、社会学家、法学理论家、政治家。他在本书中对宇宙学和自然哲学进行了深入探讨，并深度诠释了他在《虚假的必然性》、《觉醒的自我》和《未来的宗教》等多本早期著作中所表述的思想。

李·斯莫林，美国理论物理学家，主攻量子引力学领域，曾在罕普什尔大学和哈佛大学深造。他是加拿大圆周理论物理研究所创始人之一。他的早期著作《宇宙生命》、《量子引力学之路》、《物理学之困》和《时间重生》等，主要探究当代物理学和宇宙学引发的哲学问题。